생물공학의 기초

FUNDAMENTALS OF BIOTECHNOLOGY

생물공학의 기초

서진호 · 한남수 · 김경헌 · 박용철 · 진용수
권대혁 · 이도엽 · 김효진 · 이대희 · 김성건

수 학 사

머리말

생물공학은 질병, 식량, 에너지 및 환경 등 인류가 당면한 난제를 해결할 수 있는 핵심 기술이다. 학문적으로는 미생물학, 생화학, 분자생물학 등 생명과학과 반응공학, 공정 최적화 등의 화학공학이 융합적이며 복합적으로 연계된 특성을 지닌다. 최근 고속 대용량 분석 기술, 정교한 유전자 편집 기술의 도입으로 생물공학의 응용 분야는 의약 산업을 포함한 식품, 농업, 화학 산업까지 빠른 속도로 확대되고 있다. 동시에 정보 기술, 빅데이터 처리 기술 등 인접 과학 기술 영역과 융합함으로써 진정한 생물화 시대를 열어가고 있다. 따라서 21세기 생물공학의 시대를 이끌어갈 유능한 생물공학자가 되기 위해서는 이질적이지만 상호 보완적인 기초 생명과학과 응용공학의 지식을 모두 갖추어야 한다.

이 책에서는 생물공학을 이해하고 활용하는 데 필요한 기본 지식을 제공하였다. 즉 미생물학, 생화학, 세포공학의 기초 이론, 생물 촉매인 미생물 및 효소의 특성을 규명하고 활용하기 위한 공학적 원리, 그리고 생물공학의 주요 응용 분야인 의약생물공학, 식품생물공학 및 산업생물공학 분야를 소개하였다.

그리고 대학이나 대학원에서 생물공학을 전공하는 학생들의 전공 교재로서뿐만 아니라 생물공학과 연관된 분야에서 종사하는 연구원에게도 참고 도서로 유익하게 이용될 수 있도록 다양한 응용의 예를 제공하였다. 또한 핵심 용어를 별도로 정리하여 이해를 돕도록 하였으며, 각 단원마다 요약과 함께 연습문제를 제공하여 독자들이 생물공학의 지식을 쉽게 이해하고 활용할 수 있도록 배려하였다.

이 책의 출간에 함께 참여한 집필진과 자료 정리에 도움을 준 대학원생들에게 감사를 드리며, 특히 기획과 편집에 많은 수고를 한 충북대학교의 한남수 교수와 국민대학교의 박용철 교수에게 감사의 인사를 보낸다. 또한 이 책을 출판함에 있어 많은 조언과 도움을 주신 수학사 이영호 사장님을 비롯한 직원들에게도 감사를 표한다.

대표 저자 서진호

차례

11 고속 대용량 분석 기술

12 바이오매스 활용 기술

13 대사공학

14 산업 및 식품생물공학

15 의약생물공학

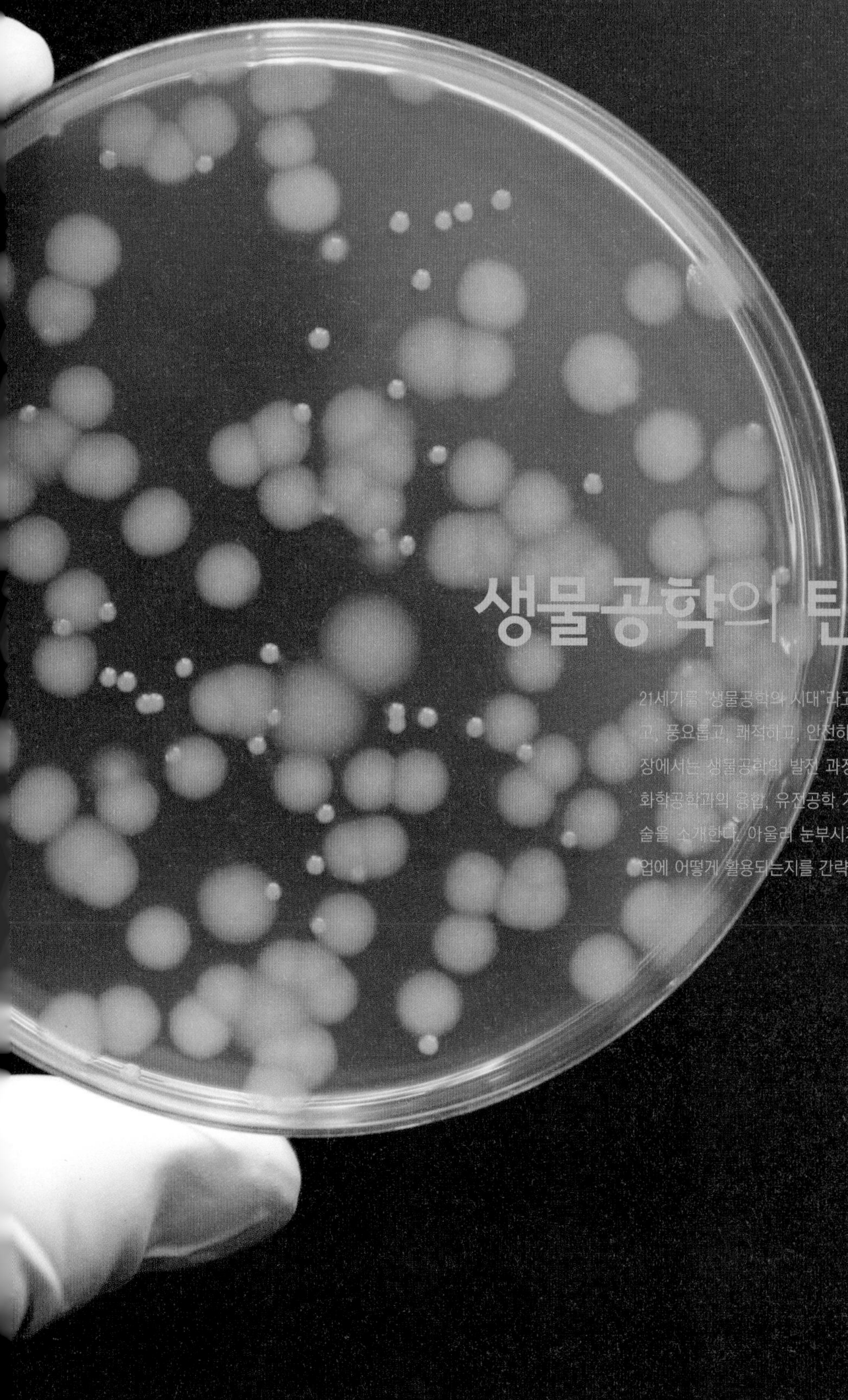

01
생물공학의 탄생 및 발전

21세기를 "생물공학의 시대"라고 한다. 이는 생물공학이 우리 사회를 건강하고, 풍요롭고, 쾌적하고, 안전하게 바꿀 수 있는 핵심 기술이기 때문이다. 본 장에서는 생물공학의 발전 과정과 응용 영역을 정리하였다. 미생물의 발견, 화학공학과의 융합, 유전공학 기술의 개발 등 생물공학 발전을 견인해 온 기술을 소개한다. 아울러 눈부시게 발전한 생물공학이 의약, 농업 및 화학 산업에 어떻게 활용되는지를 간략히 소개한다.

1. 생물공학의 역사

생물공학生物工學, biotechnology은 생물학biology과 기술technology의 합성어로 1917년 헝가리 농업 기술자인 이레키Karl Ereky에 의해 처음 사용되었다. 생물공학은 일반적으로 '살아 있는 생명체(동물, 식물, 미생물, 곤충 등)를 직접적으로 이용하거나 또는 생명체에서 추출된 물질(효소, 동물 세포, 식물 세포 등)을 이용하여 유용한 제품을 생산하여 서비스를 창출해 내는 기술'을 말한다.

인류는 미생물이라는 존재를 알기 훨씬 전부터 미생물을 활용하여 빵, 맥주, 와인, 치즈, 간장, 된장, 김치 등 다양한 발효 식품을 생산하여 식탁을 풍성하게 하였다. 중국에서는 발효 식품 생산에 관여하는 것을 벼[禾]를 채운 항아리[口] 위에 풀[草]이 자라는 형태로 균菌이라고 표현하였다.

현미경의 발견으로 미생물을 육안으로 볼 수 있게 되었으며, 1860년 프랑스의 파스퇴르Pasteur에 의해 미생물의 존재가 확인되었다. 미생물의 존재가 확인되고 발효fermentation 과정은 미생물에 의한 생화학적인 반응이라는 사실이 밝혀지면서 미생물 활용 기술(흔히 발효공학fermentation technology이라 부름)은 발효 식품 생산부터 다양한 화학 소재와 생물 소재 생산까지 활용성이 확대되었다. 제1차 세계대전 중에 영국의 바이츠만Chaim Weizman[1]은 옥수수를 원료로 사용하여 아세톤과 부탄올을 생산하였으며, 독일에서는 노이베르크Carl Neuberg가 글리세롤을 발효 기술로 생산하였다. 또한 구연산citric acid, 젖산lactic acid도 발효 공정으로 생산하였다.

생물공학 발전에 획기적으로 기여한 것은 항생제의 생산이다. 미국은 제2차 세계대전 중 병균에 감염된 군인을 치료할 목적으로 영국의 플레밍Alexander Fleming이 1928년에 발견한 페니실린penicillin을 산업화하기 위한 연구 개발에 착수하였다.

페니실린의 산업적 생산에는 많은 기술적인 난관이 있었다. 첫 번째 과제는 높은 농도로 페니실린을 생산할 수 있는 미생물의 확보였다. 플레밍이 발견한 곰팡이는 페니실린을 생산하였지만 농도가 매우 낮아(0.001 g/L) 산업화 균주로 사용할 수 없었기 때문이다. 두 번째는 페니실린 생산을 위하여 산소를 계속 주입하면서 멸균 상태에서 곰팡이를 키워야 하는 점이었다(페니실린 생산용 곰팡이만 자라고 다른 잡균은 자라지 못하게 하는

생물공학
미생물, 동물, 식물 등의 생명 현상을 규명하고 이를 바탕으로 생물체가 가지고 있는 독특한 능력을 활용하여 산업적으로 유용한 제품 또는 공정을 제조하거나 개선함으로써 인류의 복리에 활용하는 21세기 첨단 학문이다.

발효공학
발효 생산에 관련된 다양한 문제의 공학적 연구 및 개발을 하는 학문 분야이다. 발효의 주체인 미생물의 관리 육성에 관한 공업미생물학, 발효생리학 등의 미생물학, 생화학적 분야를 기초로 하여 공업적 발효 생산에 필요한 발효 과정의 해석이나 설계 같은 발효조 내에서의 미생물과 발효 생산물 관리에 관한 화학공업적 분야 등에 걸쳐 있다.

항생제의 생산
항생제란 '한 미생물이 다른 미생물의 성장을 저해하기 위해 만든 천연물질'이다. 이런 항생제를 생물공학적 기법을 통하여 미생물로부터 산업적인 규모로 생산할 수 있는데, 대표적인 예로 페니실린이 있다.

---

[1] 바이츠만(Weizman)은 이스라엘의 초대 대통령이 되었으며, 그의 이름을 딴 바이츠만 연구소(Weizman Institute)가 설립되었다.

순수 배양 공정으로 진행됨). 그 당시는 대형 발효기의 개념이 전혀 없는 상태였기 때문에 이러한 공학적인 문제를 화학공학자와 함께 해결해야 했다. 따라서 페니실린 생산 기술 개발에 화학공학적 지식을 본격적으로 활용하여 기술적 어려움을 해결하였는데 이 과정에서 생명과학(구체적으로 미생물학)과 화학공학의 융합이 필요하다는 것을 인지하여 두 분야의 결합체인 생물화학공학biochemical engineering이라는 새로운 학문 분야가 탄생하였다. 페니실린 생산으로 시작된 항생제 발효 산업은 스트렙토마이신streptomycin, 카나마이신kanamycin, 테트라사이클린tetracycline 등 200종 이상의 항생제 생산으로 이어져 많은 질병 치료에 활용되고 있다.

생물공학의 발전에 미생물의 발견만큼 획기적인 계기가 된 것은 1973년 미국 스탠포드대학의 코헨S. Cohen 교수와 캘리포니아대학의 보이어H. Boyer 교수에 의해 개발된 유전공학genetic engineering(또는 유전자 재조합 기술recombinant DNA technology이라고도 함)이다. 유전자를 마음대로 자르고 붙일 수 있으며 인위적으로 만든 유전자를 생물체 안으로 운반할 수 있게 됨에 따라, 무작위로 만들어 온 생물체(식물, 동물, 미생물 등)를 보다 목적 지향적이고 정교하면서도 신속하게 만들 수 있게 되었다. 유전공학 기술이 있기 전에는 임의 돌연변이 유발random mutagenesis에 의하여 유전자를 변형시키고, 돌연변이가 일어난 생물체 중에서 원하는 생물체를 선별 과정을 거쳐 얻었다. 그러나 이 방법은 시간과 노력이 많이 들고, 원하는 생물체를 얻을 수 있는 확률이 매우 낮았다. 유전공학 기술의 활용은 원하는 물질을 고농도, 고생산성, 고효율로 생산하는 유전자 재조합 생명체를 제작할 수 있게 하였으며, 그 결과 생물공학은 의약 산업에서부터 농업·화학 산업에까지 매우 빠른 속도로 응용되었다.

유전공학 기술을 최초로 산업적으로 활용한 예는 당뇨병 치료에 사용되는 단백질인 인슐린의 생산이다. 당뇨병 치료를 위하여 소나 돼지의 췌장에서 분리한 돼지 인슐린을 사용하였으나, 알레르기 등의 부작용이 많아 치료에 어려움이 많았다. 그러나 유전공학 기술을 이용한 재조합 대장균에서 인체 유래 인슐린을 생산하게 됨에 따라 당뇨병 환자에게 안전한 인간 인슐린을 값싸게 사용할 수 있게 되었다.

신비한 생명의 판도라 상자를 열게 한 획기적인 기술인 유전공학은 한 가닥의 DNA를 무수히 많은 DNA 가닥으로 증폭시킬 수 있는 중합효소 연쇄 반응polymerase chain reaction, 유전 정보를 읽어내는 DNA 서열 분석 기술, 유전자를 세포 밖에서 합성할 수 있는 DNA

생물화학공학
넓게는 생명과학 현상의 공학적인 접근을 포함하기도 하며, 좁게는 생물 제품의 산업화 과정에서 일어나는 제반 공학적 문제를 다룰 뿐만 아니라 폐수 처리와 같이 자연계에서 일어나는 미생물 관여의 자연 현상을 분석하기도 한다.

유전공학
유전자의 합성이나 변형 따위를 연구하는 학문으로 응용 유전학의 한 분야이며, 병의 치료나 이로운 산물의 대량 생산을 목적으로 한다.

유전자 재조합 기술
생물체의 DNA를 특별한 효소 등으로 자르거나 연결한 후, 이렇게 제작한 재조합 DNA를 세포에 도입해 유전자를 발현하는 등 인위적으로 유전자를 재조합하는 기술을 말한다.

돌연변이 유발
유전자에 인공적 돌연변이를 일으키는 방법의 하나이다. 특정 위치에 아미노산을 이입, 교환시킬 수 있는 부위 특이적 돌연변이 유발에 대하여 이 방법에서는 돌연변이가 유전자의 한정된 부분에 어느 정도까지 임의로 도입된다.

중합효소 연쇄 반응
타깃 유전자에 상보적으로 결합하는 올리고 뉴클레오타이드 프라이머와 특수한 열-안정성 DNA 중합효소를 사용하여 소량의 DNA에서 다량의 특수한 뉴클레오타이드 서열을 합성하는 데 사용되는 기술이다.

tip

융합 학문으로서의 생물공학

생물공학은 세포생물학, 생화학, 미생물학, 분자생물학, 분자유전학 등의 생명과학과 반응공학, 열역학, 공정 최적화 등의 화학공학이 유기적으로 연결되어 있는 융합 학문이다. 따라서 생물공학자(biotechnologist)는 생명과학자의 적성과 공학자의 적성을 모두 가져야 한다.

생물과학자는 얻고자 하는 연구의 결론을 설명적인 모델을 세워 검증하며 정성적으로 표현한다. 그 결과 실험 기술이 뛰어나며, 복잡한 생물 시스템에서 얻은 연구 결과를 해석하는 능력이 탁월하다. 반면, 공학자는 수학적인 모델을 세우고 실험 결과를 정량적으로 해석한다. 공학자에게 수학은 필수적인 요소이지만 생물과학자에게 익숙한 실험 수행 능력은 다소 떨어진다. 따라서 유능한 생물공학자는 생명과학의 탄탄한 이해와 탁월한 실험 능력을 가져야 하며, 동시에 수학을 포함한 화학공학적 지식도 갖추어야 한다.

합성 기술, 유전자를 한 치의 오차도 없이 매우 정밀하게 자르고 붙일 수 있는 유전자 가위 기술이 속속 개발되면서 21세기를 '생물공학 시대'로 진입하게 하는 견인차 역할을 하였다.

유전공학을 장착한 생물공학은 의약 단백질 생산뿐만 아니라 생명 복제 기술을 이용한 복제양 '돌리' 탄생, 줄기세포stem cell를 이용한 알츠하이머병·파킨슨병과 같은 난치병 치료, 인간 게놈 프로젝트human genome project의 완성 등 새로운 영역으로 응용 범위를 빠르게 확장하고 있다.

인간 게놈 프로젝트
인간 DNA를 구성하는 30억 개의 염기서열을 모두 밝혀 질병의 원인을 규명하고 치료법을 개발하는 것이다.

의약생물공학
질병 치료 등에 활용되는 의약품을 개발하는 분야로 재조합 바이오 의약품(단백질 의약품, 치료용 항체, 백신, 유전자 의약품 등), 재생 의약품(세포 치료제, 조직 치료제, 바이오 인공장기 등), 저분자 및 천연물 의약품, 바이오 의약 기반 구축 기술 등을 포함한다.

농업생물공학
농업 생명체를 활용하여 바이오 농업을 실용화할 수 있는 제품을 개발하는 분야로 바이오매스 등을 포함한다.

산업생물공학
바이오매스를 원료로 바이오 기술(생촉매)을 이용해 바이오 기반 화학 제품(유기산, 아미노산, 폴리올, 바이오폴리머 등) 또는 바이오연료(바이오에탄올, 바이오디젤, 바이오부탄올) 등을 생산하는 분야로 바이오리파이너리를 이용한 화학 소재 생산, 바이오플라스틱/바이오에너지, 기능성 바이오 소재/바이오 공정 기술 등을 포함한다.

2. 생물공학의 분류

생물공학은 다양한 분야에 응용되며, 분야에 따라 중점적으로 다루는 기술의 특징이 다르다. 생물공학은 크게 의약생물공학Medical Biotechnology, Red Biotechnology, 농업생물공학Agricultural Biotechnology, Green Biotechnology, 산업생물공학Industrial Biotechnology, White Biotechnology으로 나누며(그림 1-1), 각 영역별 세부 특징은 표 1-1과 같다.

1) 의약생물공학

의약생물공학은 생물공학 발전에서 기관차에 비유될 정도로 중요한 영역이고, 생물산업의 60% 이상을 차지하는 가장 큰 산업 규모를 보여 준다. 의약생물공학은 'Red Biotechnology'로도 불리는데 빨간색red은 피의 색깔에서 유래된 것이다.

앞서 설명한 항생제 생산뿐만 아니라 인슐린, 인터페론, 성장 호르몬 등 질병 치료용

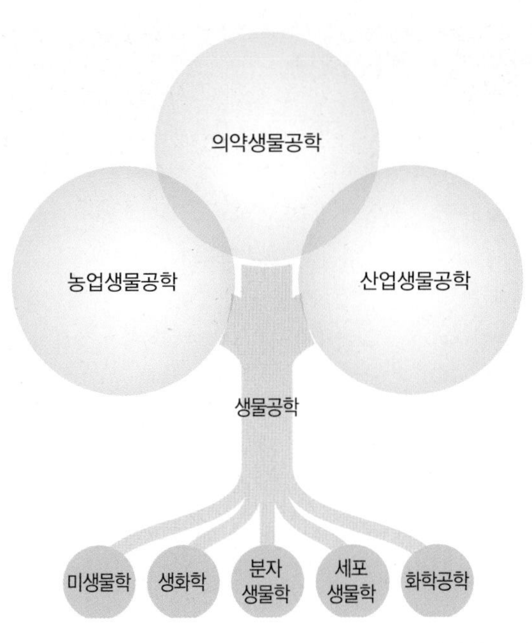

그림 1-1 생물공학을 구성하고 있는 세부 학문 분야와 응용 분야

표 1-1 생물공학의 주요 응용 분야 및 대표적인 제품

응용 분야	대표적인 제품
의약생물공학(Medical Biotechnology, 또는 Red Biotechnology)	치료용 의약 단백질(인슐린, 인터페론, 성장 호르몬) 및 항체, 유전자 치료제, 항암제, 백신, 항생제, 진단 시약, 인공 장기
농업생물공학(Agricultural Biotechnology, 또는 Green Biotechnology)	동물 백신, 생물 농약, 형질 전환 동식물, 기능성 아미노산, 저칼로리형 감미 소재(자일리톨), 식품용 효소(아밀레이스, 라이페이스 등), 천연 및 기능성 식품 소재
산업생물공학(Industrial Biotechnology, 또는 White Biotechnology)	생분해 고분자, 바이오연료, 바이오 기반 화학 소재, 생체 재료, 공업용 효소, 환경 정화용 미생물제 및 공정

단백질과 항체antibody를 저비용 고생산성으로 생산할 수 있게 됨에 따라 보다 효율적으로 질병 퇴치에 대응할 수 있게 되었다. 고장 난 자동차 부품을 새것으로 바꾸어 자동차 성능을 향상시키듯이, 생물 복제 기술을 사용하여 생산된 인공 장기로 고장 난 인간 장기를 대체함으로써 건강한 삶의 연장이 가능하게 될 것이다.

30억 개에 이르는 인간 DNA 염기서열을 모두 밝히는 인간 게놈 프로젝트의 완성으로 신비에 싸인 생명 현상의 청사진을 볼 수 있게 되었으며, 이로써 인간 질병(유전적인 결함으로 생기는 유전병도 포함)에 대한 정확한 이해를 바탕으로 난치병을 비롯한 각종 질병의

tip

의약품 제조 공정의 인증

의약품의 개발 및 생산에서 중요한 사항은 의약품의 안전성과 효능을 국가 차원에서 관리하고 인증한다는 것이다. 시장에서 판매되거나 임상 시험에 사용되는 의약품은 반드시 GMP로 인증된 시설과 절차로 생산되어야 한다. GMP는 승인 제조 절차(good manufacturing practice)의 약자이다. GMP로 인정된 시설과 절차로 의약품을 생산할 경우 의약품의 안전성과 효능을 인증할 수 있는 모든 것을 문서화해야 한다. 이는 의약품을 승인받은 제조 공정으로 일관성 있게 생산하고 있음을 입증하기 위함이다. 우리나라에서도 미국의 식품의약청(Food and Drug Administration, FDA)에서 GMP로 인증받은 공장에서 많은 의약품을 생산하고 있으므로 의약품 생산 분야에서 근무하고자 하는 생물공학 전공자는 이러한 절차와 가이드라인을 숙지하여야 한다.

초기 진단 및 근본적인 치료가 가능해질 것이다. 또한 최근 개발된 유전자 가위 기술을 사용하여 결함이 있는 유전자를 배아 단계에서 교정함으로써 각종 유전병을 치료할 수 있을 것으로 기대된다.

2) 농업생물공학

농업생물공학은 'Green Biotechnology'라고도 하며, 농업을 나타내는 색깔인 녹색green을 사용한다(1970년대에 이루어진 농작물 생산성 향상을 녹색 혁명green revolution이라고 부르는 데서 알 수 있듯이 녹색은 농업을 나타내는 색깔이다). 농업 분야에서의 응용은 생산성과 식품공학적 품질이 뛰어난 농작물의 개발이다.

농작물은 인류의 주된 식량원이며, 농작물의 생산성과 품질을 향상시키기 위하여 유전적 조성을 변화시키는 선별 육종 기법을 사용해 왔다. 그러나 전통적인 기법은 효율성과 정밀성이 낮아 생산성과 품질을 높이는 데 한계가 있다. 이러한 한계를 극복할 수 있는 대안이 유전공학 기술을 이용한 농작물의 개량이다. 농작물의 개량은 식품의 품질 향상, 병해충 저항성, 척박한 환경에 대한 내성을 키우고, 농약을 적게 사용하면서 해충과 잡초를 억제하는 등의 측면에서 이루어지며, 이는 농부와 소비자 모두에게 이익win-win이 되는 전략이기도 하다. 예를 들면, 변색와 부패를 일으키는 대사 과정과 관련된 유전자를 변형시켜 높은 숙성도와 맛을 오랫동안 유지할 수 있는 과일과 채소를 개량하는 것이다. 또한 농약을 적게 사용하면서 해충과 잡초를 이겨낼 수 있는 농작물을 개발하는 것은 농업 경제와 환경적인 측면에서도 중요하다. 그동안 환경 부담을 줄이면서 해충을 억제할 수 있는 Bt균*Bacillus thuringiensis*을 생물 농약으로 사용해 왔다. 이 세균은 작용이

유전자 가위 기술
유전자 가위 기술은 유전자에 결합해 특정 DNA 부위를 자르는 데 사용하는 인공 효소로 유전자의 잘못된 부분을 제거해 문제를 해결하는 유전체 편집 (genome editing) 기술을 말한다.

GMP(Good Manufacturing Practice)
승인 제조 절차의 약자로, 식품·의약품의 안정성과 유효성을 품질 면에서 보증하는 기본 조건으로서의 우수 식품, 의약품의 제조·관리 기준이다.

미국 식품의약청
미국 보건복지부(Department of Health and Human Services) 산하에 있는 소비자 보호 기관으로서 미국에서 생산, 유통, 판매되는 의료 기구, 가정용 기구, 화학 약품, 화장품, 식품 첨가물, 식료품, 의약품 등에 대한 안전 기준을 세우고, 검사·시험·승인을 맡아서 한다.

매우 선택적이어서 인간이나 동물, 다른 유익한 곤충에는 해가 없지만, 쉽게 씻겨 나가기 때문에 자주 뿌려야 하는 단점이 있다. 또한 이 세균은 특정 농작물 해충을 선택적으로 죽이는 단백질을 만드는데, 이 단백질의 유전자를 농작물에 주입하여 자연 방어 능력을 갖게 함으로써 농약을 뿌리지 않아도 해충을 이길 수 있는 농작물을 개발하였다.

농업생물공학에서 중요한 응용 분야는 기능성 식품 소재의 생산이다. 설탕 대체 감미 소재로 사용되는 자일리톨xylitol은 단맛은 설탕과 비슷하며, 충치 유발균인 스트렙토코커스 뮤탄스*Streptococcus mutans*, 비피도박테리움 덴티움*Bifidobacterium dentium* 등이 소화를 시키지 못해 충치 예방 효과를 가진다. 입에서 녹을 때 열을 흡수하므로 자일리톨 껌을 씹을 때 시원한 맛이 나며, 당뇨병 환자가 섭취할 수 있는 기능성 감미 소재이기도 하다. 자일리톨은 자일로스 환원효소xylose reductase에 의해 만들어진다. 빵, 맥주 발효에 사용되는 효모에 자일로스 환원효소의 유전자를 도입한 재조합 효모를 사용하여 자일로스로부터 자일리톨을 생산할 수 있다.

이렇듯 유전공학을 이용한 농작물의 개량은 인류의 식량 위기를 해결할 수 있는 근본적인 방법이지만 외래 유전자 섭취에 따른 안전성, 유전자 변형 생물체genetically modified organism, GMO가 자연 생태계에 노출됨으로 인한 환경 변화 등 사회적인 문제를 우려하는 의견도 있다. 농업생물공학자는 GMO의 사용은 안전하고 환경 문제를 초래하지 않는다는 것을 과학적인 근거로 입증하지만, 일부에서는 아직도 GMO 사용에 대한 우려를 버리지 못하고 있다.

농업생물공학은 안정적이고 지속 가능한 식량 생산에 필수적인 기술이므로 첨단 생물공학 기법을 활용하여 더욱 발전할 것으로 기대된다.

3) 산업생물공학

산업생물공학은 'White Biotechnology'라고도 하며, 생물공학 기술을 에너지와 화학 산업에 응용하는 분야를 지칭한다. 흰색white을 사용한 것은 깨끗함, 청정함을 강조하기 위한 것으로 추정된다.

화석 원료fossil resources, 특히 석유는 화학 산업의 탄소와 수소의 공급원feedstock으로서뿐만 아니라 수송용 원료 등 에너지 자원으로 매우 중요하다. 그러나 과다한 석유와 석탄의 사용으로 대기 중 CO_2 농도가 급격히 증가하였으며, 이로 인한 지구 온난화, 기상 이

유전자 변형 생물체(GMO)
특정 생물로부터 유용한 유전자를 취해 이를 기존의 생물체에 도입함으로써 그 유전자 기능을 발휘하도록 조작한 생물체를 말한다.

변과 같은 환경 문제를 야기하였다. 화석 원료 고갈과 온실가스 배출 감소라는 두 마리의 토끼를 동시에 잡을 수 있는 방법은 생물 자원을 활용하는 것이다.

산업생물공학은 생물 자원을 이용하여 생물공학적, 화학적 또는 생물공학과 화학의 융합적 방법으로 연료와 화학 소재를 생산하는 기술을 말한다. 지금까지 화석 원료를 사용하여 생산해 오던 연료와 화학 소재를 이제는 생물 자원으로 생산할 수 있다. 대표적인 예가 젖산lactic acid, 1,3-프로판디올1,3-propanediol과 같은 화학 소재와 바이오연료이다.

온실가스 배출에 대한 국제적인 규제에 대응하면서 석유를 대체할 수 있는 수송용 연료로서 바이오연료가 각광을 받고 있다. 휘발유gasoline를 대체하는 에탄올과 경유diesel를 대체하는 바이오디젤이 대표적인 바이오연료이다.

미국의 경우 바이오연료 대체 목표를 달성하기 위해서는 많은 양의 옥수수를 사용해야 하는데, 실제로 바이오에탄올을 생산하기 위해 옥수수가 과도하게 사용됨에 따라 옥수수 가격은 물론, 다른 농작물의 가격이 폭등하였다. 그 결과 식용 자원을 이용한 바이오연료의 생산은 인류의 재앙으로 비난받는 등 사회적, 윤리적 문제를 야기하였다. 바이오에탄올이 석유를 대체할 환경 친화적이며 탄소 중립적인(제조 과정에서 순수하게 대기 중으로 배출되는 CO_2가 없음) 연료이긴 하지만 그 원료는 식용 자원이 아니라 비식용 자원이어야 한다는 것이 국제적인 공감대이다.

제1세대 바이오에탄올
옥수수, 사탕수수 등 식용작물을 사용하여 윤리 문제뿐만 아니라 원료 작물의 대량 생산을 위한 산림 벌채를 유발해 지구 온난화를 가속시킨다는 비난을 받고 있다.

제2세대 바이오에탄올
식량이 될 수 없는 작물이나 혹은 폐기물로 여겨지는 줄기, 겉껍질, 나무 조각, 과일 껍질로 만든 바이오연료이다.

비식용 생물 자원에서 생산되는 바이오에탄올을 옥수수, 사탕수수와 같은 식용 자원에서 생산되는 바이오에탄올과 구분하기 위하여, 식용 자원을 이용하여 생산하는 바이오에탄올을 제1세대 바이오에탄올The First Generation, 1G이라 하고, 섬유소(나무, 풀, 농업수산물의 폐자원 등)와 같은 비식용 자원으로부터 생산되는 에탄올을 제2세대 바이오에탄올The

바이오매스　　바이오 화학 산업　　바이오 화학 제품

그림 1-2 바이오 화학 산업의 가치 사슬

Second Generation, 2G이라 한다.

섬유소를 이용한 에탄올의 생산 기술은 섬유소 바이오매스의 전처리, 효소 당화, 미생물 전환, 그리고 생산된 에탄올의 분리·정제의 단위 공정으로 구성되어 있다. 이 중 에탄올의 분리·정제는 제1세대 에탄올 생산 과정에서 개발된 기술을 그대로 이용할 수 있다. 섬유소 바이오매스는 평균적으로 셀룰로스cellulose 40%, 헤미셀룰로스hemicellulose 30%, 리그닌lignin 25% 등으로 구성되어 있으므로 가수분해를 하면 포도당, 목당(자일로스xylose)의 혼합 당화액을 얻게 된다. 섬유소의 물리화학적 구조는 전분starch의 구조와는 달리 복잡하며 단단하여 가수분해 공정이 매우 어렵다.

전분 유래 에탄올(1G 에탄올)과 섬유소 유래 에탄올(2G 에탄올)과의 기술적인 차이점은 다음과 같다. 전분 유래 에탄올 생산 기술은 B.C 2000년부터 인류가 사용해 왔으며, 현재 맥주 생산과 옥수수 유래 바이오에탄올 생산이 이에 해당한다. 전분은 식물이 에너지원으로 재사용하기 위해 생합성하는 물질로, 가수분해 공정이 효율적이며 단순하고, 가수분해 당화액에는 대부분 포도당으로 구성되어 있어 에탄올 발효에 사용되는 효모인 사카로미세스 세레비지에*Saccharomyces cerevisiae*에 의해서 높은 생산성과 수율로 에탄올로 전환된다.

효모에서 포도당으로부터의 에탄올 생합성은 이미 잘 알려져 있다. 포도당은 해당 작용을 거쳐 피루브산pyruvate으로 전환되며, 피루브산은 공기가 없는 혐기적 조건에서 최종적으로 에탄올로 전환된다. 공기가 있는 호기적 조건에서도 크랩트리 효과Crabtree effect에 의해서 피루브산은 TCA 대사 과정뿐만 아니라 에탄올로 전환된다. 1G 에탄올 생산 기술은 이미 완숙 단계에 있어 연구 개발을 통하여 발효 공정을 개선할 여지가 별로 없다고 할 수 있다.

반대로 섬유소 유래 에탄올 생산의 경우 매우 복잡하고 많은 기술적인 어려움이 존재한다. 식물의 구조물 자체를 분해해야 하기 때문에 전분의 분해와는 달리 비효율적이다. 섬유소 당화액은 포도당뿐만 아니라 목당(자일로스)이 존재하는 혼합당 용액이며, 가수분해 과정에서 생성된 발효 저해제(furfural, hydroxyl methylfural, 초산 등)가 있어 에탄올 생산 공정의 효율을 저하시킨다. 더욱이 에탄올 발효에 사용해 온 효모인 사카로미세스 세레비지에는 목당(자일로스)을 이용할 수 없어, 목당을 이용할 수 있도록 대사공학적으로 개조하여야 한다. 전분 유래 에탄올에 비해 섬유소 유래 에탄올 생산 기술은 기술의

크랩트리 효과
글루코스의 첨가에 의해 세포의 호흡이 억제되는 현상이다. 효모에서 에탄올 생산은 주로 혐기적 조건에서 이루어지는데, 호기적 조건에서도 이 효과에 의해 에탄올 생산이 가능하다.

난이도나 복잡성에서 비교가 되지 않을 정도이다.

결론적으로 산업생물공학의 핵심은 탄소 경제의 패러다임을 탄화수소hydrocarbon에서 탄수화물carbohydrate로 바꾸는 것이며, 생물 자원을 이용한 바이오연료와 바이오 화학 소재의 생산은 세계적인 추세megatrend로 화학 산업과 연료 산업을 지속 가능한 구조로 바꿀 수 있는 대안이다.

단 원 정 리

생물공학은 인류의 역사와 함께 발전해 온 오래된 기술이지만 19세기 이후부터 급속하게 발전하였다. 미생물의 존재를 확인하고 미생물의 기능을 체계적으로 이해하면서 응용 범위가 발효 식품의 생산에서 다양한 생물 소재와 화학 소재로 확장되었다. 특히 페니실린의 산업화 과정에서 화학공학의 핵심 원리가 도입되면서 생물과학과 화학공학의 융합 학문인 생물화학공학이 탄생하게 되었다.

1973년 미국 스탠포드대학의 코헨(S. Cohen) 교수와 캘리포니아대학의 보이어(H. Boyer) 교수에 의해 개발된 유전공학은 생물공학이 비약적으로 발전할 수 있는 추진력을 제공하였다. 유전공학, 단백질공학, 대사공학 등 첨단 생물공학 기술과 반응공학, 공정 최적화 등 화학공학의 원리로 무장한 생물공학은 의약, 농업, 화학 및 에너지 분야로 폭넓게 응용되면서 21세기를 '생물공학 시대'로 변모시켰다.

생물공학은 인류의 질병, 식량, 에너지 및 환경 문제를 해결할 수 있는 핵심적인 기술이다. 그러나 생물공학의 오·남용으로 대재앙을 초래할 수 있는 위험성도 내포하고 있으므로 생물공학 기술과 관련된 안전 및 생명 윤리 문제를 슬기롭게 해결하는 지혜도 필요하다. 생물공학은 질병과 기아가 없으며, 깨끗한 환경 속에서 윤택한 생활을 즐길 수 있는 생물 사회(biosociety : 생물 산업의 발전으로 생물 산업 제품 및 서비스가 일상화되는 사회)를 구축할 것으로 기대된다.

연 습 문 제

1. GMP를 설명하시오.

2. 생물공학(biotechnology)과 생물과학(biological science)의 차이점을 설명하시오.

3. 다음의 생물공학 기술을 간단히 설명하시오.
   (1) 중합효소 연쇄 반응(polymerase chain reaction)
   (2) DNA 서열 분석 기술
   (3) 유전자 가위 기술

4. 인간 게놈 프로젝트를 설명하시오.

정답 및 해설

1. GMP(Good Manufacturing Practice)는 식품·의약품의 안정성과 유효성을 품질 면에서 보증하는 기본 조건으로서의 우수 식품, 의약품의 제조·관리 기준이다. 품질이 고도화된 우수 식품, 의약품을 제조하기 위한 여러 요건을 구체화한 것으로 원료의 입고에서부터 출고에 이르기까지 품질 관리의 전반에 지켜야 할 규범이다. 현대화, 자동화된 제조 시설과 엄격한 공정 관리로 식품·의약품 제조 공정상 발생할 수 있는 인위적인 착오를 없애고 오염을 최소화함으로써 안정성이 높은 고품질의 식품·의약품을 제조하는 데 목적이 있다.
2. 생물공학(biotechnology)은 생물학(biology)과 기술(technology)의 합성어로 다양한 학문을 배경으로 만들어진 종합적인 학문이다. 생물공학은 넓은 의미로 미생물, 동물, 식물 등의 생명 현상을 규명하고 이를 바탕으로 생물체가 가지고 있는 독특한 능력을 활용하여 산업적으로 유용한 제품 또는 공정을 제조하거나 개선함으로써 인류의 복리에 활용하는 21세기 첨단 학문이다. 또한, 생물이나 그 일부분을 변형함으로써 인간에게 이로운 산물을 만드는 것으로 간단히 정의할 수 있다. 또 다른 생물공학의 정의는 유전자 변형 생물체(genetically modified organism, GMO)로 생물의 형질 및 가치를 바꾸는 것이다. 반면에 생명과학(biological science)은 생명 현상이나 생물의 여러 가지 기능을 밝히고 그 성과를 의료나 환경 보존 등 인류 복지에 응용하는 종합 과학이다. 인간의 본질을 잘 이해하여 인간과 자연과의 본연의 관계를 해명하는 과학이라고 할 수 있다.
3. (1) 중합효소 연쇄 반응(Polymerase chain reaction)이란 소량의 DNA에서 다량의 특수한 뉴클레오타이드(nucleotide) 서열을 합성하는 데 사용되는 기술이다. 이 반응에는 타깃 유전자에 상보적으로 결합하는 올리고 뉴클레오타이드 프라이머와 특수한 열-안정성 DNA 중합효소가 사용된다.
   (2) DNA 서열 분석 기술은 DNA 가닥에 있는 네 가지 염기인 아데닌(A), 구아닌(G), 사이토신(C)과 타이민(T)의 순서를 결정하는 데 사용되는 모든 방법과 기술이다.
   (3) 유전자 가위 기술은 유전자에 결합해 특정 DNA 부위를 자르는 데 사용하는 인공 효소로 유전자의 잘못된 부분을 제거해 문제를 해결하는 유전체 편집(genome editing) 기술을 말한다. 1, 2, 3세대의 유전자 가위가 존재하며, 최근 3세대 유전자 가위인 크리스퍼(CRISPR)가 개발되었다. 크리스퍼 유전자 가위 기술(CRISPR-Cas9)은 유전자 편집의 대상이 되는 DNA의 상보적 염기를 지니는 RNA를 지닌 크리스퍼가 표적 유전자를 찾아가 '카스9(Cas9)'라는 효소를 이용하여 DNA 염기서열을 잘라내는 방식으로 작동한다.
4. 게놈(genome)이란 유전자(gene)와 염색체(chromosome)의 합성어로서 유전 정보 전체를 의미한다. 인간 게놈 프로젝트는 인간 DNA를 구성하는 30억 개의 염기서열을 모두 밝혀 질병의 원인을 규명하고 치료법을 개발하는 것이다. 미국은 국립보건원(NIH)을 중심으로 지난 1990년에 2005년까지 모든 염기의 서열 구조를 판독한다는 목표를 세우고 해석 작업에 착수했다. 예상을 뛰어넘은 기술 진보로 작업 종료 예정을 4년이나 앞당겨 지난 2001년 인간 게놈의 염기서열을 약 99% 정도 밝혀냈다는 사실을 발표하였다.

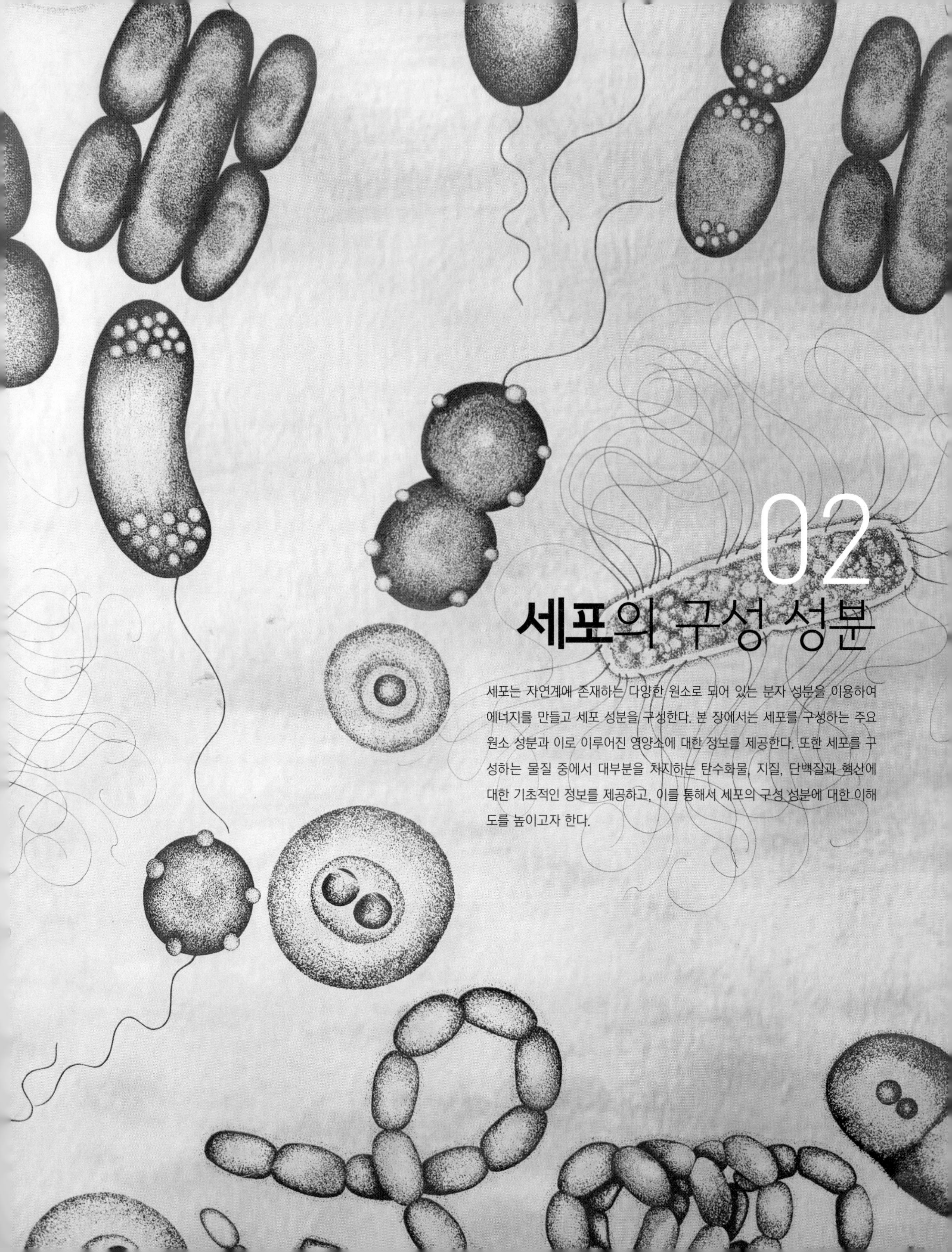

02 세포의 구성 성분

세포는 자연계에 존재하는 다양한 원소로 되어 있는 분자 성분을 이용하여 에너지를 만들고 세포 성분을 구성한다. 본 장에서는 세포를 구성하는 주요 원소 성분과 이로 이루어진 영양소에 대한 정보를 제공한다. 또한 세포를 구성하는 물질 중에서 대부분을 차지하는 탄수화물, 지질, 단백질과 핵산에 대한 기초적인 정보를 제공하고, 이를 통해서 세포의 구성 성분에 대한 이해도를 높이고자 한다.

1. 세포의 구성 원소

일반적으로 세포는 자연에 존재하는 100여 가지 이상의 원소를 가지고 있지만 이 중에서 12가지 원소가 세포를 구성하는 원소이다(표 2-1). 특히 탄소C, 산소O, 수소H는 탄수화물과 같은 유기물을 구성하고, 질소N는 미생물 세포의 단백질이나 핵산 또는 조효소의 구성 원소이다. 황S은 황이 포함된 아미노산(메싸이오닌과 시스테인)이나 조효소에 필요하고, 인P은 NAD(P)와 ATP를 포함하는 핵산과 인지질의 주요 성분이다. 칼륨K은 주요 무기 양이온으로 특정 효소(예, 피루브산 키네이스pyruvate kinase)의 보조 인자로 이용되고, 염소Cl는 주요 무기 음이온으로 호염성 고세균halophilic archaea의 에너지 보존 과정에 관여한다. 나트륨Na은 세포 내의 여러 가지 에너지 전이 및 수송 과정에 참여하고 알칼리성 조건에서 미생물 성장에 중요한 역할을 한다. 마그네슘Mg은 핵산, ATP, 인지질과 지질 다당류를 포함한 인산기의 복합체를 형성하고, 칼슘Ca은 미생물 세포 내 몇몇의 효소(알칼리 인산분해효소alkaline phosphatase) 활성에 대하여 결정적인 영향을 준다. 철Fe은 Fe-S 단백질과 사이토크롬cytochrome과 같은 전자 운반체의 성분으로서 산화 환원 반응에서 중요한 역할

표 2-1 세포를 구성하는 주요 원소와 기능 및 미생물이 이용할 수 있는 화학 구조

원소	원자 번호	미생물이 이용하는 화학 구조	기능
C	6	유기 화합물, CO, CO_2	단백질, 핵산, 지질, 탄수화물 등에 있는 세포 물질의 주요 구성 성분
O	8	유기 화합물, H_2O, O_2, CO_2	
H	1	유기 화합물, H_2O, H_2	
N	6	유기 화합물, NH_4^+, NO_3^-, N_2	
S	16	유기 황화합물, SO_4^{2-}, HS^-, S^0, $S_2O_3^{2-}$	단백질 및 코엔자임
P	15	HPO_4^{2-}	핵산, 인지질, 테이코산, 코엔자임
K	19	K^+	주요 무기 양이온, 이면성 용질, 효소 보조 인자
Mg	12	Mg^{2+}	효소 보조 인자, 핵산과 ATP를 포함하는 세포벽, 막과 인산에스터에 결합
Ca	20	Ca^{2+}	효소 보조 인자, 세포벽에 결합
Fe	26	Fe^{2+}, Fe^{3+}	사이토크롬, 페레독신과 Fe-S 단백질이나 효소의 보조 인자
Na	11	Na^+	운반과 에너지 변환에 관여
Cl	17	Cl^-	주요 무기 음이온

표 2-2 세포를 구성하는 미량 원소와 기능 및 미생물이 이용할 수 있는 화학 구조

원소	원자 번호	미생물이 이용하는 화학 구조	기능
Mn	23	Mn^{2+}	슈퍼옥사이드 디스뮤테이스, 광합성
Co	27	Co_2	조효소 B_{12}
Ni	28	Ni^{+}	수소화효소, 유레이스
Cu	29	Cu^{2+}	사이토크롬 산화효소, 산소분해효소
Zn	30	Zn^{2+}	알코올 탈수소효소, 알돌레이스, 알칼리성 인산분해효소, DNA와 RNA 중합효소, 비산염 환원효소
Se	34	SeO_3^{2-}	폼산 탈수소효소, 글리신 환원효소
Mo	42	MoO_4^{2-}	질산화효소, 질산 환원효소, 폼산 탈수소효소, 비산염 환원효소
W	74	WO_4^{2-}	폼산 탈수소효소, 알데하이드 산화환원효소

을 한다. 세포를 구성하는 주요 미량 원소의 기능과 미생물이 이용할 수 있는 각 원소의 화학 구조는 표 2-2와 같다.

2. 주요 영양소

세포가 원소 성분을 섭취하여 이용하기 위해서 대부분의 원소들은 생명체가 사용할 수 있는 유기물 형태의 화학 구조로 공급되거나 존재해야 된다.

탄소원 중에서 가장 간단한 구조의 유기물인 이산화탄소의 이용성에 따라 생명체를 분류한다. 독립영양생물autotroph은 엽록소를 보유하고 있어 공기 중의 이산화탄소를 탄소원으로 이용하여 성장하는 반면, 종속영양생물heterotroph은 엽록소가 없기 때문에 탄소, 수소와 산소가 복합체로 된 탄수화물을 탄소원으로 이용하여 성장한다.

질소원의 경우 공기 중의 질소가스를 직접 이용하여 유기물로 전환하는 미생물의 수는 매우 적다. 대부분의 생명체는 유기물 형태의 질소를 이용하는데, 아미노산과 같은 유기 질소 화합물과 암모늄 및 질산염과 같은 무기물을 이용한다.

세포 내의 산소 이온은 주로 유기 화합물, 물과 이산화탄소에서 유래한다. 산소 분자O_2는 생합성 과정에 거의 사용되지 않고 전자 수용체로 이용된다. 산소 분자의 이용에 따

표 2-3 원핵생물의 성장에 필요한 성장 인자와 주요 기능

성장 인자	기능
p-아미노벤조산(*p*-aminobenzoate)	사수산화엽산의 일부, 탄소 단위 운반체
바이오틴(biotin)	카복실레이스와 뮤테이스의 보결 분자단
코엔자임 M(Coenzyme M)	메테인 세균의 메틸 운반체
엽산(folate)	사수산화엽산의 일부
헤민(hemin)	사이토크롬과 헤모단백질의 전구체
리포산(lipated)	2-케토산 탈탄산효소
니코틴산(nicotine)	피리딘 핵산(NAD^+, $NADP^+$)의 전구체
판토텐산(pantothenate)	조효소 A와 아실기 운반 단백질의 전구체
피리독신(pyridoxine)	피리독살인산의 전구체
리보플라빈(riboflavin)	플라빈(FAD, FMN)의 전구체
티아민(thiamin)	티아민파이로인산의 전구체
비타민 B_{12}	조효소 B_{12}의 전구체
비타민 K	메나퀴논의 전구체

라서 대부분의 생명체는 ① 성장에 산소가 반드시 필요한 호기성 생명체aerobes, ② 산소 분자를 이용할 경우 세포 성장이 빠르지만 산소 분자가 없어도 낮은 속도로 성장이 가능한 통성 혐기성 생명체facultative anaerobes, ③ 산소 분자를 이용할 수 없어 산소 존재 시 성장을 못하거나 사멸하게 되는 절대 혐기성 생명체obligate anaerobes로 분류할 수 있다.

대장균*Escherichia coli*은 탄소원과 무기염(특히 무기질소원)만을 함유한 제한 배지defined medium에서 성장할 수 있지만, 젖산균lactic acid bacteria과 같은 다른 균들은 유기질소원을 함유한 복합 배지complex medium가 필요하다. 성장 인자growth factor는 생명체가 자체적으로 포도당과 미네랄만으로 합성할 수 없는 물질이기 때문에 세포 성장에 반드시 필요하여 배지에 첨가하여 공급해야 한다.

3. 세포의 주요 구성 성분

앞에서 언급하였듯이 생명체는 대부분 네 가지 원소(탄소, 수소, 산소, 질소)로 이루어져

표 2-4 세포 구성의 주요 물질

주요 물질	예	최소 단위
탄수화물	당, 전분, 셀룰로스, 펙틴, 키틴	단일 당
지질	지방산, 오일	지방산, 글리세롤
단백질	효소	아미노산
핵산	DNA, RNA	뉴클레오타이드

있다. 박테리아부터 인간까지 모든 생물체의 세포는 화학적으로 매우 유사하다. 세포는 다양한 작은 분자와 이온을 포함하지만, 주요 골격과 기능 구성 요소는 4가지 구성 성분(탄수화물, 지질, 단백질, 핵산)으로 이루어져 있다.

1) 탄수화물carbohydrate

탄수화물은 탄소 한 분자에 두 개의 수소 분자와 한 개의 산소 분자의 비율(C, H_2, O)로 이루어진 당류로 다양한 종류가 존재한다. 예를 들어, 아래와 같은 다양한 탄수화물이 세포를 이루고 있다.

① 단당류mono-saccharides : 포도당(글루코스)glucose, 과당fructose, 갈락토스galactose, 만노스mannose, 자일로스(목당)xylose, 아라비노스arabinose 등

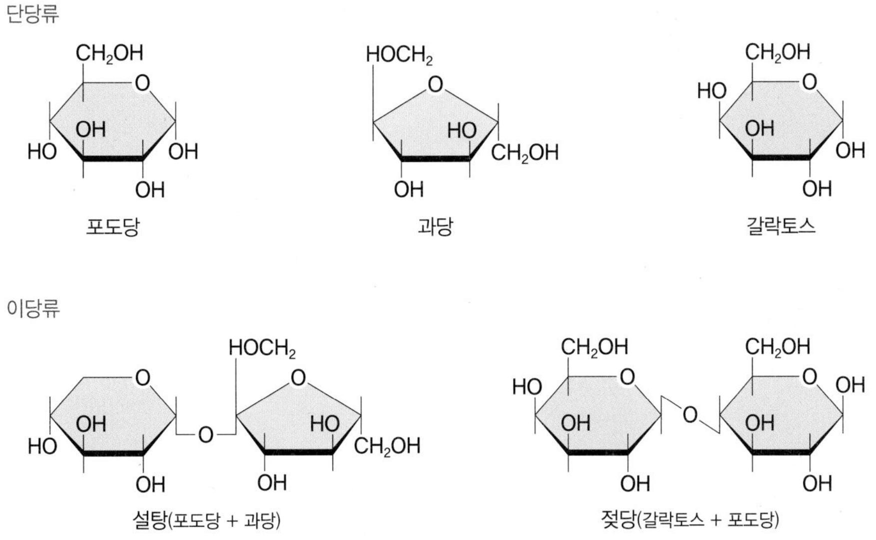

포도당　과당　갈락토스

이당류

설탕(포도당 + 과당)　젖당(갈락토스 + 포도당)

그림 2-1 단당류와 이당류의 화학적 구조

② 이당류di-saccharides : 설탕(수크로스)sucrose, 맥아당maltose, 젖당(락토스)lactose 등

③ 올리고당류oligo-saccharides : 프럭토올리고당fructo-oligosaccharide, 말토올리고당malto-oligo-saccharide 등

④ 다당류poly-saccharides : 전분starch(쌀 곡물, 밀 곡물, 옥수수 곡물, 감자 등), 셀룰로스cellulose(나무, 초본계, 농산 폐기물 등), 펙틴pectin(식물 세포벽, 갑각류 껍질 등), 한천agar(갈조류 성분, 겔화 제품), 카라기난carrageenan(해양 조류, 아이스크림의 증점제) 등

탄수화물은 에너지 대사에서 중요한 역할을 한다. 식물과 광합성 세균은 태양광 에너지와 공기 중의 이산화탄소를 이용하여 포도당을 합성하고, 이를 분해하여 세포 내 에너지로 이용한다. 동물과 대부분의 미생물은 세포 외부에 존재하는 탄수화물을 섭취한 후 분해하여 에너지원으로 이용하고, 남은 탄수화물 분해물을 다당류로 중합하여 세포에 보관한다. 주요 다당류로 식물은 포도당 분자를 α-1,4-glycosidic 결합으로 중합한 전분으로 저장하거나, 세포의 구조를 만들기 위해 포도당 분자를 β-1,4-glycosidic 결합으로 중합한 셀룰로스를 생합성한다. 동물은 포도당을 글리코젠glycogen 형태로 저장하고, 세포 내 에너지 수준이 낮아진 경우에 글리코젠을 분해하여 에너지원과 세포 구조물 합성에 이용한다(그림 2-2).

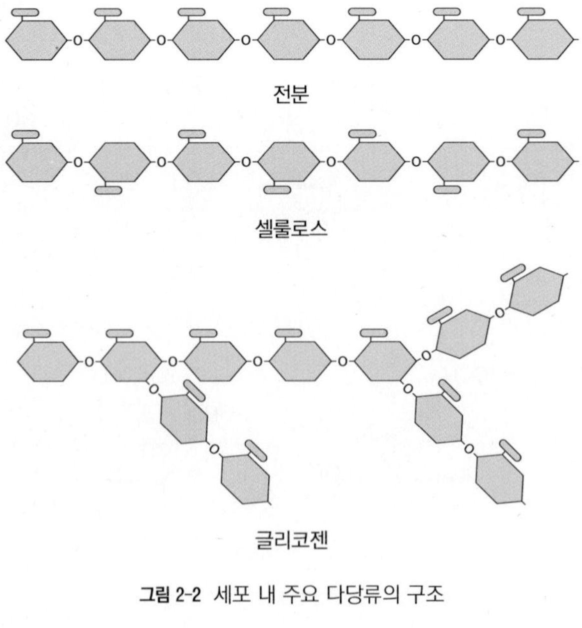

그림 2-2 세포 내 주요 다당류의 구조

2) 지질lipid

지질은 소수성(물에 녹지 않는 특성)을 갖고 있는 물질로서 지방과 콜레스테롤 등이 대표적이다. 기본 구조로 대부분이 탄소-수소와 탄소-탄소의 공유 결합으로 이루어져 있다. 지질은 작은 공간에 많은 에너지를 저장할 수 있어 가장 효율적인 에너지 저장 물질이다. 또한 세포막의 주요 구성 성분이다. 일반적인 지방은 글리세롤glycerol 한 분자에 지방산fatty acid 세 분자가 에스터 결합을 이룬 형태이다(그림 2-3). 지방산의 형태에 따라서 지방의 물성이 결정된다. 포화 지방산saturated fatty acid은 탄소-탄소의 긴 사슬에 이중 결합이 없어 1자형의 구조를 갖기 때문에 상온에서 포화 지방산 간의 강한 수소 결합을 형성하여 고체로 존재한다. 불포화 지방산unsaturated fatty acid은 탄소-탄소의 긴 사슬 중간에 다수의 이중 결합을 포함하고 있기 때문에 굽은 형태로 존재하고 이로 인해서 지방산

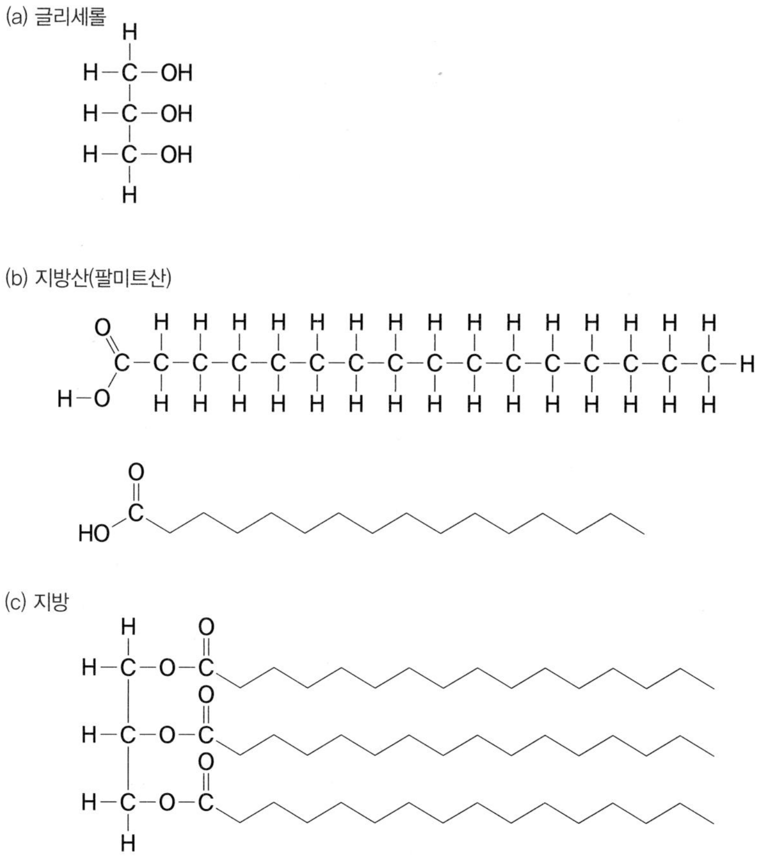

(a) 글리세롤

(b) 지방산(팔미트산)

(c) 지방

그림 2-3 글리세롤과 지방산, 지방의 화학 구조

지방
글리세롤과 지방산으로 이루어진 소수성 세포 구성 성분

사이의 수소 결합이 불가능해진다(그림 2-4). 이에 따라서 상온에서는 액체 상태로 존재한다. 세포막의 구성 성분인 인지질phospholipid은 일반적인 지방의 구조에서 글리세롤 한 분자에 지방산 두 분자와 인산기 한 분자가 결합된 형태이다. 인산기의 친수성과 지방산의 소수성을 한 분자의 인지질에 모두 갖고 있어서 세포막의 지질 이중층lipid bilayer을 자발적으로 형성하게 된다(그림 2-5).

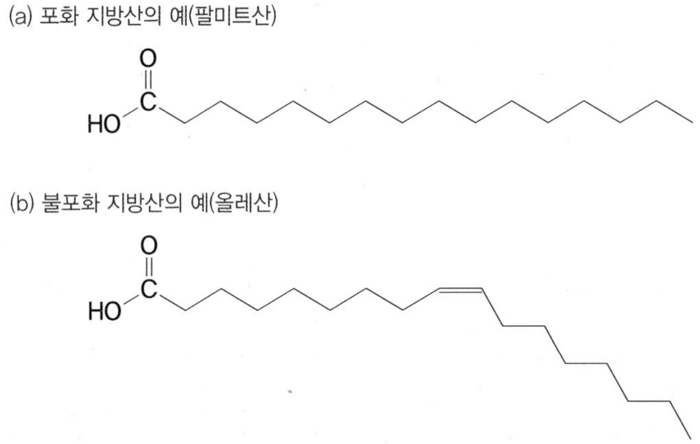

(a) 포화 지방산의 예(팔미트산)

O
C
HO

(b) 불포화 지방산의 예(올레산)

O
C
HO

그림 2-4 포화 지방산과 이중 결합이 한 개인 불포화 지방산의 화학 구조

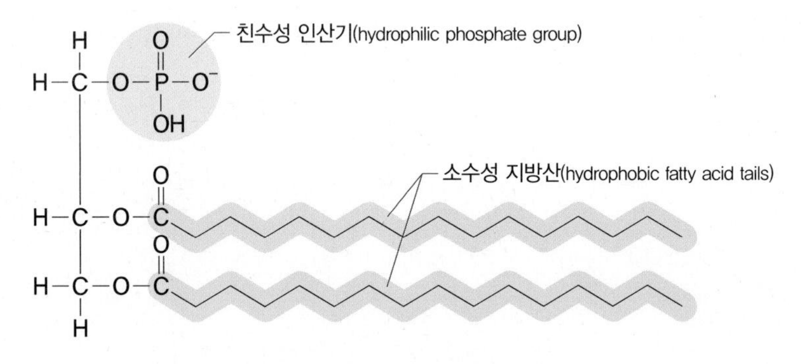

그림 2-5 인지질의 구조

3) 단백질protein

단백질은 C, H, O, N의 원소로 구성되어 있고, 몇몇 단백질은 구조를 유지하기 위해서 미네랄을 필요로 한다. 단백질의 대표적인 예로 대사 작용을 촉매하는 효소, 헤모글로빈hemoglobin, 운송 단백질, 구조 단백질 등이 있어 세포 내에서 다양한 역할을 하고 있다.

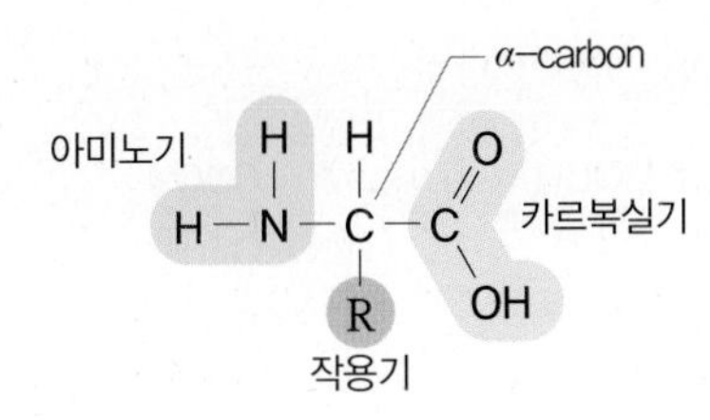

그림 2-6 아미노산의 일반적인 구조

단백질의 최소 단위는 아미노산으로 최소 하나의 아미노기amino group와 하나의 카르복실기carboxylic acid group를 갖고 있으며, 하나의 서로 다른 작용기functional group로 구성되어 있다(그림 2-6).

자연계에는 20개의 천연 아미노산이 존재하는데 인간의 경우 8개의 아미노산을 합성하지 못하기 때문에 이러한 아미노산을 필수 아미노산essential amino acid이라고 한다(표 2-5). 생명체에 따라서 필수 아미노산의 종류가 다르다.

20개의 아미노산에 존재하는 서로 다른 작용기에 따라서 각 아미노산의 성질이 달라진다(그림 2-7). 작용기에 ① 암모늄 이온, 카르복실기 등을 보유한 아미노산은 이온화 그

표 2-5 천연 아미노산 및 인체에 필요한 필수 아미노산과 비필수 아미노산의 분류

필수 아미노산	비필수 아미노산
Isoleucine	Alanine
Leucine	Asparagine
Lysine	Aspartic acid
Methionine	Cysteine
Phenylalanine	Glutamic acid
Threonine	Glutamine
Tryptophan	Glycine
Valine	Proline
	Serine
	Tyrosine
	Arginine
	Histidine

단백질
아미노산이 펩타이드 결합으로 길게 이어진 세포 구성 성분

아미노산
아미노기, 카르복실기, 작용기로 이루어진 단백질의 최소 단위

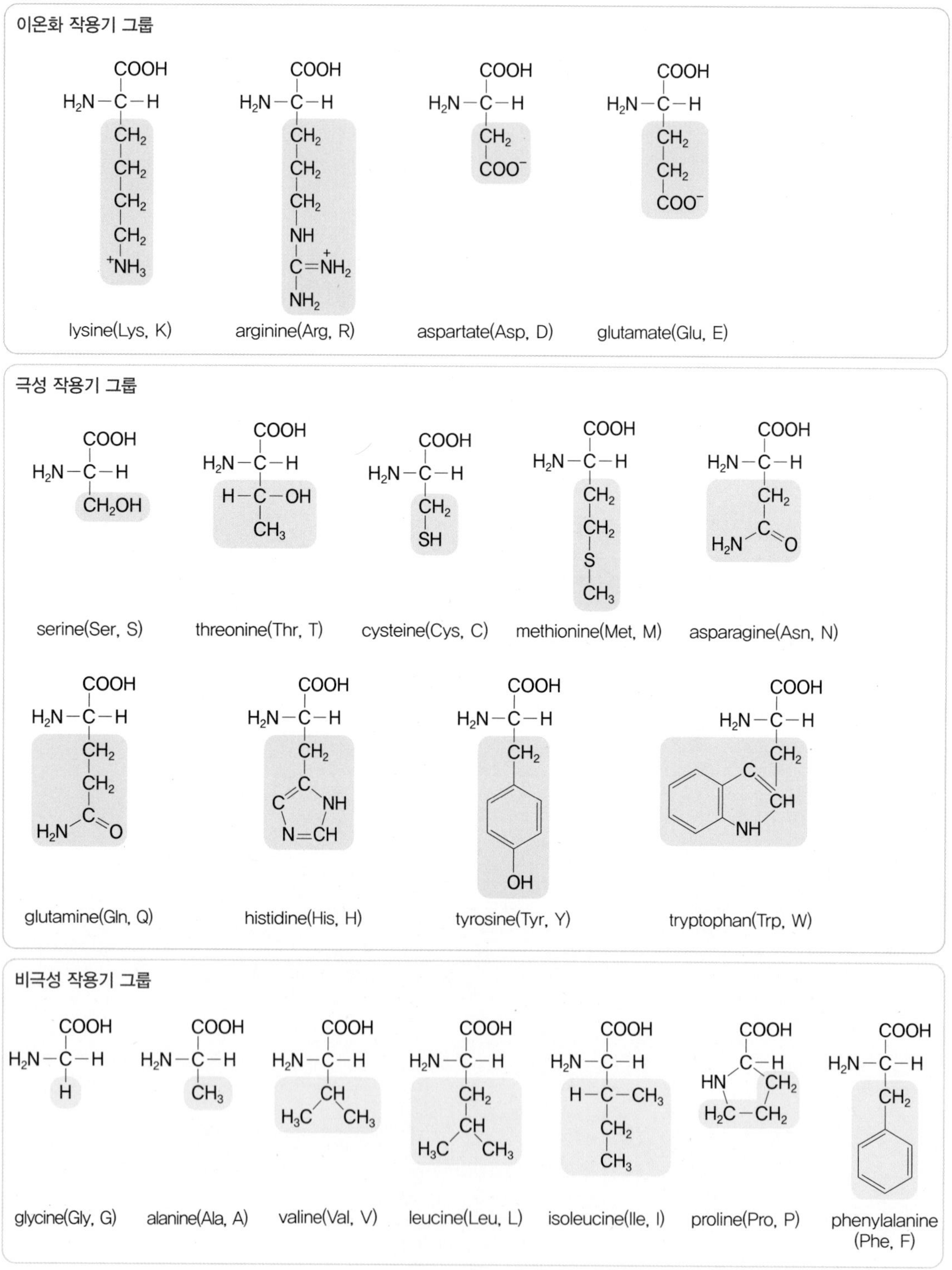

이온화 작용기 그룹

lysine(Lys, K) arginine(Arg, R) aspartate(Asp, D) glutamate(Glu, E)

극성 작용기 그룹

serine(Ser, S) threonine(Thr, T) cysteine(Cys, C) methionine(Met, M) asparagine(Asn, N)

glutamine(Gln, Q) histidine(His, H) tyrosine(Tyr, Y) tryptophan(Trp, W)

비극성 작용기 그룹

glycine(Gly, G) alanine(Ala, A) valine(Val, V) leucine(Leu, L) isoleucine(Ile, I) proline(Pro, P) phenylalanine (Phe, F)

그림 2-7 세포에 존재하는 일반적인 천연 아미노산

룹, ② 산소, 황, 질소 원자와 이중 결합 등을 보유한 극성 그룹, ③ 단순한 탄소와 수소의 공유 결합으로 구성된 비극성 그룹으로 분류할 수 있다.

단백질의 기본 단위인 아미노산 각각은 카르복실기와 아미노기와의 공유 결합인 펩타이드 결합peptide bond으로 연결되어 있다. 곧, DNA의 염기서열에 따라서 tRNA의 말단에 부착된 서로 다른 아미노산은 세포 내 리보솜에 의해서 펩타이드 결합이 만들어지고, 다양한 아미노산을 연결하여 긴 사슬의 1차 구조primary structure 형태의 폴리펩타이드polypeptide가 만들어진다. DNA의 5′-말단과 3′-말단에 상응하게 폴리펩타이드는 *N*-말단에 아미노기를, *C*-말단에 카르복실기를 갖는다.

폴리펩타이드 형태로 연결된 아미노산은 서로 다른 작용기를 보유하고 있기 때문에 수소 결합을 통해서 자발적으로 일정한 2차 구조secondary structure를 갖게 된다. 이 중에서 알파-나선 구조α-helix와 베타-병풍 구조β-sheet는 대표적인 단백질의 2차 구조이다. 폴리펩타이드 2차 구조와 이를 연결하는 펩타이드 사슬의 작용기 사이에 약한 소수성 상호반응hydrophobic interaction과 반데르발스 힘van der Waals force, 공유 결합인 이황화 결합disulfide bond 등을 통해서 아미노산 서열 전체의 3차 구조tertiary structure를 형성하여 비로소 단백질 구조를 이루고, 그 생리 활성 특성을 나타낸다. 일부 단백질의 경우 단일 폴리펩타이드로는 고유의 특성을 나타내지 못하는 경우가 있다. 이러한 경우 동일한 폴리펩타이드 여러 개가 모인 형태인 단일 복합체homo-polymer(두 개인 경우 homo-dimer, 세 개인 경우 homo-tetramer라고 함) 또는 다른 폴리펩타이드 여러 개가 모인 형태인 이종 복합체hetero-polymer

(a)

$H_2N-CH(R_1)-COOH + H_2N-CH(R_2)-COOH \rightarrow H_2N-CH(R_1)-CO-NH-CH(R_2)-COOH + H_2O$

펩타이드 결합

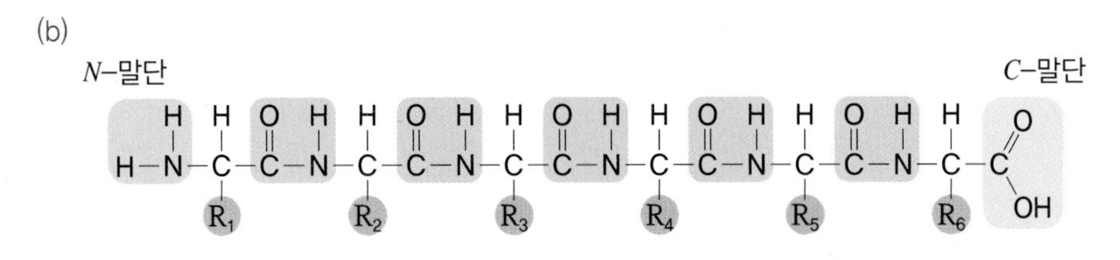

그림 2-8 펩타이드 결합(a)과 단백질의 폴리펩타이드 구조(b)

펩타이드 결합
두 개의 아미노산을 이어주는 카르복실기와 아미노기의 공유 결합

(a) 1차 구조 : 폴리펩타이드 사슬

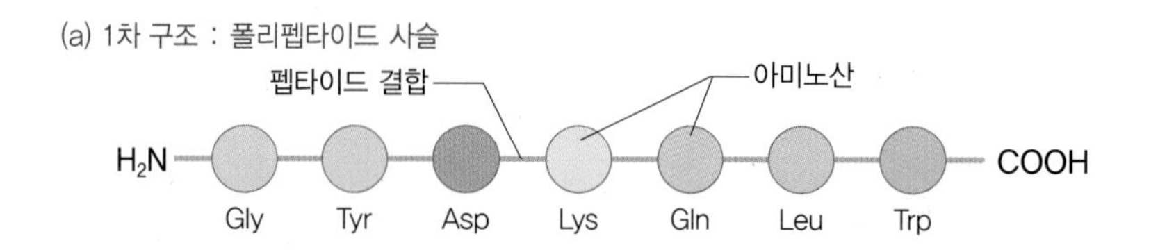

(b) 2차 구조

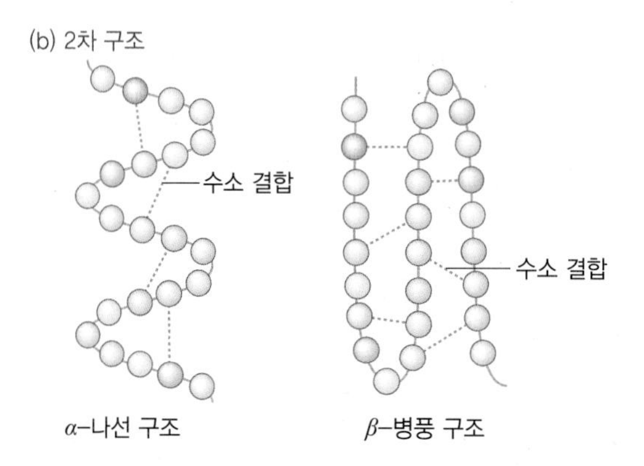

(c) 3차 구조

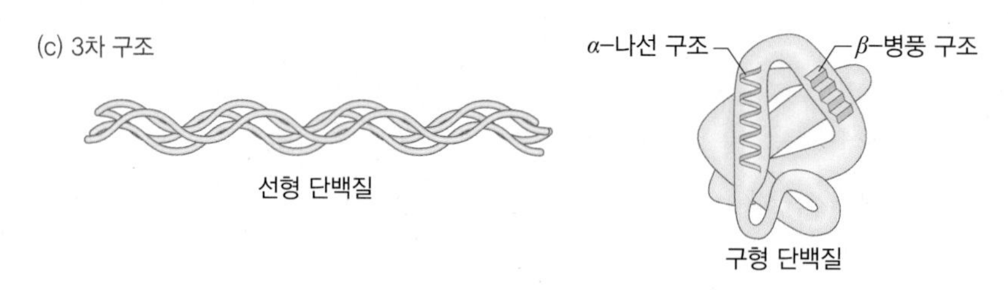

(d) 4차 구조

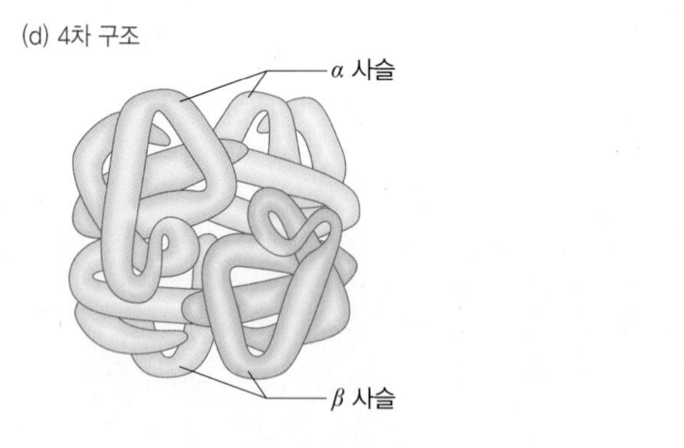

그림 2-9 단백질 구조의 모식도

를 구성하게 된다. 이러한 3차 구조 단백질이 모여서 만들어진 거대 분자 구조체를 4차 구조quaternary structure 단백질이라고 하고, 낱개의 단백질을 서브유닛subunit이라고 한다(그림 2-9, 표 2-6).

표 2-6 단백질 구조에 대한 간단한 이해

단백질 구조	종류	요약
1차 구조	아미노산 서열	유전자의 DNA 염기서열에 의해 직접 암호화된 것으로 모든 단백질은 1차 구조를 가지고 있다.
2차 구조	알파-나선 구조, 베타-병풍 구조 또는 비정형의 고리	많은 2차 구조는 소수성 아미노산 작용기를 함께 유지시키고 친수성 펩타이드 구조를 중화시키는 형태이다.
3차 구조	도메인	단백질은 하나 이상의 도메인을 포함한다. 도메인은 일반적으로 DNA의 연속적인 연장에 의해 코드화되고, 종종 특정 기능과 관련되어 있다.
4차 구조	다중 폴리펩타이드 사슬 군집	단백질은 동일한 폴리펩타이드 사슬의 하나 이상을 포함할 수 있거나 다른 유전자에 의해 코딩되는 다른 폴리펩타이드의 집합으로 제조될 수 있다.

(1) 단백질의 변성

단백질의 구조를 유지하는 힘으로 공유 결합은 이황화 결합이 유일하고 대부분 약한 힘을 갖는 수소 결합, 소수성 상호 반응, 반데르발스 힘 등으로 되어 있다. 곧, 열과 같은 물리적 처리와 염의 첨가 같은 화학적 처리를 통해서 상기의 결합이 쉽게 파괴되고 구조를 유지할 수 있는 에너지를 잃어버리기 때문에, 폴리펩타이드 간의 비활성 응집체를 형성하는 단백질 변성protein denaturation 현상이 쉽게 일어난다. 또한 자연의 상태에서도 시간이 지남에 따라서 쉽게 구조를 잃어버리는 특성을 갖고 있다. 이러한 단백질 변성을 막아서 단백질의 활성을 유지하기 위해서는 저온 보관과 다양한 완충 용액을 사용하거나, 효소인 경우 고체 형태의 담체에 고정화하여 사용한다.

4) 핵산nucleic acid

핵산은 C, H, O, N, P의 원소로 구성되며, 뉴클레오타이드nucleotide의 중합체이다. 뉴클레오타이드는 염기base, 오탄당sugar과 인산기phosphate group의 공유 결합으로 이루어져 있다(그림 2-10). 당은 리보스ribose 또는 디옥시리보스deoxyribose로 되어 있어 각각 RNAribonucleic acid와 DNAdeoxyribonucleic acid에 사용된다. 인산기는 $-PO_4$ 형태로 당 분자와 연결되어 있는데, 2개의 인산기가 공유 결합을 이루는 인산이에스터결합phosphodiester bond을 통해서 뉴클레오타이드를 연결하여 핵산 구조를 만든다. 당에 연결되어 있는 염기는 퓨린purine 계열인 아데닌adenine, A, 구아닌guanine, G과 피리미딘pyrimidine 계열인 사이토신cytosine, C, 타이민thymine, T, 유라실uracil, U 중에서 하나가 염기로 결합되어 있다. 핵산의 분류는 유전 정보를 저장하는 DNA와 유전 정보를 전달하는 전령 RNAmessenger RNA, mRNA, 단백질 합성 과정에

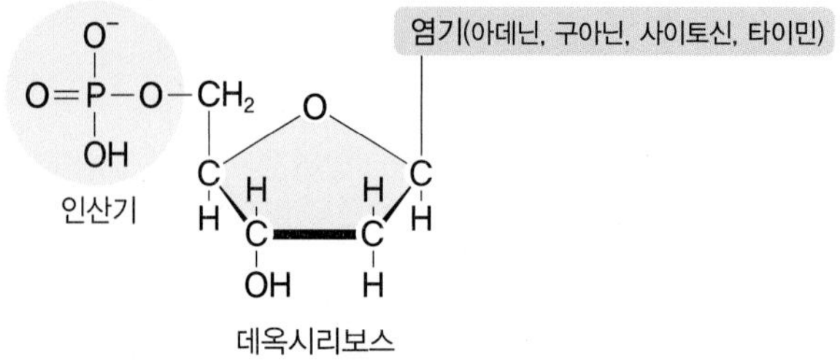

염기(아데닌, 구아닌, 사이토신, 타이민)

인산기

데옥시리보스

그림 2-10 DNA의 구조 물질인 뉴클레오타이드

서 아미노산을 운반하는 운반 RNAtransfer RNA, tRNA의 기능을 하는 RNA가 있다. DNA는 이중나선 구조이며, 염기 A와 C는 각각 T, G와 수소 결합(A-T, C-G)을 한다. DNA에서 사용하는 타이민 염기를 RNA에서는 유라실 염기가 대신한다.

유전 정보와 관련된 핵산 이외에 세포 내에는 다양한 핵산 구조를 갖는 물질들이 존재한다. 특히 ATPadenosine triphosphate, ADP, AMP는 세포 내 에너지를 저장하는 매우 중요한 물질이다(그림 2-11).

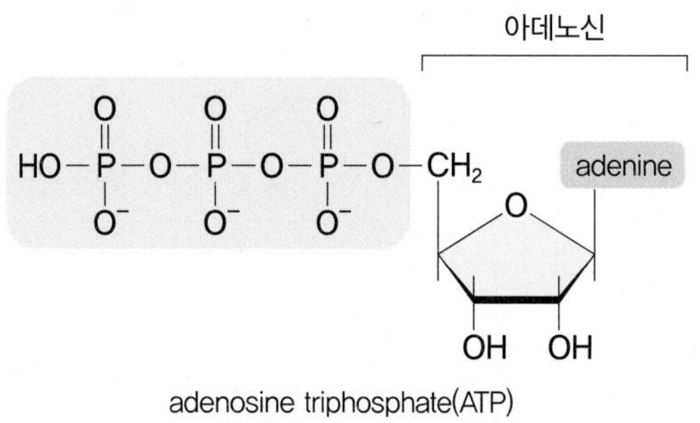

아데노신

adenine

adenosine triphosphate(ATP)

그림 2-11 ATP의 화학 구조식

세포는 자연계에 존재하는 다양한 원소 중에서 탄소, 산소, 수소, 질소 등이 주요 원소로 구성되어 있다. 또한 황, 인, 칼륨, 염소, 칼슘, 철 등의 다양한 원소가 이온의 형태로 세포 내에서 기능을 한다. 이러한 원소를 세포가 이용하기 위해서는 유기물 형태로 공급되어야 한다. 대부분의 생명체는 탄소원으로 탄소와 수소, 산소의 복합체인 탄수화물을 이용하고, 몇몇 생명체는 이산화탄소를 이용하여 직접 탄수화물을 생합성한다. 질소원으로는 유기물 형태의 질소로 아미노산, 무기물 형태의 암모늄을 이용한다. 산소의 이용에 따라 호기성, 통성 혐기성, 절대 혐기성 생명체로 나뉘어지고 대부분의 산소 분자는 전자 수용체로 사용된다. 많은 미생물의 경우 무기 염류만으로 이루어진 제한 배지에서 성장할 수 있지만, 일부 미생물은 성장인자가 포함된 복합 배지에서만 성장할 수 있다. 세포는 탄소, 수소, 산소와 질소 등 네 가지 원소로 주요 구성 성분을 생합성한다. 탄수화물은 탄소, 수소, 산소로 이루어져 있는 분자로, 단당류, 이당류, 올리고당류, 다당류 등으로 분류되며, 세포 에너지원과 세포 구성 성분으로 사용된다.

지질은 소수성 물질로 지방과 콜레스테롤 등이 대표적이다. 지방은 지방산 세 분자와 글리세롤 한 분자로 이루어져 있다. 지방산의 구조에 따라 포화 지방산과 불포화 지방산으로 나뉘어지고, 작은 공간에 많은 분자를 저장할 수 있는 효율적인 에너지 저장 수단이다. 단백질은 아미노산을 기본 단위로 펩타이드 결합을 통해 긴 사슬 형태의 폴리펩타이드로 되어 있다. 20개의 천연 아미노산으로 되어 있고 폴리펩타이드의 구조에 따라서 4가지로 단백질 구조를 분류한다. 핵산은 염기, 오탄당, 인산기로 구성된 뉴클레오타이드의 중합체이다. 퓨린 또는 피리미딘 염기를 보유하고 있다. 유전 정보와 관련하여 핵산은 DNA, mRNA, tRNA로 구분하며, 이외에 ATP와 같이 에너지 저장 수단으로 이용된다.

연 습 문 제

1. 세포를 구성하는 성분 중에 가장 많이 함유하고 있는 주요 원소 4가지를 쓰시오.

2. 이산화탄소를 탄소원으로 이용할 수 있는 능력의 유무에 따라서 생명체를 분류하시오.

3. 산소 이용의 능력에 따라 생명체를 분류하시오.

4. 탄수화물을 구성하는 원소 3가지를 쓰시오.

5. 탄수화물을 크기에 따라 분류하시오.

6. 지질의 주요 구성 성분을 쓰시오.

7. 단백질의 최소 단위인 아미노산의 구조를 설명하시오.

8. 단백질의 대표적인 2차 구조 중 2가지를 쓰시오.

9. 핵산의 단량체인 뉴클레오타이드의 구성 성분을 쓰시오.

정답 및 해설

1. 탄소, 수소, 산소, 질소
2. 독립영양생물 : 엽록소를 보유하고 있어 광합성으로 이산화탄소를 탄수화물로 전환하여 에너지원으로 사용한다.
   종속영양생물 : 엽록소를 보유하고 있지 않으므로 탄수화물을 직접 섭취하여 에너지원으로 사용한다.
3. 호기성 생명체 : 성장에 산소가 반드시 필요
   통성 혐기성 생명체 : 산소의 유무와 상관없이 성장 가능(산소 존재 시 빠른 성장, 산소 부재 시 느린 성장)
   절대 혐기성 생명체 : 산소 존재 시 사멸
4. 탄소, 수소, 산소
5. 단당류, 이당류, 올리고당류, 다당류
6. 지방산 세 분자와 글리세롤 한 분자로 구성된다.
7. 아미노산은 최소 하나의 아미노기(amino group)와 하나의 카르복실기(carboxylic acid group)를 갖고 있으며, 하나의 서로 다른 작용기(functional group)로 구성되어 있다.
8. 알파-나선 구조(α-helix)와 베타-병풍 구조(β-sheet)
9. 염기(base), 오탄당(sugar)과 인산기(phosphate group)

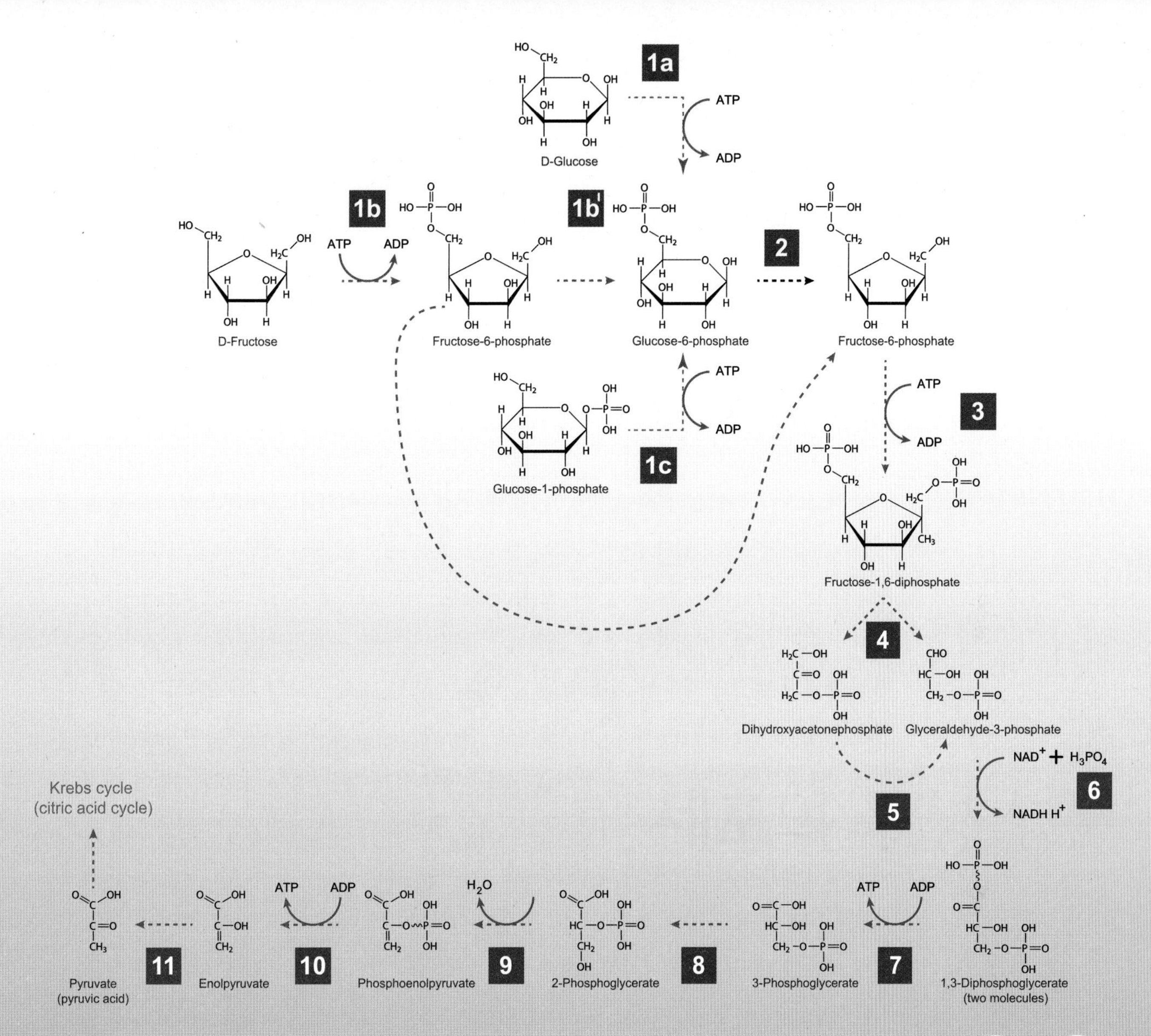

03
대사 경로

생물은 호기성 및 혐기성 호흡 과정을 통해 탄소원을 에너지로 전환시킨다. 이 과정에서 연관된 대사 과정을 통해 에너지 이외에도 여러 가지 대사산물을 얻게 되고, 이는 다른 물질을 생성하는 전구체로 사용되기도 한다. 본 장에서는 생명체의 주요 대사 경로인 해당 과정, TCA 및 전자 전달계 등을 중심으로 여러 가지 생물공학적으로 중요한 대사 과정을 알아보고자 한다.

1. 서론

단순한 미생물이라도 생명체는 반도체 전자 회로와 같은 복잡한 대사 경로biochemical pathway를 가지고 있다. 막대한 수의 효소들로 이루어진 반응 과정들이 유전체의 구성 요소인 핵산, 단백질의 구성 요소인 아미노산, 세포막을 구성하는 지질, 세포의 에너지 저장에 필수적인 탄수화물, 신호 전달 및 세포 간의 상호 작용에 중요한 역할을 하는 2차 대사산물 등 다양한 화합물을 합성하는 반응에 참여하고 있다. 일반적으로 유기물의 합성에서 하나의 반응 과정을 통해 목적하는 반응물이 생성되는 과정은 목적 생성물product의 숫자가 제한적인 것에 비해 생체 내 반응은 대단위적이고 복잡해서 많은 수의 생성물이 동시에 합성된다. 재미있게도 생체 내 반응 경로 중에서 해당 과정, TCA 회로, 펜토스 인산 경로pentose phosphate pathway 등의 주요 대사 경로는 생물 간의 보존적인conservative 경우가 많이 있다. 비슷한 반응에 관여하는 효소의 종간 유전적 상동성이 낮을지라도 반응 경로가 비슷한 경우를 쉽게 찾을 수 있다. 이러한 대사 경로의 보존은 대사공학을 통해 특정 미생물의 기존 대사 경로를 이용하여 새로운 물질을 합성할 경우 매우 유리하게 작용하는데, 만약 종간 대사 경로가 보존되어 있지 않아 대사 경로의 연결이 쉽지 않거나 서로 간섭하는 반응이라면 미생물 대사 경로를 이용한 물질합성이 복잡했을 것이고 생물공학의 발전도 훨씬 더디었을지도 모르는 일이다.

생체 내의 대사 과정은 진화적으로 매우 최적화되어 있다고 할 수 있다. 하나의 생명체의 특정한 대사 경로는 그 생명체가 특정 환경에서 살아남기 위한 최적의 대사 경로 시나리오이고, 이 대사 경로는 외부의 인위적인 변화가 없다면 매우 효율적이고도 원활하게 작동될 것이다. 이는 마치 오케스트라가 교향시를 연주하는 것처럼 일사불란하게 움직이며 세포 내의 에너지 손실을 경이로울 정도로 최소화시켜 원하는 최종 산물들을 생산해 내는 과정으로 표현될 수 있을 것이다. 이 장에서는 다양한 세포 내 대사 과정 중에서 해당 과정 등의 핵심적인 대사 경로와 기타 생물공학에서 중요하게 다루고 있는 대사 경로에 대해서 알아보기로 한다.

2. 포도당 대사 : 해당 과정 및 TCA 회로

세포 내의 대사 중 가장 중요한 대사의 하나인 해당 과정은 생체 에너지 생성에 매우 중요한 역할을 담당한다. 지구상에서 가장 많이 존재하는 단당류 중 하나인 포도당을 빨리 흡수하여 이용하는 것은 다른 생명체와의 경쟁에서 살아남기 위한 좋은 전략일 수 있다. 따라서 육탄당인 포도당은 대부분의 생명체에서 다른 탄소원보다 생체 내에서 빠르게 대사되는 특징을 가지고 있다. 이처럼 해당 과정의 효율적이고 신속한 이용을 위해 해당 과정에 포함된 효소들은 세포 내 어떤 대사 과정에 관련된 단백질보다도 많이 발현된다.

해당 과정의 시작은 먼저 외부에 있던 포도당이 해당 과정에 들어가기 위해서 운반 단백질transporter를 거쳐 내부로 들어오는 것으로 시작한다. 포도당을 외부에서 내부로 수송하는 역할을 하는 단백질은 포도당의 수송뿐만 아니라 다른 당류의 수송에도 관여할 수 있다. 외부에 있던 포도당이 내부에 들어오면 즉시 육탄당 인산화효소hexokinase(EC 2.7.1.1)라는 효소에 의해 글루코스-6-인산glucose-6-phosphate이 된다. 육탄당 인산화효소에 의해 내부의 포도당 농도가 일정 수준 이하로 유지되는 것은 외부의 포도당을 내부로 흡수하는 데 중요한 역할을 하며, 이러한 과정은 해당 과정에 있어서 첫 번째 속도 조절 단계rate-limiting step로 작용한다. 육탄당 인산화효소는 ATP를 이용하여 포도당을 인산화하는데 이때 이 반응은 비가역적으로 일어난다. 인산화된 포도당인 글루코스-6-인산은 인산포도당 이성질화효소phosphoglucose isomerase에 의해 빠르게 프럭토스-6-인산fructose-6-phosphate으로 변환된다. 포도당을 대사하는 경우는 글루코스-6-인산이나 프럭토스-6-인산과 같은 중간 산물들이 거의 세포 내에 쌓이지 않고 다음 반응으로 전환된다.

프럭토스-6-인산은 계속해서 인산과당 인산화효소phosphofructokinase(EC 5.3.1.9)에 의해 프럭토스-1,6-이인산fructose-1,6-diphosphate으로 변한다. 이 과정은 해당 과정의 첫 번째 과정에서와 마찬가지로 인산과당 인산화효소에 의해 ATP를 소모하여 프럭토스-6-인산을 인산화시키는 비가역적 반응이다. 여기서 인산과당 인산화효소는 되먹임 저해feedback inhibition의 영향을 받는다. 이 되먹임 저해는 효소 반응에 의해 생성된 부산물이나 생성물이 효소의 활성을 제어하는 것으로 인산과당 인산화효소의 경우는 ADP와 유기인산(P_i)에 의해 활성화되지만 ATP에 의해서는 저해를 받으므로 반응이 계속되어 ATP/ADP의 비가 높아지면 반응 속도가 느려지는 결과에 이르게 된다. ATP 이외에도 시트르산의 과잉은

인산화효소(kinase)
ATP와 같은 분자의 고에너지 인산기를 특정 기질에 전달하는 인산화 반응 촉매 효소

이성질화효소(isomerase)
하나의 분자를 그 분자의 이성질체로 바꾸는 반응을 촉매하는 효소

탈수소효소(dehydrogenase)
수소가 들어 있는 화합물에서 수소 원자를 떼어 내는 반응을 매개하는 효소

인산과당 인산화효소의 활성을 방해하여 프럭토스-6-인산의 합성을 방해하게 된다. 이처럼 인산과당 인산화효소는 많은 대사 물질들에 의해서 효소의 활성이 증가되거나 감소되기 때문에 전체적인 대사 조절에서 중요한 위치에 있다고 할 수 있다.

산소가 존재할 때는 뒤에서 설명하겠지만 TCA 회로와 전자 전달계respiratory electron transport chain를 거쳐 ATP를 고농도로 생산하게 되고, 이러한 ATP 농도의 상승이 인산과당 인산화효소의 활성을 저해하는 결과를 낳게 된다. 이러한 이유로 세포의 해당 속도가 호기성 조건보다 혐기성 조건에서 더 빠르다. 재미있는 사실은 효모나 암세포의 경우 호기성 조건에서도 해당 과정의 속도가 다른 세포들에 비해 빠르게 진행되어 젖산이나 에탄올을 생성한다. 이렇게 생성된 젖산이나 에탄올은 주위 (정상) 세포들의 생장에 적합하지 않은 환경을 제공하기 때문에 다른 세포들의 생장을 억제하고 자신들이 빠르게 자라게 되는 결과를 낳게 된다. 이와 같은 해당 과정에 있어서의 특징은 암 연구에 있어서 최근에 주목받고 있는 부분이고, 암 정복을 위해 새로운 해결책을 제시할 수 있는 연구 영역이 될 수도 있다.

계속되는 해당 과정을 통해 프럭토스-1,6-이인산은 다이하이드록시아세톤인산dihydroxy-acetone phosphate, DHAP과 글리세르알데하이드-3-인산glyceraldehyde-3-phosphate으로 분해되는 과정을 겪게 된다. 이때 다이하이드록시아세톤인산과 글리세르알데하이드-3-인산은 이성질화효소isomerase인 삼탄당인산염 이성질화효소triosephosphate isomerase(EC 5.3.1.1)에 의해 농도 평형을 이루게 된다. 그런데 글리세르알데하이드-3-인산이 연속적인 반응에 의해 피루브산으로 전환되므로 피루브산 전환 반응에 참여하지 않아 상대적으로 농도가 높은 다이하이드록시아세톤인산은 농도의 평형을 이루기 위해 저농도의 글리세르알데하이드-3-인산으로 계속 전환된다. 이는 다이하이드록시아세톤인산을 통해 피루브산으로 전환되는 글리세르알데하이드-3-인산을 계속해서 공급하는 결과를 낳게 된다. 이렇게 생성된 글리세르알데하이드-3-인산은 NAD^+의 존재 하에 글리세르알데하이드 3-인산 탈수소효소glyceraldehyde 3-phosphate dehydrogenase(EC 1.2.1.12)에 의해 무기인산P_i이 첨가되는데 이 과정을 통해 1,3-이인산글리세르산1,3-bisphosphoglycerate이 생성되고 세포는 NADH를 얻게 된다. 1,3-이인산글리세르산은 계속해서 인산글리세르산 인산화효소phosphoglycerate kinase(EC 2.7.2.3)의 참여로 ADP를 ATP로 전환하는 반응에 이용되고 결과적으로 3-인산글리세르산3-phosphoglycerate이 생성된다.

생성된 3-인산글리세르산은 연속해서 인산전환효소phosphomutase의 일종인 인산글리세르산 전환효소phosphoglycerate mutase(EC 5.4.2.11)에 의해 2-인산글리세르산2-phosphoglycerate으로 전환된다. 그 다음으로는 에놀레이스enolase(EC 4.2.1.11)에 의해 2-인산글리세르산의 탈수소화 반응이 일어나는데 이로 인해서 2-인산글리세르산은 고에너지인 포스포에놀피루브산phosphoenolpyruvate, PEP으로 전환된다. 피루브산pyruvate이 생성되는 마지막 단계는 피루브산 인산화효소pyruvate kinase(EC 2.7.1.40)에 의해 진행되는데, 이때 탈인산화 반응이 일어나게 되고 이를 통해 ATP가 생성된다. 이 과정은 하나의 포도당 분자가 반응할 때 다이하이드록시아세톤인산과 글리세르알데하이드-3-인산으로 분리된 후에 다이하이드록시아세톤인산과 글리세르알데하이드-3-인산의 평형으로 인하여 다이하이드록시아세톤인산이 추가적으로 사용되므로 결론적으로 두 번의 해당 과정이 일어나서 피루브산 두 분자가 생기는 결과를 낳게 된다.

해당 과정은 다음 (식 3.1)과 같이 요약되며, 포도당 한 분자를 이용하여 세포는 2개의 ATP 분자를 생성함을 알 수 있다.

$$\text{포도당} + 2\,ADP + 2\,P_i + 2\,NAD^+ \longrightarrow 2\,\text{pyruvate} + 2\,NADH + 2\,H^+ + 2\,ATP + 2\,H_2O \quad (\text{식 } 3.1)$$

해당 과정에서 생성된 피루브산 분자는 혐기 조건 하에서 동물의 경우 젖산으로 전환되고, 이와 달리 효모는 피루브산 분자가 에탄올로 전환된다. 이외에도 미생물 종류에 따라 피루브산이 아세톤, 부탄올, 초산과 같은 물질로 전환된다. 앞서 언급했듯이 이러한 경우에도 포도당에서 피루브산까지의 전환 과정이 잘 보존되어 있다. (혐기 조건 하의 다양한 물질 전환은 나중에 다루기로 한다.)

호기 조건 하에서 피루브산은 TCA 회로tricarboxylic acid cycle를 거쳐 산화되면서 CO_2와 H_2O를 생성하게 된다. 이 TCA 반응들은 원핵생물 세포의 경우 세포질cytosol에서 일어나는 데 반해 진핵생물의 세포 내에서는 미토콘드리아라는 세포소 기관의 메트릭스 내에서 진행되어 상대적으로 거대한 진핵 세포의 에너지 생성에 효과적일 수 있을 것으로 예상된다. 만약 진핵 세포의 TCA 회로의 효소들이 원핵 세포의 경우처럼 세포질에 존재한다면 연속적인 반응이 일어나는 데 제한적일 수 있고, 반응 결과물이 세포막에 있는 산소 전달계로 이동하는 데 어려움을 겪을 수도 있을 것이다. 이러한 구조적 차이에도 불구하고 TCA 회로에 들어가기 위해서 진핵 세포나 원핵 세포 모두 피루브산의 아세틸-CoA로의 전환 반응이 공통적으로 필요하다. 이 반응은 진핵 세포의 경우는 피루브산 탈수소효소 복합체pyruvic acid dehydrogenase complex라는 효소 복합체에 의해 6개의 보조 효소인 CoA, NAD^+, 리포산, FAD, Mg^{2+}, TPP(티아민이인산)의 도움으로 피루브산이 아세틸-CoA로 전환된다. 전체 반응은 효소 복합체를 구성하는 3개의 별도의 효소에 의해 진행되는 복잡한 반응이지만 요약하면 (식 3.2)와 같다.

$$\text{pyruvate} + \text{CoA-SH} + NAD^+ \longrightarrow \text{acetyl-CoA} + NADH + H^+ + CO_2 \qquad \text{(식 3.2)}$$

이렇게 형성된 아세틸-CoA는 에너지 생성뿐만 아니라, 아미노산 합성 및 콜레스테롤과 같은 지질합성에 관여하는 중요한 물질이다. 아세틸-CoA가 TCA에 들어가기 위해서는 시트르산 합성효소citrate synthase(EC 2.3.3.1)를 필요로 하며, 이때 옥살아세트산oxaloacetic acid, OAA과의 축합 반응에 의해서 시트르산citrate으로 합성된다. 이 시트르산은 아코니테이스aconitase(EC 4.2.1.3)에 의해 아이소시트르산isocitrate이 되고 연속적으로 이 아이소시트르산은 알파케토글루타르산alpha-ketoglutarate이 되는데 이 과정에서 NAD^+가 소모되고 NADH와 CO_2가 생성된다. 알파케토글루타르산은 아미노산 형성에 매우 중요한 중간물질이며, 추가적인 반응을 통해 아미노산으로 전환된다. 알파케토글루타르산은 아미노산 합성을 위한 전구체로 사용될 수 있지만 추가적으로 TCA 회로 반응에 참여할 수도 있다. 뒤에서 언급되는 숙신산succinate도 아미노산 합성을 위한 전구체로 사용될 수 있다. 여기서 알파케토글루타르산 탈수소효소alpha-ketoglutarate dehydrogenase(EC 1.2.4.2)가 CoA-SHCoenzyme A와 NAD^+의 참여로 알파케토글루타르산을 숙신산-CoAsuccinyl-CoA로 전환하면서 TCA 회로가 계속되는데 이 반응의 부산물로 NADH와 CO_2를 얻게 된다. 숙신산-CoA는 계속해서 숙신산-CoA 합성효소succinyl-CoA synthetase(EC 6.2.1.4)에 의해 숙신산이 된다. 이때 숙신산 탈수소효소succinate dehydrogenase(EC 1.3.5.1)는 GDP의 인산화로 인한 GTP를 생성하며 이 반응은 CoA-SH를 부산물로 생성하게 된다. 숙신산은 추가적으로 숙신산 탈수소효소에 의해 FAD 조효소를 $FADH_2$로 전환시키면서 푸마레이트fumarate로 산화되고, 이 푸마레이트는 연속적인 푸마레이스fumarase(EC 4.2.1.2)의 수화hydration 반응에 의해 말레이트malate를 형성하게 된다. 마지막으로 말레이트는 말레이트 탈수소효소malate dehydrogenase(EC 1.1.137)에 의해 옥살아세트산으로 전환되고, 이렇게 생성된 옥살아세트산은 새로운 TCA 순환 반응을 위해 사용된다.

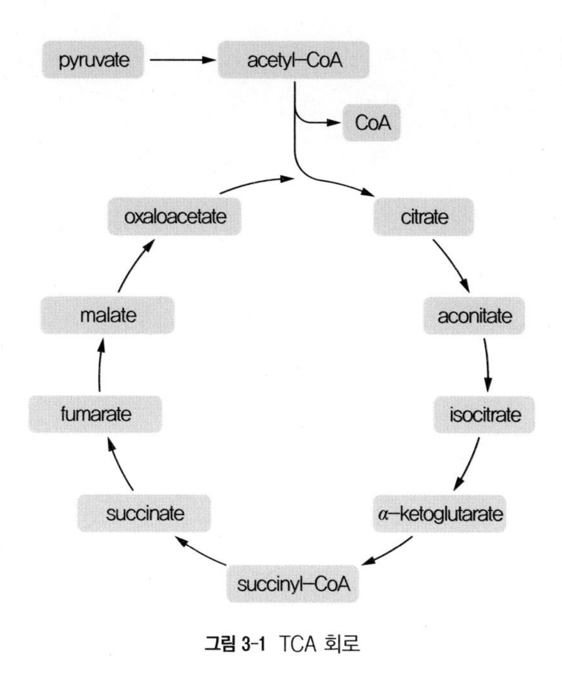

그림 3-1 TCA 회로

TCA 회로의 반응은 전체적으로 보았을 때 피루브산 한 분자에 의해 4개의 NADH와 한 개의 $FADH_2$의 환원력이 생성되는 것으로 정리할 수 있다. 이렇게 생성된 환원력은 연속적으로 전자 전달계를 통해 ATP를 생성하는 데 사용될 수 있다.

3. 해당 과정을 통한 다양한 탄수화물 대사 및 부산물 합성

미생물 및 진핵 세포를 이용한 생물 공정에서 물질을 생산할 때 세포 시스템이 어떤 미생물(또는 세포)인가는 매우 중요하다. 세포 시스템이 어떠한 탄수화물 대사 경로carbon utilization pathway를 가지고 있는지, 혐기 조건에서 피루브산을 젖산lactic aicd으로 전환하는지, 에탄올로 전환하는지, 혹은 초산이나 부탄올 등으로 변환되는지 여부는 목표 물질target molecule을 생산하기 위한 세포를 결정할 때 매우 중요한 고려 사항이 된다. 이는 목표 물질이 세포의 대사 부산물을 전구체로 이용하여 생산되거나 세포의 생합성 경로가 목표 물질을 생산하기 위한 부분 반응으로 적용될 수 있기 때문에 세포의 대사 특성을 잘 이용하면 생물공학적으로 매우 편리할 수 있기 때문이다. 경제적인 측면에서 봤을 때도 낮은 가격으로 공급 가능한 탄소원을 이용할 수 있는 세포 시스템을 사용하는 것은 물질의 생산 단가를 낮추는 데 영향을 줄 수 있기 때문에 생물공학적으로 매우 중요하다고 할 수 있다. 이러한 측면을 고려하여 먼저 미생물 등에서 이용될 수 있는 다른 탄수화물의 이용 경로에 대해서 알아보기로 한다.

과당이나 만노스의 경우는 프럭토스-6-인산에 의해 쉽게 해당 과정으로 들어올 수 있기 때문에 세포에서 대사되는 속도도 매우 빠른 편이다. 또한 이탄당인 젖당(락토스)이나 자당(설탕sucrose) 같은 당은 락테이스lactase(EC 3.2.1.108)나 인버테이스invertase(EC 3.2.1.26)에 의해 단당류로 분해되어 단당류가 분해되는 대사 경로를 따르게 된다. 젖당의 경우는 갈락토스와 포도당으로 분해되는데 분해되는 포도당은 해당 과정을 거쳐 쉽게 대사되지만 갈락토스의 경우는 대사를 위해 다른 대사 경로를 필요로 한다. 갈락토스는 갈락토카이네이스galactokinase(EC 2.7.1.6)에 의해 인산화를 거쳐 갈락토스-1-인산galactose-1-phosphate이 된다. 이 갈락토스-1-인산은 유리딜전이효소uridylyltransferase(EC 2.7.7.12)에 의해 UDP-포도당과 커플링되는 반응을 거치게 되고 그 결과 UDP-갈락토스와 글루코스-1-인산glucose-1-phosphate으로 전환된다. 이렇게 생성된 글루코스-1-인산은 인산글리세르산 전환효소에 의해 글루코스-6-인산으로 전환되어 추가적인 해당 과정을 거쳐 에너지원으로 사용된다.

글리세롤의 경우도 간단한 효소 반응을 통해 해당 과정으로 들어올 수 있는 탄소원인데 글리세롤 탈수소효소glycerol dehydrogenase(EC 1.1.1.6)가 NAD^+를 사용하여 글리세롤이 다이하이드록시아세톤dihydroxyacetone, DHA으로 전환되고, 이는 추가적으로 다이하이드록시아세톤 인산화효소dihydroxyacetone kinase(EC 2.7.1.29)에 의해 인산화를 거쳐 다이하이드록시아세톤인산으로 전환되는데 그 결과 해당 과정으로 진입할 수 있게 된다. 또 다른 경로로는 글리세롤 인산화효소glycerol kinase(EC 2.7.1.30)가 ATP를 사용하여 글리세롤을 글리세롤-3-인산으로 전환되어 해당 과정을 통해 에너지화하는 경로가 있다.

글리세롤이나 갈락토스처럼 일반적인 생명체가 쉽게 접할 수 있는 탄소원은 아니지만 지구상에 풍부하게 존재하기 때문에 산업적으로 중요한 탄소원도 존재한다. 식물의 세포벽에 존재하는 셀룰로스나 헤미셀룰로스의 경우가 대표적인 예라고 할 수 있다. 이러한 풍부한 탄소원을 미생물을 매개로 하여 석유 자원이나 석유 유래 화합 물질 대체제 생산에 활용하려는 연구들이 활발하게 진행되고 있다. 식물 유래의 탄소원 중에 헤미셀룰로스의 주 구성 요소인 자일로스의 경우 특정 미생물에 의해 분해되는데 이 미생물은 헤미셀룰로스를 분해해야 하는 환경인 반추 동물이나 곤충의 장내에 존재한다. 자일로스를 대사하는 경로로는 두 가지 대표적인 경로가 존재하는데 한 가지 경로는 자일로스 환원효소xylose reductase(EC 1.1.1.307)와 자일리톨 탈수소효소xylitol dehydrogenase(EC 1.1.1.175)가 관련되어 있다. 먼저 자일로스 환원효소가 NAD(P)H를 조효소로 사용하여 자일로스를 자일리톨로 변환하고 연속적으로 자일리톨 탈수소효소가 NAD^+를 이용하여 자일리톨을 D-자일룰로스로 변환한다. 또 다른 과정은 일부 미생물에서 일어나는 과정으로 자일로스 이성질화효소xylose isomerase(EC 5.3.1.5)가 자일로스를 D-자일룰로스로 직접적으로 변환하는 대사 경로이다. 두 개의 대사 경로에서 생성된 D-자일룰로스는 자일룰로스 인산화효소xylulokinase(EC 2.7.1.17)에 의해 ATP를 사용하여 인산화가 진행되고 이로부터 생성된 D-자일룰로스-5-인산은 펜토스 인산 경로pentose phosphate pathways상의 펜토스 인산 상호 교환 반응 내의 경로로 유입되어 에너지 생성이나 아미노산 합성 등 추가적인 대사체를 합성하기 위한 경로로 사용되기도 한다. 특히, 자일로스가 해당 과정을 거쳐 에탄올 생성 경로에 대한 연구 등 미래 바이오 에너지 개발을 위한 연구가 활발히 진행되고 있다.

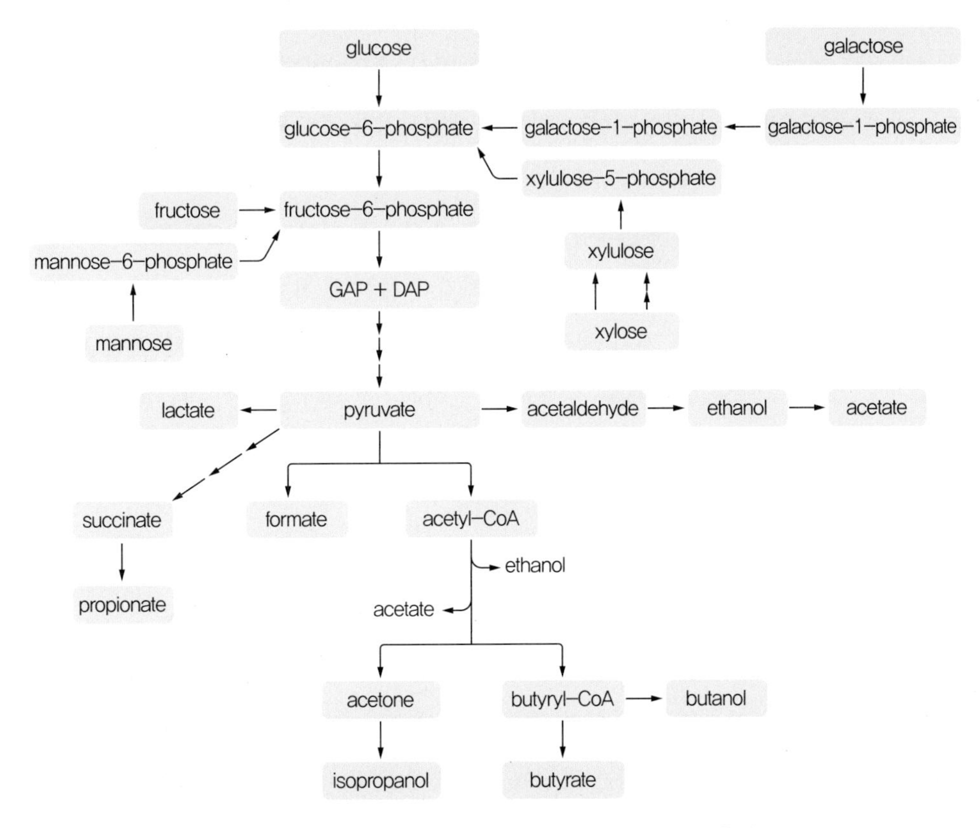

그림 3-2 해당 과정을 통한 다양한 탄소원 대사 및 부산물 합성

식물의 세포벽에 풍부하게 존재하는 셀룰로스의 경우도 셀룰레이스cellulase(EC 3.2.1.4)에 의해 분해되어 포도당 형태의 탄소원으로 이용될 수 있다. 이외에도 아밀로스나 글리코젠 등의 저장을 위한 다당류의 경우도 단당류로 분해된 후 탄소원으로 사용되며, 알지네이트alginate와 같은 해조류 유래의 다당류는 분해 후에 특수한 경로로 해당 과정으로 유입되기도 한다. 이처럼 다양한 형태의 탄소원들이 특정 생물(특히 미생물)들에 의해서 특정 대사 경로를 통해 이용되고 있으며, 이런 경우에도 해당 과정이나 TCA 회로, 오탄당 인산 대사 경로 등의 주요 대사 경로는 상당 부분 보존되어 있다는 것은 중요한 의미가 있다고 할 수 있다.

호흡 과정은 전자 전달계를 통해 에너지를 효율적으로 생성하는 에너지 대사 과정과 TCA 회로를 통해 아미노산, 핵산, 지질 등의 합성에 참여하는 등 생체 내에서 중요한 역할을 한다. 이에 비해 혐기성 대사는 젖산이나 에탄올 등의 생산과 연관되는 산업적으로 중요한 대사 과정이라고 할 수 있다. 산소를 대사에 이용하지 않는 혐기 과정에서는 포도당이 해당 과정을 통해 피루브산이 되고, 이 피루브산이 산화 과정을 거쳐 젖산이나 에탄올로 전환되는 과정이 가장 일반적인 혐기성 반응이라고 할 수 있다. 박테리아나 동물 세포 등의 일반적인 반응에서는 젖산이 생성되지만 효모와 같은 미생물에서는 피루브산이 이산화탄소가 제거되는 과정을 통해 알데하이드가 되고, 알데하이드가 해당 과정에서 생성된 NADH를 사용하여 에탄올을 생성하게 된다. 아세토박터*Acetobacter* 등의 초산균들은 이 에탄올을 아세트산으로 전환하기도 하는데 아세트산의 합성 경로는 에탄올이 아닌 아세틸-CoA를 거쳐 생성되는 경로도 있다. 이외에도 생물체 혹은 미생물에 따라 아세톤, 부탄올, 글리세롤, 프로피온산, 아이소프로판올 등의 특정한 부산물을 합성하는 합성 경로가 존재하며, 이 경로들은 현대 생물공학에서 다양한 물질 생산을 위해 이용되고 있다.

4. 호흡

TCA 회로를 거쳐 얻게 된 NADH와 $FADH_2$는 연속적인 전자 전달계 내 구성 성분들과의 반응을 거쳐 전자가 운반되는 과정에 참여하게 되고 이 과정 중에 수소 이온이 미토콘드리아의 막간 공간intermembrane space으로 이동하게 된다. 전자 전달계에 의해 운반된

전자가 마지막 단계에서 산소와 반응하여 물을 생성하게 되며, 내부막 공간에 축적된 고농도의 수소 이온은 미토콘드리아 간질matrix의 낮은 농도의 수소 이온과 화학적 농도 차를 이루게 된다. 이 농도 차에 의한 화학적인 에너지는 ATP 합성효소ATP synthase라는 프로톤 펌프proton pump가 터빈을 돌리며 ADP와 유기인산을 ATP로 전환하는 데 사용된다. 이 전자 전달계의 주요 역할은 ATP의 공급이라고 할 수 있다. 진핵생물에 있어 호기성 대사는 해당 과정과 TCA 회로를 지나 전자 전달계를 거치게 되는데 생성되는 ATP의 생성 반응은 (식 3.3)과 같다.

$$\text{포도당} + 36P_i + 36ADP + 6O_2 \longrightarrow 6CO_2 + 6H_2O + 36ATP \qquad (\text{식 } 3.3)$$

이는 혐기성 대사에서 포도당 한 분자를 사용했을 때 두 분자의 ATP가 생성되는 것에 비해 호기성 대사의 ATP 생성 능력이 절대적인 우위에 있으므로 이 대사가 에너지 생성에 효율적임을 인지할 수 있다. 특히 세포가 이용하는 세포질cytosol 내의 대사 회로를 거친 에너지 생성이 아닌 미토콘드리아라는 세포 내 발전소를 통해 집중적으로 에너지를 생성하는 모습은 매우 경이로운 것이라 할 수 있다. 또한 진핵 세포는 미토콘드리아를 이용하여 하나의 포도당에서 36개의 ATP를 생성하는 데 비해 원핵 세포는 24개 이하의 ATP를 생성하므로 미토콘드리아를 이용하는 것이 에너지 생산에 있어 훨씬 더 효율적임을 추측할 수 있게 해 준다. 미토콘드리아는 전자 전달계의 마지막 산소와의

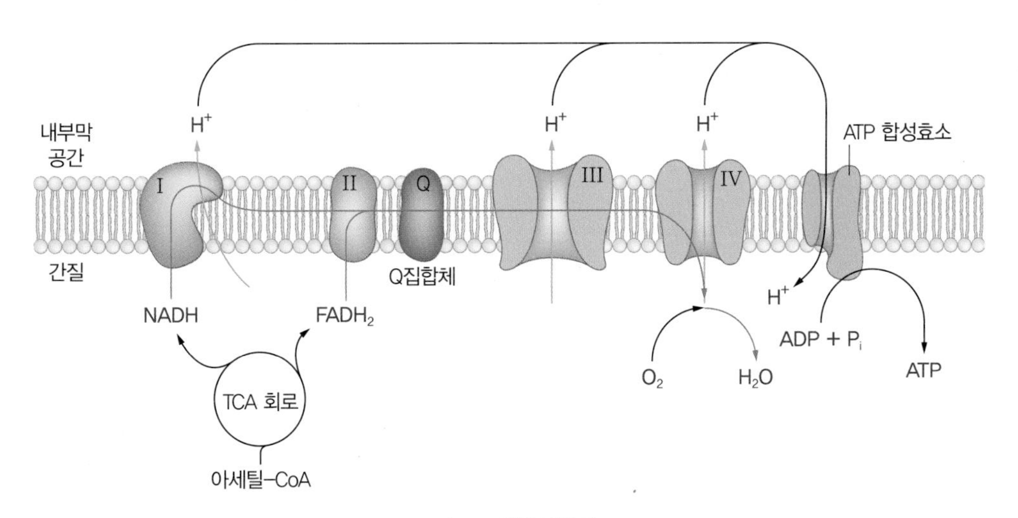

그림 3-3 전자 전달계

반응에서 부산물로 활성 산소reactive oxygen species 등을 생성하기도 하는데 이 활성 산소가 세포의 계획적인 세포 자살apoptosis에 주요 원인이 되기도 한다.

5. 아미노산의 분해와 생합성

아미노산은 단백질을 이루는 구성단위로 생물체에 있어서 필수적인 물질이다. 단백질은 세포의 구조structure, 방어defense, 조절regulation, 저장storage 등 수많은 생명 현상에 관여하기 때문에 아미노산 생성 과정에 대한 이해는 중요하다. 뿐만 아니라 단일 아미노산의 경우에도 영양 기능 성분이나 감미료 등으로 중요한 기능을 하기 때문에 이의 합성 및 분해에 관한 올바른 이해가 생물공학 연구를 위해 필요하다고 할 수 있다.

동물의 경우 소화 효소를 통해 단백질이 아미노산으로 분해되고 이 아미노산들이 아미노그룹이동반응transamination에 의해 다른 아미노산으로 전환되거나 혹은 탈아민 과정을 통해 암모니아로 분리되어 다시 다른 아미노산을 합성하는 데 사용될 수 있다. 또한 분해된 아미노산으로부터 생성된 질소원은 핵산 합성에 필요한 자원으로 사용될 수 있고, 그때 생성된 유기산은 에너지원 생산 등을 위해 추가적으로 사용될 수 있다.

아미노그룹이동반응에서는 공급된 아미노산의 아미노기가 반응에 참여하는 유기산으로 옮겨가고 그 결과 다른 종류의 아미노산이 생성된다. 또한 그 반응으로 본래의 아미노산은 다른 종류의 유기산으로 전환되는데 글루탐산 아미노그룹이동효소와 알라닌 아미노그룹이동효소가 이 반응에서 중요한 역할을 하는 효소 종류이다. 아래 (식 3.4)와 같이 알라닌과 알파케토글루타르산이 글루탐산-알라닌 아미노그룹이동효소에 의해 피루브산과 글루탐산으로 전환될 수 있다.

$$\text{알라닌} + \alpha\text{-케토글루타르산} \xrightleftharpoons[]{\text{글루탐산-알라닌 아미노그룹 이동효소}} \text{피루브산} + \text{글루탐산} \qquad (\text{식 } 3.4)$$

알라닌과 글루탐산, 글루타민 등의 아미노산은 아미노그룹이동반응 등을 통하여 다른 아미노산으로부터 생성될 수 있고, 알파케토글루탐산 등을 통해서도 합성될 수 있는 비필수 아미노산이다. 루신, 아이소루신, 라이신, 메싸이오닌, 페닐알라닌, 트레오닌, 트립토판, 발린과 히스티딘의 합성 경로는 미생물이나 식물에는 있지만 동물에는 결손되어 있기 때문에 필수 아미노산으로 분류되고, 이러한 필수 아미노산의 공급은 식이를 통해

세포 자살
세포가 특정한 신호을 거쳐 계획적 과정을 통해 죽는 세포사 과정으로 세포가 갑작스런 사고로 죽는 괴사(necrosis)와 대조되는 현상이다. 세포 자살은 세포에 의한 의도적인 분자 현상으로 세포의 특정한 목적(예를 들면, 태아의 손가락 형성)을 위해 설계된 과정이다.

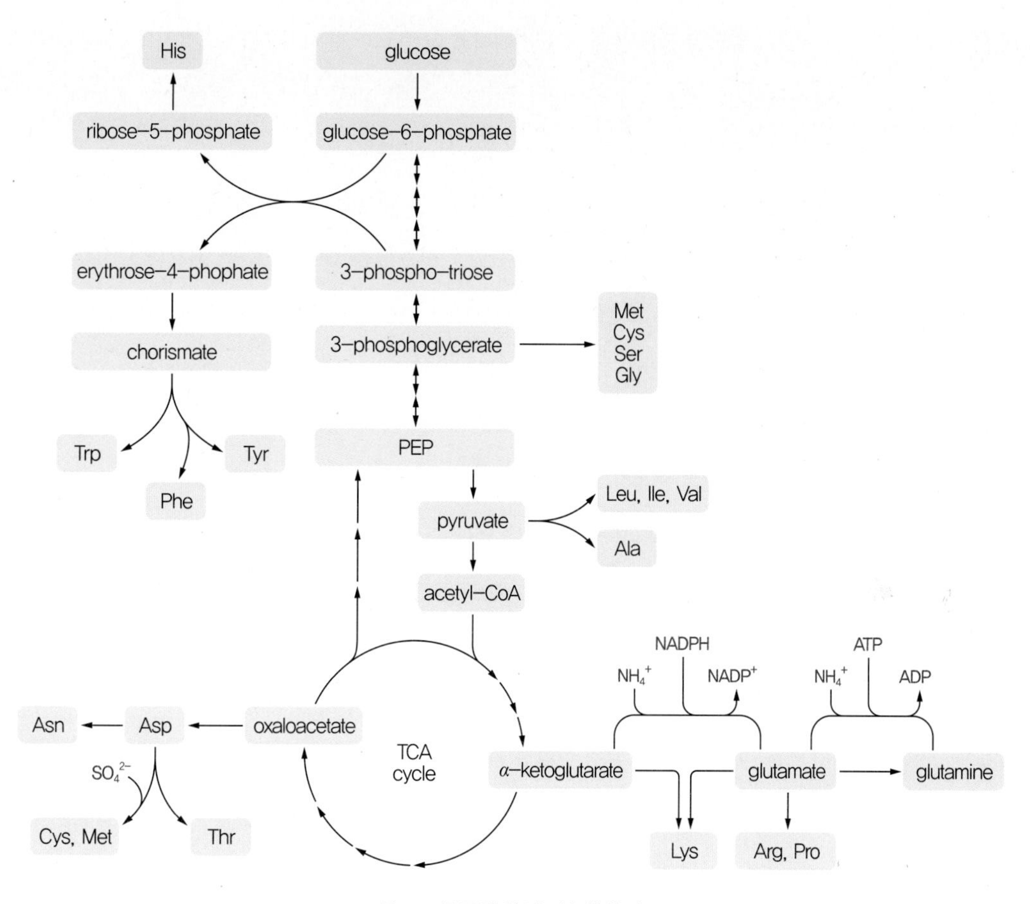

그림 3-4 효모의 아미노산 합성 경로

이루어져야 한다. 아르지닌의 경우 요소를 통한 합성 경로는 존재하지만 합성에 의해 충분한 양이 공급되지 않으므로 필수 아미노산으로 분리하여 추가로 공급하고 있다. 한편, 식물이나 미생물의 경우 다양한 경로를 통해 직접적으로 아미노산을 합성할 수 있고, 암모니아를 질소원으로 이용하여 글루탐산을 합성하고 이를 추가 반응을 통해 다른 아미노산의 공급으로 이어지게 할 수도 있다.

단 원 정 리

세포는 해당 과정을 통해 포도당 하나를 사용하여 2분자의 ATP와 2분자의 피루브산을 생성한다. 피루브산은 혐기성 호흡에서 젖산이나 알코올 등 여러 가지 부산물로 전환될 수 있으며, 호기성 호흡에서는 TCA 회로로 진입하기 위하여 acetyl-CoA로 전환된다.

여러 가지 탄소원들은 그 탄소원을 이용하는 세포의 다양한 대사 경로를 통하여 적절한 중간 대사물로 전환되어 해당 과정으로 진입하게 되고 이를 통해 에너지원으로 사용된다. 해당 과정을 통해 생성된 acetyl-CoA는 TCA 회로를 돌면서 NADH와 $FADH_2$를 생성하는데 이는 세포의 전자 전달계에서 사용되고, 결과적으로 미토콘드리아의 화학적인 삼투압을 발생시켜서 ATP 합성효소가 ATP를 생성하게 한다.

식물이나 일부 미생물의 경우 아미노산을 합성할 수 있는 경로를 가지고 있지만 동물의 경우처럼 아미노산의 합성 경로를 완전히 가지고 있지 못할 경우 필요한 아미노산을 음식이나 아미노그룹이동반응을 통해 상대적으로 풍부한 아미노산으로부터 얻을 수 있다.

연 습 문 제

1. 해당 과정에서 포도당의 산화를 통해 생성된 에너지의 저장 형태를 고르시오.
   ① GTP ② ADP ③ ATP ④ NAD^+

2. 해당 과정을 거쳐 TCA로 들어가는 중간 대사산물을 고르시오.
   ① ATP ② NADH ③ pyruvate ④ acetyl-CoA

3. 진핵 세포에서 TCA 회로가 일어나는 장소를 고르시오.
   ① 세포질 ② 핵 ③ ER ④ 미토콘드리아

4. 전자 전달계에서 프로톤 펌프를 포함하지 않은 복합체를 고르시오.
   ① I ② II ③ III ④ IV

5. 호기성 호흡의 전자 전달계에서 전자의 최종 수납자(acceptor)는 무엇인지 쓰시오.

정답 및 해설

1. ③ 2. ③ 3. ④ 4. ② 5. 산소

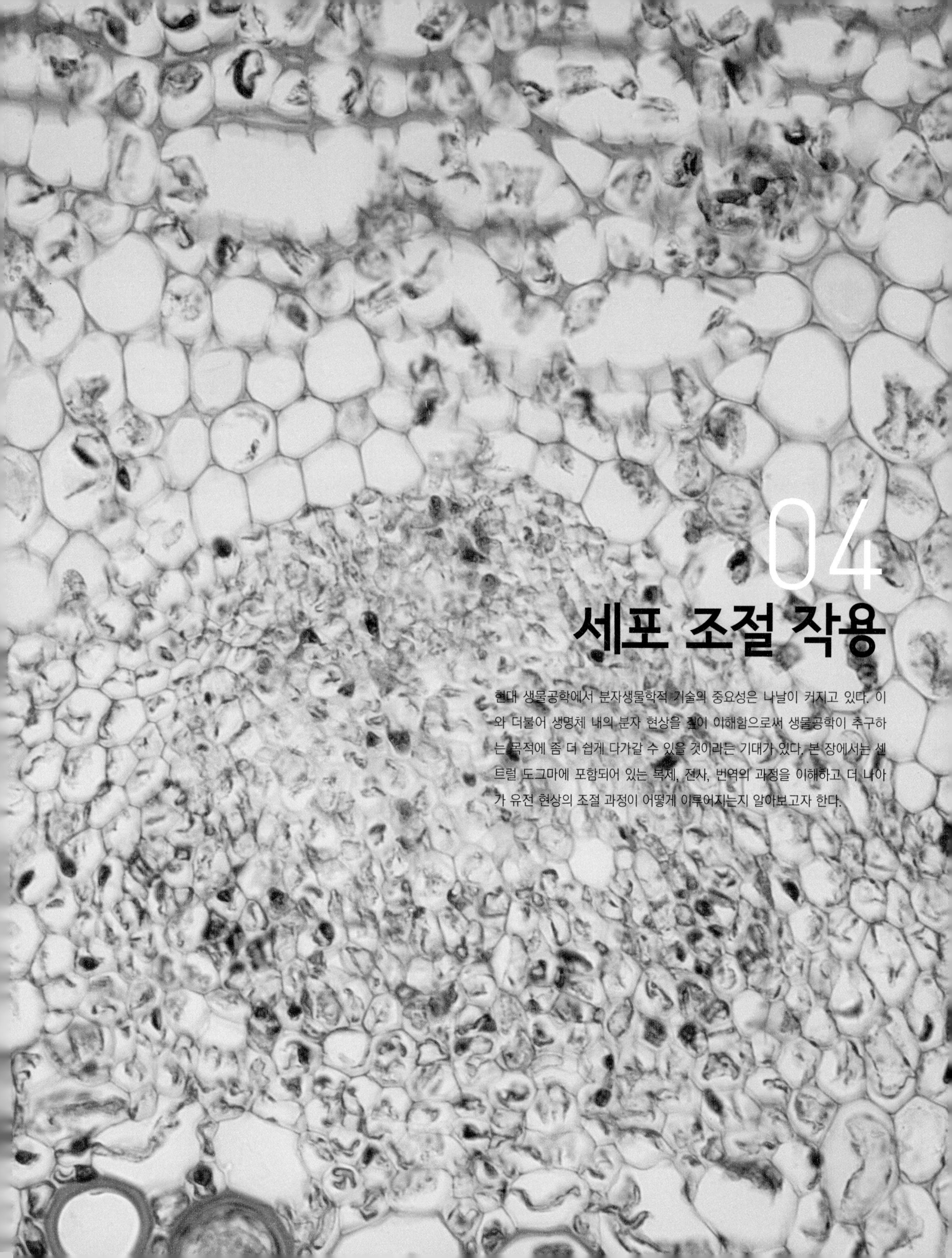

04 세포 조절 작용

현대 생물공학에서 분자생물학적 기술의 중요성은 나날이 커지고 있다. 이와 더불어 생명체 내의 분자 현상을 깊이 이해함으로써 생물공학이 추구하는 목적에 좀 더 쉽게 다가갈 수 있을 것이라는 기대가 있다. 본 장에서는 센트럴 도그마에 포함되어 있는 복제, 전사, 번역의 과정을 이해하고 더 나아가 유전 현상의 조절 과정이 어떻게 이루어지는지 알아보고자 한다.

1. 서론

세포는 다양한 물질을 생성하는 작은 공장과도 같다. 동물 세포, 식물 세포 또는 효모와 같은 진핵 미생물은 목적하고 있는 화학 물질을 생산하는 것 이외에도 그 구성 자체가 공장과 유사한 시스템인 세포 소기관organelle을 가지고 있다. 제3장에서 설명한 세포 내 발전소 기능을 하는 미토콘드리아가 한 예가 될 수 있다. 원핵생물 세포의 경우는 세포 소기관이 진핵생물보다 상대적으로 뚜렷하지는 않지만 그와 유사한 기능을 하는 단백질이나 세포 내 특수한 시스템이 존재한다. 이러한 세포 공장을 조정하고 전체 정보를 저장하고 있는 제어 시스템이 필요한데 세포의 중앙 제어 시스템 역할을 하는 세포 기관이 핵이고, 핵 안의 정보를 저장하는 공간에 세포에서 일어나는 청사진을 담은 것이 유전체라고 할 수 있다. 유전체는 제2장에서 기술한 핵산의 배열이고 이는 마치 무의미한 듯 보이는 A, T, G, C라는 4개의 코드들의 연속이다. 그런데 이 무의미하고 무작위로 보이는 코드의 연속 속에 유의미한 유전자 정보가 포함되어 있다. 놀라운 것은 이 코드가 단순히 단백질을 만드는 것 이외에도 조절에 관련된 내용을 포함하고 있으며, 심지어는 아직까지 그 역할에 대해서 규명이 되지 않았고 어떤 것은 존재조차 인지되지도 못했을 코드도 존재하는 복잡한 설계도이다. 이 설계도는 이 세포 공장이 어떻게 돌아가고 있는지에 관한 자세한 정보를 포함하고 있으며, 또한 그것이 어떠한 대사물product을 생산할 수 있는지도 상세하게 기술하고 있다. 과학자들은 이 설계도를 이해하고 해석하기 위해 유전체학이란 학문을 발전시켰고, 이를 바탕으로 유전체 안에서 일어나는 일련의 메커니즘을 이해하는 것이 분자생물학의 중요한 영역이다.

어떠한 대사물을 생물공학적으로 생산하기 위해서는 대사 경로 조절을 통해 목적하는 대사물을 얻을 수 있을 것이다. 대사 경로에 대해서는 제3장에서 잠깐 다루었고, 이후에 다룰 대사공학 내용에서 좀 더 자세히 기술될 것이다. 그런데 이 목적 대사물의 생산성 향상을 극대화하기 위해서는 유전체에서 일어나는 단백질이나 전령 RNA의 발현 조절에 대한 이해가 필요하다. 이 장에서는 유전체에서 DNA가 전사 과정을 통해 mRNA가 되고 이것이 번역을 통해 단백질이 되는 일련의 과정에 대해 알아보고, 이 단백질이 성숙maturation되어 최종 목적지에 도달하는 과정에 대해 전체적으로 살펴볼 것이다. 또한 이들이 어떠한 과정을 통해 생산 조절에 이용되는지 그 조절 메커니즘과 이러한 조절 메커니즘이 어떻게 대사산물 형성에 영향을 주는지에 대해서도 알아보기로 한다.

2. 유전 정보에서 단백질까지

지구에 존재하는 수많은 종류의 생물들이 각기 다른 형태의 단백질과 조절 체계, 각기 다른 형태의 대사물들을 생성하는 것에 비해 그것을 구성하는 기본 구성 요소는 A, T, G, C 4가지 종류의 DNA 염기와 이와 대응되는 A, U, G, C의 RNA 염기, RNA에 대응되는 20개의 아미노산으로 간단명료하다. 이러한 구성은 가장 단순한 생명체에서부터 복잡한 다세포 생명체에 이르기까지 똑같은 레고블록을 사용함으로써 그 설계자가 생산하고자 하는 물질을 쉽게 설계할 수 있도록 한다. 이러한 이유로 생물공학을 통해 인간 유래의 단백질을 대장균을 통해서 생산할 수 있는 것이고, 반대로 대장균의 단백질을 원한다면 동물 세포를 통해서도 생산할 수 있는 것이다. 따라서 크릭Francis Crick에 의해 1958년 제창되어 분자생물학의 중심 원리가 된 "센트럴 도그마Central Dogma"에 대한 이해가 생물공학도에게도 중요한 것이 되었다.

센트럴 도그마에 있어서 정보의 저장은 DNA가 가지는 중요한 역할이다. DNA의 유전 정보는 세대를 거쳐서 계속 보관되고 전달되어야 하기 때문에 세포 내에서 매우 중요하게 다루어진다. 복제의 과정은 다른 과정보다도 에러율이 낮은 중합효소를 사용하여 최대한 유전 정보를 보전하여 다음 세대에 전달하고자 한다. DNA에 보관되어 있는 유전 정보는 RNA라는 중간 단계를 거쳐서 단백질로 전환된다. 이러한 RNA의 존재는 DNA에서 RNA를 거치는 중간 단계를 거치면서 복제와 번역 과정을 효과적으로 나누었다고

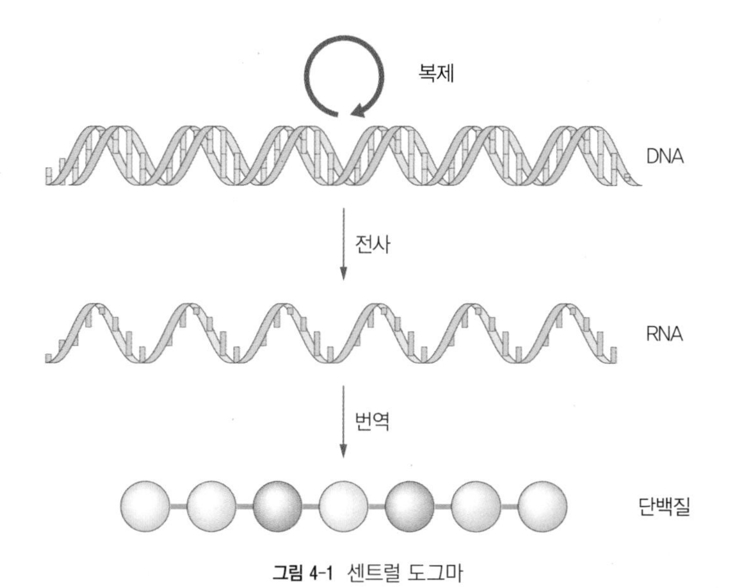

그림 4-1 센트럴 도그마

볼 수도 있다. DNA가 상보적인 RNA로 전사된 후에는 RNA 3개 코돈이 그에 대응하는 아미노산으로 번역됨으로써 최종적인 단백질을 얻게 된다. 이 과정은 복제에서의 과정보다는 상대적으로 덜 정확하게 진행된다고 할 수 있다. 이러한 이유는 유전 정보의 전달은 하나의 실수가 계속해서 잘못된 정보를 유전할 수 있기 때문에 복제의 과정이 아주 엄격하게 진행되어야 하지만, 잘못된 RNA나 단백질의 정보는 정확하게 전환된 RNA나 단백질의 개수가 월등히 많다면 한두 개 정도의 실수는 전체적인 반응이나 단백질로서 역할을 수행하는 데는 영향을 주지 않을 것이고, 그 변형이 중요할 경우에는 변형된 RNA나 단백질을 찾아내어 제거하는 것이 가능하기 때문일 것이다. 물론 엄격하게 제어되는 복제의 과정에서도 드물게 변이는 생기게 된다. 이것은 복제 장치DNA polymerase에 의한 것일 수도 있고 복제와는 무관하게 UV이나 화학 물질 등 외부 환경의 영향으로 인한 DNA의 변이일 수도 있다. 이러한 변이들은 세포에는 안 좋은 영향을 미칠 수 있지만 생물공학에서는 특정하게 인간이 원하는 형질로의 전환을 위해 이용될 수 있다.

DNA가 전사되어 RNA가 되고, 이것이 다시 단백질로 번역되는 것이 크릭이 처음 제창한 중심 원리였지만, 얼마가지 않아 이러한 원리를 벗어난 경우가 존재한다는 것이 밝혀졌다. 위스콘신 대학의 테민Howard Temin 박사와 MIT의 볼티모어David Baltimore 박사에 의해서 RNA를 주형template으로 하여 DNA를 생성하는 역전사효소reverse transcriptase가 처음 보고되었다. 역전사효소는 레트로바이러스(예를 들면, AIDS를 일으키는 HIV) 등에 의해서 바이러스 RNA 유전체가 기주의 DNA 유전체에 끼어들어가기 위해 바이러스가 자신의 RNA 유전체를 DNA로 바꾸는 데 사용하는 효소이다. 특히 이 효소는 진핵생물의 유전자를 원핵생물에서 발현할 때 유용하게 사용되어 생물공학에서는 중요한 효소이다. 역전사효소 외에도 RNA를 주형으로 하여 RNA를 복제하는 효소도 발견되는 등 센트럴 도그마의 몇 가지 예외가 보고되었는데 이러한 것은 주로 바이러스에서 자주 발견되고 있다. 이는 바이러스의 유전체 형태가 매우 다양하므로 이를 이용하기 위하여 바이러스에게 다양한 전사 및 복제 전략이 필요했기 때문일 것으로 추정된다.

DNA에서 RNA로 RNA에서 아미노산으로 변환되는 과정을 통해 산술적으로 수없이 다양한 형태의 단백질 형성이 가능하게 된다. 이 다양한 아미노산 조합 가운데는 그 세포의 환경 및 물질 생산과 관련된 최적의 아미노산 서열 조합이 존재할 것이고, 이 최적의 아미노산 조합을 가진 단백질의 집단이 모여 구성된 최적 단백질들의 조합이 존재할 것이다. 생물공학자의 역할은 목적 세포 시스템의 유전체를 제어하여 최적의 단백질 조합을 통해 해당 환경에 적합하거나 또는 목표로 하는 물질 생산에 적합한 세포의 형질을 만들어 내는 것이다. 그러므로 생물공학을 적절히 이용하기 위해서는 센트럴 도그마의 원리를 잘 이해하고 그 구체적인 과정에 대해 자세히 알아볼 필요가 있다.

3. 유전 정보의 복제

우리는 제2장에서 DNA에 관한 개괄적인 내용을 살펴보았다. 유전 정보는 4개의 뉴클레오타이드인 아데닌adenine, 타이민thymine, 사이토신cytosine, 구아닌guanine으로 구성되어 있다. 하나의 DNA 가닥strand만 살펴본다면 4개의 뉴클레오타이드의 배열이지만 좀 더 자세히 전체 DNA 구조를 살펴보면 DNA는 이중나선 구조로 되어 있어서 상대쪽의 DNA 가닥에 아데닌은 정확하게 타이민과 이중 수소 결합을, 구아닌은 사이토신과 삼중 수소 결합을 이루고 있다. 이러한 짝을 이루는 구조는 물리화학적으로 완벽한 구조이고, 분자생물학적으로도 하나의 가닥이 다른 쪽에 상호 보완적complementary인 구조를 이루어서 복제replication 과정에서 한쪽에 대한 주형으로 사용될 수 있게 하는 획기적인 구조이다. 이러한 구조적인 특징으로 인해 딸 염색체는 부모 염색체의 한쪽 부분과 새로 합성된 DNA의 새로운 사슬을 가지게 되는 반보존적semiconservative인 형태가 된다. 이런 DNA 복제의 반보전성은 메셀슨Matthew Meselson과 스탈Franklin stahl에 의해 1958년 실험적으로 증명되었다.

DNA의 복제 과정은 세포 내에서 비슷한 양상을 띠고 있는데 염색체에 복제 기점origin of replication이라는 복제 시작점이 있어서 이곳에서부터 DNA 복제가 시작된다. 원핵생물과 진핵생물의 복제 시작에 참여하는 단백질은 상이하지만 기능적으로는 복제를 시작하기 위한 공간(이를 복제 버블이라고도 함)을 만들어 복제를 용이하게 해 준다는 부분에서는 비슷하다고 할 수 있다.

복제를 위해서 가장 중요한 단백질은 DNA 중합효소DNA polymerase라고 할 수 있다. DNA 중합효소는 부모 사슬parent strand을 주형으로 하여 주형의 반대 방향으로 합성되는데 5′에서 3′으로 합성된다. 주형 맞은편의 상보적인 사슬의 3′ 끝 OH기에 주형상에 접하는 디옥시뉴클레오타이드가 무엇이냐에 따라 아데닌이면 타이민을, 구아닌이면 사이토신을 연결시켜 공유 결합을 만들어 복제를 일으킨다. 이러한 DNA 중합효소는 복제 처음에 복제를 시작하기 위해서 사용했던 RNA 프라이머를 제거하고 이 부분에 다시 맞는 뉴클레오타이드를 첨가하기도 한다. 이 DNA 중합효소는 매우 높은 정확성을 가지고 있어서 실수 없이 복제를 이루어 내지만 어떠한 중합효소에는 교정proofreading 기능도 있어서 그것의 정확성을 더욱더 높여 준다. 이때 중합효소는 교정을 통해서 잘못된 부분이 있으면 3′에서 5′으로의 핵산 말단 가수분해효소exonuclease 활성을 통해 뉴클레오타이드를 제거한 후 올바른 서열로 교정한다.

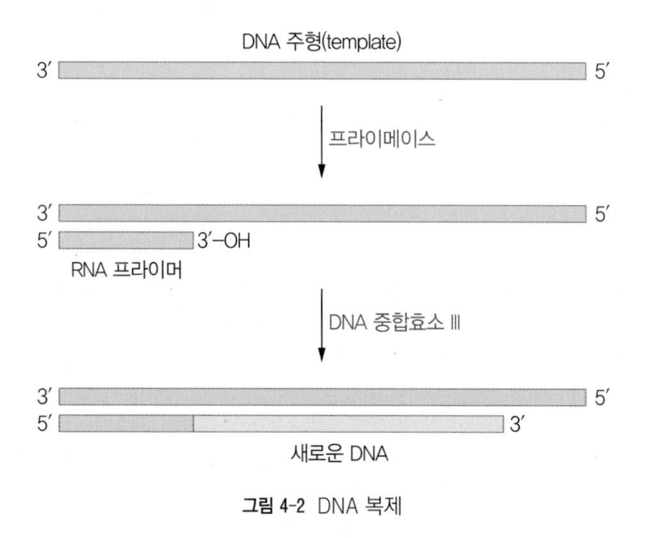

그림 4-2 DNA 복제

DNA는 이중나선 구조를 가지고 있기 때문에 복제 기점에서 시작하여 복제가 진행되면 꼬임 현상이 일어나고 이것이 복제가 진행될수록 더욱 악화된다. 이러한 꼬임 에너지가 증가된supercoiled 상태를 확인해 보려면, 꼬인 구조의 실을 만들어서 양쪽 끝을 고정하고 중간의 버블을 만든 후 가운데 부분을 잡아당기면 양쪽으로 꼬임 현상이 증가됨을 쉽게 알 수 있다. 이러한 복제 진행에 따라 생기는 꼬임 현상을 제거하기 위해 DNA 자이레이스gyrase와 헬리케이스helicase가 복제 과정에 참여한다.

앞서 언급한 것처럼 DNA 중합효소는 5′에서 3′으로 빠르게 진행된다. 이러한 중합효소의 복제 방향 때문에 원래 복제 시 주형이 되었던 3′에서 5′으로 사슬 쪽의 복제는 연속적으로 진행될 수 있지만 반대편의 5′에서 3′으로의 사슬을 주형으로 하는 복제는 연속적일 수 없다. 이러한 이유로 끊김 현상이 5′에서 3′으로의 사슬을 주형으로 하는 복제 과정에서 발생하고 그 결과로 오카자키 단편Okazaki fragment이라는 복제 시 끊긴 단편이 생성하게 된다. 이때 RNA 프라이머가 제거된 후 생긴 공간이 DNA로 채워지게 되고, 그때 생긴 DNA와 DNA 사이의 공간nick을 DNA 라이게이스ligase가 메워 주게 되는데 이 DNA 라이게이스는 유전자를 클로닝하는 과정에서 유용하게 사용되는 효소이기 때문에 잘 기억해 둘 필요가 있다.

4. 전사

DNA 복제가 정보를 저장하고 다음 세대로 전달하는 유전형genotype에 관련된 과정이라면, 전사transcription와 번역은 유전자 정보를 세포 내의 대사 과정을 촉매하고 세포를 구성하며, 세포의 전반적인 분자생물학적 현상을 나타내는 표현형phenotype에 관련된 과정이라고 할 수 있다. 앞에서 언급했지만, 세포는 정보를 바로 단백질로 표현하는 형태가 아닌 중간 단계인 전사 단계를 거쳐 효율적으로 모든 과정이 분리 및 조절하도록 설계되어 있다. 전사는 RNA가 중심이 되어 진행되며, RNA는 전령 RNA(messenger RNA, mRNA), 운반 RNA(transfer RNA, tRNA), 리보솜 RNA(ribosomal RNA, rRNA)가 있고, 최근에는 다양한 형태의 번역되지 않은 작은 단편 RNAnon-coding small RNA가 보고되고 있는데 이들이 전사 조절 등에 중요한 역할을 하는 것으로 알려져 있어 생물공학적으로도 주목할 필요가 있다.

앞서 소개된 여러 가지 종류의 RNA 중 실제 단백질의 형태로 번역되는 RNA는 mRNA 한 종류뿐이다. 이외의 RNA들은 번역되지 않는non-coding 형태로 전사 과정에 참여하거나 조절하는 역할을 하고, mRNA가 번역되는 과정을 매개하기도 한다. 전사 과정에서는 DNA의 유전 정보가 RNA 중합효소RNA polymerase(EC 2.7.7.6)에 의해 mRNA로 전환된다.

RNA 중합효소는 사슬을 합성하는 방향이 DNA 중합효소와 마찬가지로 5′에서 3′으로 합성한다. 둘 다 DNA를 주형으로 하는데 복제 시 사용되는 DNA 중합효소의 경우는 DNA-의존적 DNA 중합효소DNA-dependent DNA polymerase라고 할 수 있고, RNA 중합효소는 RNA 사슬을 합성하기 때문에 DNA-의존적 RNA 중합효소DNA-dependent RNA polymerase라고 할 수 있다. RNA 중합효소는 4가지 종류의 RNA 염기(ATP, GTP, CTP, UTP)를 기질로

유전형과 표현형
어떤 생명체에서 그 개체의 게놈이 가지는 유전적 특성을 유전형이라고 하고, 이 유전형의 결과로 생명체에서 실제 관찰되는 생명체의 형태나 행동, 발달 등에 있어서의 특성을 표현형이라고 한다.

사용하여 RNA 중합체인 mRNA를 합성한다. DNA 중합효소와는 달리 RNA 중합효소는 RNA나 DNA로 되어 있는 프라이머를 필요로 하지 않는다. 또한 DNA 중합효소가 교정 기능proofreading activity을 갖는 것에 비하여 RNA 중합효소는 교정 기능이 없는 것으로 알려져 있다. 이러한 이유는 앞서 설명했던 것처럼 복제에 비해 전사의 경우는 상대적으로 오류error에 대한 대가가 크지 않고 나중에 전사 후 조절post-transcriptional regulation 과정 등을 통해 조절이 가능하기 때문인 것으로 추정된다.

전사 과정에서 RNA 중합효소는 RNA나 DNA 프라이머를 필요로 하지 않는다. 그 대신 mRNA의 합성을 개시하는 프로모터promoter가 있어서 이 부위에 RNA 중합효소가 결합된다. RNA 중합효소는 프로모터에 결합할 때 시그마 인자sigma factor의 도움을 받는다. 이렇게 RNA 중합효소를 중심 효소core enzyme(실제로는 여러 개의 subunit들로 이루어짐)와 시그마 인자들을 통틀어 완전 효소holoenzyme라고 하기도 한다. 프로모터는 서열이 약간씩 변할 수 있는데 이러한 서열의 변화는 시그마 인자의 결합력에 영향을 주게 된다. 이 결합력의 차이는 전사의 세기에 영향을 주는데 이와 같이 시그마 인자나 프로모터의 서열을 바꿔 전사의 세기를 조절하고, 원하는 전령 RNA의 생성을 최적화하여 생물공학적 생산을 극대화하는 데 활용할 수 있다. 시그마 인자들 중 특정 환경에서 발현되어 그 환경에서 필요한 단백질의 생성(실제로는 이러한 단백질 생성으로 이어지는 전령 RNA 생성)에 특별히 관여하는 시그마 인자들이 존재한다. 그래서 이러한 특정 환경을 활용할 경우 그 시그마 인자들을 조정할 수도 있을 것이고, 이를 생물공학적으로 활용할 수도 있을 것이다. 시그마 인자의 경우는 원핵생물의 전사를 돕는 것이고 진핵생물에서는 이보다 훨씬 복잡한 여러 가지 전사 인자들을 필요로 한다. 또한 진핵생물의 프로모터 안에는 TATA 박스TATA box라는 부위가 있어서 TATA-결합TATA-binding 단백질이 결합하여 RNA 중합효소의 전사 시작을 조절한다. 진핵생물의 경우 염색체가 핵nucleus 안에서 매우 고밀도로 밀집되어 있기 때문에 이러한 과정을 조절하는 전사 장치transcription machinery가 필요하다. 진핵 세포의 전사를 조절하는 전체적인 중합체는 매우 복잡하나 전사 장치를 조작engineering하여 다양한 표현형을 얻기 위해 생물공학적으로 활용하기도 한다.

시그마 인자들은 전사가 시작되면 곧 떨어져 나가게 된다. 그리고 전령 RNA의 신장elongation은 계속된다. 4가지 종류의 RNA 염기가 하나씩 DNA 주형에 상보적으로 결합하며 신장이 진행된다. DNA를 주형으로 하여 RNA 염기가 결합될 때, DNA 복제와 매우

프라이머
DNA 합성을 시작할 때 필요로 하는 RNA나 DNA의 18~24개 정도의 짧은 올리고핵산

전사 후 조절
유전자 발현의 조절 과정 중에 전사가 일어난 후 번역이 일어나기 전 발현을 조절하는 것

시그마 인자
원핵생물의 전사 시작에서 RNA 중합 효소를 보조하는 단백질

비슷한 양상으로 진행된다. 그러나 DNA 복제의 경우 아데닌기와 결합하는 염기는 타이민이지만 전사 과정에서 아데닌기와 결합하는 RNA 염기는 유라실기이다. 신장 과정이 끝나고 전사가 마무리되기 위해서는 마침 신호stop signal(또는 transcription terminator)가 필요하다. 이 전사 마침 신호 이후에 RNA 중합효소는 DNA에서 분리되게 된다. 전사 조절을 위해서는 프로모터의 세기와 전사 종결 신호의 세기가 서로 조화로워야 하기 때문에 이러한 세기를 최적화하는 것이 생물공학적으로 중요하다고 할 수 있다.

원핵생물에서 전사는 번역으로 바로 이어지지만, 진핵생물에서는 전사 과정과 전령 RNA의 가공 공정, 번역 과정이 분리되어 이루어진다. 전사는 세포의 핵 안에서 이루어지는데 이때 전령 RNA는 pre-mRNA 상태이다. 이 pre-mRNA는 핵 안에서 RNA 공정RNA processing을 거쳐서 mRNA가 된다. RNA 공정 과정 중에서 전령 RNA 서열 안에 있던 부절편intron들이 스플라이싱splicing 과정을 통해 제거된다. 이 부절편들은 원핵생물에는 존재하지 않는 것들이다. 또한 RNA 공정에서는 5′ 말단에 RNA 캡핑RNA capping 과정과 3′ 말단에 폴리아데닐레이션polyadenylation 작업이 이루어진다. 진핵생물 세포의 핵에서는 성숙된 상태가 된 mRNA가 세포질cytoplasm로 운반된 후 번역을 시작한다. 원핵생물과 진핵생물의 전사에 있어서 또 다른 중요한 차이는 원핵생물의 전령 RNA는 여러 개의 유전자를 포함하고 있는 폴리시스트로닉polycistronic 전령 RNA이지만 진핵생물의 전령 RNA는 하나의 유전자를 포함하고 있는 모노시스트로닉monocistronic 전령 RNA라는 사실이다. 원핵생물의 전령 RNA는 하나의 전령 RNA에서 여러 개의 단백질이 번역되는데 이때 전령 RNA 사이의 구조가 전령 RNA의 안정성과 연관되어 전령 RNA의 발현량과 연관되기도 한다. 따라서 이를 조작engineering하여 생물공학적으로 이용하기도 한다. RNA 공정 단계에서 생성되는 RNA 캡핑과 폴리아데닐레이션도 전령 RNA의 안정성과 핵막의 투과성을 높이는 것으로 추측되고 있다.

5. 번역

전령 RNA로 변형된 유전자 코돈들이 3개의 문자로 이루어져서 하나의 아미노산으로 바뀐다는 사실은 생물 암호 해독가들에 의해 밝혀졌다. 무의미해 보이는 4개의 유전 암호가 무작위적으로 유전체 위에 나열되어 있는 것 같지만 실제로는 뉴클레오타이드가

3개씩 짝을 이루어 의미를 만들고 이들이 거대한 단백질 분자를 이루어서 하나의 완벽한 생명체로의 역할을 한다는 것은 정말 경이로운 것이다. 또한 그 경이로움은 여기에 그치는 것이 아니라 이러한 세포들이 생물 다양성으로 이어져서 아직도 밝혀진 적이 없는 미지 세계의 생물이 각기 다른 단백질 조합을 가지고 무궁무진하게 존재하는 것이어서 생물공학자들의 탐구심을 자극한다.

RNA의 어떤 3개의 문자 조합이 특정 아미노산으로 표현되고 있는지는 표 4-1에 잘 나타나 있다. 몇 개의 코돈이 중복되게 사용되어 하나의 동일 아미노산을 표현하게 되어 있는데, 왓슨과 크릭이 "우블 콘셉트Wobble concept"라는 개념으로 설명하였다. 64개의 코돈 중 3개의 코돈(UAG, UAA, UGA)은 종결 코돈stop codon으로 작용하여 단백질 합성이 멈춰지는 신호로 작용하게 된다. 종결 코돈은 넌센스 코돈nonsense codon이라고도 하고 UAG 코돈은 "앰버amber", UAA는 "오커ochre", UGA는 "오팔opal"이라는 특별한 이름으로 부르기도 한다. UGA의 경우는 특정 서열이 주위에 있을 때 셀레노시스테인selenocysteine을 코딩하며 UAG 코돈은 마찬가지로 피로라이신pyrrolysine으로 번역되기도 한다. 또한 모든 생명체가 거의 코돈의 사용에 있어 공통적인 부분이 있지만 미묘한 차이가 있을 수 있고, 특히 특정 아미노산 생성에 있어서 선호하는 코돈이 다르기 때문에 이종의 세포 시스템을 통해 단백질을 발현할 때는 코돈 최적화codon optimization가 필요하다.

번역translation 과정도 전사와 마찬가지로 시작과 신장, 그리고 마침 과정을 가지고 있다. 원핵생물에서는 전령 RNA의 AUG 코돈이 리보솜 RNArRNA와 결합하여 번역이 시작된다. 이때 리보솜 RNA는 AUG 코돈 앞에 있는 리보솜 결합 서열ribosome binding site, RBS에 위치하게 되는데 AUG와 리보솜 결합 서열 사이의 공간이 번역 세기에 있어 중요한 역할을 한다. 이 리보솜 결합 서열은 샤인-달가노 서열Shine-Dalgarno sequence로 생물공학에서 유용하게 사용될 수 있다. 번역은 N-포밀메싸이오닌N-formylmethionine이 번역을 시작시키는 운반 RNAtRNA에 채워져charged 시작되게 된다. 여기에 번역 시작 인자translation initiation factor들이 결합하여 리보솜의 형태가 완성되고 번역 시작 인자가 떨어져 나가면서 다음 아미노산이 결합되며, 아미노산 사슬에 대한 신장이 시작된다. 진핵생물에서는 이보다 좀 더 복잡한 과정으로 번역이 시작된다. 진핵생물에서는 5′ 캡cap에 번역 시작 인자의 결합 이후에 연속적으로 여러 번역 시작 인자가 결합되고 이를 통해 전령 RNA의 구조적인 변화를 가져오는 것으로 번역이 준비된다. 이후에 리보솜 RNA 중 하나의 소단위subunit가 또 다른

셀레노시스테인과 피로라이신
20개의 주요 아미노산 이외의 아미노산 종류로 매우 드물게 몇몇 단백질에서 존재한다.

코돈 최적화
이종 단백질의 발현에 있어 세포 시스템의 코돈 사용 빈도에 맞추어 유전자가 목적 단백질로 정확하고 빠르게 발현되도록 유전자 서열을 최적화하는 방법

표 4-1 유전자 코돈

	U		C		A		G	
U	UUU UUC	Phe(F)	UCU UCC UCA UCG	Ser(S)	UAU UAC	Tyr(Y)	UGU UGC	Cys(C)
	UUA UUG	Leu(L)			UAA	Stop	UGA	Stop
					UAG	Stop	UGG	Trp(W)
C	CUU CUC CUA CUG	Leu(A)	CCU CCC CCA CCG	Pro(P)	CAU CAC	His(H)	CGU CGC CGA CGG	Arg(R)
					CAA CAG	Gln(Q)		
A	AUU AUC AUA	Ile(I)	ACU ACC ACA ACG	Thr(T)	AAU AAC	Asn(N)	AGU AGC	Ser(S)
	AUG	Met*(M)			AAA AAG	Lys(K)	AGA AGG	Arg(R)
G	GUU GUC GCA GUG	Val(V)	GCU GCC GCA GCG	Ala(A)	GAU GAC	Asp(D)	GGU GGC GGA GGG	Gly(G)
					GAA GAG	Glu(E)		

*AUG는 번역에서 start codon으로 사용된다.

번역 시작 인자들에 결합을 하고, 이를 메싸이오닌(이때는 N-포밀메싸이오닌이 아님)이 운반 RNA에 채워져서 43S 전 시작 중합체43S preinitiation complex를 이루게 된다. 이에 따라 번역의 시작점에 메싸이오닌을 가진 운반 RNA가 위치하면 번역 시작 인자들은 분리되고 리보솜 RNA가 완전한 형태를 이루게 되어 번역의 신장이 시작된다. 원핵생물이나 진핵생물에서는 이 번역 시작을 위해 에너지가 필요한데 이때 GTP에서 유래된 인산 결합 에너지가 사용된다.

아미노산의 신장은 아미노산이 채워져 있는 운반 RNA가 리보솜의 아미노아실 부위aminoacyl site에 위치하면서 이루어진다. 이때 이미 리소좀의 펩타이딜 부위peptidyl site에 있는 아미노산 사슬 끝의 펩타이딜기와 새로 채워진 아미노산의 아미노실기 사이에서 펩타이드 결합이 형성되어야 하며, 단백질 신장 인자elongation factor가 GTP 에너지를 이용하여 신장을 이룬다. 이 번역 신장에서 소비되는 에너지는 원핵생물에서 큰 부분을 차지한다. 신장이 마무리되고 전령 RNA에 마침 신호가 나타나면 방출 인자release factor라는 단백질들의 도움으로 리보솜에 더 이상의 운반 RNA들이 위치할 수 없게 되고 단백질의 합성은 종결되게 된다. 이후로 합성된 단백질이 최종적으로 운반 RNA에서 분리되면서 운반 RNA가 전령 RNA와 리보솜이 결합된 중합체로 남게 되는데 이때 최종적으로 리보솜 재생 인자ribosome recycling factor 등의 도움으로 리보솜이 전령 RNA와 분리되고 이로 인해 최종적인 번역 과정이 마무리된다. 번역 과정은 원핵생물이나 진핵생물이 마찬가지로 전령 RNA에 여러 개의 리보솜 RNA가 한꺼번에 붙어서 동시에 펩타이드 사슬이 합성되는 형태로 진행된다.

단백질이 펩타이드 사슬의 1차원적인 구조로 합성된 후에는 추가적으로 기능을 할 수 있는 형태의 접힘과 변형 등의 성숙 과정이 필요하다. 이때 단백질이 적절한 구조로 만들어질 수 있도록 도와주는 샤페론chaperone이라는 단백질이 존재하는데 이러한 샤페론 단백질은 단백질 과발현 시 단백질이 잘못 접히는 현상을 막아줄 수도 있기 때문에 생물공학적으로 중요하다. 단백질이 잘못 접혀서 기능을 할 수 없는 경우 원핵생물의 경우 내포체inclusion body 내에서 불용성 형태가 되어 적절하게 사용할 수 없게 된다. 이러한 경우 생물 공정에서는 샤페론 단백질을 사용하는 등의 단백질의 접힘을 개선하는 방법을 도입하거나 단백질의 재접힘refolding 과정을 추가하여 기능을 할 수 있는 형태의 단백질로 전환시키기도 한다.

단백질에는 세포 내의 위치 선택localization을 결정할 수 있는 신호 서열signal peptide이 존재한다. 원핵생물에서는 세포막 사이의 페리플라즘periplasm 혹은 세포 외부로 단백질이 수송되는 것이 이 신호 서열을 통해 결정된다. 진핵생물의 경우는 여러 가지 세포 소기관cellular organelle으로 단백질이 전달될 때 이 신호 서열이 소기관에 맞게 단백질 서열 내에 특정 서열을 포함하여 각각의 세포 소기관들에 단백질이 정확하게 전달되도록 한다. 그리고 이 과정에서 소기관에 따라 다양한 형태의 단백질 번역 후 수식posttranslational modification 과정을 거쳐 성숙한 형태의 단백질을 형성하게 된다. 당쇄 반응과 같은 번역 후 수식 과정은 단백질의 기능에서 매우 중요한데 당쇄 과정과 같은 단백질 변형 과정이 원핵생물에는 드물기 때문에 진핵생물의 단백질을 원핵생물에서 생산할 때 이에 대한 고려가 필요하다.

6. 조절

지금까지는 유전 정보의 복제 및 단백질로의 표현에 관한 내용을 다루었다. 이러한 내용은 분자생물학의 핵심 내용이고 생물공학에서도 매우 중요하게 다루어져야 할 부분이다. 그런데 컴퓨터나 기계 장치에서도 시스템을 제어하고 조절하는 것이 매우 중요한 것처럼 세포 내의 복제와 전사 및 번역에 대한 조절regulation은 매우 중요하고 대사공학적으로 이용할 가치가 있다. 문제는 기계나 전자 장치의 경우 장치를 설계한 사람이 비교적 많은 정보를 가지고 시스템을 제어하기 때문에 그 장치에 대한 이해도가 높은 반면, 세포 시스템을 제어하고자 하는 생물공학자는 그 시스템에 대해 충분한 지식을 가지고 있지 못하므로 세포 시스템을 제어하는 데 한계가 있다는 것이다. 최근에는 합성 생물학synthetic biology이라는 분야가 활성화되면서 세포 시스템을 기계적 시스템으로 이해하고 이에 대하여 공학적으로 제어하고자 하는 노력이 있고, 이러한 노력들 덕분에 대사공학의 발전이 기대된다.

세포 내 조절에 있어서 가장 중점적으로 연구된 현상은 미생물의 이화 생성물 억제catabolic repression 현상에 관한 것이라고 할 수 있다. 이화 생성물 억제는 미생물 등에서 흔히 관찰할 수 있는 현상으로 두 가지 이상의 당이 포함된 배지에서 미생물의 당 흡수에 있어 선호도가 존재하는 것을 설명하는 분자 기작이다. 예를 들어, 포도당과 젖당이 있는 배지에서 대장균을 키우게 되면 대장균이 포도당을 먼저 섭취하는 것을 확인할 수 있다. 분자생리학적으로 대장균은 포도당 섭취를 하고 더 이상 섭취할 포도당이 없을 때 젖당을 섭취한다. 그리고 이때 성장 곡선을 확인하면 포도당 섭취 시에는 균체가 급속히 성장하는 데 반해 젖당 섭취 시에는 느리게 자라는 것을 확인할 수 있다. 이러한 현상이 나타나는 이유는 생태학적으로 다른 미생물과 경쟁 관계에 있을 때 이용이 쉬운 포도당에 대해서 우선적으로 소비하여 미생물이 경쟁에서 우위를 점하고자 하는 것이다. 빠르게 사용할 수 있는 포도당을 먼저 사용하여 충분히 개체 수를 확보하고 비교적 이용 속도가 느린 젖당을 사용하는 생존 전략은 젖당을 먼저 사용하는 미생물보다 훨씬 더 경쟁력이 있을 것이고, 미생물 군집에서 우점종이 될 가능성이 크다. 이런 이화 생성물 억제 현상의 이면에는 당에 대한 흡수와 관련된 복잡한 분자 기작이 숨어 있는데 많은 과학자들에 의해서 대장균 내의 이화 생성물 억제 현상에 대한 연구가 진행되었고 비교적 상세하게 분자 기작이 규명되었다. 물질의 흡수 및 대사의 조절과 관련하여

우점종
특정 지역의 미생물 군집에서 다른 미생물종보다 상대적 개체 수가 많은 미생물종

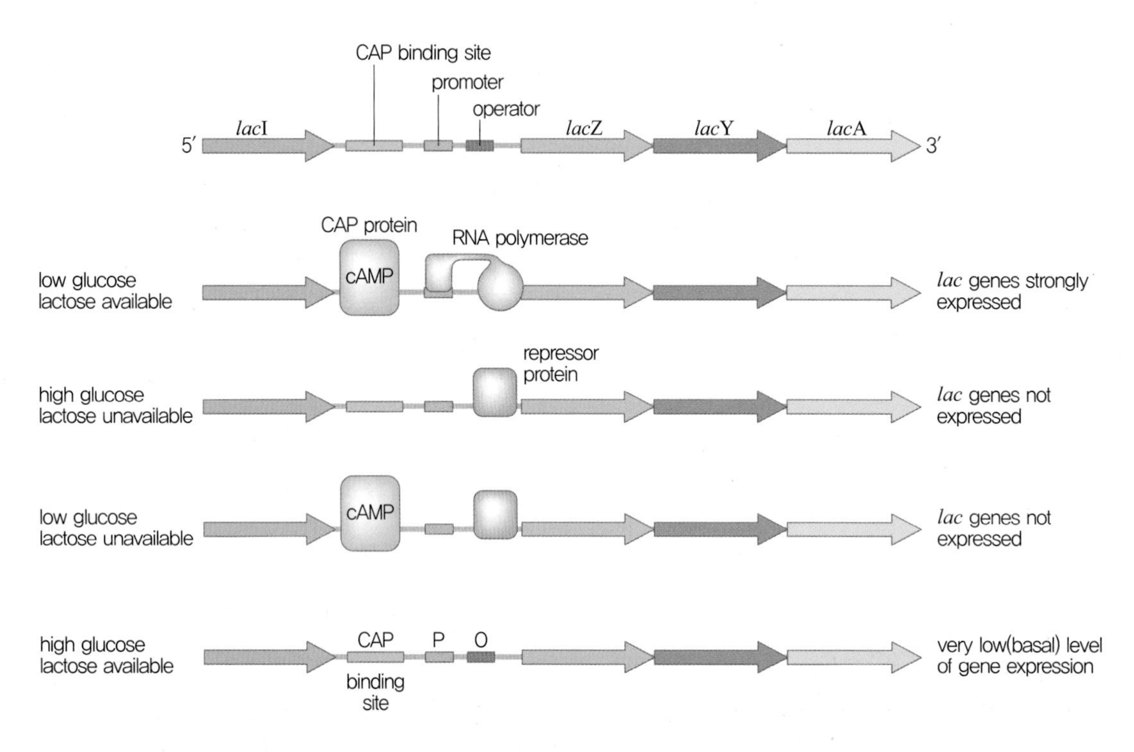

그림 4-3 대장균의 이화 생성물 억제 현상

무수히 많은 분자 기작들이 존재할 것이지만 대장균 내에서 포도당과 젖당의 대사와 관련된 분자 수준의 단백질 발현 조절에 대한 이해가 대사공학을 이해하는 데 중요한 단초가 될 것이기 때문에 주의를 기울일 필요가 있다.

대장균 내에서 포도당을 대사하는 해당 과정은 매우 빠른 속도로 진행되며 여기에 관련된 단백질들은 항시적으로 발현된다. 거기에 비해 젖당과 같이 일반적인 환경에 존재할 가능성이 다소 적은 당의 대사 작용에 관련된 단백질은 젖당이 존재할 때 비로소 발현된다. 이화 생성물 억제 현상은 이처럼 젖당의 대사와 관련된 단백질들이 포도당이 존재할 때 억제되었다가 포도당이 없어지고 젖당만 존재하는 상황에서 발현되는 것을 통해 쉽게 관찰할 수 있다. 예를 들면, 배지에 포도당이 존재하는데 젖당이 존재하지 않을 때는 해당 과정은 매우 빠른 속도로 진행되겠지만 리프레서repressor가 프로모터 근처에 있는 오퍼레이터operator에 결합되어서 RNA 중합효소의 전사를 방해하여 락오페론*lac* operon의 유전자들(*lacZ, lacY, lacA*)이 발현될 수 없게 된다. 반면, 포도당과 젖당이 배지에 동시에 존재할 때는 젖당이 오퍼레이터에 결합되어 있던 리프레서에 결합되어 떨어져 나가면서 유도체inducer의 역할을 하게 된다. 하지만, 그런 경우에도 RNA 중합효소는 여전히 프로모터에 효과적으로 결합할 수 없게 되어서 락오페론의 발현 정도는 미미한 수준에 머물게 된다. 반면, 포도당이 다 소모되게 되면 cAMP가 CAPcAMP-activating protein(cAMP-활성단백질)라는 단백질과 붙어서 젖당의 대사와 관련된 락오페론의 프로모터에 결합하게 되고, 이것이 증진체enhancer의 역할을 하여 락오페론에서 RNA 중합효소를 작동시켜 정상적으로 전사를 유도하게 된다. 또한 젖당과 포도당이 동시에 존재할 때는 유도체 축출inducer exclusion이라는 시스템이 가동되어 포도당의 흡수에 따른 세포 내 중간체가 젖당의 흡수 단백질lactose permease을 저해해서 젖당의 흡수를 차단하고 포도당의 대사가 집중될 수 있도록 한다.

단 원 정 리

현대 생물공학의 한 축을 차지하고 있는 분자생물학에서 가장 중심이 되는 원리를 '센트럴 도그마'라고 하는데 이는 DNA가 RNA로 전사되고, RNA는 단백질로 번역되는 것이 생명체의 핵심적인 유전 현상이라는 것을 의미한다.

DNA 복제는 하나의 DNA 분자에서 그 DNA와 완전히 똑같은 DNA 복제본을 생산해 내는 분자생물학적인 과정이다. 전사는 RNA 중합효소에 의해 DNA의 특정 부위가 전령 RNA로 전환되는 유전자 발현의 첫 번째 단계이며, 번역은 전사된 전령 RNA를 주형으로 하여 리보솜에 의해 단백질을 합성하는 과정이다.

이화 생성물 억제는 여러 가지 탄소원이 존재할 때 미생물이 선호하는 탄소원에 해당 미생물이 신속하게 적응하고 대사하게 하는 미생물 세포 내의 유전자 조절 기작이다.

연 습 문 제

1. 다음 중 DNA를 구성하는 뉴클레오타이드가 아닌 것을 고르시오.
   ① 아데닌(adenine) ② 유라실(uracil) ③ 타이민(thymine) ④ 사이토신(cytosine)

2. 다음 중 DNA 복제 과정 중 이중나선의 꼬임 현상을 제거해 주는 역할을 하는 효소는?
   ① DNA 자이레이스 ② DNA 라이게이스 ③ 라이에이스 ④ DNA 중합효소 II

3. 다음 중 진핵 미생물의 전사 과정 중 전령 RNA의 특징에 해당하지 않는 것을 고르시오.
   ① 5′ 말단 RNA capping ② polycistronic
   ③ 3′ 말단 polyadenylation ④ intron

4. 진핵생물에서 단백질의 서열 중 세포 내 위치 선택을 결정하는 (　　　　) 서열이 존재한다.

5. 이화 생성물 억제 과정에서 CAP 복합체가 결합하는 부분은 무엇인지 쓰시오.

정답 및 해설 1. ② 2. ① 3. ③ 4. 신호 5. 프로모터

05 세포 성장의 기초

세포(cell)는 자연계에 존재하는 다양한 영양소를 대사하여 개체 수 또는 질량을 증가시키는 성장(growth)을 한다. 본 장에서는 세포의 성장을 위한 주요 영양소를 소개하고 세포의 수와 질량을 정량하기 위한 다양한 방법을 제시하며, 이를 이용한 세포의 성장 메커니즘을 소개한다.

1. 세포 성장의 영양소

1) 탄소원

발효 공정에서 사용되는 탄소원은 생명체가 보유한 분해효소에 따라 차이가 있으나 대부분은 단당류, 이당류, 다당류 등의 탄수화물carbohydrate로 이루어져 있다.

(1) 단당류mono-saccharide

① 포도당D-glucose

모든 생명체가 최우선으로 이용하는 대표적인 단당류이다. 전분starch을 효소 분해하여 90% 이상의 함수 포도당과 100% 무수 포도당 형태의 결정형으로 제조되고 있다. 목적 산물의 정제 과정에 영향을 최소화하기 위한 경우에는 결정형 포도당을 사용하고, 가격이 저렴한 목적 산물의 생산에는 저순도 액상 포도당을 사용한다. 하이드롤hydrol이라고 불리는 저순도 액상 포도당은 전분으로부터 결정 포도당 제조 시 생기는 부산물이다.

② 자일로스D-xylose

최근 과학 기술의 발전으로 섬유소계 바이오매스cellulosic biomass에서 유래한 6탄당 포도당과 5탄당 자일로스를 단당류 탄소원으로 이용하기도 한다.

③ 기타 단당류

과당D-fructose, 갈락토스D-galactose, 만노스D-mannose, 아라비노스L-arabinose 등의 탄소원을 이용한다.

(2) 이당류di-saccharide

① 설탕sucrose

포도당과 과당fructose이 공유결합으로 연결되어 있는 대표적인 이당류이다. 사탕수수와 사탕무 등의 가공으로 제조된 것으로 함수 또는 무수 형태의 결정형을 이루고 있다. 순도가 높고 대부분의 생명체가 이용할 수 있어 포도당 다음으로 널리 쓰이는 탄소원이다. 설탕을 만드는 제당 과정의 부산물인 당밀molasses은 약 30%의 설탕뿐만 아니라, 유기 질소원, 비타민, 미량 원소 등 다양한 영양 성분이 포함되어 있어 저렴한 탄소원으로 많이 사용되고 있다.

탄소원
세포가 에너지를 생산하기 위한 당류로 탄소, 수소, 산소 이온으로 구성되어 있다.

② **맥아당**maltose**(엿당, 전통적인 물엿)**

두 개의 포도당이 α-1,4-glycosidic 결합되어 있는 이당류이다. 전분의 효소 당화 중에 포도당으로 최종 분해시키지 않은 공정으로 생산된다. 또한 보리가 발아된 형태인 맥아 추출물malt extract에 50% 함량으로 포함되어 있다.

(3) 다당류poly-saccharide

① **전분**starch

포도당의 단일 구성 성분으로 일자형의 아밀로스amylose와 격자형의 아밀로펙틴amylopectin의 구조를 이루고 있다. 전분 분해효소를 세포 외로 분비하는 미생물의 성장에 이용되거나, 전분 분해효소와 미생물을 하나의 반응기에 각각 첨가하여 목적 산물을 발효 생산하는 동시 당화 발효Simultaneous Saccharification and Fermentation, SSF 공정의 탄소원으로 사용된다. 종류로는 옥수수 전분, 카사바 전분, 감자, 고구마, 쌀, 밀, 보리 등 다양한 전분질 원료를 탄소원으로 이용할 수 있다.

② **섬유소 바이오매스**cellulosic biomass

대표적인 식물성 탄수화물로 셀룰로스cellulose, 헤미셀룰로스hemicellulose와 리그닌lignin으로 이루어져 있다. 셀룰로스는 포도당의 단일 당류, 헤미셀룰로스는 오탄당·육탄당의 혼합 당류, 리그닌은 페놀계 화합물로 구성되어 있다. 섬유소 바이오매스를 이용하기 위해서 전처리pretreatment와 당화saccharification 등의 공정을 통해서 단당류와 다당류의 혼합물로 분해하고, 이를 이용하여 미생물을 배양할 수 있다.

③ **기타 다당류**

젖당lactose이 풍부한 유청cheese whey, 동식물성 유지류lipid, 알칸류alkane 등도 세포 성장의 필요에 따라서 배지에 첨가하여 탄소원으로 이용할 수 있다.

2) 질소원

세포의 구성에 필수적인 아미노산을 합성 또는 공급하기 위해 질소원nitrogen source을 배지에 첨가해야 하는데, 형태에 따라서 무기inorganic 질소원과 유기organic 질소원으로 나눌 수 있다.

질소원
세포의 아미노산 합성을 위한 원료로 무기 질소원과 유기 질소원을 나눈다.

무기 질소원
질소와 수소 또는 질소와 산소 등의 원소로 구성된 이온 형태의 질소 화합물

유기 질소원
탄소, 수소, 산소, 질소 이온으로 이루어진 질소 화합물로 아미노산, 단백질, 요소 등이 있다.

(1) 무기 질소원

공기 중에 존재하는 질소가스N_2는 질소 고정화 효소를 보유한 토양 미생물에 의해서 생명체가 이용할 수 있는 무기 질소원인 암모늄 이온NH_4^+과 질산 이온류nitrites, NO_2^-, 질산염nitrates, NO_3^- 형태로 전환된다. 대부분 암모늄 이온류를 이용하지만, 미생물의 종류에 따라서 질산 이온류도 사용한다. 황산 암모늄을 배지에 첨가한 경우 암모늄 이온이 미생물에 의해 이용되기 때문에 잔존하는 황산 이온에 의해서 배지가 산성화되지만, 암모니아가스 또는 질산 이온류를 이용하는 경우 각각의 무기 질소원의 소비로 인해서 배지가 알칼리성 산도로 변화하는 경향이 있다.

(2) 유기 질소원

유기 질소원은 아미노산, 단백질 또는 요소 등으로 탄소C, 수소H, 산소O, 질소N의 원소를 함유하고 있어 무기 질소원보다는 세포 성장에 직접 이용될 수 있으므로 이용 및 흡수가 빠르다는 장점이 있다. 특히 영양 요구성 변이주auxotroph의 경우 세포 성장을 위해 필수 아미노산의 배지 내 첨가가 필수적이다. 그러나 아미노산 형태로 배지에 첨가할 경우에 배지의 가격이 비싸지는 점을 고려해야 하기 때문에 아미노산 복합체 또는 단백질 가수분해물 형태로 유기 질소원을 첨가하여 사용한다. 천연 단백질에서 유래한 대표적인 유기 질소원으로는 옥수수 침지액corn steep liquor, CSL, 효모 추출물yeast extract, 펩톤peptone, 대두박soybean meal, 카세인casein 가수분해물, 맥아 추출물 등이 있다.

① 옥수수 침지액

옥수수로부터 전분을 제조할 때 옥수수의 호화 과정에서 유출된 액체로 농축을 통해서 약 4%의 총질소를 함유하고 다량의 아미노산으로 구성된 농축액으로 제조된다.

② 효모 추출물

맥주 효모 또는 빵 효모를 50~55℃에서 자가분해self-hydrolysis시키거나, 염화 나트륨NaCl을 이용한 원형질 분리 방법으로 제조된다. 약 7~8%의 총질소를 함유하고 있고 아미노산, 펩타이드, 수용성 비타민, 탄수화물 등이 다량 포함되어 있어 미생물 배양에 사용하는 대표적 유기 질소원이다.

③ 펩톤

단백질의 가수분해물로 약 8~12%의 총질소를 함유하고 있고, 육류, 카세인, 젤라틴,

케라틴 등 원료에 따라 조성이 다르다. 또한 산과 효소 등을 이용하는 가수분해 방법에 따라서 아미노산 등의 조성이 매우 다르다.

④ 대두박

대두soybean에서 대두유oil를 추출한 나머지 부분으로 제조한다. 단백질이 30~50%, 탄수화물(전분이 거의 없음. Raffnose/stachyose 등 희귀당 함유)이 25~30%를 차지하여 일본식 간장의 주원료로 사용되고, 항생 물질의 발효 생산에서 질소원의 고갈을 방지하기 위해서 사용하기도 한다.

3) 기타 미량 성분

탄소원과 질소원 이외에 세포의 성장에 필요한 성분은 세포의 구성 성분에 따라 다른데, 염류만으로 구성된 제한 배지defined medium 제조에 있어서 무기염류와 비타민류의 함량을 반드시 고려해야 하지만, 유기 질소원을 다량 첨가하는 복합 배지complex medium를 사용할 경우 미량 성분의 정확한 함량을 고려하지 않는다.

① 무기염류

거의 모든 발효 배지에 나트륨Na, 마그네슘Mg, 인P, 칼륨K, 황S, 칼슘Ca 및 염소Cl는 필수로 첨가하지만 농도는 사용 미생물마다 다르다. 또한 망간Mn, 아연Zn, 철Fe, 구리Cu, 코발트Co, 몰리브덴Mo 등의 염류는 극미량이 필요하기 때문에 소량의 유기 질소원의 첨가로 대신하기도 한다.

② 비타민류

유기 질소원을 이용하는 배지에는 여러 종류의 비타민을 함유하고 있기 때문에 특정 세포의 생육 또는 세포 내의 효소 반응에 필수적인 비타민류는 따로 첨가해 준다. 예를 들어, 초산 발효 시 칼슘-판토테네이트Ca-pantothenate를, 글루탐산glutamic acid 발효 시 바이오틴biotin을 배지에 첨가해 준다.

2. 세포의 정량 방법

미생물은 배지 내의 영양소를 이용하여 성장하는데, 세포의 성장 정도를 정량화하기 위해서 세포 수와 세포 질량 등의 측정 방법을 이용한다. 세포의 정량을 위해서 반드시 필요한 사항은 세포액(또는 희석된 세포액)의 부피와 세포액에 있는 세포의 수 또는 질량이다. 특히 목적에 맞게 세포를 정량하기 위해서는 신속성과 정확성을 갖는 정량법을 선택해야 한다.

1) 세포 수cell number 정량

세포의 개수를 측정하는 방법은 헤모사이토미터hemocytometer를 이용하는 방법과 집락 형성 단위colony-forming unit 방법으로 나뉜다.

(1) 헤모사이토미터법

헤모사이토미터는 현미경의 슬라이드 글라스의 일종으로 두꺼운 유리로 되어 있고, 가운데에 정사각형 모양의 깊이(예, 0.1 mm)가 일정한 공간이 있다. 또한 공간의 밑면에는 직교하는 일정한 간격의 줄이 그어져 있다(그림 5-1). 일정 비율로 희석한 세포 시료를 이 공간에 넣고 커버글라스를 덮을 경우 일정한 부피의 세포액 시료를 얻을 수 있다. 헤모사이토미터를 현미경을 이용하여 관찰할 때, 일정 크기의 격자(예, 1 mm × 1 mm)를 볼 수 있고, 수 개의 격자 내의 세포 수를 측정하여 그 평균값으로 세포 시료 내의 세포 수를 결정한다.

헤모사이토미터법의 장점은 시료의 채취 후에 빠른 시간 내에 세포 수를 측정할 수 있다는 점이다. 단점은 현미경으로 관찰하는 세포의 유동성으로 격자 내의 세포 이동이 가능하고, 격자 간의 세포 수 편차가 크고 격자 내 위상 차로 세포 수의 정확한 측정이 어렵다. 또한 생균과 사멸 세포를 육안으로 확인하기 어렵다.

헤모사이토미터
세포 수를 측정하기 위해 제작된 특수 슬라이드 글라스로 일정 부피의 배양액을 담을 수 있는 공간을 보유하고 있다.

집락 형성 단위(CFU)
고체 배지에 형성된 세포의 집락(colony) 개수로 정의하고 생균 수 측정에 필수적으로 사용된다.

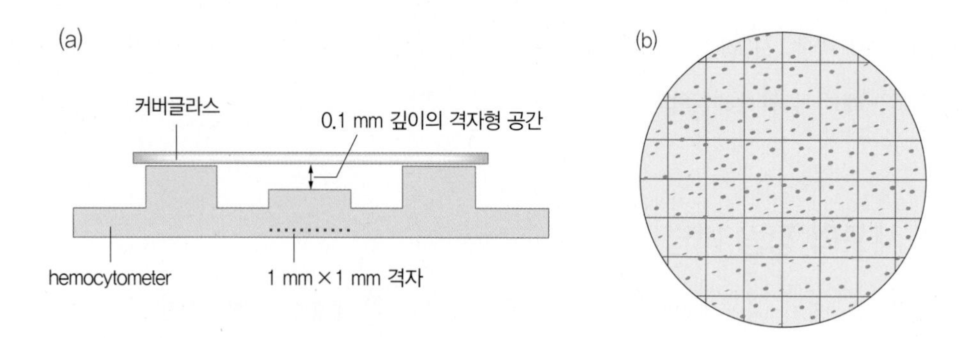

그림 5-1 Hemocytometer의 구조(a) 및 현미경으로 관찰한 Hemocytometer(b)

(2) 집락 형성 단위법

헤모사이토미터법으로는 사멸 세포를 구별할 수 없기 때문에 생균 수의 측정이 중요한 젖산균 생산 공정에서는 사용할 수 없다. 이러한 단점을 극복하여 생균 수를 직접 측정할 수 있는 방법으로 집락 형성 단위법colony-forming unit, CFU이 개발되었는데, 사멸 세포는 증식할 수 없고, 생균 한 개는 하나의 콜로니colony를 생성한다고 가정하였다. 발효 중에 세포 시료를 취한 이후에 일정한 희석 비율(예, 10배, 100배 등)로 세포 시료를 희석하여 세포 수 측정용 시료를 제조한다. 희석 시료를 세포에 맞는 고체 배지에 일정량(예, 100 μL) 떨어뜨리고 도말한 후 세포의 성장 온도에 시료가 도말된 고체 배지를 정체 배양한다. 일정 시간(예, 세균은 약 12시간) 배양 후에 각 고체 배지에 형성된 콜로니의 수를 측정하고, 3개 이상의 고체 배지에서 측정된 콜로니 수의 평균수를 세포 정량에 이용한다. 여기서 생균 수 계산을 위한 수식은 (식 5.1)과 같다.

$$\text{생균 수(CFU/mL)} = \frac{\text{평균 콜로니 개수}}{\text{고체 배지에 넣은 시료 부피(100 }\mu\text{L)}} \times \text{희석 배수} \qquad \text{(식 5.1)}$$

집락 형성 단위법의 장점은 생균 수를 직접 측정할 수 있는 것이다. 단점은 육안으로 콜로니를 확인하기 위해서 상당한 배양 시간이 소요된다. 곧, 최종 제품에서 생균 수가 중요한 제품(예, 젖산균 및 효모 제재, 젖산균 발효 제품 등)의 경우 세포 정량법으로 집락 형

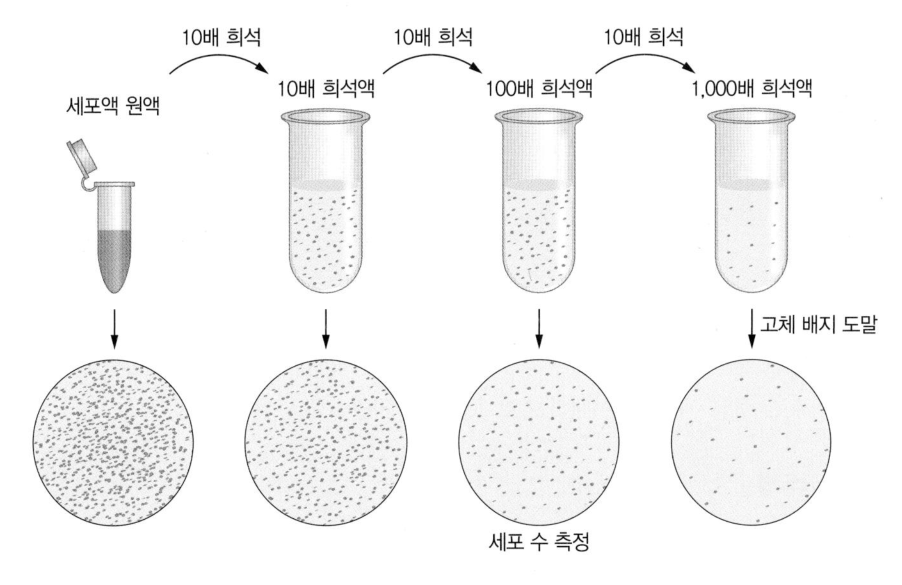

그림 5-2 집락 형성 단위 측정을 위한 실험법

성 단위법을 반드시 사용하지만, 발효 공정을 실시간으로 모니터링하는 경우에는 이 방법을 사용할 수 없다.

2) 세포 질량

세포 수는 개수를 단위로 이용하고 있어 SI 단위unit로 전환할 수 없기 때문에, 세포의 양을 SI 단위인 질량(g)으로 표현할 수 있는 방법이 필요하다. 이러한 방법으로 건조 세포 농도dry cell mass concentration법과 광학 밀도optical density법이 있다.

(1) 건조 세포 농도법

세포의 구성 성분으로서 물은 세포 무게의 약 70~80%를 차지하기 때문에 정확한 세포의 농도를 측정하기 위해서는 세포 내의 물을 제거해야 한다. 건조 세포 농도dry cell mass(또는 weight) concentration 측정법은 세포를 완전히 건조시킨 후 물을 제외한 세포 물질의 무게를 측정하여 세포 농도를 정량하는 방법이다. 세포 배양액에서 물을 제거하기 위해 무게를 측정한 튜브 또는 필터를 이용한다. 정확한 부피(예, 1 mL)의 세포 배양액을 튜브에 넣고 원심 분리한 후에 상등액을 제거한 다음 세포 침전물이 있는 튜브를 약 60~70℃의 건조 오븐에 넣고 가열하여 세포 내 물을 증발시킨다. 세포 무게를 지속적으로 측정하여 무게 수치가 일정할 때의 무게를 세포 무게로 결정한다. 필터를 이용하는 경우, 일정 부피의 세포 배양액(예, 100 mL)을 필터(0.2 μm pore size)로 거른 후에, 세포를 담은 필터를 위와 같이 건조 오븐에 넣어 건조한 후 무게를 측정한다. 건조 세포 농도를 계산하기 위한 수식은 (식 5.2)와 같다.

$$\text{건조 세포 농도(g/L)} = \frac{\text{평균 건조 세포 질량(mg 또는 g)}}{\text{희석한 세포 배양액 부피(1 mL 또는 100 mL)}} \times \text{희석 배수} \quad \text{(식 5.2)}$$

건조 세포 농도법의 장점은 직접 SI 단위로 세포의 양을 측정할 수 있다는 것이다. 단점으로는 세포 배양액에서 물을 제거하고 세포를 건조하는 과정에 2~3시간을 소요하기 때문에 세포 배양 과정을 실시간으로 모니터링하는 것은 한계가 있다.

건조 세포 농도
세포에 함유된 물을 제외한 세포의 농도

광학 밀도
세포가 빛을 흡수하는 원리를 이용하여 측정한 세포의 농도로 세포 배양액의 흡광도와 대조구의 흡광도의 차이로 계산한다.

(2) 광학 밀도법

모든 물질은 특정 파장wavelength의 빛을 흡수하는 특징을 갖고 있다. 대부분의 세포는 가시광선의 파장을 흡수하고 물에 잘 분산되기 때문에, 세포가 빛을 흡수하는 특징을 이용하여 세포의 양을 정량하는 것이 광학 밀도법이다. 세포의 광학 밀도를 측정하기 위해서 세포 배양액을 적절히 희석한 이후에 일정량을 큐벳cuvette에 담고 분광 광도계spectrophotometer를 이용하여 특정 파장(600~700 nm)에서 희석한 세포 배양액의 흡광도를 측정한다. 이 흡광도에 희석 배수를 곱한 것을 광학 밀도optical density라고 한다. 광학 밀도는 무차원 상수로 단위가 없어서 SI 단위를 이용한 공정 분석에는 사용할 수 없다. 이러한 점을 해결하기 위해서 광학 밀도와 건조 세포 농도와의 상관관계를 결정하는 정량 곡선calibration curve을 구하고, 이를 이용하여 측정한 광학 밀도를 건조 세포 농도로 변환시킨다. 최종적으로 세포 배양액의 광학 밀도를 측정하고, 정량 곡선을 이용하여 건조 세포 농도를 결정하게 된다. 광학 밀도의 측정 시 세포가 일정량 이상에서는 투과하는 빛의 양이 극히 적어 건조 세포 농도와 광학 밀도 사이에 1차 함수를 얻을 수 없기 때문에, 흡광도는 0.1~0.6 정도의 값이 되도록 세포 배양액을 반드시 희석해야 한다. 대조구로 동일하게 희석한 액체 배지를 이용한다. 광학 밀도 측정 계산식은 (식 5.3)과 같다.

광학 밀도(Optical Density, OD)
= {흡광도(희석 세포 배양액) − 흡광도(대조구)} × 희석 배수 (식 5.3)

건조 세포 농도법과 연결된 광학 밀도법은 빠른 시간에 세포 배양액에 있는 세포 농도

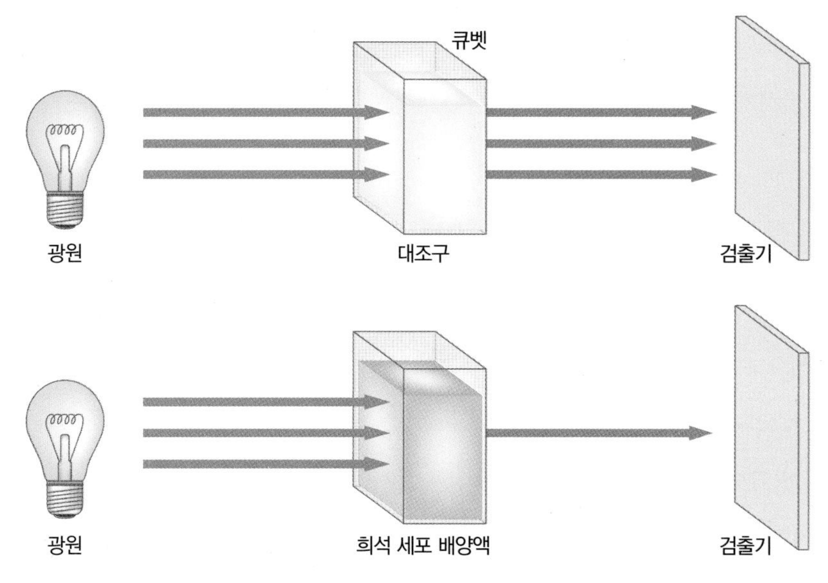

그림 5-3 분광 광도계를 이용한 광학 밀도 측정 모식도

를 정확히 SI 단위 형태로 측정할 수 있는 방법으로 대부분의 세포 성장 모니터링에 이용한다. 균사체를 형성하는 곰팡이류와 세포 외 다당류를 형성하는 미생물류의 경우 액체에 균질하게 분산되지 않기 때문에 흡광도를 이용하여 광학 밀도를 측정할 수 없다. 광학 밀도를 이용한 건조 세포 농도의 계산식은 (식 5.4)와 같다.

$$\text{건조 세포 농도(g/L)} = \text{변환 계수(g/L/OD)} \times \text{광학 밀도(OD)} \times \text{희석 배수} \quad \text{(식 5.4)}$$

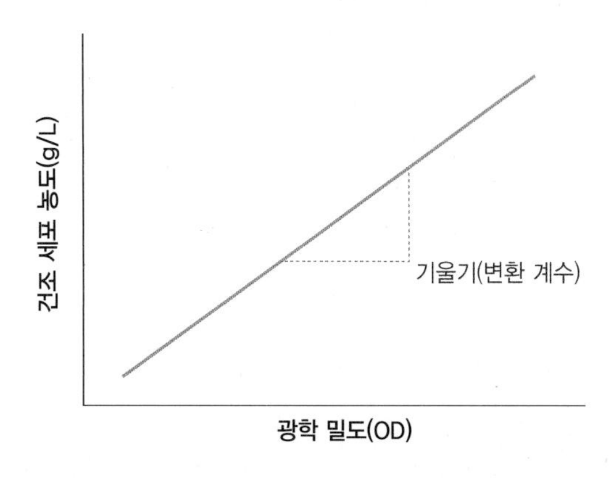

그림 5-4 광학 밀도와 건조 세포 농도와의 정량 곡선

3) 기타 세포 정량법

기타 세포 정량법은 위와 같은 세포 수와 세포 질량을 정확히 측정할 수 없는 세포를 정량할 때 사용한다. 대표적으로 세포 외 다당류를 생산하는 미생물은 점도계를 이용한 방법을, 균사체를 형성하는 곰팡이류는 단백질 또는 핵산을 정량하는 방법을 사용한다.

3. 물질 수지 및 세포 성장의 양론

1) 물질 수지Material balance

(1) 정의

물질 수지는 다양한 공정process에서 어떤 계system의 경계면boundary을 기준으로 일어나는 물질의 유입량과 유출량을 고려하여 계의 내부에 남아 있는 물질의 양(질량, 몰수 또는 에너지량 등)을 계산하는 것으로, 질량 보존의 법칙을 기본으로 만들어진 공학적 개념이다. 공정process이란 하나 또는 연속된 반응, 운전 또는 처리 등으로 최종 산물을 생산하는 과정으로 정의한다. 예를 들어, 효소 또는 발효 등의 생물 반응, 화합물 제조, 유체 이송, 사이즈 변화, 열 발생 및 전달, 증류, 흡착 등 다양한 종류의 과정이 해당된다. 계system의 정의는 분석하고자 하는 부분 또는 전체 공정을 의미한다. 경계면boundary은 공정 시설 또는 공정의 진행에 따라 변화가 있는 가상의 표면을 의미한다. 경계면의 종류에 따라 계를 분류하는데, 열린계open system는 물질이 경계면을 통과하여 이동할 수 있지만, 닫힌계closed system 또는 회분식계batch system는 분석하고자 하는 기간에 물질 이동이 불가능한 계이다. 다만, 열린계와 닫힌계 모두에서 에너지의 전달은 가능하다.

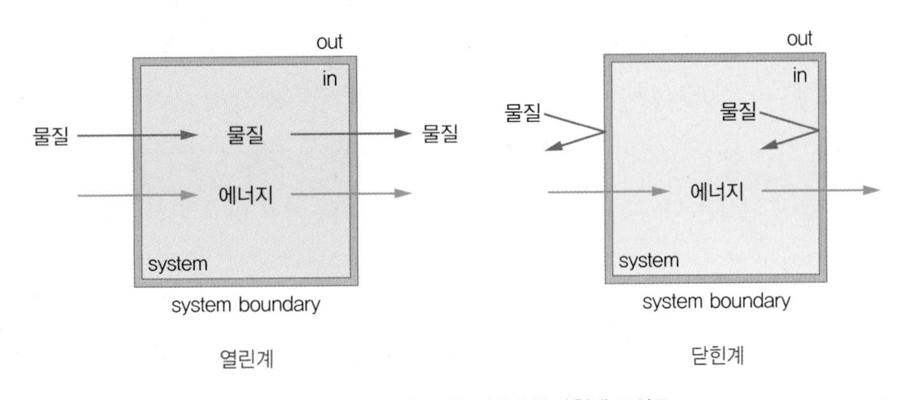

그림 5-5 공정 분석을 위한 열린계와 닫힌계 모식도

물질 수지를 이용한 공정 변수값을 얻기 위해서는 ① 계를 정의하고, ② 물질 수지를 결정하기 위한 경계면을 그리고, ③ 모든 항목을 이용하여 물질 수지식을 세운다. 물질 수지식material balance equation은 질량 보존의 법칙을 이용하여 작성하는데, 계 내부에 남아 있는 물질의 축적량은 유입량과 유출량, 소모량과 생성량의 계산식으로 이루어진다. 일반적인 물질 수지식은 (식 5.5)와 같다.

$$\text{축적량} = \text{유입량} - \text{유출량} + \text{생성량} - \text{소모량} \qquad \text{(식 5.5)}$$

앞의 식 5.5를 이용하여 세우는 물질 수지식의 변수는 질량mass 또는 몰mole의 단위를 갖는 전체 양, 화합물 내 개별 물질chemical compound의 양, 화합물 내 각 원소atomic species의 양 등이다. 또한 각 물질의 시간에 따른 변화(예, 질량/시간)로 물질 수지식을 세워 각 물질의 속도 변화 관계를 나타낼 수 있다. 시간에 따른 변화의 물질 수지식은 다음과 같다.

축적 속도(g/hr 또는 mol/hr) = 유입 속도 − 유출 속도 + 생성 속도 − 소모 속도 (식 5.6)

(2) 물질 수지의 응용

물질 수지식은 공정을 통해서 투입되는 원료와 만들어진 생산물의 상관관계를 수식으로 표현한 것이기 때문에 우리가 원하는 물질의 생산을 최대화할 수 있는 다양한 공정 변수를 결정할 수 있다. 한편, (식 5.5)의 물질 수지식에서 생물학적(또는 화학적) 반응이 없다면, 축적량=유입량−유출량의 식으로 변환될 수 있다. 공정 시간이 지남에 따라서 안정 상태steady-state로 진입하게 되면 시스템 내에 축적되는 물질의 시간당 변화량이 없기 때문에 (식 5.6)의 왼쪽 항(축적 속도)이 0으로 결정된다. 또한 생물학적(또는 화학적) 반응이 없는 공정에서 안정 상태로 진입하게 되면 시스템 내에 축적되는 물질과 생성되고 소모되는 물질이 없기 때문에 유입량=유출량의 물질 수지식을 얻을 수 있다.

한편, 물질 수지식은 다양한 변수의 방정식 형태로 이루어져 있기 때문에 주어진 공정 조건을 이용하여 해를 구할 수 있는 방정식의 수를 결정해야 한다. 기본적으로 구하고자 하는 변수variable의 숫자와 독립적인 방정식의 숫자는 동일해야 한다. 이러한 개념을 수학적으로 표현하면, 자유도 수number of degrees of freedom는 미지의 값을 갖는 변수의 숫자와 독립적인 방정식의 숫자 차이로 정의한다. 예를 들어, 자유도 수가 2라면, 두 개의 독립적인 방정식을 추가로 찾아내야 하거나 똑같은 의미의 두 개 변수가 존재하는 것이다. 또한 자유도 수가 -1이라면 한 개의 비독립적인 방정식이 있거나 한 개의 변수를 추가적으로 정의해야 한다. 자유도 수를 구하는 수식은 다음과 같다.

자유도 수 = 미지의 변수 개수 − 독립적인 방정식의 개수 (식 5.7)

많은 생물 또는 화학 공정에서 이용하는 원료와 결과물은 다양한 물질의 화합물로 이루어져 있다. 이러한 경우에 공정 변수에 따라서 결과물의 전체 질량과 각 화합물의 조성 등이 변화할 것이다. 물질 수지식을 이용하여 각 단계의 질량과 화합물의 조성 등을 다음과 같은 방법으로 결정할 수 있다. 원료 F를 이용하여 결과물 P와 W를 만드는 공정을 생각해 보자. 그림 5-6과 같이 시스템의 경계면을 그리고 원료와 산물, 각 부분에서의 조성을 표시한다.

경계면을 기준으로 유입량과 유출량에 대한 물질 수지식을 세울 수 있는데, 첫 번째로

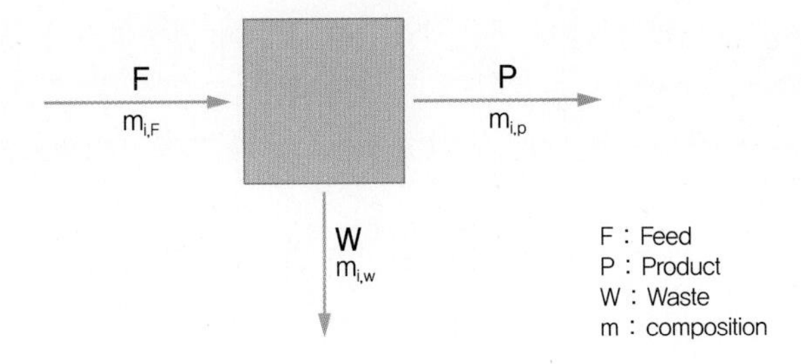

그림 5-6 혼합물 원료를 이용한 공정의 예

전체 질량에 대한 물질 수지식을 세울 수 있고, 둘째로 혼합물에 존재하는 개별 물질에 대한 수지식을 세울 수 있다. 또한 개별 물질에 대한 조성 비율의 합은 1임을 알 수 있다. 이와 같은 물질 수지식을 이용하면 공정 변화에 따른 전체 질량과 각 화합물의 조성비 등을 구할 수 있다. 화합물을 이용한 공정에서의 물질 수지식은 다음과 같다.

$$F = P + W \quad \text{(전체 질량 물질 수지식)}$$

$$m_{i,F}F = m_{i,P}P + m_{i,W}W \quad \text{(개별 물질 물질 수지식)} \qquad \text{(식 5.8)}$$

m : mass fraction of a component in the streams F, P and W

$$\sum_{j=1}^{n} m_j = 1$$

2) 세포 성장의 양론

(1) 생산 수율

세포는 반응기에서 다양한 원료(탄소원, 질소원, 무기질, 산소 등)를 소비하고 그에 따른 결과물로 세포 또는 단백질, 화합물 등이 생산된다. 세포 성장을 평가하는 데 있어서 몇 가지 정량화로 파라미터를 정의하고자 한다. 수율$_{\text{yield, Y}}$은 원료 물질의 소모량(또는 투입량)에 대한 산물의 생산량에 대한 비율로 정의한다. 예를 들어, 발효 공정 중의 세포 성장에 대해 기질 농도 S를 소비하여 생산된 세포 농도 X의 생산 수율식은 (식 5.9)와 같다.

$$Y_{x/s} = -\frac{\Delta X}{\Delta S} = -\frac{X_2 - X_1}{S_2 - S_1} \qquad \text{(식 5.9)}$$

초기 농도 : X_1, S_1, 후기 농도 : X_2, S_2

탄수화물을 기질로 이용하는 대부분의 발효 공정의 경우 탄수화물 기질은 (식 5.10)과 같이 세포, 세포 외 산물, 성장 에너지, 유지 에너지 등의 생산에 이용되기 때문에 얼마

생산 수율
원료 물질(탄소원, 질소원, 무기질, 산소 등) 소모량에 대한 산물(세포, 단백질, 케미컬 등)의 생산량에 대한 비율(g/g, mol/mol)

의 탄수화물이 특정 산물의 생산에 이용되었는지 정확히 결정하기가 어렵다.

$$\Delta S_{total} = \Delta S_{cell\ mass} + \Delta S_{extracellular\ product} + \Delta S_{growth\ energy} + \Delta S_{maintenance\ energy} \quad (식\ 5.10)$$

공정상에서 기질 사용의 정확한 분석이 어렵기 때문에 실제 발효 공정에서는 겉보기 수율apparent yield을 이용하여 전체 공정을 분석한다.

세포 성장을 위해서 탄수화물 기질뿐만 아니라 질소원, 산소 등 다양한 물질이 사용되기도 하고, 기질을 이용하여 목적 산물을 생산하기도 한다. 즉 산소(O_2) 소모에 따른 세포(X) 생산 수율식은 아래의 (식 5.11), 기질(S)의 소모에 따른 목적 산물(P) 생산 수율식은 (식 5.12)와 같이 정의할 수 있다.

$$Y_{x/o_2} = -\frac{\Delta X}{\Delta O_2} \quad (식\ 5.11)$$

$$Y_{p/s} = -\frac{\Delta P}{\Delta S} \quad (식\ 5.12)$$

(2) 양론 계산

세포 성장 및 목적 산물의 생산은 세포 내부에서 수천 가지의 반응에 의해서 생산되는 복잡한 과정으로 이루어져 있기 때문에 단계별로 수율을 계량하는 것이 매우 어렵다. 또한 세포 성장에 따른 질량 변화, 산물의 수율, 성장에 따른 내부열의 발생 등 다양한 인자를 고려해야 한다. 그러나 이러한 복잡한 과정에도 불구하고 세포 성장과 산물 생산을 위한 기질의 이용을 종종 하나의 간단한 화학 반응식으로 나타낼 수 있다. 즉 이러한 반응식을 어떻게 세울 것이고, 수율 계산을 위한 주요 값들을 어떻게 구하는지에 대해 소개하기로 한다.

세포 성장에 필요한 다양한 기질(탄소원, 질소원, 산소 등)과 배양에 의해 생성되는 세포, 산물의 조성을 알면 생물 반응에 대한 물질 수지식을 세울 수 있다. 세포의 경우 다양한 원소의 조합으로 되어 있기 때문에 세포를 구성하는 원소 물질의 조성을 정확하게 안다면 세포 성장의 물질 수지식을 세우는 데 큰 도움이 된다. 세포의 조성은 기질의 종류와 배양 방법에 따라서 다르기 때문에 각각의 경우마다 기기분석을 이용하여 결정하기도 하지만, 표 5-1과 같이 기존의 결과를 이용하여 세포의 조성을 가정하는 것도 빠르게 물질 수지식을 세우는 방법이다.

표 5-1 다양한 미생물의 세포 원소의 조성

미생물	구성 성분(%, wt)								
	C	H	N	O	P	S	Ash	화학식(Empirical Chemical Formula)	분자량(Formula "Molecular" Weight)
Bacteria	53.0	7.3	12.0	19.0			8	$CH_{1.666}N_{0.20}O_{0.27}$	20.7
Bacteria	47.1	7.8	13.7	31.3				$CH_2N_{0.25}O_{0.5}$	25.5
Klebsiella aerogenes	50.6	7.3	13.0	29.0				$CH_{1.74}N_{0.22}O_{0.43}$	23.7
Yeast	47.0	6.5	7.5	31.0			8	$CH_{1.66}N_{0.13}O_{0.40}$	23.5
Yeast	44.7	6.2	8.5	31.2	1.08	0.6		$CH_{1.64}N_{0.16}O_{0.52}P_{0.01}S_{0.005}$	26.9
Candida utilis	50.0	7.6	11.1	31.3				$CH_{1.82}N_{0.19}O_{0.47}$	24.0

자료 : Shuler, M.L., Kargi, F. 지음. 구윤모 외 3인 옮김. 생물공정공학. 교보문고. 2003. 재구성.

세포의 구성 성분의 대부분은 탄소, 수소, 산소, 질소 원자로 되어 있기 때문에 전형적인 세포의 조성은 $CH_{1.8}O_{0.5}N_{0.2}$와 같은 방식으로 표기할 수 있다. 즉 대부분의 경우 1몰의 세포를 $CH_\alpha O_\beta N_\gamma$로 표기하여 1 g 원자의 탄소를 포함하는 양으로 정의한다.

만약에 호기성 세포를 배양하는 과정에서 물과 이산화탄소 이외에 세포 외extracellular 산물을 전혀 생성하지 않는다는 가정으로 단순화된 세포 성장의 화학 반응은 (식 5.13)과 같다. 또한 (식 5.13)에서 세포 성장에 대한 각 원소의 물질 수지식은 (식 5.14)와 같다.

$$\underset{\text{탄수화물}}{CH_mO_n} + \underset{\text{산소}}{aO_2} + \underset{\text{질소원}}{bNH_3} \longrightarrow \underset{\text{세포}}{cCH_\alpha O_\beta N_\gamma} + \underset{\text{물}}{dH_2O} + \underset{\text{이산화탄소}}{eCO_2} \qquad \text{(식 5.13)}$$

$$\begin{aligned} &\text{탄소(C)} : 1 = c + e \\ &\text{수소(H)} : m + 3b = c\alpha + 2d \\ &\text{산소(O)} : n + 2a = c\beta + d + 2e \\ &\text{질소(N)} : b = c\gamma \end{aligned} \qquad \text{(식 5.14)}$$

구하고자 하는 미지수 a, b, c, d, e가 5개인 관계로 앞의 물질 수지식의 해를 구하기 위해서는 한 개의 식이 더 필요하다. 앞에서 호기성 세포의 성장으로 산소를 기질로 이용하여 이산화탄소를 배출하기 때문에 다음 (식 5.15)로 이루어진 호흡률Respiratory Quotient, RQ 값은 산소와 이산화탄소 측정기를 이용하여 구할 수 있다.

호흡률
공급한 산소량에 대한 생산된 이산화탄소의 몰 비율

$$RQ = \frac{\text{생산된 이산화탄소 몰수}}{\text{소비된 산소 몰수}} = \frac{e}{a} \qquad \text{(식 5.15)}$$

즉, (식 5.13)에서 야기되는 양론 계수 5개는 (식 5.14)과 (식 5.15)의 독립적인 5개의 물질 수지식을 이용하면 계산이 가능하다. 이러한 물질 수지를 이용하여 세포 성장 수율($Y_{X/S}$)을 결정하고, 세포 성장 과정을 예측할 수 있다.

(3) 환원도 및 산물 생산 시 양론 계산

세포 성장 이외에 세포 외 산물을 생산하는 경우는 조금 더 복잡한 반응으로 이루어져 있어서 하나의 양론 계수를 추가적으로 요구한다. 환원도degree of reduction라는 개념은 생물 반응에 있어서 양성자-전자 수지를 고려하여 개발된 개념이다. (식 5.16)과 같이 유기 화합물의 환원도 γ는 1 g 원자의 탄소당 이용 가능한 전자의 당량 수로 정의된다.

$$\gamma = \frac{\text{이용 가능한 전자의 당량 수}}{\text{1 g 원자의 탄소}} \qquad \text{(식 5.16)}$$

이용 가능한 전자란 하나의 화합물을 이산화탄소CO_2, 물H_2O, 암모니아NH_3로 산화시킬 때 산소로 전달되는 전자를 의미한다. 세포 성장에 이용되는 주요 원소의 환원도는 C=4, H=1, O=-2, N=-3, P=5, S=6이다. 다음 (식 5.17)은 효모의 발효 과정 중에 자주 이용하는 포도당 기질과 산물인 에탄올의 환원도 계산의 예이다.

$$\text{포도당}(C_6H_{12}O_6) : 6(4) + 12(1) + 6(-2) = 24$$
$$\gamma_{\text{포도당}} = 24 \div 6 = 4 \qquad \text{(식 5.17)}$$

$$\text{에탄올}(C_2H_5OH) : 2(4) + 6(1) + 1(-2) = 12$$
$$\gamma_{\text{에탄올}} = 12 \div 2 = 6 \qquad \text{(식 5.17}')$$

환원도가 높다는 것은 산화도가 낮다는 것을 의미한다. 즉 $\gamma_{ethanol} > \gamma_{glucose}$이다.

대부분의 배양 시 첨가된 기질은 세포의 성장뿐만 아니라 세포 외 산물의 생산을 위해서 사용된다. 세포 외 산물은 1차 대사산물과 2차 대사산물로 나뉘어지는데, 이에 따라 물질 수지식을 세우기 위한 세포 반응의 화학식은 달라진다. 일반적으로 세포 성장과 세포 외 산물을 생산하는 경우의 세포 성장 화학식은 (식 5.18)과 같다. 1차 대사산물은 대부분 세포 성장과 동시에 이루어지기 때문에 세포 성장의 양론 상수인 c값은 0 이상의 값을 갖지만, 2차 대사산물은 세포 성장 이후에 생성되기 때문에 c값은 0이 된다.

다만, 2차 대사산물의 경우 사용된 기질 농도는 세포 성장 이후에 사용된 기질에 대해서만 적용된다.

$$\underset{\text{탄수화물}}{CH_mO_n} + \underset{\text{산소}}{aO_2} + \underset{\text{질소원}}{bNH_3} \longrightarrow \underset{\text{세포}}{cCH_\alpha O_\beta N_\gamma} + \underset{\text{세포의 산물}}{dCH_xO_yN_z} + \underset{\text{물}}{eH_2O} + \underset{\text{이산화탄소}}{fCO_2} \quad (\text{식 } 5.18)$$

화학식에서 각 원소에 대한 물질 수지식, RQ값, 실제 실험에서 $Y_{p/s}$와 $Y_{x/s}$값, 환원도 등을 이용한 방정식의 해를 이용하여 (식 5.18)의 화학식에서 양론 상수 a, b, c, d, e, f 등을 구할 수 있다.

한편, 발효 공정을 이용하여 목적하는 산물을 생산하고자 할 경우에 최대로 도달할 수 있는 목적 산물의 생산량 또는 생산 수율을 계산할 필요가 있다. 최대로 도달할 수 있는 목적 산물의 수율을 이론 수율theoretical yield이라고 한다. 예를 들어, 포도당을 기질로 이용하여 에탄올을 생산하는 발효 공정에서 최대로 에탄올을 생산할 수 있는 이론 수율을 계산해 보자. 이론 수율을 구할 수 있는 세포 반응 화학식을 세우기 위해서, (식 5.18)에서 공급하는 기질을 최대한 에탄올로 전환하기 위해서는 세포 성장이 없다는 가정을 제시하여야 한다. 이 가정을 바탕으로 세포 성장을 위해 필요한 산소와 질소원의 공급이 없고, 세포 성장이 없을 경우 이론 수율에 도달할 수 있다. 즉, 포도당을 기질로 이용한 에탄올의 이론 수율을 구하기 위한 화학식은 (식 5.19)와 같다.

$$C_6H_{12}O_6 \longrightarrow 2C_2H_5OH + 2CO_2 \quad (\text{식 } 5.19)$$

이론 수율은 다음과 같이 질량 또는 몰 기준으로 기질의 양과 생산물 양의 비례로 나타낼 수 있다. 다음 (식 5.20)은 포도당을 이용한 에탄올 생산의 이론 수율 계산식이다.

이론 수율
한정된 기질을 이용하여 세포 성장 없이 최대로 도달할 수 있는 목적 산물의 생산 수율

포도당을 이용한 에탄올 생산의 이론 수율 :

$$Y_{E/S} = \frac{2\text{몰 에탄올}}{1\text{몰 포도당}} = \frac{2(46\ g/mol)}{180\ g/mol} \quad (\text{식 } 5.20)$$

$$= 0.51\ g_{ethanol}/g_{glucose}$$

단원정리

세포의 성장을 위해서는 다양한 영양소가 필요하다. 탄소원으로 단당류, 이당류, 다당류 등의 탄수화물을 이용하고, 질소원으로 무기 질소원과 유기 질소원을 이용한다. 세포는 배지 내의 영양소를 이용하여 성장하는데, 이를 정량화하기 위해서 세포 수와 질량 등의 측정 방법을 이용한다. 세포 수 정량법으로 헤모사이토미터(hemocytometer)법과 집락 형성 단위(colony-forming unit)를 이용한다. 세포의 양을 SI 단위(unit)로 정량화하기 위해서 세포 질량을 구하는 방법이 필요하다. 그 방법으로는 건조 세포 농도법과 광학 밀도법이 있고, 대부분의 경우 건조 세포 농도와 광학 밀도의 상관관계식을 이용하여 세포 농도를 측정한다. 한편, 세포 배양 등 생물 공정의 설계를 위해서 물질 수지는 매우 중요하다. 물질 수지는 기본적으로 질량 보존의 법칙을 기본으로 하여 물질의 유입량, 유출량, 내부에 남아 있는 양의 균형을 논한다. 이를 바탕으로 투입한 기질 대비 세포 성장과 산물 생산의 수율을 결정할 수 있는 양론 계산이 가능하다.

연습문제

1. 세포 성장에 필요한 영양소 중 탄소원을 크기에 따라 분류하고, 각 탄소원의 예를 드시오.

2. 세포 성장에 필요한 질소원을 두 가지로 분류하고, 그 예를 드시오.

3. 세포 정량을 위해서 크게 두 가지로 분류하고, 각각 두 가지의 방법을 제시하시오.

4. 세포 배양액 100 g을 연속식 원심 분리기를 이용하여 세포 침전물 30 g을 얻었다. 제거된 상등액의 양을 구하시오.

5. 포도당 100 g/L를 기질로 이용하여 초기 세포 농도 2 g/L로 효모 배양을 시작하였다. 50시간 이후에 세포 농도 20 g/L와 에탄올 농도 40 g/L를 얻었다. 세포 생산 수율과 에탄올 생산 수율을 구하시오. 만약 150 g/L의 포도당을 기질로 이용하고 동일한 조건으로 효모를 배양하며 주입한 포도당을 모두 소모할 경우, 최종 세포 농도와 에탄올 농도를 구하시오.

1. 단당류(포도당, 자일로스, 과당, 갈락토스 등), 이당류(설탕, 맥아당, 젖당 등), 다당류(전분, 셀룰로스, 헤미셀룰로스, 유청, 유지류 등)
2. 무기 질소원(암모늄 이온류, 질산 이온류 등), 유기 질소원(옥수수 침지액, 효모 추출물, 펩톤, 대두박 등)
3. 세포 수 정량법(hemocytometer법, colony-forming unit법), 세포 질량법(건조 세포 농도법, 광학 밀도법)
4. 첫 번째로 연속식 원심 분리기의 모양과 유사한 공정의 경계면과 in, out의 공정 흐름을 아래의 그림과 같이 그린다.

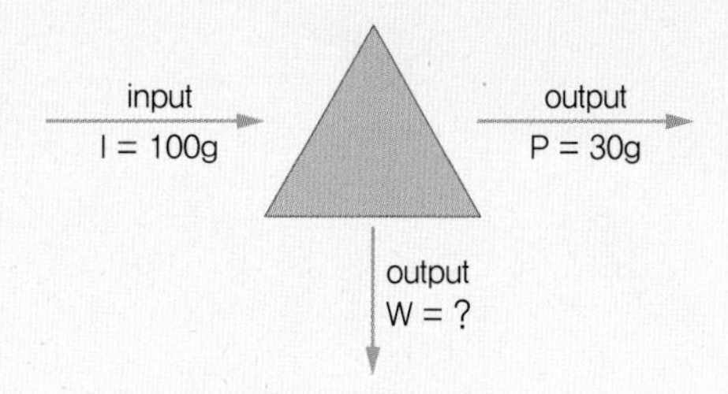

Input과 output을 기준으로 각각의 질량 합이 같다는 방정식을 이용하여 해답을 구한다.

$$\frac{\text{input}}{100\text{ g}} = \frac{\text{output}}{30\text{ g} + \text{W}}$$

$$\text{W} = 70\text{ g}$$

5. 100 g/L의 포도당을 이용하여 18 g/L의 세포 농도를 얻었기 때문에 18%의 세포 생산을 구할 수 있다. 또한 에탄올 생산 수율은 40/100으로 40%이다. 150 g/L의 포도당을 이용할 경우는 아래의 식을 이용하여 세포 농도와 에탄올 농도를 얻을 수 있다.

$$Y_{x/s} = -\frac{\Delta X}{\Delta S} \Leftrightarrow 0.18 = -\frac{X - 2\text{ g/L}}{0\text{ g/L} - 150\text{ g/L}}$$

$$X = 0.18 \times 150\text{ g/L} + 2\text{ g/L} = 29\text{ g/L}$$

$$Y_{p/s} = -\frac{\Delta P}{\Delta S} \Leftrightarrow 0.40 = -\frac{P - 0\text{ g/L}}{0\text{ g/L} - 150\text{ g/L}}$$

$$P_{EtOH} = 0.40 \times 150\text{ g/L} = 60\text{ g/L}$$

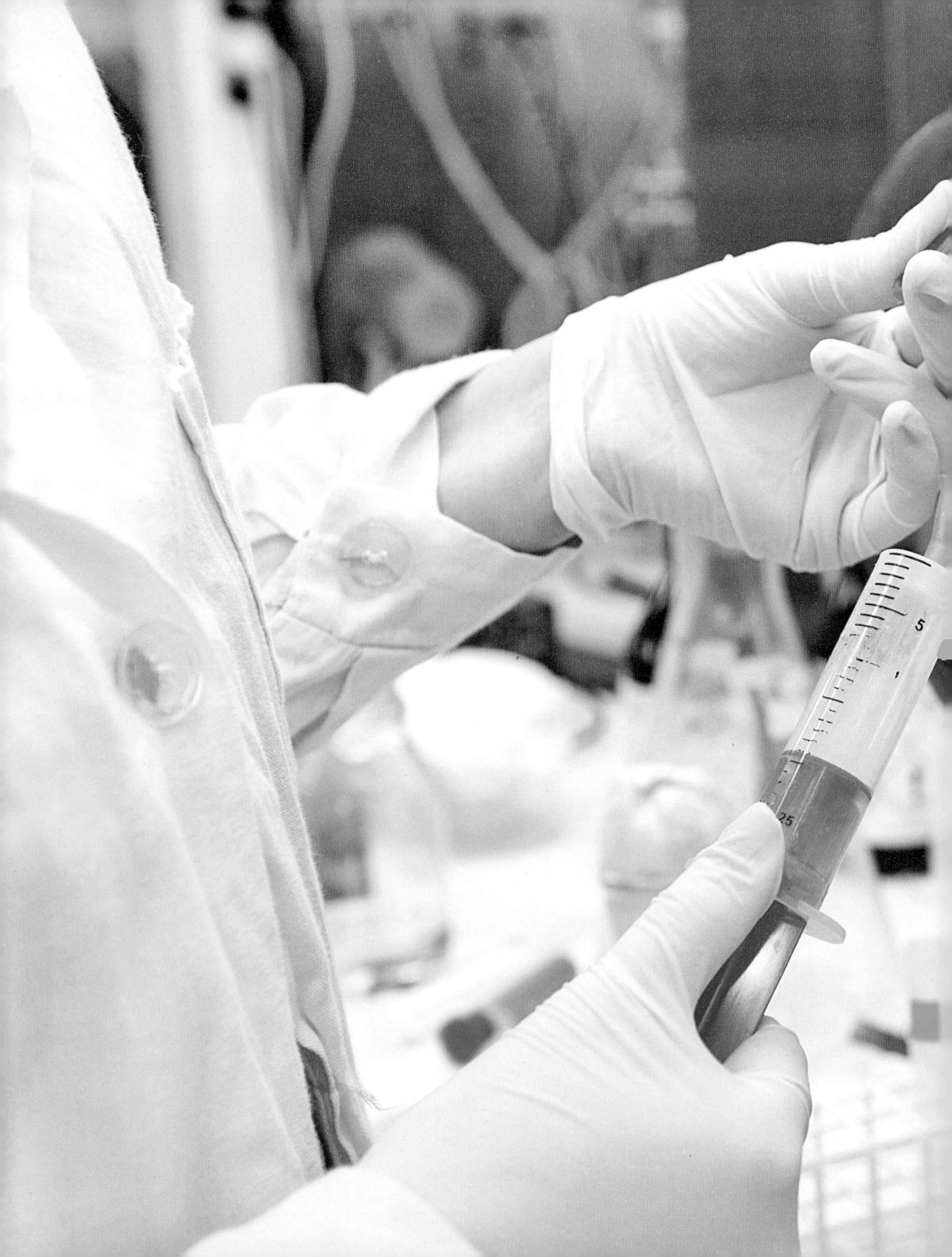
5
25

06 세포 성장 속도론

세포는 기질을 이용하여 성장을 하고 다양한 산물을 세포 내외로 생산한다. 세포 성장과 산물 생산은 다양한 세포 배양기의 운용 조건과 환경 조건에 따라 영향을 받게 된다. 본 장에서는 세포 성장을 정량화하고 예측하기 위한 수학적 모델링을 소개하고 배양 조건에 따른 세포 성장 공정 변수를 결정하는 방법을 소개한다. 또한 발효기를 운용하기 위한 다양한 지식을 제공한다.

1. 서론

세포는 생물 반응기에 제공된 탄수화물, 질소원, 무기 염류, 비타민 등의 기질을 이용하여 성장하고 다양한 대사 물질을 생산한다. 세포 성장(세포 자체의 질량의 증가, 세포 수 또는 세포 농도의 증가 등)은 제공된 기질의 성질과 물리화학적 환경에 의해서 영향을 받는다. 세포 성장 속도는 세포 농도와 직접적인 관계가 있어 (식 6.1)과 같이 간단한 반응 속도식으로 표현할 수 있다.

$$\frac{dx}{dt} = \mu X \quad \text{or} \quad \mu = \frac{1}{x}\frac{dx}{dt} \qquad \text{(식 6.1)}$$

X : 세포 농도(g/L), t : 시간(h), μ : 비성장 속도(h^{-1})

세포 농도를 세포 성장 속도로 변환시키기 위해서 화학 반응 속도론에서 사용하는 속도 상수 *k*와 같은 비성장 속도specific growth rate(단위 : h^{-1})라는 세포 성장 속도 상수를 사용한다. 비성장 속도는 미생물의 종류와 세포 성장 조건에 따라 다르기 때문에 각 세포의 특성을 규정할 수 있는 세포 고유의 상수로 세포 성장 속도론에서 가장 중요한 의미를 갖는다. 한편, (식 6.2)와 같이 세포 수 농도의 증가 속도는 세포 성장 속도와 유사한 속도식으로 표현할 수 있다.

$$\frac{dN}{dt} = \mu^* N \quad \text{or} \quad \mu^* = \frac{1}{N}\frac{dN}{dt} \qquad \text{(식 6.2)}$$

N : 세포 수 농도(CFU/mL), t : 시간(h), μ^* : 비성장 속도(h^{-1})

2. 회분식 성장

회분식 배양batch culture은 배양 준비 단계에서 배양에 필요한 각종 기질로 구성된 배양 배지를 생물 반응기bioreactor에 주입하고 세포를 접종한 이후에 더 이상의 영양물질을 주입하거나 배양액을 제거하는 과정이 없는 배양법을 말한다. 가장 단순한 배양 방법으로 실험실과 산업체에서 많이 사용하고 있다. 이러한 회분식 배양에서의 세포 성장을 회분식 성장이라고 하는데, 다음에서는 이에 대한 설명과 성장 이론을 알아보기로 한다.

비성장 속도
세포 성장 속도 상수로 세포 농도를 세포 성장 속도로 변환시킬 때 사용함. 각 세포마다 고유의 비성장 속도를 보유하고 있다.

1) 회분식 성장 곡선 및 세포 성장식

세포가 성장하기 좋은 환경 조건을 맞추고 영양물질을 포함하는 액체 배지에 세포를

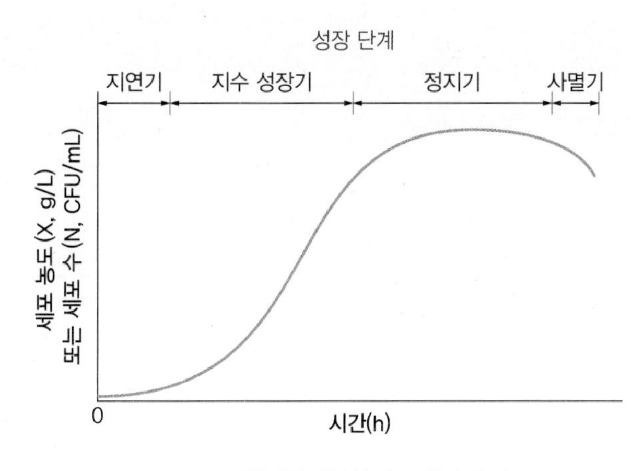

그림 6-1 전형적인 회분식 세포 성장 곡선

접종하면 해당 세포(미생물, 동물 세포, 식물 세포 등)는 물에 녹아 있는 영양물질을 선택적으로 이용하여 성장하게 된다. 배양 시간에 따른 세포 농도(또는 세포 수)의 변화를 나타내는 전형적인 회분식 세포 성장 곡선은 그림 6-1과 같다. 회분식 성장 곡선은 4개의 세포 성장 단계로 나뉘어져 대부분 ① 지연기lag phase, ② 지수 또는 대수 성장기exponential or log phase, ③ 정지기stationary phase, ④ 사멸기death phase를 포함하고 있다.

(1) 지연기

지연기lag phase는 세포의 접종 직후 본격적으로 성장하기 전 단계로 세포가 새로운 배지와 환경에 적응하는 단계이다. 지연기에서 세포는 배지의 구성 성분을 인식한 후 이를 대사하기 위한 효소를 합성하거나 다른 효소의 합성을 억제하여 세포 내 다양한 조직을 새로운 환경에 적응하도록 한다. 이 단계에서는 세포 농도의 증가와 감소의 속도가 유사하기 때문에 겉보기로는 세포 농도가 증가하지 않는 것으로 나타난다. 효율적인 배양 공정을 세우기 위해서는 지연기를 최소화할 수 있는 배양 방법을 개발해야 하는데, 대표적으로 빠른 세포 성장 속도를 보이는 지수 성장기에 있는 세포를 접종 세포로 이용하거나 본 배양액에 대한 접종 세포 배양액의 농도 또는 부피를 늘리는 방법(부피비로 5~10%)이 있다. 하지만, 너무 많은 접종 세포 배양액을 사용할 경우 이전 배양에서 생성된 세포 성장 저해 물질이 본 배양액으로 넘어올 가능성이 높아 세포의 성장을 저해하기 때문에 세포 및 배양의 특성에 맞는 접종 부피(또는 농도)를 결정해야 한다.

한편, 배지에 두 개 이상의 탄소원(예, 포도당과 과당)을 첨가한 경우에는 여러 개의 지

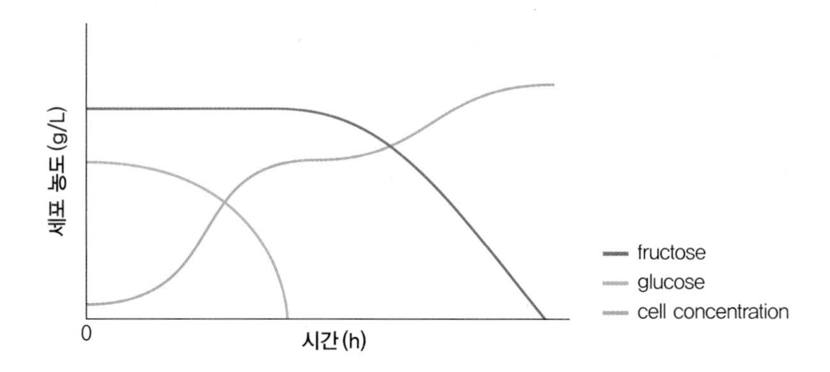

그림 6-2 탄소원이 2개(예, 포도당과 과당)인 경우의 일반적인 이중 성장 곡선

연기를 관찰할 수 있다. 이러한 현상을 이중 성장diauxic growth이라고 부르고, 탄소원이 두 개인 경우에 그림 6-2와 같은 세포 성장 곡선을 확인할 수 있다. 세포가 선호하는 제1 탄소원(포도당)을 대사하기 위한 효소를 첫 번째 지연기에서 생합성하고, 제1 탄소원을 모두 대사한 이후에 제2 탄소원(과당)을 대사하기 위한 효소를 두 번째 지연기에서 생합성한다. 대부분의 경우 제1 탄소원의 대사 효소 합성 기간에는 제2 탄소원의 대사 효소 생합성을 억제하는 현상이 일어나고 이러한 현상을 대사 억제catabolite repression라고 하며, 제4장에서 자세히 설명하고 있다. 세포는 제1 탄소원을 대사할 때가 제2 탄소원을 대사할 때보다 대부분 빠르게 성장한다.

(2) 지수 성장기

세포는 지연기에서 영양분의 대사에 필요한 효소 등 세포 성장을 위한 준비를 마친 이후에 급격하게 성장하는 단계로 진입하고, 이 단계를 지수 성장기exponential phase 또는 대수 성장기log phase라고 한다. 이 단계에서는 세포의 모든 성분이 똑같은 속도로 늘어나고, 각 세포의 평균 조성이 거의 일정한 것을 확인할 수 있는데, 이러한 일정하고 동일한 성장을 균형 성장balanced growth이라고 부른다. 균형 성장을 이루는 세포의 군집은 일정한 특성을 갖기 때문에 다양한 세포 성장 과정 중에서 균형 성장이 일어나는 단계인 회분식 배양의 지수 성장기와 연속식 배양의 정상 상태steady state에서 수학적 모델링이 가능하다.

지수 성장기에서는 세포 성장에 가장 큰 영향을 미치는 탄소원의 기질 농도가 세포 농도보다 매우 크기 때문에 세포 성장 속도는 기질 농도와 무관하고, 세포의 지수 성장 속도exponential growth rate는 (식 6.3)과 같이 1차 속도식으로 나타낼 수 있다. 초기 세포 농도

를 X_0라고 하면,

$$X = X_0, \quad t = 0 \text{ 조건에서} \qquad \frac{dX}{dt} = \mu X \qquad \text{(식 6.3)}$$

이다. 위의 조건에서 (식 6.3)을 적분하면 (식 6.4)를 얻을 수 있다.

$$\int_{X_0}^{X} \frac{dx}{X} = \int_0^t \mu dt$$

$$\ln \frac{X}{X_0} = \mu t \quad \text{or} \quad X = X_0 e^{\mu t} \qquad \text{(식 6.4)}$$

만약 지수 성장기의 두 구간 t_1과 t_2에서의 세포 농도가 각각 X_1과 X_2라면, (식 6.3)을 적분하여 (식 6.5)를 얻을 수 있기 때문에 시간에 따른 세포 농도의 측정을 통해서 세포의 비성장 속도를 구할 수 있다.

$$\int_{X_1}^{X_2} \frac{dX}{X} = \int_{t_1}^{t_2} \mu dt, \qquad \ln X_2 - X_1 = \mu(t_2 - t_1)$$

$$\mu = \frac{\ln X_2 - \ln X_1}{t_2 - t_1} \qquad \text{(식 6.5)}$$

한편, (식 6.4)를 이용하여 세포 농도가 두 배가 되는 시간인 배가 시간doubling time, T_D을 다음과 같이 구할 수 있다(식 6.6).

$$t = T_D \text{와 } X = 2X_0 \text{ 조건에서} \qquad 2X_0 = X_0 e^{\mu T_D}$$

$$T_D = \frac{\ln 2}{\mu} \qquad \text{(식 6.6)}$$

(3) 정지기

필수 영양소의 고갈 또는 세포의 성장을 통해서 분비되는 독성 부산물이 축적되면 세포의 성장이 저해된다. 이러한 경우 지수 성장기에서 정지기stationary phase 단계로 들어간다. 정지기에서는 세포 성장 속도와 세포 사멸 속도가 같이 때문에 겉보기 세포 성장은 0에 가깝다. 세포 성장이 관찰되지 않더라도 세포의 대사 활성도는 높기 때문에 2차 대사산물secondary metabolite을 생산한다. 1차 대사산물primary metabolite의 생산은 세포 성장과 연결되어 있지만, 2차 대사산물의 생산은 세포 성장이 없는 단계에서 일어난다. 2차 대사산물로는 항생 물질antibiotics이나 몇몇 호르몬 등이 있다.

(4) 사멸기

투입한 영양소(대부분 탄소원)가 모두 소모된 이후 또는 세포가 분비한 독성 대사 물질이 일정 이상 축적될 때 세포는 사멸기death phase에 접어든다. 정지기의 종료와 사멸기의 시작을 뚜렷하게 구분할 수 없지만 세포의 사멸을 통해 분비된 세포 내 영양분을 다른 세포가 이용하여 세포 활성을 유지하기 때문에 겉보기로는 세포 농도가 줄어드는 것으로 보인다. 세포의 사멸 속도는 (식 6.7)과 같이 1차 속도식으로 나타낼 수 있다. 세포 수를 N, 정지기 말기의 세포 수를 N_s, 사멸 속도 상수를 k_d라고 하면,

$$\frac{dN}{dt} = -k_d N \qquad \text{or} \qquad N = N_s e^{-k_d t} \qquad \text{(식 6.7)}$$

이다. 정지기 또는 사멸기에 있는 세포를 이용하여 새로운 배지에 접종할 경우 많은 수의 세포가 사멸된 형태이거나 2차 대사산물을 생산하기 위한 대사 단계로 전환되어 있기 때문에, 새로운 환경에 대한 적응이 늦고 세포 성장 관련 유전자 발현이 저해되어 있어 새로운 배양 과정이 늦어지거나 실패할 수 있는 가능성이 매우 높다.

2) 세포 성장과 산물 생산의 상관관계

세포는 성장과 함께 다양한 산물(예, 에탄올, 젖산, 단백질, 항생제 등)을 생산한다. 각 산물의 생산은 관련 효소의 발현과 밀접한 관계가 있고, 이 효소의 발현은 유전자 DNA로부터 mRNA를 전사하는 메커니즘에 따라서 구별된다. 이에 따라서 배양 과정에서의 세포 성장과 산물 생산은 ① 성장 관련 산물 생산growth associated product formation, ② 비성장 관련 산물 생산non-growth associated product formation, ③ 혼합 성장 관련 산물 생산mixed-growth associated product formation 등으로 일정한 관계를 형성한다.

(1) 성장 관련 산물 생산

세포의 성장과 동시에 산물이 생산되는 경우를 말한다. 즉 세포의 비성장 속도와 산물의 비생산 속도는 비례하므로 (식 6.8)과 같은 1차 함수로 나타낼 수 있다.

$$q_p = \frac{1}{X}\frac{dP}{dt} = \frac{1}{X}\frac{dP}{dX}\frac{dX}{dt} = \frac{\Delta P}{\Delta X}\cdot\frac{1}{X}\frac{dX}{dt}$$

$$q_p = Y_{P/X}\mu \quad \text{(식 6.8)}$$

q_p : 비산물 생산 속도(h^{-1}), X : 세포 농도(g/L), P : 산물 농도(g/L)
t : 시간(h), $Y_{P/X}$: 세포 농도 대비 산물 생산 수율 (g/g), μ : 비성장 속도 (h^{-1})

산물 생산에 필요한 효소의 발현은 항시 발현 프로모터constitutive expression promoter에 의해서 조절되므로 세포 성장과 관련 효소의 발현은 1차 함수적 관계를 갖는다.

(2) 비성장 관련 산물 생산

세포의 성장 속도가 0인 정지기에 산물이 생산되는 경우이다. 즉 비생산 속도는 비성장 속도와 무관하게 (식 6.9)와 같이 일정한 상수값을 갖는다.

$$q_p = \beta = \text{constant} \quad \text{(식 6.9)}$$

항생 물질(페니실린 등) 같은 대부분의 2차 대사산물의 생산이 해당된다.

(3) 혼합 성장 관련 산물 생산

지수 생장기의 중간 부분으로 세포 성장 속도가 줄어드는 단계 또는 정지기에 일어난다. 이 경우의 비생산 속도와 비성장 속도와의 관계식은 (식 6.10)과 같다.

$$q_p = \alpha\mu + \beta \quad \text{(식 6.10)}$$

젖산과 잔탄검xanthan gum의 발효 생산이 이에 해당된다.

그리고 (식 6.10)은 위 3가지 경우의 비생산 속도와 비성장 속도를 모두 표현하고 있고, 이 식을 Luedeking-Piret식이라고 한다. 만약에 $\alpha = 0$과 $\beta \neq 0$이라면 비성장 관련 산물 생산의 관계를, $\alpha \neq 0$과 $\beta = 0$이라면 성장 관련 산물 생산으로 $\alpha = Y_{P/X}$이고, $\alpha \neq 0$과 $\beta \neq 0$이라면 혼합 성장 관련 산물 생산의 관계를 나타낸다. 3가지의 경우를 시간에 따른 변화로 나타내면 그림 6-3과 같다.

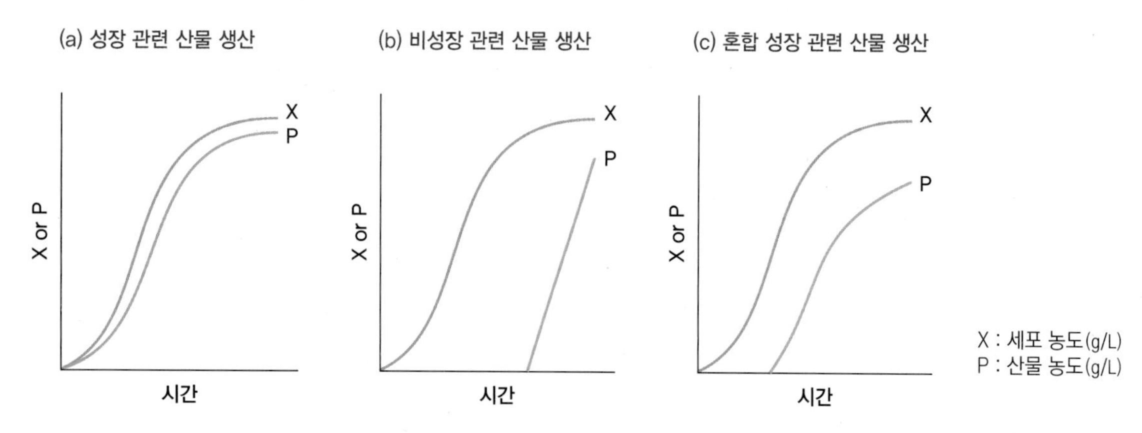

그림 6-3 회분식 배양에서 시간에 따른 세포 성장과 산물 생산

3) 환경 영향

세포의 성장 능력은 온도, pH, 용존 산소 농도dissolved oxygen content, 산화 환원 준위redox potential, 용존 이산화탄소 농도dissolved carbon dioxide content, 이온 강도ionic strength, 기질 및 산물의 농도와 같은 다양한 환경 조건에 영향을 받는다.

(1) 온도

온도는 세포 내부에서 일어나는 많은 효소 작용에 영향을 미쳐서 세포 성장 및 산물 생산을 조절하는 중요한 인자이다. 미생물의 경우 최적 성장 온도에 따라서 세 그룹으로 분류한다[저온성 미생물psychrophile(최적 성장 온도 20℃ 이하), 중온성 미생물mesophiles(최적 성장 온도 20~50℃), 호열성 미생물thermophiles(최적 성장 온도 50℃ 이상)]. 온도에 따라서 세포 성장의 중요 인자인 비성장 속도가 영향을 받는데, 이는 속도 상수를 결정하는 아래

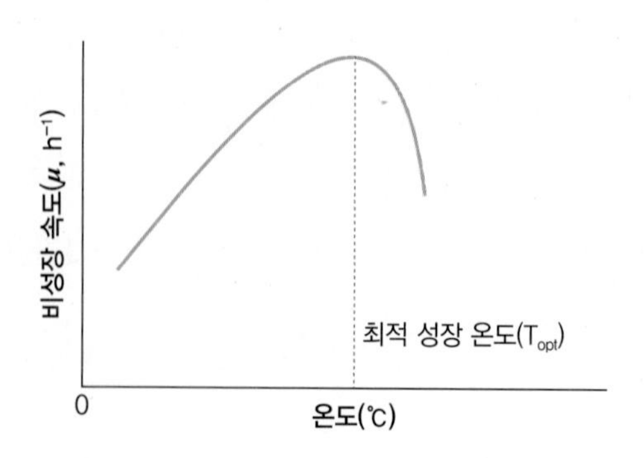

그림 6-4 배양 온도와 세포 성장과의 전형적인 상관관계

니우스Arrheninus식을 따른다. 다양한 배양 온도와 비성장 속도와의 관계를 나타내는 그림 6-4와 같은 실험을 통해서 최적의 세포 성장 온도를 결정한다. 특히 최적의 세포 성장 온도보다 높은 온도에서는 효소 단백질과 막 단백질의 급격한 변성 때문에 세포 성장이 크게 둔화되는 경향을 보인다. 반면, 낮은 온도에서는 이러한 현상이 둔화되는 것을 확인할 수 있다.

(2) pH

수소 이온 농도(pH)는 세포 내 효소 활성에 영향을 미쳐서 세포 성장과 산물 생산에 영향을 미치기 때문에 각 세포 성장 또는 산물 생산에 적합한 최적 pH를 결정해야 한다. 많은 경우 세포 성장과 산물 생산의 최적 pH가 같지만, 특별히 다른 경우도 다수 존재하므로 각각에 대한 최적 pH를 결정할 필요가 있다. 최적 pH에 대해서 약 ±0.5~1 범위에서는 크게 영향을 받지 않는다. 미생물은 각기 다른 최적 pH를 갖고 있는데, 일반적인 박테리아는 중성(pH 6~7), 효모와 식물 세포는 약산성(pH 5~6), 동물 세포는 중성(pH 6.5~7.5)을 갖는다. 일반적인 최적 pH가 상기와 같다고 하더라도 각 세포의 특징이 다르기 때문에 각 세포에 따른 최적 pH를 결정해야 한다.

세포는 성장을 하면서 세포 내외로 다양한 물질을 분비하거나 흡수하기 때문에 배양액 내의 pH는 상당한 폭으로 변화하기도 한다. 세포 성장에 부수적으로 생산되는 유기산의 세포 외 분비로 pH가 감소한다. 질소원인 암모니아의 소모에 의한 수소 이온 방출로 pH가 감소하기도 하고, 질산염을 소모하기 위해 질산기의 암모니아 전환에 필요한 수소 이온의 소모로 배양액의 pH는 증가한다. 또한 해수와 동물 세포 배양에서 이산화탄소의 생성과 소모로 pH가 변화하기도 한다. 이에 따라 완충 용액의 사용 또는 pH 제어 장치를 통해서 세포 배양액의 pH를 조절해야 한다.

한편, 세포는 배양액의 pH가 변화해도 세포 내 pH를 비교적 일정하게 유지하는 메커니즘을 보유하고 있다. 다만, 낮은 pH 조건에서는 그림 6-5와 같이 환원된 형태의 유기산이 세포 내로 자유롭게 이동하게 되고, 세포 내의 높은 pH 때문에 환원된 유기산에서 수소 이온(H^+)이 방출하게 되는데 이것으로 인해서 세포 내 pH가 낮아진다. 이에 대한 방어로 세포는 ATP 등의 에너지를 소비하여 세포 내 수소 이온을 세포 외로 방출하게 되고, 세포 성장에 사용할 에너지가 줄어들게 되기 때문에 결과적으로 세포 성장은

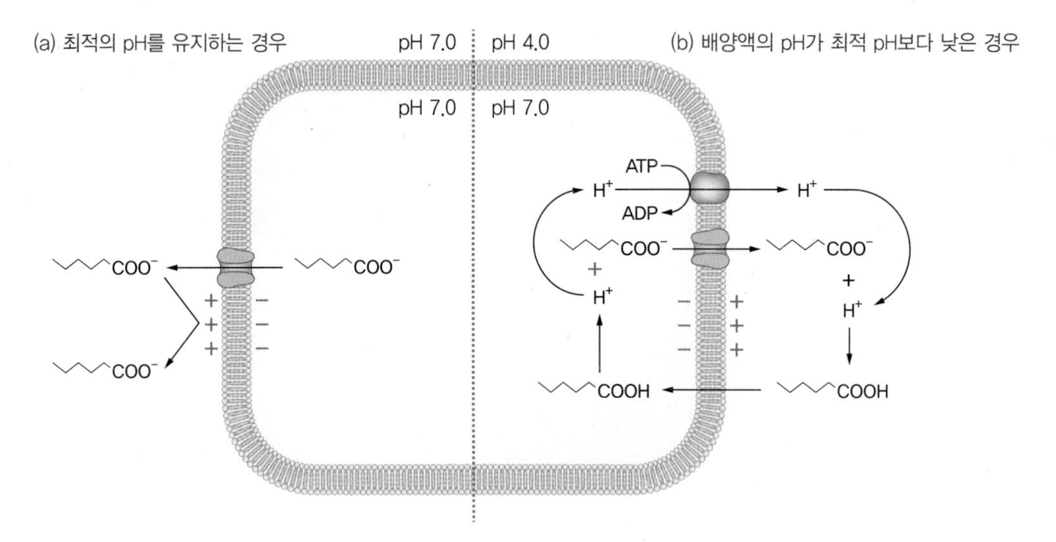

그림 6-5 수소 이온 농도의 변화에 따른 세포 내 pH 유지 메커니즘

둔화된다. 즉 효과적인 세포 성장을 위해서 배양액의 pH를 최적 상태로 유지하는 방법을 고안하거나, 유기산 생산 시 낮은 pH에서도 성장이 용이한 세포를 개발하는 것이 필요하다.

(3) 용존 산소

호기성aerobic 세포는 세포 성장을 위해서 반드시 산소를 필요로 한다. 공기 중에 있는 산소 농도에 비해서 세포가 이용할 수 있는 물에 녹은 용존 산소Dissolved Oxygen, DO의 농도가 낮기 때문에 용존 산소는 세포 성장의 제한 기질로 사용될 수 있다. 그림 6-6과 같이 세포 성장 속도 또는 세포 농도가 낮은 경우에 세포가 이용하는 산소 농도에 비해서 용존 산소의 농도가 높기 때문에 산소 공급이 배양의 중요 요인이 아니지만, 세포 성장 속도 또는 세포 농도가 높은 경우에 용존 산소 농도가 중요한 배양 공정 변수가 된다. 이와 같이 세포 성장 속도를 조절할 수 있는 산소 농도를 임계 산소 농도critical oxygen concentration라고 한다. 임계 산소 농도 이상에서는 세포 성장과 산소 농도가 무관한 반면, 임계 산소 농도 이하에서는 산소 농도에 따라 세포 성장이 조절된다.

박테리아와 효모의 경우 임계 산소 농도는 포화 농도의 5~10%이고, 사상곰팡이의 경우 10~15%이다. 상온(25℃)의 대기압(1 atm)의 조건에서 물에 녹은 산소 포화 농도는 약 7 ppm으로, 물에 녹아 있는 염류와 유기물에 따라서 산소 농도는 달라지고 온도가 올

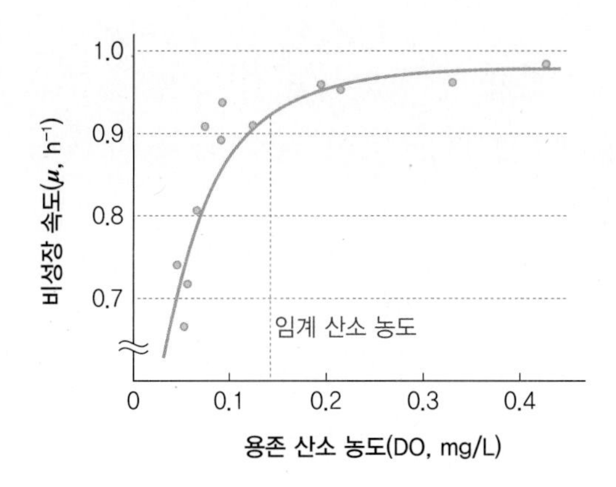

그림 6-6 용존 산소 농도에 따른 대장균의 비성장 속도 변화

라감에 따라서 포화 농도는 감소한다.

보통 배양기에 공기를 불어넣어 줌으로써 공기 중에 있는 산소를 배양액에 녹인다. 기체상에 있는 산소를 배지로 전달하는 산소 전달 속도Oxygen Transfer Rate, OTR, N_{O_2}는 (식 6.11)과 같이 정의된다.

$$\text{OTR} = \text{N}_{\text{O}_2} = k_L a(c^* - c_L) \qquad \text{(식 6.11)}$$

k_L : 산소 전달 계수(cm/h), a : 기체-액체 계면적(cm^2/cm^3),
k_La : 부피당 산소 전달 계수(h^{-1}), C* : 포화 용존 산소 농도(mg/L),
C_L : 배양액 중의 실제 산소 농도(mg/L), N_{O_2} : 산소 전달 속도(mg O_2/L·h)

한편, 세포는 성장을 위해서 산소를 기질로 이용하는데 산소 섭취 속도Oxygen Uptake Rate, OUR는 (식 6.12)와 같이 정의할 수 있다.

$$\text{OUR} = q_{\text{O}_2} X = \frac{1}{X}\frac{dO_2}{dt} \cdot X = \frac{1}{X}\frac{dX}{dt}\frac{dO_2}{dX} \cdot X = \mu X \cdot \frac{\Delta O_2}{\Delta X}$$

$$\text{OUR} = \frac{\mu X}{Y_{X/O_2}} \qquad \text{(식 6.12)}$$

q_{O_2} : 비산소 소모 속도(mg O_2/mg cell·h), Y_{X/O_2} : 산소에 대한 세포 성장 수율 계수(g cell/g O_2)
X : 세포 농도(g cell/L), μ : 비성장 속도(h^{-1})

임계 산소 농도 이하에서 또는 고농도 세포 배양에서는 산소 전달이 율속 단계rate-limiting step가 되기 때문에 산소 전달 속도는 산소 섭취 농도와 같다(OTR = OUR). 이러한 조건에서 세포 성장과 용존 산소 농도와의 관계는 (식 6.13) 또는 (식 6.14)와 같다.

산소 섭취 속도
세포가 산소를 기질로 이용하여 성장하는 속도

$$\frac{\mu X}{Y_{X/O_2}} = k_L a(c* - c_L) \quad \text{(식 6.13)}$$

또는

$$\frac{dX}{dt} = Y_{X/O_2} \cdot k_L a(c* - c_L) \quad \text{(식 6.14)}$$

산소 전달이 율속 단계인 경우 세포 성장 속도는 산소 전달 속도에 따라 선형적으로 변한다. 용존 산소 농도를 높이기 위해서 산소를 발효기에 공급해 주는 방법과 배양기의 내압을 상압 이상으로 올리는 방법을 고려할 수 있다.

3. 회분식 배양의 수학적 모델링

세포 성장을 수학적으로 설명하기 위해서 속도론적 표현은 매우 중요하다. 앞에서도 설명하였듯이 세포 성장의 수학적 모델링은 각 세포의 조성과 성장 속도가 유사하다고 가정한 균형 성장balanced growth의 조건에서 가능한데, 이는 회분식 배양에서 지수 성장기와 연속식 배양에서 정상 상태steady-state에 해당된다. 한편, 세포 배양에 사용되는 탄소원은 다른 영양분이 충분할 경우에 세포 성장에 가장 큰 영향을 미치는 인자이다. 즉 제공하는 탄소원의 농도에 따라서 세포 성장 속도가 변화하기 때문에 이에 따른 세포 성장의 수학적 모델링이 가능하다.

1) 기질 제한적 세포 성장의 모델

회분식 세포 배양 시에 배양액에 첨가하는 기질(대부분 탄소원)의 농도를 달리할 경우 그림 6-7과 같이 배양 시간에 따른 다양한 세포 성장 곡선을 구할 수 있다. 각 세포 배양에서 지수 성장기의 비성장 속도와 첨가한 기질 농도와의 관계는 그림 6-8과 같이 포화 현상을 갖는 그래프로 그릴 수 있다.

이와 같은 반응 과정은 미카엘리스-멘텐식Michaelis-Menten equation으로 표현되는 효소 반응과 유사한 형태를 보이기 때문에, 세포 성장의 경우 (식 6.15)와 같이 비성장 속도와 기질 농도와의 관계식을 구할 수 있고 이를 모노드식Monod equation이라고 한다.

모노드식
세포의 비성장 속도와 기질 농도와의 상관관계식으로 기질 제한적 세포 성장의 대표적인 수학적 모델

$$\mu = \frac{\mu_m S}{K_S + S} \quad \text{(식 6.15)}$$

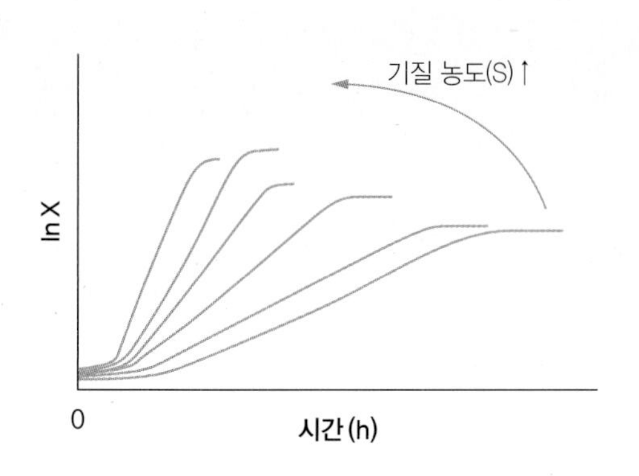

그림 6-7 다양한 기질 농도에서 시간에 따른 세포 성장의 변화
X : 건조 세포 농도, S : 기질 농도

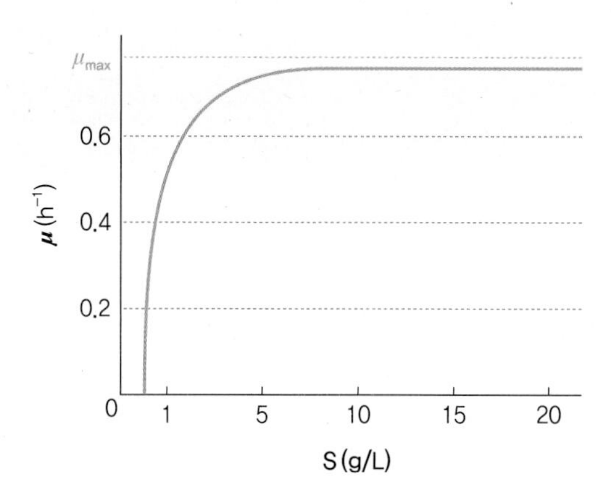

그림 6-8 배양액에 첨가한 기질 농도의 변화에 대한 세포의 비성장 속도
μ : 비성장 속도, μ_{max} : 최대 비성장 속도, S : 기질 농도

여기에서 $\mu_m(h^{-1})$은 $S \gg K_S$일 때의 최대 비성장 속도, K_S(g/L)는 포화 상수 또는 모노드 상수, S는 세포 성장을 조절하는 제한 기질limiting substrate의 농도이다. 만약 $\mu=1/2\ \mu_m$일 때, $S=K_S$의 관계식을 갖는다. 일반적으로 $S \gg K_S$ 조건에서 $\mu=\mu_m$이고, $S \ll K_S$ 조건에서 $\mu=\mu_m/K_S$이다. 모노드식은 일부 실험 결과를 기반으로 만들어진 것으로 넓은 범위의 데이터에 잘 들어맞기 때문에 세포 성장의 관계식으로 가장 널리 이용되고 있다.

2) 세포 성장 저해 모델

세포 배양액에서 기질 또는 산물의 농도가 높거나 독성 물질이 존재하는 경우에 세포 성장은 저해를 받고 세포 성장 속도는 저해 물질의 농도에 의존적으로 감소하게 된다. 세포 성장은 세포 내 효소의 활성과 밀접하게 관계가 있기 때문에 세포 성장 저해 모델은 효소 저해 모델과 매우 유사하다.

(1) 기질 저해Substrate inhibition

배양액에 높은 농도의 기질을 투입할 경우에 삼투압의 증가로 세포 성장을 저해하는 현상을 그림 6-9와 같이 발견할 수 있다.

기질에 의한 세포 성장 저해 모델은 효소의 기질 저해와 동일하게 표현할 수 있다. 비경쟁적noncompetitive 기질 저해(식 6.16)와 경쟁적competitive 기질 저해(식 6.17)의 두 가지 메커니즘이 있다.

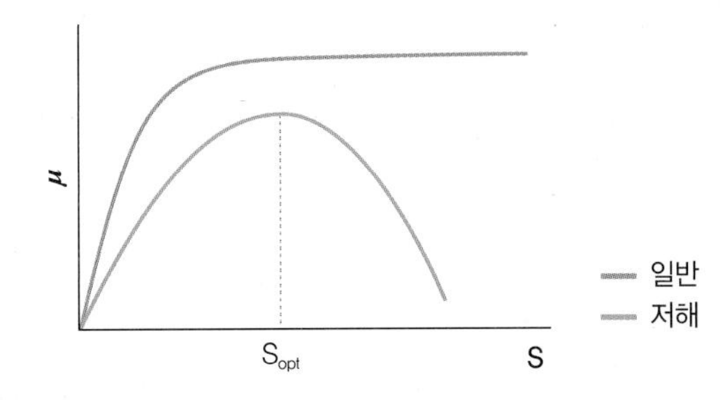

그림 6-9 세포 성장 속도의 기질 저해 영향
μ : 비성장 속도, S : 기질 농도, S_{opt} : 최적 기질 농도

$$\mu = \frac{\mu_m}{\left(1+\frac{K_S}{S}\right)\left(1+\frac{S}{K_I}\right)} \quad \text{or} \quad \text{if} \quad K_I \gg K_S, \quad \mu = \frac{\mu_m S}{K_S + S + \frac{S^2}{K_I}} \tag{식 6.16}$$

$$\mu = \frac{\mu_m S}{K_S\left(1+\frac{S}{K_I}\right)+S} \tag{식 6.17}$$

μ_m : 최대 비성장 속도(hr^{-1}), K_S : 모노드 상수(g/L)
K_I : 기질 저해 상수(g/L), S : 제한 기질 농도(g/L)

세포 성장을 가장 빠르게 하기 위해서는 주입하는 기질 농도를 높이면 되지만, 기질 저해 현상으로 인해 최적의 기질 농도 이상에서는 오히려 세포 성장이 감소한다. 즉 효과적인 세포 배양을 위해서 최적의 기질 농도를 결정해야 한다. 그림 6-9에서 $S=S_{opt}$일 때 $d\mu/dS=0$이기 때문에, 비경쟁적 기질 저해 메커니즘의 식을 이용할 경우 $S_{opt}=\sqrt{K_S K_I}$의 값을 구할 수 있다.

(2) 산물 및 독성 물질 저해

세포가 성장하면서 다양한 산물을 생산하게 되고 산물의 성질에 따라서 세포 성장을 저해하게 된다. 또한 세포 배양의 가격 경쟁력을 높이기 위해서 저렴한 배양액을 사용하기도 하는데, 이러한 배양액에는 다수의 세포 저해 독성 물질이 포함될 수 있다. 산물(P)과 독성 물질(I)에 의한 세포 성장 속도의 저해 메커니즘은 효소의 저해 메커니즘과 매우 유사하다. (식 6.18)은 경쟁적 저해를, (식 6.19)는 비경쟁적 저해를 나타낸다.

$$\mu = \frac{\mu_m S}{K_S\left(1+\frac{P}{K_P}\right)+S} \quad \text{or} \quad \mu = \frac{\mu_m S}{K_S\left(1+\frac{I}{K_I}\right)+S} \tag{식 6.18}$$

$$\mu = \frac{\mu_m}{\left(1+\frac{K_S}{S}\right)\left(1+\frac{P}{K_P}\right)} \quad \text{or} \quad \mu = \frac{\mu_m}{\left(1+\frac{K_S}{S}\right)\left(1+\frac{I}{K_I}\right)} \qquad \text{(식 6.19)}$$

μ_m : 최대 비성장 속도(hr^{-1}), K_S : 모노드 상수(g/L), K_P : 산물 저해 상수(g/L)
K_I : 기질 저해 상수(g/L), S : 제한 기질 농도(g/L)

대표적인 비경쟁적 산물 저해의 예는 효모 발효를 통해서 포도당으로부터 생산된 에탄올의 저해 메커니즘이다. 약 5% 이상의 농도에서 에탄올이 효모의 성장을 저해하는 것으로 알려져 있다.

4. 연속식 배양의 수학적 모델링

회분식 배양의 경우 시간에 따라서 기질 농도, 환경 조건이 실시간으로 바뀌게 된다. 회분식 배양에서 배양 시작 후 일정 시간이 지나면 기질의 고갈로 세포 성장 및 산물 생산이 멈추게 된다. 연속식 배양은 회분식 배양의 단점인 기질의 고갈을 막기 위해서 계속적으로 기질을 배양기에 넣어 주고, 넣어 주는 기질의 부피만큼 배양액을 제거하는 공정을 의미한다. 연속식 배양에서는 연속적으로 세포 및 산물이 포함되어 있는 배양액을 얻을 수 있기 때문에 긴 운전 기간 동안 연속으로 제품을 생산할 수 있는 장점이 있다. 또한 연속식 배양은 배양 환경에 대한 미생물의 생리적 반응과 최적 환경 조건의 결정과 같은 다양한 공정 변수 결정에 이용된다. 동일한 생산성을 얻기 위해서 회분식 배양은 대용량의 생물 반응기가 필요하지만, 연속식 배양은 작은 규모의 반응기를 이용할 수 있다. 다만, 회분식 배양은 오염이 될 경우 한 배양만 제거하면 되지만, 연속식 배양은 모든 공정 내의 물질을 제거하고 살균하는 점검을 해야 하기 때문에 운전의 안정성 및 안전성이 떨어진다.

1) 이상적인 연속식 배양

연속식 배양 장치의 일반적인 형태는 케모스타트chemostat로 일정한 화학적 환경이라는 의미를 담고 있다. 대부분의 연속식 배양에서는 한 개의 제한 기질(대부분 탄소원)에 의해서 세포 성장이 조절되고 그 이외의 영양소는 과량으로 존재하게 한다. 그림 6-10은 가장 간단한 형태의 연속식 배양기 모식도로 연속 교반 탱크 반응기Continuous Stirred Tank

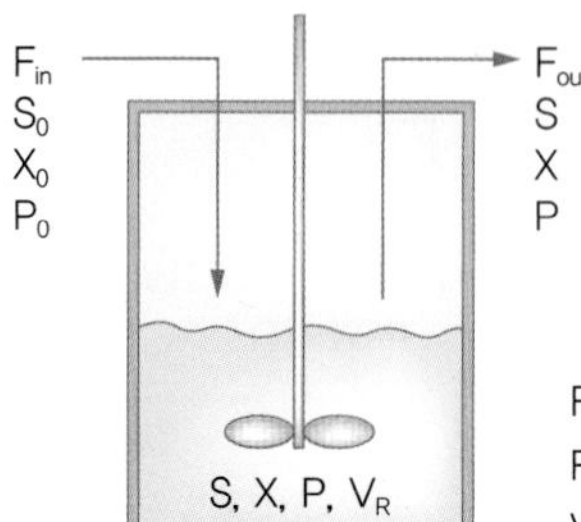

F_{in}, S_0, X_0, P_0 : 주입 배지의 주입 속도(L/h)와 기질, 세포와 산물 농도(g/L)
F_{out}, S, X, P : 배양액의 배출 속도(L/h)와 기질, 세포와 산물 농도(g/L)
V_R : 배양액 부피(L)

그림 6-10 한 개의 배양기로 이루어진 전형적인 연속식 배양 모식도

Reactor, CSTR라고 한다.

이상적인 연속식 배양은 케모스타트의 몇 가지 요건을 만족해야 한다. 조성이 동일한 멸균된 배지를 주입하고, 완전한 교반으로 배양액의 조성이 균질하여 배양액의 조성과 배출액의 조성이 같으며, 배양기 내 pH, 온도 등의 환경 조건과 배양액의 부피는 항상 일정하게 유지되어야 한다. 연속식 배양을 시작하는 초기 단계는 회분식 배양이고, 일정 시간이 지나 세포 성장이 이루어진 이후에는 제한 기질이 포함된 멸균된 배지를 일정한 속도로 주입한다. 그림 6-11과 같이 시간에 따른 배양액 내의 세포와 제한 기질의 농도를 모니터링하면, 회분식batch 배양 이후에 멸균 배지를 주입하면 세포 농도와 기질 농도가 변화하는 전환기transient state에 진입하고 대략 배양액 부피의 4~5배 정도의 멸균 배지가 주입된 시간 이후에 배양액의 세포 농도와 기질 농도가 일정해지는 정상 상태steady-state에 진입한다. 이후 멸균 배지의 주입 속도를 증가 또는 감소시키면 일정 시간의 전환기 이후에 다른 세포 농도와 기질 농도를 보이는 또 다른 정상 상태에 진입한다. 연속식 배양의 정상 상태는 회분식 배양의 지수 성장기와 같은 균형 성장balanced growth의 구간으로 수학적 모델링이 가능하다.

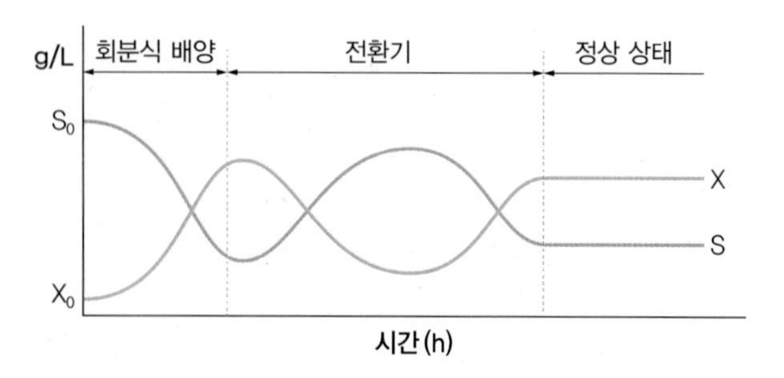

그림 6-11 연속식 배양에서 시간에 따른 배양액 내의 세포 농도(X)와 기질 농도(S)의 변화

2) 연속식 배양에서 물질 수지

그림 6-10과 같은 구조를 갖는 배양에서의 물질 수지식은 다음과 같다.

(1) 전체 물질 수지

주입 용액과 배출 용액의 밀도를 각각 ρ_{in}과 ρ_{out}(g/L), 배양액의 부피를 V_R, 주입 속도와 배출 속도를 각각 F_{in}, F_{out}이라고 할 때, 시간에 따른 전체 물질 수지식은 (식 6.20)과 같다.

$$\frac{d(\rho V_R)}{dt} = F_{in} \cdot \rho_{in} - F_{out} \cdot \rho_{out} \qquad \text{(식 6.20)}$$

대부분의 배지와 배양액의 밀도는 같기 때문에 $\rho_{in} = \rho_{out} = \rho$이고 ρ는 일정한 값을 갖는다. 즉 (식 6.20)에서 양쪽의 밀도가 상쇄되어 (식 6.21)과 같은 시간에 따른 전체 물질 수지식을 얻을 수 있다.

$$\frac{dV_R}{dt} = F_{in} - F_{out} \qquad \text{(식 6.21)}$$

(2) 세포(X) 물질 수지

세포의 성장과 관련이 있는 시간에 따른 물질 수지식을 결정하기 위해서 다음과 같은 항목을 고려할 수 있다.

- 주입input : $F_{in} X_0$
- 배출output : $F_{out} X$
- 생성generation : $\mu X V_R$
- 소모consumption : $k_d X V_R$

4가지 항목을 이용하여 세포 성장 물질 수지식을 정리하면 (식 6.22)와 같다.

$$\frac{d(V_R X)}{dt} = F_{in} X_o - F_{out} X + \mu X V_R - k_d X V_R \qquad \text{(식 6.22)}$$

살균된 배지를 배양기에 주입하고, 비사멸 속도는 겉보기 비성장 속도에 포함되어 있기 때문에 $X_0 = 0$이고 $k_d = 0$이다. 그러므로 (식 6.22)는 아래와 같은 (식 6.23)으로 변형된다.

$$\frac{d(V_R X)}{dt} = -F_{out}X + \mu X V_R \qquad \text{(식 6.23)}$$

(3) 기질(S) 물질 수지

기질의 소모와 관련이 있는 시간에 따른 물질 수지식을 결정하기 위해서 다음과 같은 항목을 고려할 수 있다.

- 주입input : $F_{in}S_o$
- 배출output : $F_{out}S$
- 생성generation : 0
- 소모consumption : $\dfrac{\mu X V_R}{Y_{X/S}}$

4가지 항목을 이용하여 기질 소모 관련 물질 수지식을 정리하면 (식 6.24)와 같다.

$$\frac{d(V_R S)}{dt} = F_{in}S_o - F_{out}S - \frac{\mu X V_R}{Y_{X/S}} \qquad \text{(식 6.24)}$$

3) 정상 상태에서의 세포 성장과 기질 소모의 물질 수지식

앞의 3가지 물질 수지식에 대해서 연속식 배양의 정상 상태에서는 그림 6-11과 같이 시간에 따른 세포와 기질 농도의 변화량은 0이다. 그리고 배지의 주입 속도와 배양액의 배출 속도가 같고 일정하기 때문에 배양액 부피의 변화량도 0이다. 즉 $dX/dt = 0$, $dS/dt = 0$, $dV_R/dt = 0$이기 때문에 $F_{in} = F_{out} = F$이다. 이러한 조건의 정상 상태에서 세포 성장과 기질 소모의 물질 수지식의 변화는 다음과 같다.

(식 6.23)의 세포 물질 수지식은

$$\frac{d(V_R X)}{dt} = V_R\frac{dX}{dt} + X\frac{dV_R}{dt} = -F_{out}X + \mu X V_R$$

으로 변환되는데, 최종적으로 정상 상태에서 세포 물질 수지식을 (식 6.25)와 같이 구할 수 있다.

$$X(\mu V_R - F) = 0 \qquad \text{(식 6.25)}$$

또한 (식 6.24)의 기질 물질 수지식은

$$\frac{d(V_R S)}{dt} = V_R \frac{dS}{dt} + S\frac{dV_R}{dt} = F_{in}S_o - F_{out}S - \frac{\mu X V_R}{Y_{X/S}}$$

으로 변환되는데, 최종적으로 정상 상태에서 기질 물질 수지식을 (식 6.26)과 같이 구할 수 있다.

$$F(S_o - S) = \frac{\mu X V_R}{Y_{X/S}} \quad \text{(식 6.26)}$$

(식 6.25)와 (식 6.26)에서 실험적으로 측정 가능한 비성장 속도(μ), 배양액 부피(V_R), 주입 속도(F), 초기 기질 농도(S_0), 기질 대비 세포 성장 수율($Y_{X/S}$)을 이용하여 정상 상태에서의 세포 농도와 기질 농도를 결정하고자 한다.

(식 6.25)에서 만약 X=0이라면, (식 6.26)은 $S=S_0$가 되어 배양액에 세포가 남아 있지 않는 세출 현상wash-out의 정상 상태를 확인할 수 있다. 대부분의 경우인 X≠0인 조건에서 (식 6.25)는 $\mu V_R - F = 0$을 만족하게 된다. 이 경우 희석 속도dilution rate, D를 $D = F/V_R$라고 정의하면, D는 배지를 주입할 경우 체류 시간residence time의 역수로 h^{-1}의 단위를 갖는다. 즉 세포 성장의 정상 상태에서 세포 물질 수지식(식 6.25)으로부터 (식 6.27)과 같이 비성장 속도와 희석 속도와의 관계식을 얻을 수 있다.

$$\mu = D \quad \text{(식 6.27)}$$

이 경우 세포의 성장 속도와 동일한 속도로 세포가 배지에서 배출되기 때문에 배양기 내의 세포 농도는 동일하게 유지된다. (식 6.27)의 관계식은 연구자가 배지를 주입하는 속도의 조절을 통해 희석 속도 D를 조절할 수 있고, 이에 따라 세포의 비성장 속도를 직접적으로 조절할 수 있는 것을 의미한다. 이에 따라 배지 주입 속도의 조절을 통해 세포 성장과 산물 생산과의 상관관계를 조사할 수 있고 연구자가 원하는 최적의 배양기 운전 조건을 결정할 수 있다.

한편, 희석 속도(D)의 정의와 정상 상태의 기질 물질 수지식(식 6.26)을 이용하여 세포 농도와 기질 농도와의 관계를 구하면 (식 6.28)과 같다.

희석 속도
배지 주입 속도를 배양액 부피로 나눈 값으로 체류 시간의 역수이다.

$$D(S_o - S) = \frac{\mu X}{Y_{X/S}}$$ (식 6.28)

또한 (식 6.27)의 비성장 속도와 희석 속도와의 관계식을 이용할 경우, 최종적으로 (식 6.29)와 같은 정상 상태에서의 세포 농도와 기질의 관계식을 얻을 수 있다.

$$X = Y_{X/S}(S_o - S)$$ (식 6.29)

만약에 세포 성장이 모노드식을 따른다면 (식 6.30)과 같은 관계식이 성립되어, 최종적으로 (식 6.31)과 같이 희석 배수를 변수로 하는 기질 농도식을 얻을 수 있다.

$$\mu = D = \frac{\mu_m S}{K_S + S}$$ (식 6.30)

$$S = \frac{K_S D}{\mu_m - D}$$ (식 6.31)

결과적으로, (식 6.29)에 (식 6.31)을 적용하여서 정상 상태에서의 세포 농도는 (식 6-32)와 같이 희석 속도를 변수로 하는 식으로 표현할 수 있다.

$$X = Y_{X/S}\left(S_o - \frac{K_S D}{\mu_m - D}\right)$$ (식 6.32)

4) 희석 속도와 비성장 속도와의 그래픽 해석 및 최적 생산 속도

세포 성장이 모노드식을 따를 경우에 희석 속도의 수치에 따라서 두 가지의 정상 상태에 도달할 수 있다. 그림 6-12에서 보듯이 희석 배수가 최대 비성장 속도보다 큰 경우 ($D > \mu_m$), 세포 성장식과 만나는 부분이 없고 이로 인해 세출 현상wash-out의 정상 상태를 관찰할 수 있다.

희석 배수가 최대 비성장 속도보다 작은 일반적인 경우($D < \mu_m$), 예를 들어 D_1의 희석 속도로 연속식 배양을 하게 되면 세포 성장의 정상 상태를 확인할 수 있고, 기질 농도 $S_1 = K_S D_1/(\mu_m - D_1)$와 세포 농도 $X_1 = Y_{X/S}\{S_0 - (K_S D_1)/(\mu_m - D_1)\}$를 얻을 수 있다. 만약에 세포 성장이 1차 함수인 $\mu = kS$ (k는 상수)를 따른다면, 희석 속도 D_3에서 $S_3 = D_3/k$와 $X_3 = Y_{X/S}(S_0 - D_3/k)$를 얻을 수 있어서 항상 세포 성장의 정상 상태를 확인할 수 있다.

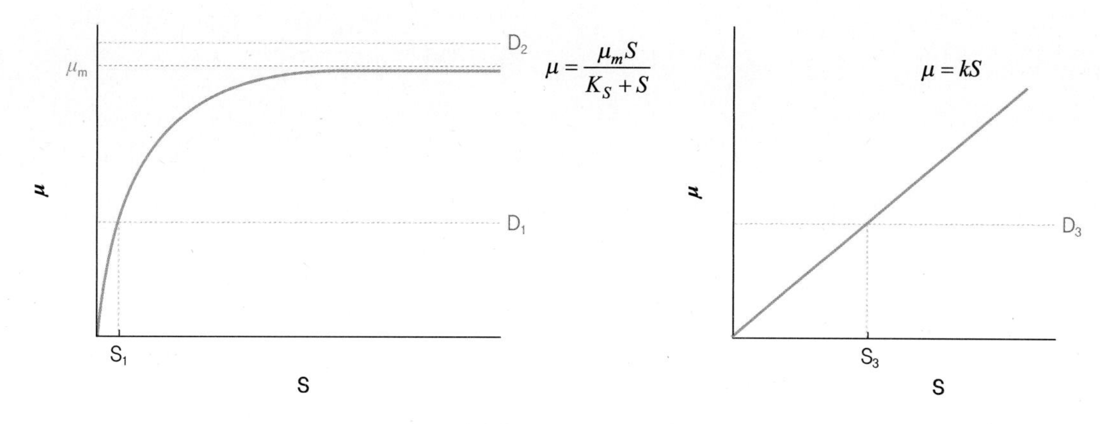

그림 6-12 희석 속도에 따른 세포 성장의 변화

한편, 연속식 배양에서는 연속적으로 세포와 목적 산물을 얻을 수 있는 공정이기 때문에 생산 속도를 최대한 높일 수 있는 희석 배수의 결정이 중요하다. 그림 6-13과 같이 희석 속도에 따른 세포 농도, 기질 농도, 세포 생산 속도의 관계를 실험적으로 확인할 수 있다.

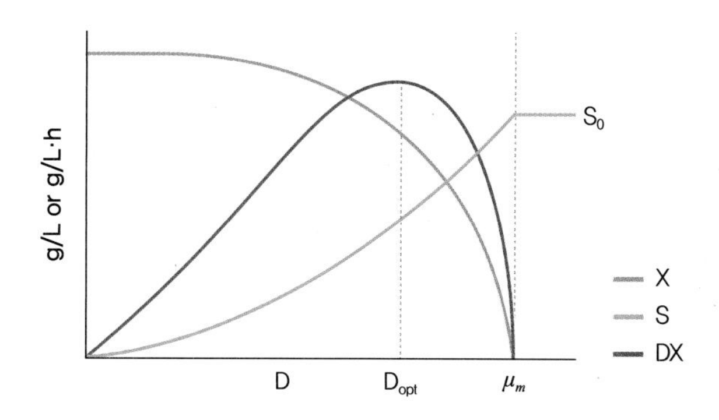

그림 6-13 희석 배수의 변화에 따른 세포 농도(X), 기질 농도(S), 세포 생산 속도(DX)의 변화

세포 성장이 모노드식을 따른다면 세포 생산 속도(또는 세포 생산성)는 (식 6.33)과 같다.

$$DX = D \cdot Y_{X/S}\left(S_o - \frac{K_S D}{\mu_m - D}\right) \qquad \text{(식 6.33)}$$

최적의 세포 생산성을 구하기 위한 조건으로 $D = D_{opt}$일 때, $d(DX)/dD = 0$이다. 이 조건을 만족하는 최적의 희석 속도는 (식 6.34)와 같다.

$$D_{\text{opt}} = \mu_m \left(1 - \sqrt{\frac{K_S}{K_S + S_o}}\right) \qquad \text{(식 6.34)}$$

보통 S_0가 K_S보다 매우 크기 때문에, D_{opt}는 μ_m와 유사한 값을 갖는다. 연속식 배양기의 운전에서 희석 속도(D)를 μ_m에 일정하게 맞추기는 매우 어렵기 때문에 약간의 실수에도 세출 현상의 정상 상태로 들어가기가 쉽다. 그래서 D_{opt}보다는 약간 작은 희석 속도(D)를 이용하여 연속식 배양을 한다.

연속식 배양은 세포 성장 연계형 산물growth-associated product의 생산에 적합하다. 예를 들어, 에탄올 발효 생산과 폐수 처리 시설 운영 등이 있다. 같은 생산성을 위해서 회분식은 대형 발효기를 제작해야 하는 반면, 연속식 배양은 소규모의 발효기로 가능하다. 연속식 배양의 단점은 긴 배양 시간으로 인해서 세포 내로 도입된 외래 유전자의 안정성이 떨어지고, 오염 등에 취약하여 운전 안전성이 낮다. 또한 한 번 운영을 시작하면 다른 목적 산물의 생산을 위한 공정의 전환이 불가능하다. 연속식 배양의 장단점은 회분식 배양의 장단점이라고 할 수 있다.

상기에서 기술한 연속식 배양의 동역학적 해석의 원리를 이용하여 한 개의 배양기로 이루어진 단순한 연속식 배양 공정 이외에 세포 재순환cell-recycle 연속식 배양, 다단multiple 연속식 배양 등 다양한 연속식 배양 공정의 설계가 가능하다.

5. 유가식 배양의 수학적 모델링

유가식 배양fed-batch culture은 연속식 배양과 같이 멸균된 배지를 주입하지만 회분식 배양과 같이 배양액을 배출하지 않는 배양 공정이다. 유가식 배양은 회분식 배양의 단점을 극복하고 연속식 배양의 장점을 살린 배양 공정으로 다양한 산물의 생산에 가장 많이 사용된다. 초기에 첨가한 기질을 소모하는 회분식 배양 이후에 새로운 배지, 특히 고농도의 탄소원을 주입하여 지수 성장기의 세포 성장을 유지하므로 최소한의 배양 시간으로 최대의 세포 농도를 얻을 수 있다. 목적 산물의 전구체를 배양 중간에 주입하여 목적 산물의 생산성을 증가시킬 수 있고, 세포의 성장 이후 최적의 조건에서 유전자 발현 제어 물질(예, inducer)을 첨가하여 세포 성장에 저해를 줄 수 있는 목적 산물을 최대로 생산할 수 있다. 회분식 배양을 이용할 경우 탄소원의 기질 저해 현상substrate inhibition 때문

유가식 배양
배양 중 멸균된 배지를 배양기에 주입하지만 배양기 내의 배양액을 배출하지 않는 세포 배양 공정. 생산성 및 농도를 극대화할 수 있는 공정으로 산업계에서 대부분 사용한다.

에 고농도 세포를 얻기 위한 기질의 고농도 첨가가 불가능하다. 그러나 초기 회분식 배양 이후 기질이 배양액 내에 낮은 농도로 존재하도록 기질 제한 유가식substrate-limited fed-batch 배양을 통해 기질 저해 현상을 피하고 고농도의 세포와 목적 산물을 얻을 수 있다. 또한 포도당을 기질로 사용하기 때문에 일어나는 일반적인 대사 저해catabolite repression 현상을 피할 수 있다.

1) 유가식 배양의 모델

(1) 이상적인 유가식 배양

유가식 배양의 진행은 초기에 주입한 기질을 소모한 이후에 고농도 기질의 주입을 시작하고 주입 속도의 조절을 통해서 최대의 세포 성장 속도를 유지할 수 있도록 한다. 이후에 배양기의 부피를 고려하여 기질을 더 넣을 수 없을 때 배양을 종료한다. 이와 같은 배양 공정의 운영에 따라 배양 시간에 따른 기질 농도, 비성장 속도, 기질 주입 속도, 배양액 부피에 대한 변화는 그림 6-14와 같다.

초기 배지에 세포를 접종한 이후 회분식 배양을 통해 기질이 소비되면서 세포는 성장

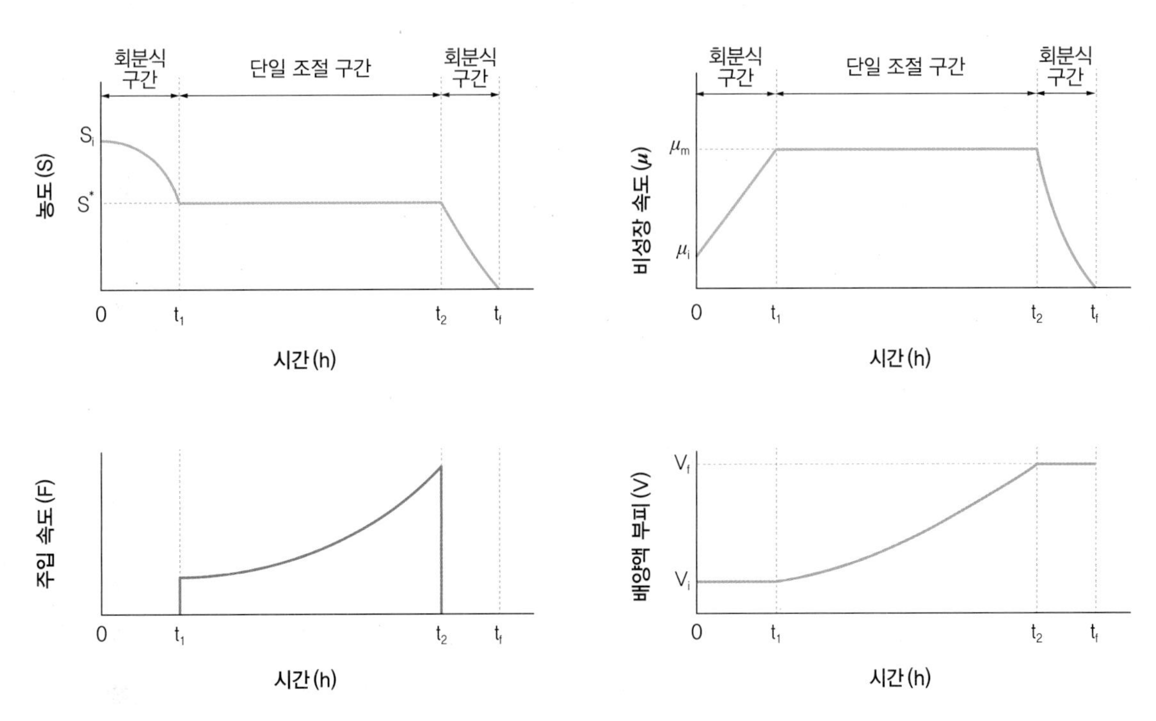

그림 6-14 유가식 배양에서 배양 시간에 다른 기질 농도, 비성장 속도, 주입 속도와 배양액 부피의 변화

하게 된다. 최대 비성장 속도(μ_m)를 보이는 최적 기질 농도(S^*)에 도달하는 때(t_1)에 기질 주입을 시작한다. 기질의 주입으로 배양액 내에 최적 기질 농도를 유지시킬 수 있고, 세포는 기질 주입으로 최대 비성장 속도로 성장하게 된다. 단일 조절 구간singular control region에서는 세포 농도의 증가로 기질 소모 속도가 시간에 따라 증가하기 때문에 기질 주입 속도(F)도 이에 맞게 증가시켜야 한다. 이에 따라 배양기 내의 배양액 부피는 증가하게 되고 배양기의 용량에 따라서 최대 배양액 부피에 도달하는 시간(t_2)에 기질 주입을 종료한다. 이후 유가식 배양은 회분식 배양으로 전환되어 배양액 내에 존재하는 기질이 모두 소모되는 시간(t_3)에 배양은 종료된다. 시간에 따른 유가식 배양의 진행은 그림 6-14와 같이 회분식 구간, 단일 조절 구간과 회분식 구간으로 구분할 수 있는데, 실제로 배지를 주입하는 단일 조절 구간에 대해서 배지 주입 속도의 조절에 따른 세포 성장 속도와 기질 소모 속도의 변화가 유가식 배양에서 가장 중요한 부분이다.

(2) 유가식 배양의 물질 수지

유가식 배양에서는 기질 주입 속도에 따라 세포 성장 속도 및 기질 소모 속도가 변화하게 된다. 즉, 이러한 변화에 대한 관계식을 구하기 위해서 유가식 배양의 물질 수지식이 필요하다. 그림 6-15는 단일 조절 구간에서 유가식 배양의 간단한 모식도로 배양의 시작부터 끝까지의 세포 농도(X), 기질 농도(S), 산물 농도(P), 배양액 부피(V), 기질 주입 속도(F), 주입 기질 농도(S_0)를 나타내었다. 단, 유가식 배양의 정의에 따라서 배양액을 외부로 배출하지 않기 때문에, 배양액 배출 속도는 0이다.

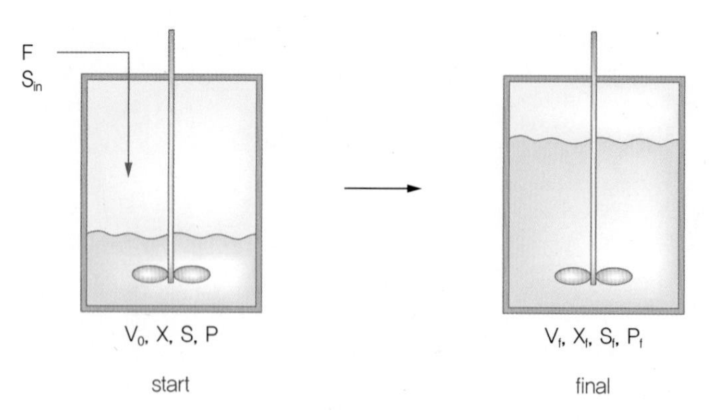

그림 6-15 유가식 배양의 모식도

단일 조절 구간
유가식 배양에서 최대 비성장 속도를 유지하는 배양 구간

① 전체 물질 수지

일반적인 전체 물질 수지식인 (식 6.20)에서 배양액의 배출이 없기 때문에 시간에 따른 배양액의 질량 변화는 주입 용액의 질량과 같아서 결론적으로 전체 물질 수지는 (식 6.35)와 같다.

$$\frac{d(\rho_R V)}{dt} = F\rho_f \qquad \text{(식 6.35)}$$

일반적으로 배양액의 밀도(ρ_R)와 주입 용액의 밀도(ρ_f)가 거의 유사하기 때문에 (식 6.35)는

$$\frac{dV}{dt} = F \qquad \text{(식 6.36)}$$

와 같고, 이 식을 시간에 따라서 적분하면

$$V = V_o + Ft \qquad \text{(식 6.37)}$$

와 같이 된다. 여기에서 V_0는 초기 배양 부피(L)이고 주입 속도(F)는 대부분 시간(t)을 변수로 한 함수식이다.

② 세포 물질 수지

일반적인 세포 물질 수지식인 (식 6.23)에서 배출 속도가 0이기 때문에 유가식 배양의 세포 물질 수지식은 (식 6.38)과 같다.

$$\frac{d(VX)}{dt} = \mu XV \qquad \text{(식 6.38)}$$

③ 기질 물질 수지

일반적인 기질 물질 수지식인 (식 6.24)에서 배출 속도가 0이기 때문에 유가식 배양의 기질 물질 수지식은 (식 6.39)와 같다.

$$\frac{d(VS)}{dt} = FS_{in} - \frac{\mu XV}{Y_{X/S}} \qquad \text{(식 6.39)}$$

④ 산물 물질 수지

산물의 생산은 (식 6.38)과 같은 세포 물질 수지식을 응용하여 설정할 수 있는데 비성

장 속도를 비산물 생산 속도(q_p)로 전환하여 사용하면 된다. 즉 유가식 배양의 산물 물질 수지식은 (식 6.40)과 같다.

$$\frac{d(VP)}{dt} = q_p XV \qquad \text{(식 6.40)}$$

전체 물질 수지식(식 6.36), 세포 물질 수지식(식 6.38)과 기질 물질 수지식(식 6.39)의 상관관계를 이용하여 단일 조절 구간에서 최적의 기질 주입 속도식(F)을 구하여 효율적인 유가식 배양 공정을 수립하고자 한다. 첫 번째로 VX=M이라고 설정하면 세포 물질 수지식(식 6.38)은 $dM/dt = \mu M$으로 변형시킬 수 있고, 시간에 대해서 적분하면 $M = M_0 e^{\mu t}$를 얻을 수 있으며, M의 정의에 따라서 최종적으로

$$VX = V_0 X_0 e^{\mu t} \qquad \text{(식 6.41)}$$

의 관계식을 얻을 수 있다. 기질 물질 수지식(식 6.39)을 변환하면

$$V\frac{ds}{dt} + S\frac{dV}{dt} = FS_{in} - \frac{\mu XV}{Y_{X/S}} \qquad \text{(식 6.42)}$$

의 관계식을 얻을 수 있다. 단일 조절 구간에서는 $dS/dt = 0$와 $S = S^*$을 만족한다. 그리고 $q_S = \mu/Y_{X/S}$라고 정의하고, 전체 물질 수지식(식 6.36)을 이용한다면, (식 6.42)는 다음 (식 6.43)과 같이 변형할 수 있다.

$$S^*F = FS_{in} - q_S XV \quad \text{or} \quad F = \frac{q_S XV}{S_{in} - S^*} \qquad \text{(식 6.43)}$$

한편, (식 6.38)의 세포 물질 수지식을 (식 6.43)에 적용하면, 최종적으로 단일 조절 구간에서 비성장 속도를 최대($\mu = \mu^*$)로 유지할 수 있는 배양 시간(t)에 따른 기질 주입 속도의 관계식을 (식 6.44)와 같이 얻을 수 있다.

$$F = \frac{q_S}{S_{in} - S^*} \cdot V_0 X_0 e^{\mu^* t} \qquad \text{(식 6.44)}$$

즉 (식 6.44)의 식을 이용하여 기질 주입 속도를 증가시켜 기질을 주입하면 최소 시간 동안 최대 세포 농도(또는 최대 산물 농도)를 얻을 수 있는 효율적인 유가식 배양 공정을 설계할 수 있다.

세포는 다양한 기질을 이용하여 성장한다. 세포 성장 속도는 반응식의 속도 상수와 같은 비성장 속도와 세포 농도의 곱으로 나타낼 수 있다. 세포 배양법은 기질(대부분 탄소원)의 주입과 배양액의 배출 여부에 따라서 회분식, 연속식, 유가식 배양으로 나눌 수 있다.

회분식 배양은 배양이 시작한 이후에 기질의 주입과 배양액의 배출이 없는 배양 공정이다. 회분식 배양의 세포 성장 곡선은 지연기, 지수 성장기, 정지기, 사멸기로 나눌 수 있는데, 균형 성장을 이루는 지수 성장기 구간에서 세포 성장의 모델링이 가능하고 최대 비성장 속도를 구할 수 있다. 세포 성장에 따른 산물 생산은 Luedeking-Piret식으로 나타낼 수 있다. 세포의 성장에는 온도와 pH, 용존 산소 등이 중요한 영향을 미친다. 특히, 물에 녹는 용존 산소 양의 한계로 인해서 고농도 배양의 경우 산소 전달 속도와 산소 소모 속도가 같게 되기 때문에 산소 전달 능력이 고농도 배양에서 매우 중요하다. 주요 기질의 제한적 성장 모델을 통해서 기본적인 세포 성장은 모노드식을 따른다. 고농도의 기질에서 대부분의 세포는 성장 저해를 받기 때문에 세포 성장 속도의 최대값을 얻기 위한 최적 기질 농도의 결정이 필요하다.

한편, 연속식 배양은 기질 주입 속도와 배양액 배출 속도가 같은 특징을 갖는다. 연속적인 주입과 배출 과정을 통해 배양은 케모스타트의 정상 상태에 이르게 되고, 회분식의 지수 성장기와 동일하게 균형 성장의 특징을 갖는다. 주입과 배출에 따라 희석 속도를 결정할 수 있고, 물질 수지식을 통해서 세포 농도와 기질 농도를 희석 속도의 함수 형태로 얻을 수 있다. 이를 통해서 희석 속도의 조절로 세포 성장에 따른 다양한 배양 특성을 규명할 수 있고, 최적 희석 배수의 결정으로 최고 생산성을 얻을 수 있다.

유가식 배양에서는 기질을 주입하는 반면, 배양액의 배출이 없다. 기질 저해 현상과 대사 저해 현상 등을 피할 수 있기 때문에, 고농도의 세포 또는 산물을 얻기 위해 산업적으로 가장 많이 사용된다. 초기 회분식 구간 이후 단일 조절 구간은 기질의 주입 속도 조절에 따라서 세포 성장 속도와 기질 소모 속도에 영향을 미치기 때문에 유가식 배양에서 가장 중요한 구간이다. 물질 수지식을 이용하여 시간에 대한 기질 주입 속도식을 결정할 수 있고, 이를 이용하여 최소 시간 동안 최대 세포 농도 또는 최대 산물 농도를 얻을 수 있는 효율적인 유가식 배양 공정을 설계할 수 있다.

연 습 문 제

1. 포도당을 제한 기질로 이용하여 효모를 배양하고자 한다. 아래의 표와 같이 배양 시간에 따라 세포 농도와 포도당 농도를 측정하였을 때, 각 항에 대하여 답하시오.

시간(hr)	건조 세포 농도, X(g/L)	포도당 농도, S(g/L)
0	0.18	190.4
4	0.85	185.2
12	4.96	135.3
17	7.00	82.3
22	7.32	39.7
25	7.67	17.1
30	7.79	4.80

(1) 비성장 속도(μ)를 구하기 위한 시간에 따른 세포 농도의 그래프를 그리시오.

(2) 최대 비성장 속도를 구하시오.

(3) 사용한 기질에 따른 세포의 생산 수율($Y_{x/s}$)을 구하시오.

(4) 만약 400 g/L의 포도당을 모두 이용하고 초기 세포 농도 등의 배양 조건이 동일할 때, 최대 건조 세포 농도를 구하시오.

2. 연속식 배양에서 비성장 속도가 $\mu = k \cdot S$와 같은 식을 따르는 조건에서 최대 세포 생산성을 얻기 위한 최적 희석 속도(D_{opt}, hr^{-1})를 구하시오. 단, k(L/g/hr)는 상수이다.

3. 유가식 배양에서 일정한 속도(F)로 기질을 주입할 경우 세포 농도와 기질 농도의 변화를 시간에 따라 결정하고자 한다.

(1) 전체 질량, 세포 농도(X)와 기질 농도(S)에 대한 물질 수지식을 세우시오.

(2) 시간을 변수로 하는 세포 농도(X)와 기질 농도(S) 식을 구하시오.

1. (1)

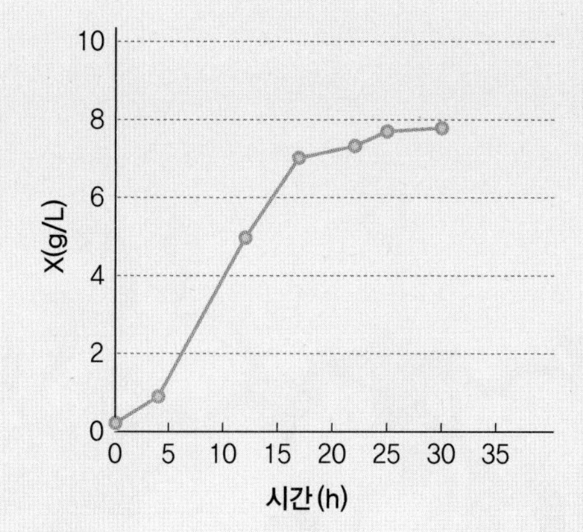

(2) $0.22\ h^{-1}$

(3) $Y_{X/S} = -\dfrac{0.18 - 7.79}{190.4 - 4.80} = 0.041\ g/g$

(4) $0.041\ g/g = -\dfrac{0.18 - X_f}{400 - 0}$

$X_f = 16.6\ g/L$

2. $D_{opt} = \dfrac{S_0 K}{2}$

3. (1) 전체 질량 : $\dfrac{dV}{dt} = F(\text{상수}), \quad V = F \cdot t$

세포 농도 : $\dfrac{d(VX)}{dt} = \mu XV$

기질 농도 : $\dfrac{d(VS)}{dt} = FS_F - \dfrac{\mu XV}{Y_{X/S}}$

(2) $X = \dfrac{V_0\ X_0\ e^{\mu t}}{F \cdot t}, \quad S = S_F - \dfrac{V_0\ X_0\ e^{\mu t}}{Y_{X/S} \cdot F \cdot t}$

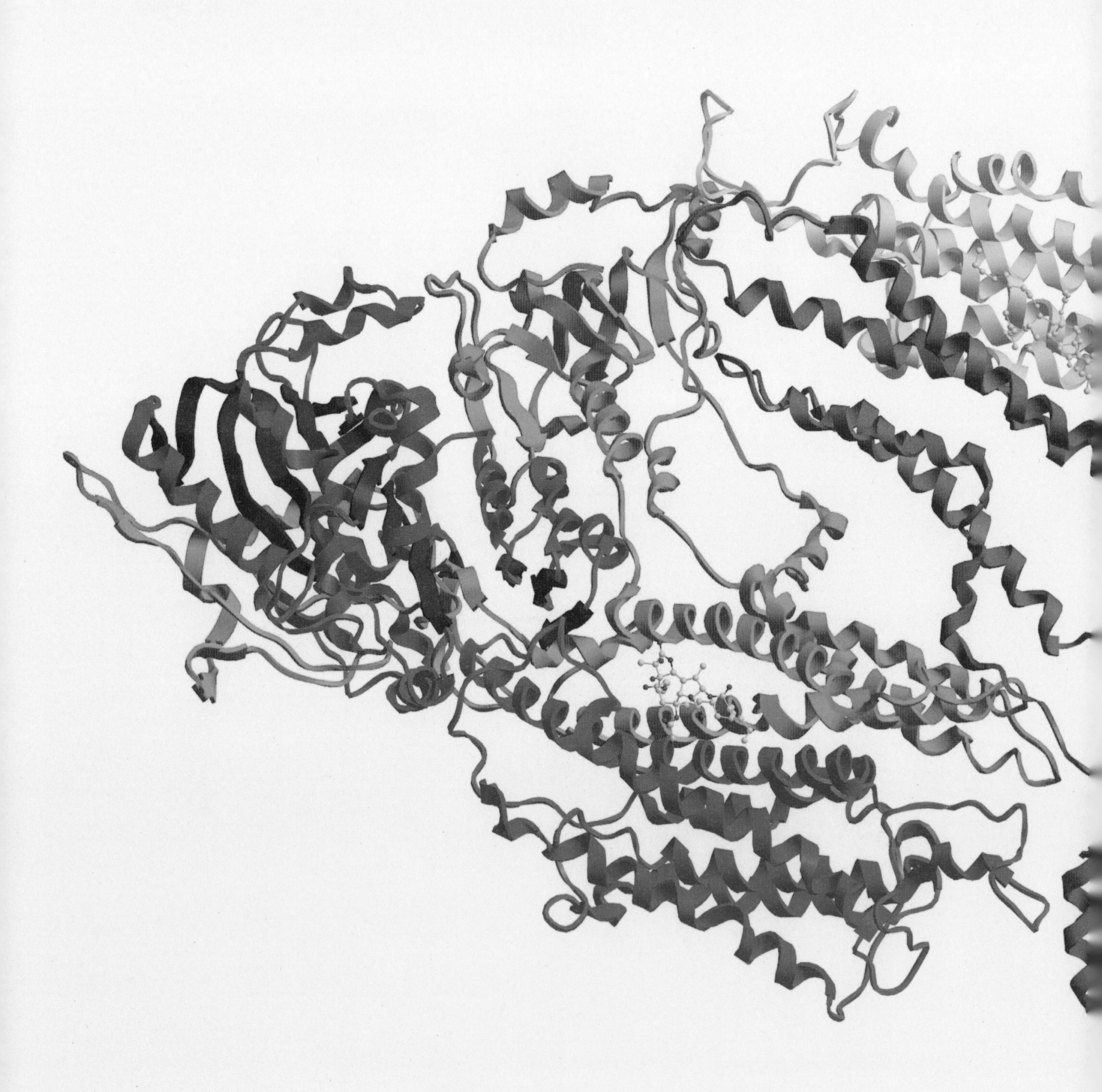

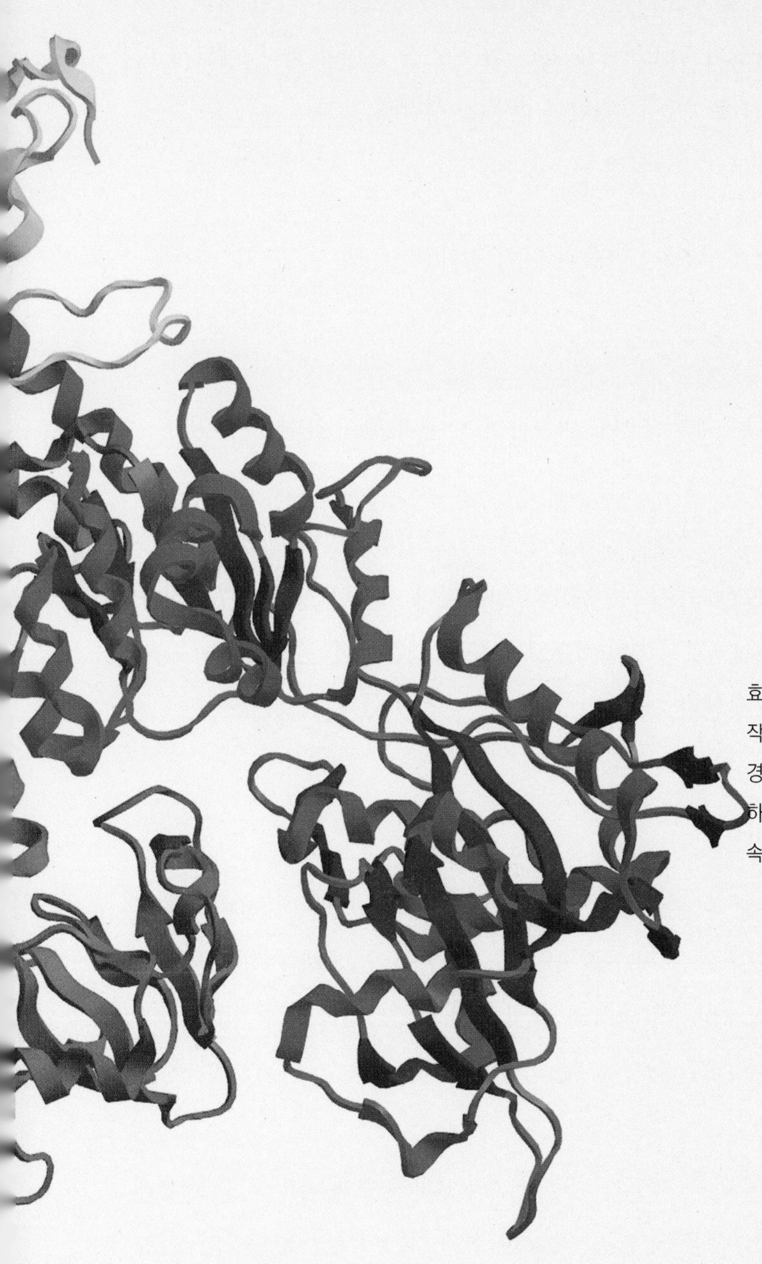

07 효소 반응 속도론

효소 반응 속도론(enzyme reaction kinetics)은 효소의 반응 속도와 반응 기작을 이해하는 것으로 기질의 농도, 반응 온도, pH 등과 같은 여러 가지 환경 인자에 대한 고려가 필요하다. 본 장에서는 일반적인 반응 속도론을 서술하고, 이와 비교하여 효소가 촉매 역할을 해서 일어나는 생화학 반응에 대한 속도론을 알아보기로 한다.

1. 반응 속도reaction rate

생물 공정에서 일어나는 반응은 그 속도가 빠른 것도 있고 느린 것도 있다. 반응 속도는 단위 부피당 단위 시간에 소모되는 반응물 성분 A의 몰 농도로 정의되며, SI 단위로 표시하면 $mol/m^3 \cdot s$가 된다. 반응 속도(r)를 반응물 소모를 기준으로 나타낼 경우 반응이 진행됨에 따라 반응물의 농도가 감소하므로 음(−)의 부호를 붙여야 한다. 예로서 다음과 같이 반응물 A가 생성물 B로 변하는 간단한 반응을 생각해 보자.

$$A \rightarrow B$$

이때 반응 속도(즉 반응물의 소실 속도)는 다음과 같이 정의된다.

$$-r_A = \frac{dC_A}{dt} \qquad \text{(식 7.1)}$$

반응 속도는 온도, 압력 및 반응계의 조성에 의존하며, 다음과 같이 표현할 수 있다.

$$r = kf(C_i) \qquad \text{(식 7.2)}$$

여기서 $f(C_i)$는 각 성분의 농도에 의존하는 함수로 반응마다 특정한 형태로 주어진다. k는 반응 속도 상수reaction rate constant로서 일반적으로 온도에 의존하며, 등온 반응isothermal reaction인 경우에는 일정한 값을 갖는다.

2. 반응 차수reaction order

반응 속도에 영향을 주는 요인은 온도와 반응물의 농도 두 가지인데 이 중에서 농도 의존성은 실험을 통해 결정하여 반응 차수를 구한다. 예를 들어, 아래와 같은 비가역 반응irreversible reaction의 경우 반응 속도식은 다음과 같이 일반식으로 나타낼 수 있다.

$$aA + bB \rightarrow cC + dD$$
$$-r_A = kC_A^{\alpha}C_B^{\beta} \qquad \text{(식 7.3)}$$

위 반응 속도식에서 α와 β는 반응 속도가 반응물 A와 B의 농도에 따라 각각 어떻게 변하는가를 나타내는 것으로서 반응 차수reaction order라 한다. 즉 이때 반응 속도는 반응물 A에 대해서는 α차, 반응물 B에 대해서는 β차이며, 전체적으로는 $(\alpha+\beta)$차이다. α와

β는 시간과 농도에 무관한 상수로서 실험적으로 결정해야 하는 값이며, 화학 양론 계수 a, b와 무관하다.

예를 들어, 아스코브산ascorbic acid이 공기 중의 산소(O_2)와 반응하여 데하이드로아스코브산dehydroascorbic acid으로 변하여 비타민 C로서의 활성을 잃게 되는 경우를 보자.

$$\text{ascorbic acid} + O_2 \longrightarrow \text{dehydroascorbic acid} + H_2O$$

이때 아스코브산의 소실 속도식은 실험에 의해 다음과 같이 결정되었다.

$$-r_A = kC_A C_{O_2} \qquad \text{(식 7.4)}$$

여기서 C_A는 아스코브산의 농도, C_{O_2}는 산소의 농도이다. 아스코브산의 분해 속도는 아스코브산과 산소에 대하여 각각 1차 반응을 나타내고, 전체 반응은 2차 반응이다. 반응 차수는 실험적으로 결정되는 값으로서 정수가 아닌 경우도 있다. 또한 반응 속도식이 간단한 차수의 형태로 표시할 수 없는 복잡한 반응이 있다. 예를 들어, 효소 반응은 다음과 같은 형태의 미카엘리스-멘텐Michaelis-Menten 속도식으로 표현되는데, 이 속도식의 반응 차수는 고정되어 있는 것이 아니라 기질substrate의 농도(C_s)가 증가함에 따라 1차에서 0차로 변한다.

$$r = \frac{V_{max} C_s}{K_M + C_s} \qquad \text{(식 7.5)}$$

C_s : 기질의 농도, V_{max} : 최대 반응 속도, K_M : 미카엘리스-멘텐 상수

3. 반응 속도 상수reaction rate constant

반응 속도 상수 k는 온도에 따라 변할 뿐 아니라 반응에 사용하는 용매, 촉매 농도, pH 등 환경 조건에 따라서 변한다. 그러나 일반적으로 다른 환경 조건은 일정하다고 생각하고 k를 온도만의 함수로 나타내는 경우가 많다. 반응 속도 상수 k는 반응물이나 생성물의 농도에 무관하므로 특정 온도에서 반응 속도의 크기를 나타내는 데 매우 유용하게 사용된다. 속도 상수의 단위는 총괄 반응 차수에 의존한다. 예를 들어, 1차 반응의 경우 속도 상수의 단위는 시간의 역수(sec^{-1})이다.

4. 효소 반응 속도론enzyme reaction kinetics

단일 기질-효소 촉매 반응의 속도식은 미카엘리스-멘텐 속도식을 기본으로 한다. 생물계에서는 다기질-다효소 반응과 같은 보다 복잡한 효소-기질 간 상호 작용이 일어날 수 있다. 효소는 기질과 결합할 수 있는 활성 부위의 숫자가 일정하기 때문에 높은 기질 농도에서는 활성 부위 모두가 기질과 결합하여 효소가 포화되는 상태가 된다.

효소 반응 속도론은 다음과 같이 효소(E)-기질(S)의 복합체 ES 형성 단계의 가역 반응과 ES 복합체의 비가역 해리 단계의 2단계 반응 체계로부터 구할 수 있다.

$$E + S \underset{k_{-1}}{\overset{k_1}{\rightleftarrows}} ES \xrightarrow{k_2} E + P \qquad (식\ 7.6)$$

위 반응 체계는 ES 복합체가 다소 빠른 속도로 형성되고, 두 번째 단계의 역반응 속도를 무시한다는 가정을 전제로 한다. 두 번째 반응의 비가역 가정은 반응 초기에 생성물의 축적을 무시할 때 성립된다(그림 7-1).

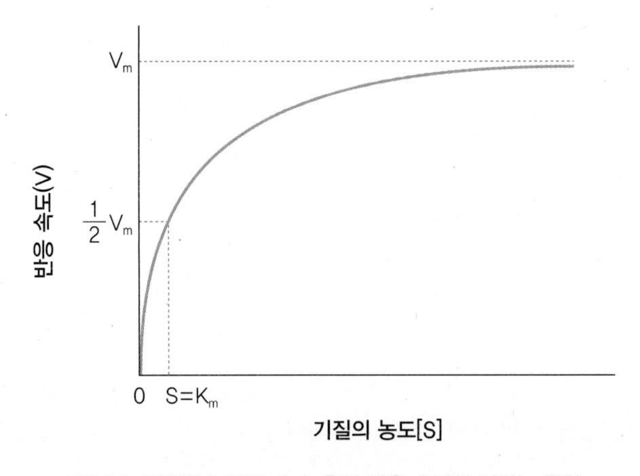

그림 7-1 기질의 농도가 효소 촉매 반응 속도에 미치는 영향

위의 2단계 반응 체계로부터 효소 반응 속도식(즉, Michaelis-Menten kinetics)을 유도하기 위해서 다음의 두 가지 가정 중에 한 가지를 사용한다.

① 빠른 평형rapid equilibrium approach

② 유사 정상 상태quasi-steady-state approach

미카엘리스-멘텐 속도식
효소의 반응 속도론 모델 중 하나로 기질 농도에 따른 효소의 초기 반응 속도를 그래프로 나타낸다.

1) 단순 효소 속도론Michaelis–Menten Kinetics

빠른 평형 또는 유사 정상 상태를 가정하여 효소 반응 속도식을 유도할 때 초기 단계는 두 경우가 동일하다. 반응 속도 V는 생성물의 생성 속도 또는 기질의 소모 속도로서 moles/L·s의 단위를 갖는다.

$$V = \frac{d[\mathrm{P}]}{dt} = k_2[\mathrm{ES}] \qquad \text{(식 7.7)}$$

여기서 ES 복합체의 시간에 따른 변화 속도는 (식 7.8)과 같다. 이 식은 (식 7.6)의 1단계에서 E와 S의 반응에 의한 ES 복합체의 생성, ES의 분해에 의한 E와 S로의 역반응 및 2단계에서 ES의 분해에 의한 E와 P의 생성 속도를 고려한 것이다.

$$\frac{d[\mathrm{ES}]}{dt} = k_1[\mathrm{E}][\mathrm{S}] - k_{-1}[\mathrm{ES}] - k_2[\mathrm{ES}] \qquad \text{(식 7.8)}$$

효소에 대한 보존식은 다음과 같다.

$$[\mathrm{E}] = [\mathrm{E_0}] - [\mathrm{ES}] \qquad \text{(식 7.9)}$$

여기서 $[\mathrm{E_0}]$는 초기 효소 농도이며, (식 7.9)에서 복합체 ES의 농도를 측정하는 것은 어려우므로 빠른 평형이나 유사 정상 상태를 가정하여 ES를 대신할 표현식을 찾는다.

(1) 빠른 평형을 가정한 미카엘리스-멘텐 속도식 유도

빠른 평형 가정은 효소와 기질이 반응하여 ES 복합체를 형성하는 과정이 빠르게 도달한다고 가정한 것이다. 정반응 속도와 역반응 속도가 동일하다고 하면

$$K'_m = \frac{k_{-1}}{k_1} = \frac{[\mathrm{E}][\mathrm{S}]}{[\mathrm{ES}]} \qquad \text{(식 7.10)}$$

효소가 보존된다면 $[\mathrm{E}] = [\mathrm{E_0}] - [\mathrm{ES}]$이므로 위 (식 7.10)에 대입하면

$$[\mathrm{ES}] == \frac{[\mathrm{E_0}][\mathrm{S}]}{K'_m + [\mathrm{S}]} \qquad \text{(식 7.11)}$$

위 (식 7.11)을 (식 7.7)에 대입하면

$$V = \frac{d[\mathrm{P}]}{dt} = k_2[\mathrm{ES}] = k_2\frac{[\mathrm{E_0}][\mathrm{S}]}{K'_m + [\mathrm{S}]} = \frac{V_m[\mathrm{S}]}{K'_m + [\mathrm{S}]} \qquad \text{(식 7.12)}$$

단, $V_m = k_2[E_0]$, K'_m은 최대 반응 속도의 1/2의 속도에 해당하는 기질의 농도로서 기질과 효소의 친화도를 나타내고, K'_m이 작다는 것은 효소의 기질에 대한 친화도가 높다는 것을 나타낸다.

(2) 유사 정상 상태를 가정한 미카엘리스-멘텐 속도식 유도

대부분의 실험은 초기에는 효소 농도에 비해 충분히 높은 기질 농도를 유지하는 회분식 반응을 이용한다. 이 경우 효소의 농도($[E_0]$)가 충분히 낮기 때문에 $d[ES]/dt = 0$이라 가정할 수 있고 이를 유사 정상 상태라고 한다.

(식 7.8)로부터 다음과 같이 유도할 수 있다.

$$\frac{d[\mathrm{ES}]}{dt} = k_1[\mathrm{E}][\mathrm{S}] - k_{-1}[\mathrm{ES}] - k_2[\mathrm{ES}] = 0$$

$$[\mathrm{ES}] = \frac{k_1[\mathrm{E}][\mathrm{S}]}{k_{-1} + k_2} \qquad \text{(식 7.13)}$$

$[E] = [E_0] - [ES]$를 대입하면

$$[\mathrm{ES}] = \frac{k_1([\mathrm{E}_0] - [\mathrm{ES}])[\mathrm{S}]}{k_{-1} + k_2} \qquad \text{(식 7.14)}$$

을 얻을 수 있다. (식 7.14)를 [ES]에 관하여 풀면 아래와 같다.

$$[\mathrm{ES}] = \frac{[\mathrm{E}_0][\mathrm{S}]}{\frac{k_{-1} + k_2}{k_1} + [\mathrm{S}]} \qquad \text{(식 7.15)}$$

(식 7.15)를 (식 7.7)에 대입하면

$$V = \frac{V_m[\mathrm{S}]}{K_m + [\mathrm{S}]} \qquad \text{(식 7.16)}$$

여기서

$$K_m = \frac{k_{-1} + k_2}{k_1} \qquad \text{(식 7.17)}$$

$$V_m = k_2[\mathrm{E}_0] \qquad \text{(식 7.18)}$$

위에서 보듯이 두 가지 가정 중에서 어느 것을 사용하든지 동일한 결과가 유도되는 것을 알 수 있다.

5. 미카엘리스-멘텐 속도식의 속도 상수 결정

효소에 의한 반응이 미카엘리스-멘텐 속도식을 따르는지 여부를 확인하고 속도식 내의 상수인 K_m과 V_m값을 결정하기 위해 일반적으로 초기 속도initial rate 실험으로 실험 결과를 얻는다. 이 실험은 회분식 반응기에서 이미 알고 있는 양의 기질 $[S_0]$와 효소 $[E_0]$를 첨가한 후 시간에 따라 기질의 농도가 감소하는 것을 측정하여 도식화하고, 이 곡선의 초기 기울기로부터 v가 결정된다.

$$V = -\frac{d[\mathrm{S}]}{dt} \qquad \text{(식 7.19)}$$

$$V \approx \frac{[\mathrm{S}_1]-[\mathrm{S}_0]}{t_1 - t_{-1}} = \text{초기 기울기} \qquad \text{(식 7.20)}$$

여기서 S_0는 t_0에서의 기질의 농도이며, S_1은 t_1에서의 기질의 농도이다. 이 초기 기울기의 역수(1/V)와 해당 기질 농도의 역수(1/S)를 각각 세로 및 가로축으로 하여 실험 데이터를 도식화한다(그림 7-2). 다음 이 데이터를 관통하는 직선식을 최소 제곱법least square method을 이용하여 구한다. 이것을 라인웨버-버크Lineweaver-Burk 그래프라고 하며, 이 직선의 기울기의 값은 K_m/V_m이고, 절편값은 $1/V_m$이므로 이로부터 K_m과 V_m을 각각 구한다.

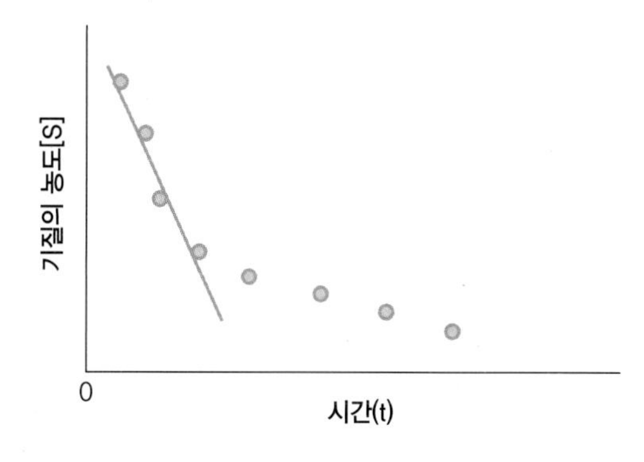

그림 7-2 초기 기울기 구하기

1) 라인웨버-버크 그래프Lineweaver-Burk plot를 이용하여 속도 상수 구하기

미카엘리스-멘텐식의 좌우 양변에 역수를 취하면 다음과 같다.

$$\frac{1}{V} = \frac{1}{V_m}\frac{[\mathrm{S}]+K_m}{[\mathrm{S}]} = \frac{1}{V_m}\left(1+\frac{K_m}{[\mathrm{S}]}\right) \qquad \text{(식 7.21)}$$

라인웨버-버크 그래프
미카엘리스-멘텐 속도식의 이중 역수 그래프로 K_m과 V_m을 대수적으로 구하는 데 이용한다.

즉

$$\frac{1}{V}=\frac{1}{V_m}+\frac{K_m}{V_m}\frac{1}{[S]} \quad (식\ 7.22)$$

(식 7.22)는 y=b+ax 형태이므로 1/V를 세로축, 1/[S]을 가로축으로 하여 그래프를 그리면 그림 7-3과 같다. 그래프에서 직선의 기울기는 K_m/V_m이고, 절편은 $1/V_m$이다. 이 그림에서 실험 데이터가 y축에 가까운 부분에서는 나타나 있지 않음에 주의해야 한다. 이 부분에서는 기질[S]의 농도가 너무 높기 때문이다.

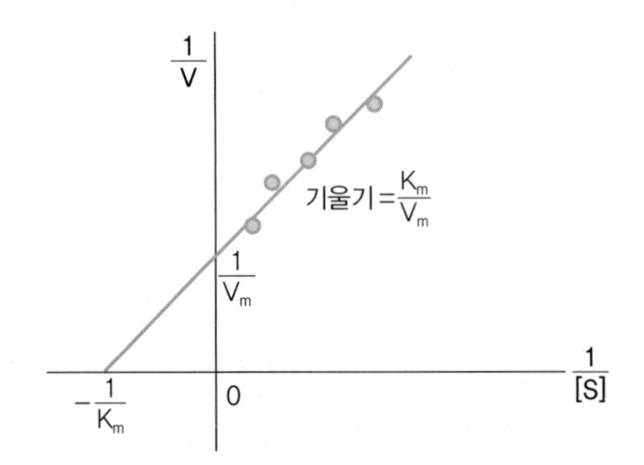

그림 7-3 라인웨버-버크 그래프에 의한 V_m과 K_m 구하기

6. 알로스테릭 효소allosteric enzyme 속도론

미카엘리스-멘텐 속도식은 효소 내에 기질을 결합하는 부위가 하나 있는 경우이다. 그런데 어떤 효소들은 하나 이상의 기질 결합 부위를 갖고 있다. 이러한 효소의 경우에는 기질이 효소와 결합하면 다른 기질 분자의 결합을 촉진한다. 이와 같은 현상을 알로스테리allostery 또는 협동 결합이라 하고 조절 효소regulatory enzyme가 이 현상을 따른다. 이 경우 속도식의 표현은 아래와 같다.

$$V=\frac{d[S]}{dt}=\frac{V_m[S]^n}{K_m+[S]^n} \quad (식\ 7.23)$$

여기서 n은 협동 계수cooperativity coefficient이고, $n>1$은 양성 협동 상태positive cooperativity를 나타낸다. $n=1$이면 (식 7.23)은 미카엘리스-멘텐 속도식이 된다. 그림 7-4(a)는 미카엘리스-멘텐 속도식과 알로스테릭 효소의 속도식을 비교하여 나타낸 것이며, 알로스테릭 효소는 V가 [S]에 대하여 S자 모양의 형태를 보여 준다.

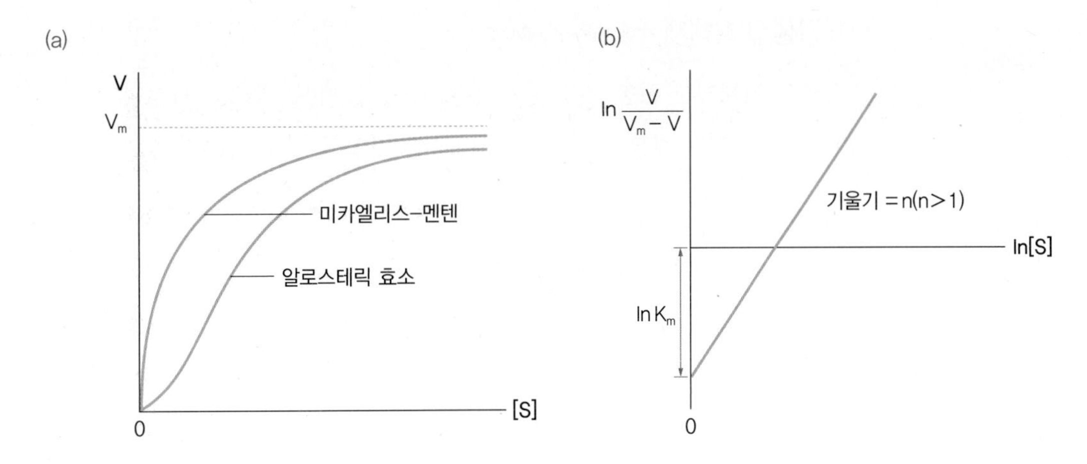

그림 7-4 미카엘리스-멘텐 속도식과 알로스테릭 효소 속도식(a), 알로스테릭 효소 속도식의 협동 계수를 구하기 위한 그래프 방법(b)

협동 계수는 (식 7.23)을 재정리하여 얻은 아래의 (식 7.24)로부터 그림 7-4(b)와 같이 $\ln\frac{V}{V_m - V}$를 세로축에, ln[S]를 가로축에 도식화함으로써 얻은 직선의 기울기로부터 구할 수 있다.

$$\ln\frac{V}{V_m - V} = n\ln[\mathrm{S}] - \ln K_m \qquad \text{(식 7.24)}$$

7. 저해 반응에서의 효소 속도론

효소 반응은 저해 물질이 있는 경우 그 속도가 느려진다. 저해 반응은 크게 저해제가 기질과 유사하여 효소와 경쟁적competitive으로 결합하는 경우, 기질과 유사성이 없이 효소 또는 효소-기질 복합체(ES) 구별 없이 무차별적으로 결합하는 비경쟁적uncompetitive 저해, 그리고 저해제가 효소와는 결합하지 않고 복합체 ES와 반응하는 반경쟁적noncompetitive 저해의 3가지가 있다. 기질 저해 작용은 일종의 반경쟁적 저해이다. 어떤 물질은 효소와 결합하여 효소의 활성도를 감소시킨다. 이와 같은 물질을 효소 저해제enzyme inhibitors라고 한다. 효소 저해 반응은 가역적이거나 비가역적이다. 효소 저해 반응은 EDTA, 구연산과 같은 킬레이팅제chelating agents를 이용하면 가역화된다. 가역적 저해제는 효소와 결합한 뒤 효소로부터 쉽게 해리된다.

1) 경쟁적 저해제competitive inhibitor

경쟁적 저해제는 보통 기질 유사체substrate analogs이며, 효소의 활성 부위에 기질과 경쟁적으로 결합한다. 경쟁적 효소 저해 반응은 다음과 같이 나타낼 수 있다.

$$\begin{array}{l} E + S \xrightleftharpoons{K'_m} ES \xrightarrow{k_2} E + P \\ + \\ I \\ \updownarrow K_I \\ EI \end{array} \quad \text{(식 7.25)}$$

여기서 I는 저해제이다. 빠른 평형을 가정한 미카엘리스-멘텐 속도식에 의해

$$K'_m = \frac{[E][S]}{[ES]}$$
$$K_1 = \frac{[E][I]}{[EI]} \quad \text{(식 7.26)}$$

$[E_0]=[E]+[ES]+[EI]$ 및 $V=k_2[ES]$ 대입하면 효소의 전환식은 다음 식으로 표시된다.

$$V = \frac{V_m[S]}{K'_m\left(1+\frac{[I]}{K_1}\right)+[S]} \quad \text{(식 7.27)}$$

또는

$$V = \frac{V_m[S]}{K'_{m,app}+[S]} \quad \text{(식 7.28)}$$

이다. 여기에서 $K'_{m,app}$는 $K'_m\left(1+\frac{[I]}{K_1}\right)$이다. 경쟁적 저해 반응에 의한 실제 효과는 K'_m이 $K'_{m,app}$로 증가함에 따른 반응 속도의 감소이다. 경쟁적 저해 반응은 기질 농도를 높임으로써 극복된다. 위 (식 7.28)에서 대괄호 안의 값이 1이면 미카엘리스-멘텐식과 동일하다.

2) 비경쟁적 저해제noncompetitive inhibitor

비경쟁적 저해제는 효소의 활성 부위가 아닌 다른 부위에 결합하여 기질의 효소에 대한 친화성을 감소시킨다. 비경쟁적 효소 저해 반응은 아래와 같이 나타낼 수 있다.

$$\begin{array}{ccc} E + S & \xrightleftharpoons{K'_m} & ES \xrightarrow{k_2} E + P \\ + & & + \\ I & & I \\ \updownarrow K_I & & \updownarrow K_I \\ EI + S & \xrightleftharpoons{K'_m} & ESI \end{array}$$

위와 같은 정의로 속도식을 전개하면

$$V = \frac{V_m}{\left(1+\frac{[I]}{K_1}\right)\left(1+\frac{K'_m}{[S]}\right)} \quad \text{(식 7.29)}$$

또는

$$V = \frac{V'_{m,app}}{1+\frac{K'_m}{[S]}} \quad \text{(식 7.30)}$$

과 같고, 여기에서 $V'_{m,app}$는 $\dfrac{V_m}{\left(1+\frac{[I]}{K_1}\right)}$이다.

(식 7.29)에서 분모의 첫째 항에서 $[I]/K_1$이 없는 경우에 미카엘리스-멘텐식이 된다. 비경쟁적 저해 반응의 실제 효과는 V_m의 감소이다. 기질의 농도를 높이는 방법으로는 비경쟁적 저해 반응을 극복할 수 없다. 효소에 대한 비경쟁 저해의 결합을 방지하기 위해서는 다른 화합물을 첨가하여야 한다. 또 다른 비경쟁적 저해 반응의 형태는 V_m의 감소와 동시에 K'_m을 증가시키기도 한다. 이와 같은 현상은 ESI 복합체가 산물을 생성하는 경우에 나타난다.

3) 반경쟁적 저해제 uncompetitive inhibitor

이와 같은 반경쟁적 저해 형태를 살펴보면,

$$\begin{array}{ccccc} E + S & \overset{K'_m}{\longleftrightarrow} & ES & \overset{k_2}{\longrightarrow} & E + P \\ & & + & & \\ & & I & & \\ & & \updownarrow K_1 & & \\ & & ESI & & \end{array}$$

반응 속도를 유도하면

$$V = \frac{\frac{V_m}{\left(1+\frac{[I]}{K_1}\right)}[S]}{\frac{K'_m}{\left(1+\frac{[I]}{K_1}\right)}+[S]} \quad \text{(식 7.31)}$$

또는

$$V = \frac{V'_{m,\mathrm{app}}[\mathrm{S}]}{K'_{m,\mathrm{app}} + [\mathrm{S}]} \qquad \text{(식 7.32)}$$

이다. 반경쟁적 저해 반응의 실제 효과를 살펴보면 분자 V_m과 분모 K'_m의 감소이다. 그런데 (식 7.32)의 분자에 있는 V_m의 감소가 K'_m의 감소보다 그 영향이 더욱 두드러지기 때문에 결과적으로 효소 반응 속도의 감소를 가져온다.

이상의 3가지 저해 반응을 미카엘리스-멘텐 속도식과 대비하여 라인웨버-버크 그래프에 그리면 그림 7-5와 같다.

(a) 경쟁적

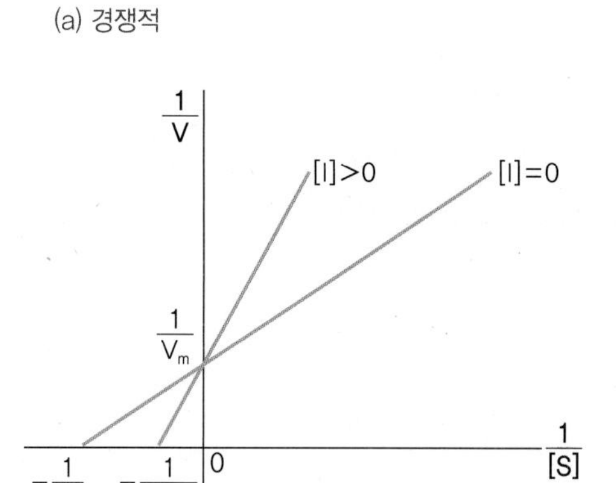

(b) 비경쟁적

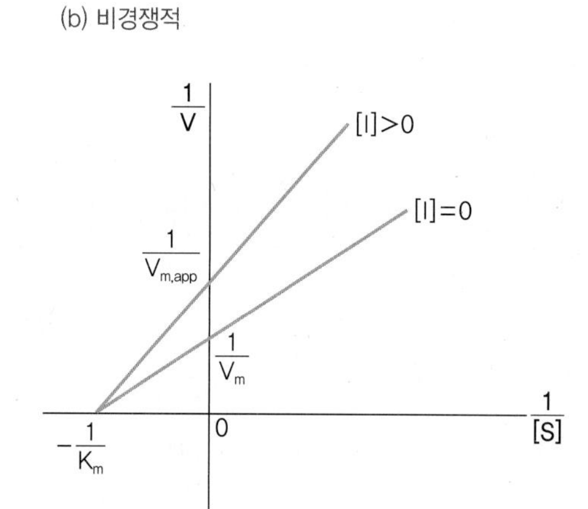

(c) 반경쟁적

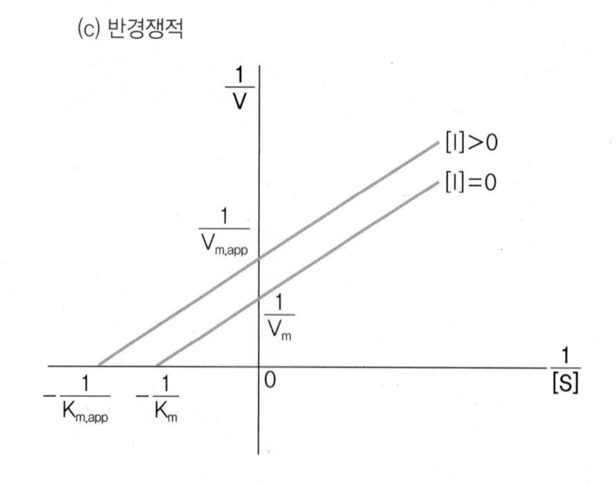

[I] : 저해제의 농도

그림 7-5 저해 효소 반응 속도의 다른 형태들

8. 기질 저해 작용이 있을 때의 효소 속도식

기질의 농도가 지나치게 높은 경우 오히려 효소 반응을 저해한다. 이 경우를 기질 저해 반응substrate inhibition이라 한다. 이것은 일종의 반경쟁적uncompetitive 저해로서 기질이 ES 복합체와 반응한다.

$$
\begin{array}{ccccc}
E + S & \overset{K'_m}{\longleftrightarrow} & ES & \overset{k_2}{\longrightarrow} & E + P \\
 & & + & & \\
 & & S & & \\
 & & \updownarrow K_{S1} & & \\
 & & ES_2 & &
\end{array}
$$

이때 K_{S1}와 K'_m을 정의하면 아래와 같다.

$$K_{S_1} = \frac{[S][ES]}{[ES_2]}$$
$$K'_m = \frac{[S][E]}{[ES]} \quad \text{(식 7.33)}$$

빠른 평형 가정으로 속도식을 구하면 다음과 같다.

$$V = \frac{V_m[S]}{K'_m + [S] + \frac{[S]^2}{K_{S_1}}} \quad \text{(식 7.34)}$$

(a) 속도식을 도식화한 것

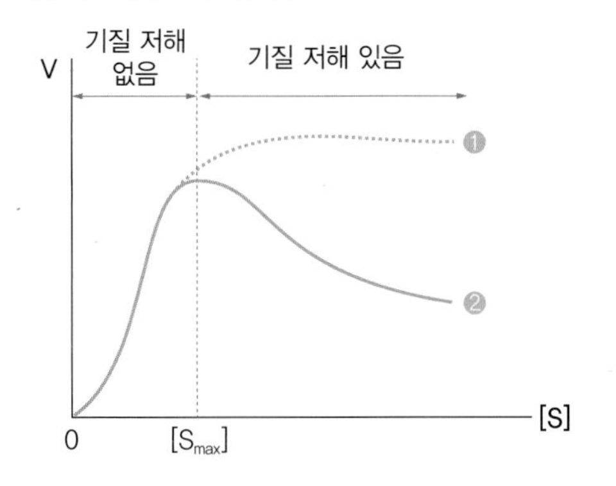

(b) 이중 역수 도표를 그린 것

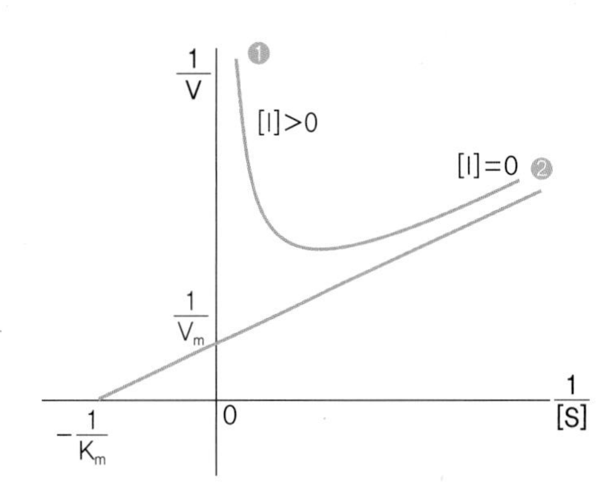

그림 7-6 동일한 V_m과 K_m이면서 기질 저해 작용이 없는 경우(❶)와 기질 저해 작용이 있는 경우(❷)의 비교

(식 7.34)을 도식화하면 그림 7-6(a)와 같으며, 양변에 역수를 취하면 그림 7-6(b)와 같다.

9. 반응 속도의 온도 의존성

화학 반응의 속도는 반응 온도에 의해 영향을 받으며, 대개 온도가 10°C 상승하면 반응 속도가 약 2배 증가하는 것으로 알려져 있다. 반응 속도식에서 온도의 영향을 받는 인자는 앞에서 기술한 바와 같이 반응 속도 상수이다. 즉 반응 속도에 영향을 미치는 온도의 영향은 반응 속도 상수(k)의 온도 의존성으로 나타낼 수 있다.

$$r = k(T) f(C_i) \quad \text{(식 7.35)}$$

여기서 반응 속도 상수의 온도 의존성 k(T)는 일반적으로 아레니우스Arrhenius식으로 표현된다.

$$k(T) = Ae^{-E_a/RT} \quad \text{(식 7.36)}$$

k : 반응 속도 상수, A : 빈도 인자, k와 같은 단위를 갖는다.
E_a : 활성화 에너지(J/mol), R : 기체 상수(8.314 kJ/mol·K), T : 절대 온도(K)

1) 활성화 에너지 구하는 방법

아레니우스식은 비교적 넓은 온도 범위에서 반응 속도 상수의 온도 의존성을 잘 나타내며 온도가 증가할수록 반응 속도 상수가 증가함을 나타낸다. 아레니우스식에 들어 있는 활성화 에너지 E_a는 반응이 일어나기 위해서 반응물의 분자가 가져야 하는 최소 에너지로서 이것을 구하는 방법은 두 가지가 있다.

(1) 여러 온도에서의 반응 속도 실험 데이터로부터 활성화 에너지 구하기

(식 7.36)의 양변에 대수를 취하면

$$\ln k = \ln A - \frac{E_a}{RT} \quad \text{(식 7.37)}$$

아레니우스식
속도 상수의 온도 의존성을 정량적으로 나타낸 식

일반적인 반응에서 사용되는 온도 범위 내에서는 A와 E_a는 일정한 값을 가진다. 따라서 각 온도에서 구한 반응 속도 상수의 대수값(lnk)을 1/T에 대해 도식하면 그림 7-7과 같은 직선을 얻게 되며, 직선의 기울기로부터 E_a를 구하고, 절편값으로부터 A를 구할 수 있다. 반응 속도의 온도 의존성은 활성화 에너지(E_a)의 크기에 따라 결정되는데 E_a값이 큰 반응은 그림 7-7에서 기울기가 크므로 온도 변화에 민감하고, E_a가 낮은 반응은 온도 변화에 대해 덜 민감하다. 이러한 특성을 활용한다면 온도에 따라 원하는 반응을 선택적으로 진행시킬 수 있도록 반응 조건을 선택할 수 있다.

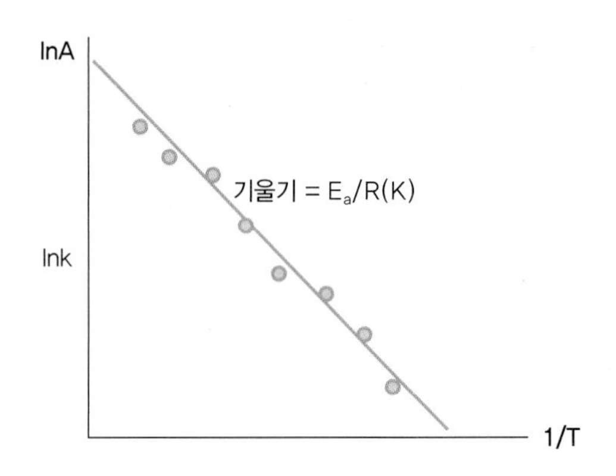

그림 7-7 아레니우스 법칙에 따른 반응의 온도 의존성

(2) 서로 다른 온도 T_1과 T_2에서 반응 속도 상수를 측정하여 활성화 에너지 구하기

서로 다른 온도 T_1과 T_2에서 각각 k_1과 k_2의 반응 속도 상수를 얻었다면 (식 7.37)은 다음과 같이 표시된다.

$$\ln k_1 = \ln A - \frac{E_a}{RT_1} \qquad \text{(식 7.38)}$$

$$\ln k_2 = \ln A - \frac{E_a}{RT_2} \qquad \text{(식 7.39)}$$

(식 7.39)의 양변에서 (식 7.38)의 양변을 각각 빼면

$$\ln \frac{k_2}{k_1} = -\frac{E_a}{R}\left(\frac{1}{T_1} - \frac{1}{T_2}\right) \qquad \text{(식 7.40)}$$

(식 7.40)을 이용하여 활성화 에너지를 구할 때 주의할 점은 반응 온도 T_1과 T_2 범위 내에서 활성화 에너지가 일정한 경우에만 적용이 가능하다는 것이다. 또한 (식 7.40)은 두

반응 온도 간의 속도 상수값(k_1과 k_2)으로부터 E_a를 결정하는 데 쓰이는 것 외에 반대로 어떤 반응의 E_a를 알고 있을 때 한 온도의 반응 속도 상수(k_1)로부터 다른 온도의 반응 속도 상수(k_2)를 구하는 데 이용되기도 한다.

10. 효소 반응의 온도 의존성

효소에 의한 촉매 반응의 속도는 일정 한계까지 온도에 따라 증가하며 다른 화학 반응과 마찬가지로 아레니우스식으로 표현할 수 있다. 그러나 효소 반응은 다른 화학 반응보다 온도 범위가 좁으며, 특정 온도 이상이 되면 단백질인 효소는 변성되어 온도가 증가하면 효소의 활성도는 오히려 감소한다. 다음 그림 7-8의 증가하는 영역을 온도 활성화 영역이라고 한다. 이 영역에서의 반응 속도는 아레니우스식을 따른다.

$$v = k_2[\mathrm{E}] \quad \text{(식 7.41)}$$

$$k_2 = Ae^{-E_a/RT} \quad \text{(식 7.42)}$$

감소하는 영역을 온도 비활성화 또는 열변성thermal denaturation 영역이라 한다. 온도에 의한 변성 속도는 아래와 같이 나타낸다.

$$-\frac{d[\mathrm{E}]}{dt} = k_d[\mathrm{E}] \quad \text{(식 7.43)}$$

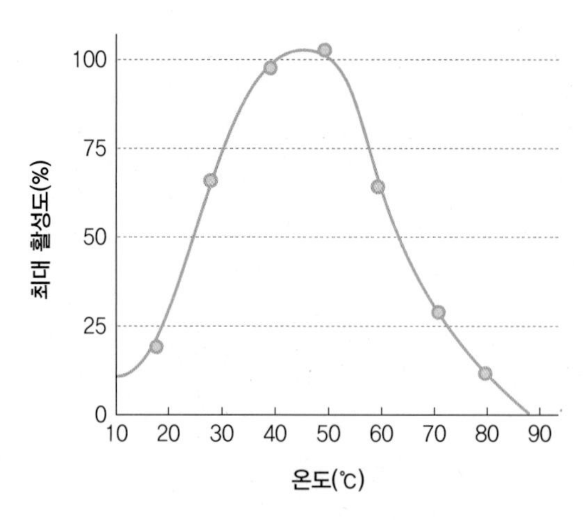

그림 7-8 효소의 활성에 대한 온도의 영향

즉

$$[\mathrm{E}] = E_0 e^{-k_d T} \qquad (식\ 7.44)$$

여기에서 [E]는 효소 농도이고, k_d는 비활성 상수이다. k_d 역시 아레니우스식의 형태로 온도에 따라 변한다.

$$k_d = A_d e^{-E_a/RT} \qquad (식\ 7.45)$$

여기에서 E_a는 비활성화 에너지(kcal/mol)이다.

(식 7.41)에 (식 7.42)와 (식 7.44)를 대입하면 결과적으로 효소 촉매 반응의 온도에 따른 변화는 다음 식으로 표시된다.

$$v = Ae^{-E_a/RT} E_0 e^{-k_d T} \qquad (식\ 7.46)$$

이 식에 따르면 대체로 온도가 10°C씩 오를 때마다 효소 반응의 속도는 약 두 배로 증가한다. 이것은 기질과 효소의 분자 운동이 증가하여 서로 접촉할 수 있는 기회가 늘어나기 때문이다. 그러나 효소는 단백질이므로 열이 너무 많이 가해지면 형태가 변해서 제 기능을 못하게 된다. 대부분의 경우 50~60°C 이상의 온도에서는 효소의 활성도가 급격히 감소한다(그림 7-8). 그러나 예외적으로 아주 높은 온도에서 잘 작용하는 효소도 있다. 예를 들어, 온천 지대에서 발견되는 미생물에는 내열성 효소가 존재한다.

11. 효소 반응 속도의 pH 의존성

효소에 의한 반응이 다른 화학 반응과 크게 다른 점 중에 하나는 효소 반응 속도가 pH에 크게 의존한다는 것이다. 왜 이러한 현상이 일어날까? 효소는 단백질이고, 단백질은 아미노산으로 만들어져 있다. 아미노산은 아미노기와 카르복실기를 갖고 있어 수용액 중에서 이온ion의 상태로 존재한다. 어떤 효소들은 활성 부위에 이온을 갖고 있고, 이들 이온은 효소의 촉매 기능을 위하여 적합한 형태(산성 또는 염기성)로 존재하여야 한다. 반응액의 pH가 변하면 활성 부위의 이온 형태가 변화되고, 효소의 활성도가 바뀌게 되고 결국 반응 속도도 변한다.

pH가 변함에 따라 효소의 3차원 구조도 조금씩 변하며, 특정 pH에서 기질과 가장 잘 결합할 수 있는 모양이 되는데, 이처럼 효소를 가장 활성화시키는 pH를 최적 pH라 한다. 최적 pH는 효소에 따라 다르다. 위stomach에서 작용하는 펩신pepsin은 최적 pH가 2 정도로 매우 강한 산성이다. 장intestine에서 작용하는 트립신trypsin의 최적 pH는 8 정도이며, 녹말을 분해하는 아밀레이스amylase의 최적 pH는 7 정도이다. 실제로 인체는 위의 pH를 1~2로, 장의 pH를 8 내외로 조절하여 효소의 활성을 극대화한다.

효소의 최적 pH를 이론적으로 예측하기는 어렵기 때문에 주로 실험을 통해 구한다. 그림 7-9는 두 개의 다른 효소의 pH에 따른 효소활성도의 변화를 보여 주고 있다.

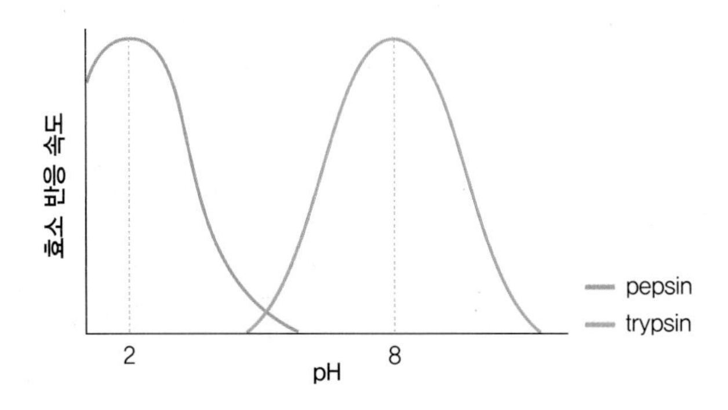

그림 7-9 펩신과 트립신 pH의 의존성

다음의 반응 경로는 이온화 효소에 대한 효소 반응 속도와 pH의 영향을 설명하는 데 이용된다.

$$E^- + H^+$$

$$\updownarrow K_2$$

$$EH + S \overset{K'_m}{\longleftrightarrow} EHS \overset{k_2}{\longleftrightarrow} EH + P$$

$$+$$

$$H^+$$

$$\updownarrow$$

$$EH_2^+$$

이때 K'_m과 K_1, K_2는 다음과 같이 정의된다. 여기서 K'_m은 (식 7.26)과 (식 7.33)에 정의된 K'_m과 다르게 정의되어 있음에 주의해야 한다.

$$K_m' = \frac{[EH][S]}{[EHS]} \quad (식\ 7.47)$$

$$K_1 = \frac{[EH][H^+]}{[EH_2^+]} \quad (식\ 7.48)$$

$$K_2 = \frac{[E^-][H^+]}{[EH]} \quad (식\ 7.49)$$

여기서 $[E_0] = [E^-] + [EH] + [EH_2^+] + [EHS]$, $v = k_2[EHS]$

위와 같은 정의로부터 다음의 속도식을 유도할 수 있다.

$$v = \frac{V_m[S]}{K_m'\left(1 + \frac{K_2}{[H^+]} + \frac{[H^+]}{K_1}\right) + [S]} \quad (식\ 7.50)$$

$$v = \frac{V_m[S]}{K_{m,\mathrm{app}}' + [S]} \quad (식\ 7.51)$$

여기서 $K_{m,\mathrm{app}}' = 1 + \frac{K_2}{[H^+]} + \frac{[H^+]}{K_1}$ 이다. 결과적으로 효소의 최적 pH는 pK_1과 pK_2 사이에 존재한다.

단 원 정 리

본 장에서는 효소에 의한 화학 반응을 다루는 효소 반응 속도론을 설명하였다. 일반적인 반응 속도론에서 반응 속도, 반응 차수, 반응 속도 상수의 정의를 이해해야 한다. 효소 반응 속도론에서는 미카엘리스-멘텐(Michaelis-Menten) 속도식을 통한 효소 반응을 이해하고 빠른 평형과 유사 정상 상태 가정을 이용하여 각각 미카엘리스-멘텐 속도식을 유도할 수 있어야 한다. 또한, 라인웨버-버크(Lineweaver-Burk) 그래프를 이용하여 미카엘리스-멘텐 속도식의 K_m과 V_m을 각각 구할 수 있어야 한다. 저해 반응의 효소 속도론에서 경쟁적, 비경쟁적, 반경쟁적 저해제의 반응식을 유도하고 그래프로 이해할 수 있어야 한다. 끝으로, 효소의 온도, pH 의존성을 이해하고, 특히 아레니우스식을 이용한 효소의 온도 의존성을 계산할 수 있어야 한다.

연 습 문 제

1. 효소 촉매 반응 A → B에 대하여 다음과 같은 실험 결과를 얻었다.

[S](M)	v(nmoles×liter^{-1}×min^{-1})
6.25×10^{-6}	15
7.50×10^{-5}	56.25
1.0×10^{-4}	60
1.00×10^{-3}	74.9
1.00×10^{-2}	75

(1) V_{max}와 K_m을 추정하시오.

(2) $[S] = 2.5 \times 10^{-5}$ M일 때와 $[S] = 5.0 \times 10^{-5}$ M일 때 v는 각각 얼마인가?

2. 미카엘리스-멘텐식에서 효소 반응은 생성물(P) 방출 단계가 효소-기질 복합체(ES) 형성 단계보다 아주 느리다고 가정하였다.

$$E + S \underset{k}{\overset{k_1}{\rightleftharpoons}} ES \xrightarrow{k_2} E + P$$

$k_1 \ll k_3$, $k_2 \ll k_3$일 때의 속도식을 유도하고 가정을 밝히시오.

3. β-Galactosidase에 의한 lactose의 가수분해에서 온도의 영향은 다음과 같다. 활성화 에너지와 온도 계수를 구하시오.

T(℃)	V_{max}(μmoles × min^{-1} × mg protein^{-1})
20	15
30	56.25
35	60
40	74.9
45	75

정답 및 해설

1. (1) V_{max}와 K_m을 결정하는 최선의 방법은 제시된 자료를 그래프에 그리는 것이다. 그러나 위 표에서 10^{-3} M 이상에서 [S]가 변하는 민감성이 저하된다. 즉, $[S]=10^{-3}\sim10^{-2}$ M 영역에서 v는 V_{max}에 가까워져야 한다.

$$V_{max} = 75 \text{ nmoles} \times \text{liter}^{-1} \times \text{min}^{-1}$$

K_m에 관해 풀려면 v와 이에 대응하는 [S]를 취한다.

$$\frac{v}{V_{max}} = \frac{[S]}{K_m+[S]}$$

$$\frac{60}{75} = \frac{10^{-4}}{K_m+10^{-4}}$$

따라서, $K_m = 0.25 \times 10^{-4} = 2.5 \times 10^{-5}$ M

(2) $[S] = 2.5 \times 10^{-5}\ M = K_m$, $v = 0.5V_{max}$, 따라서 $v = 37.5$ nmoles × liter^{-1} × min^{-1}

$[S] = 5.0 \times 10^{-5}$ M, $\frac{v}{75} = \frac{5.0\times10^{-5}}{(2.5\times10^{-5})+(5.0\times10^{-5})} = \frac{5}{7.5} = 50$ nmoles × liter^{-1} × min^{-1}

따라서, $v = 50$ nmoles × liter^{-1} × min^{-1}

2. 두 번째 반응보다 첫 번째 반응이 더 천천히 진행되므로 반응 속도는 첫 번째 반응에 의해 조절된다.

$$\frac{dC_p}{dt} = -\frac{dC_s}{dt} = k_1 C_E C_s$$

효소의 총량은 보존되므로

$$C_E = C_{E_0} + C_{ES}$$

복합체 ES는 형성되자마자 생성물로 전환되므로 $C_{ES} \approx 0$으로 가정할 수 있다. 따라서,

$$\frac{dC_p}{dt} = k_1 C_{E_0} C_s$$

3. E_a를 구하기 위해 log V_{max}(세로축), 1/T(가로축)로 그래프를 그려보자.

T(℃)	T(K)	(1/T) × 10³	Vmax	log Vmax
20	293	3.413	4.50	0.653
30	303	3.300	8.65	0.937
35	308	3.247	11.80	1.071
40	313	3.195	15.96	1.203
45	318	3.145	21.36	1.330

그래프의 기울기는 -2.53×10^3이다.

$$slope = \frac{-E_a}{2.3R} = -2.53\times10^3 \downarrow$$

따라서, $E_a = (-2.3)(1.98)(-2.53 \times 10^3) = 11.5$ Kcal/mole

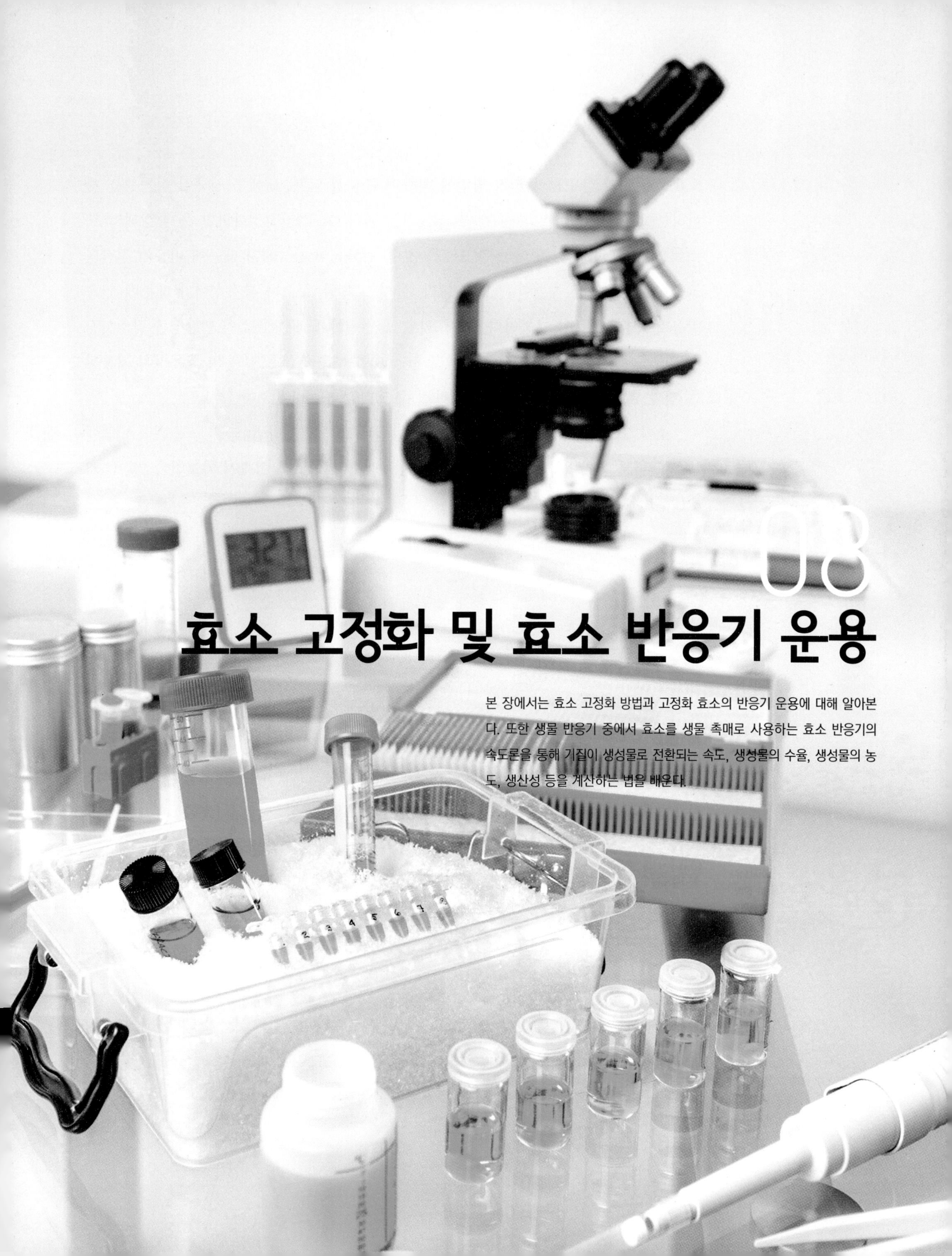

08

효소 고정화 및 효소 반응기 운용

본 장에서는 효소 고정화 방법과 고정화 효소의 반응기 운용에 대해 알아본다. 또한 생물 반응기 중에서 효소를 생물 촉매로 사용하는 효소 반응기의 속도론을 통해 기질이 생성물로 전환되는 속도, 생성물의 수율, 생성물의 농도, 생산성 등을 계산하는 법을 배운다.

1. 효소 고정화 방법

효소를 화학적 또는 물리적 방법에 의하여 불용성 담체matrix에 고정하여 이동성을 제한하는 것을 효소 고정화enzyme immobilization라고 한다. 효소를 고정화하면 용액 상태의 효소에 비하여 장단점이 있다. 장점으로는 첫째, 재사용이 가능하기 때문에 비용이 절감되고 사용 후 분리를 시행할 필요가 없다. 둘째, 고정화 효소는 불용성이기 때문에 연속 반응기에서도 이용이 가능하다. 셋째, 외부 조건 변화에 대한 효소의 민감성을 감소시킬 수 있다. 단점으로는 확산에 의한 물질 전달 저항 때문에 효소 반응의 효율성이 저하되는 점과 효소의 작용 부위가 불활성화될 수 있다는 점이다.

효소를 고정화하는 방법에는 물리적인 방법과 화학적인 방법이 있다. 물리적 방법에는 포괄법과 흡착법이 있고, 화학적 방법에는 공유 결합법과 화학적 가교법이 있다(그림 8-1).

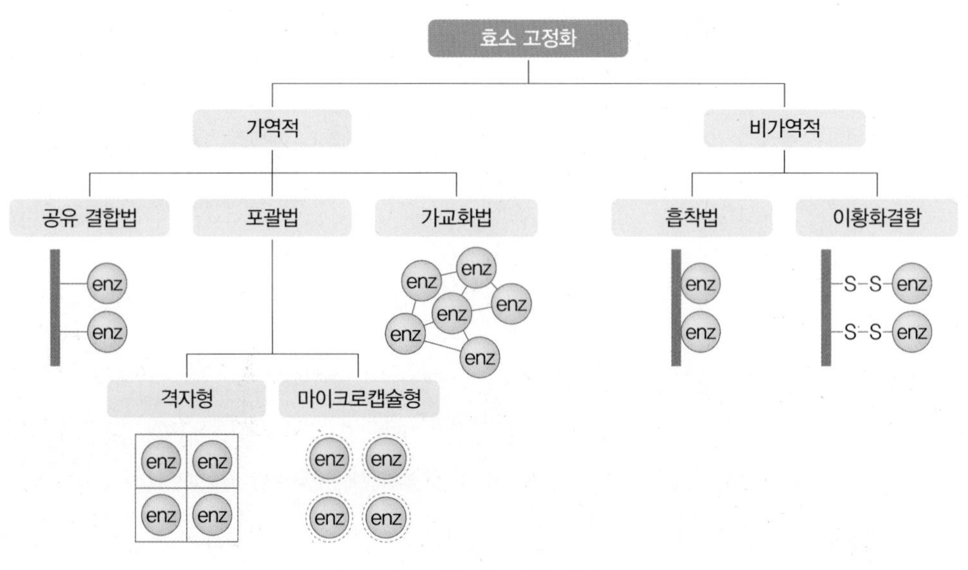

그림 8-1 효소의 고정화 방법

1) 포괄법entrapment

포괄법은 크게 효소를 고분자 중합체의 망상 구조를 갖는 담체의 격자 안에 가두어 고정하는 방법(격자형)과 반투과성semipermeable의 엷은 고분자막으로 된 마이크로캡슐micro-capsule 안에 효소를 가두는 방법(마이크로캡슐형)으로 나눌 수 있다.

(1) 격자형lattice type

격자형 포괄법은 교차 결합된 물에 불용성인 고분자의 격자 내부에 효소를 가두는 방법을 말하며, 폴리아크릴아마이드polyacrylamide, 폴리비닐 알코올polyvinyl alcohol 등의 합성 고분자와 κ-카라지난κ-carrageenan, Ca-알진산염Ca-alginate, 한천agar, 콜라겐collagen 등의 천연 고분자가 주로 사용된다.

(2) 마이크로캡슐형micro-encapsulation

마이크로캡슐형 포괄법은 반투과성 고분자막으로 효소를 감싸서 직경 약 1~100 μm의 마이크로캡슐 효소를 만드는 방법으로 다른 화학 물질의 마이크로캡슐화와 비교해서 극히 세밀하게 조절된 조건이 요구된다. 마이크로캡슐화에 주로 사용되는 방법으로는 ① 계면 중합interfacial polymerization, ② 액체 건조법liquid drying method, ③ 상 분리법phase separation method 등이 있다.

2) 흡착법adsorption

흡착이란 효소가 반데르발스 힘van der Waals force 또는 분산력과 같은 약한 물리적 힘에 의하여 지지 입자의 표면에 부착하는 것이다. 효소 흡착에 사용되는 지지 물질로는 무기 물질, 유기 물질 및 이온 교환 수지가 있다. 무기 물질에는 알루미나, 활성탄, 실리카, 세라믹, 다공성 유기, 규조토 등이 있다. 유기 물질로는 활성탄, 전분, 셀룰로스 등이 있고 이온 교환 수지에는 엠버라이트Amberlite, 세파덱스Sephadex, 다우엑스Dowex 등이 있다. 흡착은 가장 쉽게 널리 사용되고 있는 방법으로서 단백질과 담체 표면의 특성을 이용하여 흡착 혹은 이온 결합을 통해 고정화하는 방법이다. 이 방법은 단백질의 입체 구조conformation의 변화나 활성 부위의 파괴 등이 심하게 일어나지 않기 때문에 흡착 도중 효소의 실활이 상대적으로 적다는 장점이 있으나 단점으로는 흡착 공정이 가역 반응이기 때문에 흡착된 단백질이 반응 도중 쉽게 탈착되는 것이다. 담체로서는 ① 이온 교환 수지 담체(예, Sephadex, DEAE-cellulose, CM-cellulose, Amberlite 등), ② 친수성 혹은 소수성의 유기 및 무기질 담체(activated-carbon, sepharose, alumina, bentonite, hydroxylapatite, silica gel 등) 등이 있다.

3) 공유 결합법covalent-binding

공유 결합법이란 효소를 공유 결합에 의해 담체의 표면에 부착시키는 것이다. 일반적으로 효소는 아미노기($-NH_2$), 카르복실기(−COOH), 수산화기(−OH), 황화수소기(−SH), 방향족 하이드록실기 등 아미노산 잔기를 가지고 있다. 이들 잔기와 막 표면에 노출되어 있는 기능기를 공유 결합시켜 효소를 막에 고정화한다. 예를 들면, 담체의 카르복실기와 효소의 아미노기를 펩타이드 형성 반응으로 결합시킬 수 있다. 담체의 수산화기 등은 시안브로민(BrCN) 등으로 활성화시킨 후에 효소를 결합시킨다. 또 아미노기 등을 가지는 막의 경우에는 2개의 기능기를 가지는 글루타르알데하이드glutaraldehyde 등과 반응시켜 시프-베이스shiff-base를 형성시켜 여기에 효소를 결합시키는 방법이 널리 이용된다. 공유 결합법의 장점은 다양한 종류의 담체를 수식 후 사용할 수 있기 때문에 값싸고 압축되지 않으며, 담체 표면을 임의로 조정하여 줄 수 있고, 매우 안정된 결합을 할 수 있기 때문에 오랜 기간 반복하여 사용할 수 있다. 단점은 공유 결합 반응 시 많은 효소의 실활이 일어나기 때문에 처리에 매우 신중을 기하여야 한다.

4) 가교화법cross-linking

가교화법이란 효소와 글루타르알데하이드 등 저분자량 물질을 공유 결합시켜 가교를 형성하는 방법이다. 아미노기를 가지고 있는 담체에 효소 용액과 글루타르알데하이드를 반응시키면 효소와 담체 사이, 혹은 효소 분자 사이에 가교 반응이 일어나 효소가 막 위에 고정화되는 방법이다. 담체가 아미노기나 수산화기와 같이 가교화될 수 있는 기능기가 없는 경우에는 효소와 함께 알부민 등의 단백질을 동시에 반응시킨다. 그러면 효소와 단백질 중의 아미노기가 반응하여 효소-효소, 효소-단백질, 단백질-단백질 등의 복잡한 반응이 일어나 불용성 망상 구조가 생성되어 겔 모양의 고정화 효소를 얻을 수 있다. 이렇게 만들어진 효소는 분자량이 수백만이 되어 고체 상태로 침전되고, 어떤 효소의 경우는 효소의 활성도 유지되면서 안정성이 증대되는 경우가 보고되어 있다. 2개의 기능기를 가진 시약으로는 글루타르알데하이드, 아이소시아네이트isocyanate, 비스디아조벤지딘bisdiazobenzidine, 에틸렌 비스말레이미드N,N′-ethylene bis-maleimide, 폴리메틸렌 비시도아세토아미드N,N′ polymethylene bisidoacetoamide 등이 있다.

5) 기타

흡착법과 가교화법, 포괄법과 가교화법 등을 조합하여 효소의 안정성과 활성을 더욱 장기간 유지하기 위한 방법들이 시도되고 있다.

2. 효소 고정화 시 고려 사항

① 효소의 고정화율

활성 수율이 낮은 고정화 방법을 사용하기보다는 유리 효소를 사용하는 방법이 실제적일 수도 있다.

② 효소 활성의 장기 안정성

장기 연속 조업에 견딜 수 있어야 한다. 산업적으로는 약 1개월 이상의 안정성이 요구되며, 회분식 반응기에서 약 20번 이상, 200번 이하 정도의 반응에도 안정성이 유지될 수 있어야 한다는 것이 일반적인 견해이다.

③ 고정화 비용

고정화에 사용되는 재료비, 제조 및 인건비, 반응기의 설비비 등이 고려되어야 한다. 효소가 클로닝되어 자체 미생물 혹은 효소 생산이 가능할 경우 양자의 경제성을 비교해서 고정화의 장점을 철저히 분석해야 한다.

④ 생산량과 수급 예측

고정화 효소를 이용한 생산 시스템은 제품을 대량 및 연속 생산하는 경우에만 경제적인 이점이 충분히 발휘된다. 간헐적으로 소량 생산을 해도 무리가 없는 경우는 수용액 효소를 사용하는 방법이 경제적이다.

⑤ 균의 오염 방지

고정화 효소는 장기간 연속 사용하는 경우가 보통이기 때문에 반응 장치 중에 미생물 오염을 방지할 수 있는 프로세스가 필요하다. 55℃ 이상의 반응 정도는 미생물의 번식을 방지하는 데 유효하기 때문에 내열성 효소를 사용하려는 시도가 많다. 10℃ 이하의 저온 반응에서도 미생물의 번식이 예방되지만 반응 속도가 낮기 때문에 특수한 목적을 위해서가 아니면 잘 사용하지 않는다.

⑥ 원료 물질 중에 불순물에 대한 처리

보조 기질 등을 사용할 경우 원료 중의 불순물과 지질 등이 고정화 효소의 표면에 부착하여 효소의 활성 저하를 초래하는 경우가 빈번히 발생한다. 이와 같은 경우에는 부착물의 제거가 용이한 반응기 타입을 사용하는 것이 필요하다.

⑦ 조효소 및 ATP를 필요로 하는 반응

아직까지는 조효소 및 ATP 등의 저분자 화합물이 필요한 반응의 경우 조효소의 재생, ATP의 생산 등이 보고되어 있으며, 경제성에 큰 영향을 미치지 않는다는 최근 보고가 있으나 대체적으로 고정화 효소보다는 세포를 사용하는 것이 실용적이다.

3. 고정화 효소의 산업적 활용

효소 고정화는 산업용뿐만 아니라 의료 및 분석용으로도 많이 응용되고 있다. 산업용 응용의 예로는 고정화된 포도당 이성질화 효소glucose isomerase가 있다. 과당fructose은 포도당보다 2배 정도 달기 때문에 청량음료의 감미료로 사용된다. 이 과당을 생산하기 위하여 고정화된 포도당 이성질화 효소를 이용하여 전분을 가수분해하고 여기서 얻은 포도당을 과당으로 전환시키는 공정이 산업화되어 있다. 포도당 이성질화 효소를 고정화하는 방법으로는 글루타르알데하이드로 처리한 젤라틴을 사용하거나 실리카나 알루미나 같은 무기질 담체를 사용한다. 고정화 효소를 의료 분야에 응용한 예는 선천적 대사 이상 질병의 치료나 인공 신장이 있다. 사람의 선천성 대사 질환의 대부분은 체내의 한 가지 특정 효소에 결함이 있기 때문에 생긴다. 이러한 선천적 대사 질환의 치료가 미래에는 유전자 치료법에 의해 그 특정 효소의 결함을 제거하는 것이 가능해지겠지만 아직은 효소를 투여하는 방법이 쓰인다. 그런데 이때 사용되는 효소는 인체의 외부에서 배양에 의해 생성된 것이기 때문에 인체의 면역계에 나쁜 영향을 줄 수 있으므로 직접 인체에 투여하지 않고 그 효소를 마이크로캡슐, 실관 또는 겔 안쪽에 격리시켜 투여하면 막 안에 들어 있는 효소는 항체의 공격을 받지 않고 그 기능을 수행할 수 있다. 또 다른 예로 인공 신장artificial kidney에 사용되는 효소인 유레이스urease는 흡착제인 수지resin 또는 목탄charcoal이 함께 캡슐화된다. 유레아의 분해로 생성되는 암모니아를 마이크로캡슐 안에 흡착시킨다. 요즘 시판되는 임신 진단 키트 또한 고정화 효소(또는 항체)가 사용된다. 고정화 효소를 분석에 응용한 예는 여러 종류의 효소 센서에서 찾을 수 있다. 이 중에서 포도당 센서는 혈당 측정, 식품 중의 당도 측정, 생의학 연구에서 당 측정 등에 활용된다. 더 나아가 포도당 센서는 검지된 당 농도 정보에 따라 마이크로칩에 의해 작동되는 인슐린 펌프가 필요량만큼의 인슐린을 방출하게 하는 장치에도 사용된다.

4. 고정화 효소 반응기의 종류

효소를 촉매로 하여 반응을 일으키는 장치를 효소 반응기enzyme reactor라고 한다. 효소 반응기는 반응기의 교반 형태에 따라 교반형, 공기 부양형으로 나뉘며, 반응기 운전 방식에 따라 회분식batch과 연속식continuous으로 구분한다. 또한 효소 반응기의 기하학적 형태 및 구조에 따라 수조tank형과 관tubular형, 막 또는 필름membrane, film으로도 구분할 수 있다. 수조형 반응기는 보통 교반기를 부착하거나 교반조stirred tank가 사용된다. 연속 반응기의 경우 다단multi-stage으로 해서 사용할 때도 있다. 관형 반응기에서는 대부분의 경우 탑형을 사용한다. 관형 반응기 내부에 효소를 충전한 반응기를 고정층fixed bed 또는 충전층packed bed 반응기라고 한다.

일반적으로 고정화 효소는 컬럼형의 반응기에 충전하여 사용하거나 유동층 반응기로 사용하는 경우가 많으나 그 기능을 최고로 발휘하기 위해 여러 가지로 변형할 수 있다. 이들을 간단히 살펴보면 그림 8-2와 같다.

1) 충전층 반응기packed bed reactor, PBR

가장 보편적이며, 컬럼 공간에 대한 촉매의 충전율이 높기 때문에 생산 효율이 좋다. 기질 용액을 하부에서 공급해 주거나 상부에서 공급해 주는 방법을 사용할 수 있고, 점도가 높은 기질의 경우 하부에서 공급하는 방법이 적당하다. 단점으로는 원료 중에 불순물 등이 유입되면 제거하기가 어렵고 반응 도중 가스가 발생하는 경우 처리하기 힘들다.

2) 유동층 반응기fluidized bed reactor, FBR

가스의 발생을 동반하는 반응에 적당한 경우가 많으며, 기질 용액을 주로 반응기의 하부에서 공급하는 것이 보통이다. 생성물과 발생 가스는 탑의 상부에서 포괄 처리하는 것이 보편적이고, 컬럼 부피에 대한 촉매의 충전율이 충진층 반응기 내 체류를 최소

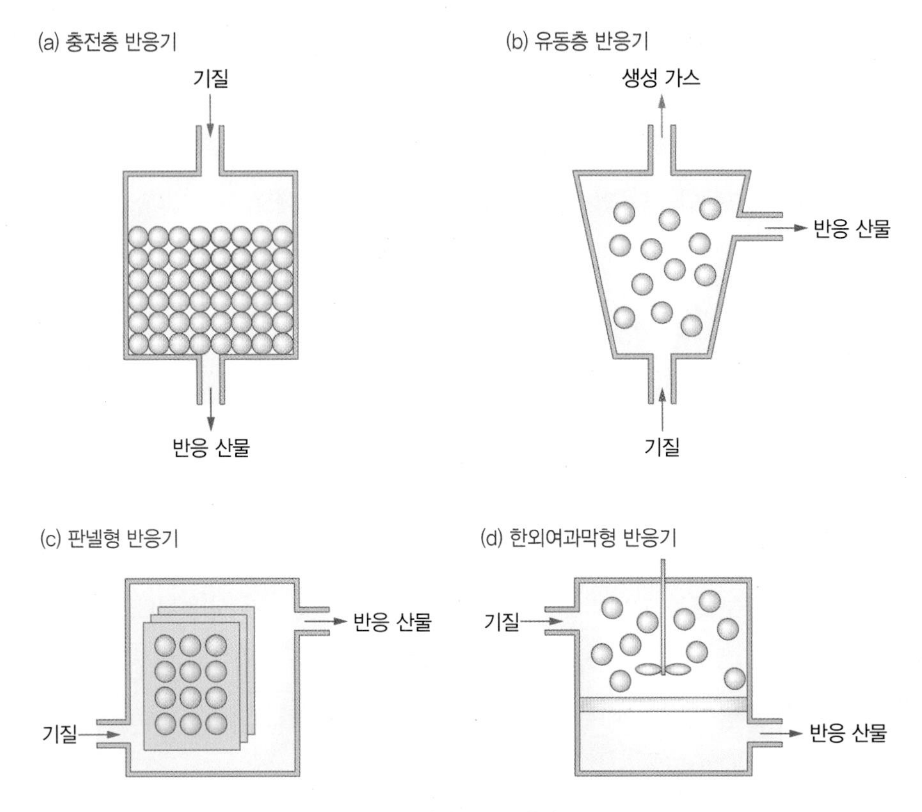

그림 8-2 고정화 효소 반응기 종류

화할 수 있는 장점이 있다. 유동층 내의 교반 효과를 높이기 위해 다양한 반응기가 고안되어 있다. 용액 중 고정화 효소를 부유 상태로 사용할 수 있기 때문에 충전층의 압력에 대해 압력 손실이 적고, 가스를 사용할 수 있기 때문에 고정화 미생물을 사용하는 경우에 적합하다.

3) 판넬형 반응기

충전층 반응기의 일종으로 판넬에 벌집honeycomb 구조의 성형을 하여 고정화 효소를 컬럼 내에 일렬로 배열하여 사용한다. 컬럼 내의 기질 용액의 유입이 좋고 불순물의 체류도 상대적으로 적으며, 내부의 청소도 용이하다. 가스를 생성하는 반응계에도 사용이 가능하고 촉매의 충전율도 비교적 높은 장점이 있다. 실제 사용 예는 그렇게 많이 알려져 있지 않으나 고정화 효소를 이용한 알코올 생산 등이 대표적인 예로 알려져 있다.

4) 한외여과막형 반응기enzyme membrane reactor, EMR

단백질과 같은 큰 고분자 화합물을 투과하지 못하는 한외여과막을 이용한 반응기로서 다양한 형태가 개발되어 있다. 고정화 효소뿐만 아니라 효소 자체로도 적용이 가능하기 때문에 한외여과막 자체를 포괄법의 막으로 이용할 수 있다. 효소 충전율 및 반응 효율은 충전층 반응기에 비해 떨어지나 기질과 생성물의 특성을 이용하여 다양한 반응기 프로세스를 꾸밀 수 있어 많이 사용되고 있다. 가스의 제거는 가능하나 쉽지는 않고, 부착물의 제거가 어려운 단점도 있으며, 막을 사용하기 때문에 기질의 주입 방향도 제한된다.

5. 효소 반응기의 설계 및 조작

1) 효소 반응기 설계

효소 반응기가 갖춰야 할 바람직한 조건은 범용성, 간편성(구조의 단순성)이다. 반응기 규모와 조작은 생산량에 의해 결정되기 때문에 생산 규모를 고려해 반응기 크기와 조작이 결정되어야 한다. 연간 생산량이 수 톤인 물질을 생산하기 위해 거액을 투자해 연속 반응기를 운전하지는 않을 것이다. 이론적으로 반응기를 설계하고 조작 조건을 결정하기 위해서는 다음 사항을 염두에 두어야 한다.

① 반응 성분의 속도 특성과 이 특성에 미치는 온도, 압력, pH 등의 조작 변수의 영향
  특히 산업적으로 장시간 안정하고 효율 좋은 효소 반응을 진행시키기 위해서는 각각의 효소 반응의 특징을 충분히 파악하는 것이 필요하다. 생화학에서 사용되는 초기 속도 해석만으로는 불충분해서 반응 생성물 농도의 영향, pH의 영향, 온도 의존성, 버퍼 농도(이온 강도)의 영향, 금속 이온의 영향, 실활 특성 등이 충분히 설명될 필요가 있다.

② 반응기의 형식과 내부에서의 유체 흐름 상태 및 전열 특성, 그리고 물질 이동의 영향

③ 필요한 전환율conversion yield과 생산량

위의 ① ② ③을 조합한 식을 설계 방정식design equation, 또는 조작 방정식operation equation이라 한다. 일반적으로 반응기는 물질 수지, 반응 속도, 유동 특성을 나타내는 식으로 된

모든 관계식을 동시에 사용해 설계된다.

2) 효소 반응기 조작

효소 반응기의 조작 방식은 회분 조작batch operation과 연속 조작continuous operation으로 나뉘어진다. 회분 조작은 효소와 기질을 반응기에 한꺼번에 미리 주입해서 적당한 온도에서 일정 시간 반응시킨 후 생성물 전체를 빼는 조작 방식을 말한다. 연속 조작은 반응기에 기질을 연속해서 공급하면서 한쪽에서는 생성물을 연속적으로 배출시켜 반응기 내부의 반응 조건이 시간적으로 변화하지 않는 상태(정상 상태steady state)에서 조작하는 방식이다.

연속 조작은 회분 조작에 비해 ① 반응 조건이 일정하고, ② 생산성이 높고, ③ 자동 제어가 쉽고, ④ 제품의 품질이 일정하며, ⑤ 노동력을 절약할 수 있다는 장점이 있는 반면, ① 동일 장치를 다목적으로 사용할 수 없고, ② 미생물 오염microbial contamination과 그 외 사고 시 처리가 어렵다는 단점이 있다. 균일한 품질의 제품을 대량 생산하고자 할 때는 연속 조작이 적합하고, 다품목의 생성물을 소량씩 생산하는 경우에는 회분 조작이 적합하다. 연속 조작 반응에서 반응기 내의 유체 흐름 상태가 기질의 전환율에 영향을 주기 때문에 흐름의 따라 또는 유체의 혼합 정도를 파악하는 것이 중요하다.

6. 효소 반응기 속도론kinetics of enzyme reactors

산업적으로 사용되는 효소의 대부분은 비교적 싸고 순도가 낮은 가수분해효소로 경제적, 기술적으로 사용 가능한 효소는 대부분 고정화되어 있지만, 유리 효소free enzyme 그대로 사용하기도 한다. 전분, 단백질 가수분해효소가 여기에 해당하는 것으로 전분 용액은 점도가 높기 때문에 충전탑 형태의 고정화 효소는 사용이 불가능하다. 셀룰로스, 펙틴, 키틴 등 고체 기질의 경우는 기질을 분말로 만들어 수용액에 용해된 유리 효소와 반응시킨다.

회분식 혼합 반응기는 기질이 공정의 초기에 공급되고 생산물은 고정 운전 종료 시에만 회수된다. 따라서 반응기에 용액의 유입, 배출이 없어 반응기 내 용액의 부피는 일정하다고 생각할 수 있다. 회분식 반응기의 운전 비용은 목적 생산물의 농도를 얻어내는 데 걸리는 시간이나 기질의 전환 정도에 따라 정해지는데, 반응이 빠르게 완료된다면 작동 비용은 감소하게 된다. 그러므로 회분식 반응기 운전 시에는 조업 시간을 예측하는

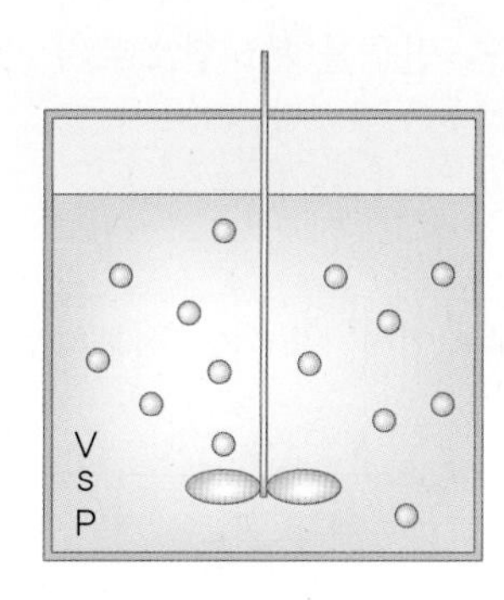

그림 8-3 회분식 효소 반응기

것이 유용하다.

그림 8-3과 같은 회분식 효소 반응기 안의 제한적인 기질에 대해 이상적인 반응기에서 적용 가능한 (식 8.1)을 적용해 보자.

$$\frac{dM}{dt} = M_i - M_0 + R_G - R_C \qquad \text{(식 8.1)}$$

M : 반응기 내 성분 A의 질량, t : 시간, M_i : 반응기로 유입되는 A의 질량 흐름 속도
M_0 : 반응기를 나가는 A의 질량 흐름 속도, R_G : 반응에 의해 생성된 A의 질량 생성 속도
R_C : 반응에 의해 소비된 A의 질량 소비

반응기 내 유출입하는 기질의 흐름이 없으므로 $M_i = M_0 = 0$이며, 반응기 내의 기질의 질량 M은 기질 농도 s에 용액의 부피 V를 곱한 값과 같다($M = sV$). 반응기 내에서 기질이 생성되지 않으므로 $R_G = 0$이다. 또한 기질의 소비 속도 R_C는 단위 부피당 반응 속도 $v(= \frac{V_{max}s}{K_m + s})$에 V를 곱한 값과 같다($R_C = vV$).

그러므로 (식 8.1)로부터 물질 수지식은

$$\frac{d(sV)}{dt} = \frac{-V_{max}s}{K_m + s}V$$

이다. 여기서 V_{max}는 효소의 최대 반응 속도이고, K_m은 미카엘리스-멘텐Michaelis-Menten 상수이다. 회분식 반응기에서 V는 일정하므로, 미분식에서 V를 소거하면

$$\frac{ds}{dt} = \frac{-V_{max}s}{K_m + s} \qquad \text{(식 8.2)}$$

이 미분 방정식의 적분값은 회분식 반응기에서의 반응 시간을 나타낸다. 반응 중에

V_{max}와 K_m이 상수라고 가정하면, 변수를 분리함으로써

$$-\int dt = \int \frac{K_m + s}{V_{max} s} ds$$

이 되고, 초기 상태 $t=0$에서 $s=s_0$이다. 위 식을 적분하면

$$t_b = \frac{K_m}{V_{max}} \ln \frac{s_0}{s_f} + \frac{s_0 - s_f}{V_{max}}$$

이다. 여기서 t_b는 기질 농도가 s_0에서 s_f로 감소하는 데 필요한 회분 반응 시간이고, 생성물의 일정 농도를 생성하는 데 필요한 회분식 운전 시간은 위의 식으로부터 결정될 수 있다.

회분식 반응기 내에서 효소는 비활성화되기 쉽다. 따라서 활성이 있는 효소의 농도와 V_{max}의 값은 반응 시간 동안 변하기 쉽다. 가장 간단한 효소 불활성화 반응으로 활성 효소 E_a는 불활성 효소 E_i로 비가역적으로 전환한다고 가정하면 아래와 같이 나타낼 수 있으며,

$$E_a \rightarrow E_i$$

불활성화의 속도는 일반적으로 활성 효소의 농도에 따라 1차 반응식으로 생각할 수 있으므로,

$$Y_d = k_d e_a$$

여기서 Y_d는 불활성화 부피 반응 속도, e_a는 활성 효소의 농도이고, k_d는 불활성화 속도 상수이다. 회분식 반응기와 같은 닫힌 계에서 효소의 불활성화는 활성 효소의 농도에만 영향을 주는 과정이다.

$$\frac{-de_a}{dt} = Y_d = k_d e_a$$

이 식을 적분하여 시간에 대한 함수로서 활성 효소로 정리하면,

$$e_a = e_{a0} e^{-k_d t}$$

e_{a0}는 0시간에서 활성 효소의 농도이다. 위의 식에 따르면 활성 효소의 농도는 시간에

따라 대수적으로 감소하며, 효소의 최대 비활성 속도는 e_a값이 높을 때이다.

미카엘리스-멘텐Michaelis-Menten 식에서 $V_{max}=k_2e_a$이므로 효소 반응의 V_{max}값은 존재하는 활성 효소의 양에 좌우된다. 그러므로 효소의 비활성화로 e_a값이 감소하면 V_{max}값 또한 감소한다. $V_{max}=k_2e_a$로부터 $e_a=\frac{V_{max}}{k_2}$이므로 위의 식은

$$V_{\max} = k_2 e_a = k_2 e_{a0} e^{-k_d t} = V_{\max 0} e^{-k_d t} \quad \text{(식 8.3)}$$

와 같이 정리된다. 여기서 V_{max0}은 효소의 불활성화가 일어나기 전의 V_{max} 초기값이다.

따라서 효소의 비활성화 문제가 심각한 경우, 시간에 따른 V_{max}값의 변화는 (식 8.3)을 이용하여 표현될 수 있으므로 (식 8.2)는 다음과 같이 된다.

$$\frac{ds}{dt} = \frac{-V_{\max 0} e^{-k_d t} s}{K_m + s}$$

여기서 V_{max0}은 효소의 불활성화가 일어나기 전의 V_{max}값이고, k_d는 일차 비활성화 속도 상수이다. 변수들을 분리하면,

$$-\int e^{-k_d t} dt = \int \frac{K_m + s}{V_{\max 0} s} ds$$

초기 상태 $t=0$에서 $s=s_0$인 초기 조건과 함께 위의 식을 적분하면 다음과 같다.

$$t_b = -\frac{1}{k_d} \ln \left[1 - k_d \left(\frac{K_m}{V_{\max 0}} \ln \frac{s_0}{s_f} + \frac{s_0 - s_f}{V_{\max 0}} \right) \right]$$

여기서 t_b는 회분 반응 시간이고 s_f는 최종 기질 농도이다.

생물 반응기는 양조, 제빵용 효소 생산과 폐수 처리 같은 몇몇 생물 공정에서 연속식으로 운전되며, 효소 변환도 연속식 공정 시스템을 사용하여 수행된다. 연속식 반응기에 대한 흐름도를 그림 8-4에 나타내었다. 반응조의 혼합이 잘 이루어지면 배출되는 흐름은 반응기 내의 조성과 같은 상태가 되므로 현탁 효소에 대해 연속식 반응기가 사용될 때, 반응기 내부의 세포나 효소는 생성물의 출구를 따라 지속적으로 감소된다. 효소 반응의 경우는 반응에 의해서 효소의 생성이 이루어지지 않으므로 심각한 문제가 될 수 있다. 효소의 가격이 저렴하고 효소 농도를 유지하기 위한 연속 공급이 가능하다면

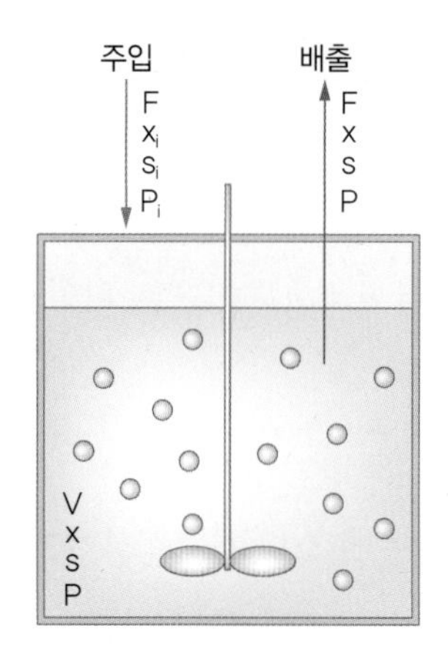

그림 8-4 연속식 효소 반응기

연속식 운전이 사용된다. 그러나 고가의 효소를 이용하는 공정이라면, 효소가 고정화되고 반응기 내에서 유지되는 경우에 따라 연속식 운전을 적용하게 된다. 혼합 성능이 탁월한 연속 반응기는 대개 연속 교반식 탱크 반응기continuous stirred-tank reactor를 의미하는 CSTR로 약칭한다.

또 다른 정상 상태 운전 전략은 연속 반응기에 적용될 수 있다. 키모스탯chemostat에서 배양액의 부피는 유입 속도와 유출 속도를 같게 함으로써 일정하게 유지되므로, 희석 속도가 일정하게 유지되고 키모스탯 내부의 농도를 공급 속도에 의해 유지함으로써 정상 상태가 지속된다.

연속 반응기에 대한 특성 운전 변수는 희석 속도dilution rate D와 평균 체류 시간residence time τ 인데, 이 변수들은 다음과 같이 연관된다.

$$\tau = \frac{1}{D} = \frac{V}{F} \quad \text{(식 8.4)}$$

여기서 F는 단위 부피당 유입 유속이고, V는 반응액의 부피이다. 연속 반응기 운전에서 주어진 일정 시간 동안 처리될 수 있는 양은 유속 F에 의해 표현된다. 그러므로 주어진 처리량에 대해서 τ가 가능한 한 작은 값을 갖는다면, 반응기 크기 V 및 관련된 비용과 운전 비용을 최소화할 수 있다.

정상 상태로 운전되는 기질 제한 연속 효소 반응기의 경우에 (식 8.1)을 적용해 보자. 반응기로 유입되는 기질의 물질 유속은 $M_i = Fs_i$이고, 배출되는 기질의 물질 유속인

$M_0 = F_s$이다. 반응기 내부에서 기질이 생성되지 않으므로 $R_G = 0$이고, 기질 소모 속도 R_C는 단위 부피당 반응 속도 v에 V를 곱한 값과 같은데($R_C = vV$), 여기서 $v = \frac{V_{max}s}{K_m + s}$로 정의된다. 계가 정상 상태이므로 (식 8.1)은 아래와 같다.

$$\frac{dM}{dt} = M_i - M_0 + R_G - R_C = 0$$

따라서 연속 효소 반응에 있어서 정상 상태의 물질 수지식은 다음과 같이 표현된다.

$$F_{si} - F_s - \frac{V_{max}s}{K_m + s}V = 0$$

여기서 V_{max}는 효소의 최대 반응 속도이고, K_m은 미카엘리스-멘텐 상수이다. 비고정화 효소의 반응에 대해 배출에 의해 손실되는 효소의 양만큼 연속적으로 공급함으로써 V_{max}가 일정하게 정상 상태로 유지된다고 가정하자. V로 나누고, (식 8.4)에 제시한 희석 속도의 정의를 적용하면 다음과 같은 식을 얻을 수 있다.

$$D(s_i - s) = \frac{V_{max}s}{K_m + s}$$

만약, V_{max}, K_m, s_i의 값을 알고 있다면, 위의 식은 특정 수준의 기질(S) 전환을 위해 요구되는 희석 속도(D)를 직접 계산하기 위해 사용될 수 있다.

단 원 정 리

본 장에서는 효소의 고정화 방법과 반응기의 운전에 관한 여러 가지 정성적, 정량적인 지식을 다루었다. 효소를 고정화하는 방법에는 4가지로 요약할 수 있다. 첫째, 포괄법(entrapment)으로 고분자 매트릭스막(membrane) 속에 효소를 포괄적으로 고정화하는 방법이며, 둘째, 흡착법(adsorption)은 효소를 막에 물리적으로 흡착시키는 방법이다. 셋째, 공유 결합법(covalent binding)으로 고분자막 또는 무기 담체막에 효소를 공유 결합시키는 방법이고, 넷째, 가교법(cross-linking)은 효소끼리 서로 가교화하여 막 모양으로 형성하는 방법이다.

고정화 효소의 반응기는 반응기의 교반 형태에 따라 교반형, 공기 부양형으로 나뉘며, 반응기 운전 방식에 따라 회분식(batch)과 연속식(continuous)으로 구분된다. 또한 효소 반응기의 기하학적 형태 및 구조에 따라 수조(tank)형과 관(tubular)형, 막 또는 필름(membrane, film)으로도 구분될 수 있다. 수조형 반응기는 보통 교반기를 부착하거나 교반조(stirred tank)가 사용된다. 연속 반응기의 경우 다단(multi-stage)으로 해서 사용할 때도 있다. 관형 반응기에서는 대부분의 경우 탑형을 사용한다. 관형 반응기 내부에 효소를 충전한 반응기를 고정층(fixed bed) 또는 충전층(packed bed) 반응기라고 한다. 효소 반응기의 조작 방식은 회분 조작(batch operation)과 연속 조작(continuous operation)으로 나뉘어진다. 회분 조작은 효소와 기질을 반응기에 한꺼번에 미리 주입해서 적당한 온도에서 일정 시간 반응시킨 후 생성물 전체를 빼는 조작 방식이며, 연속 조작은 반응기에 기질을 연속적으로 공급하면서 한쪽에서 생성물을 연속적으로 배출시켜 반응기 내분의 반응 조건이 시간적으로 변화하지 않는 상태(정상 상태, steady state)에서 조작하는 방식이다.

끝으로 효소 반응기 속도론을 통해 효소 반응에 대한 회분식 반응 시간을 예측할 수 있어야 하며, 연속 교반 탱크 반응기에서 정상 상태일 때의 성능을 예측할 수 있어야 한다.

연 습 문 제

1. 고정화 효소 반응기로서 충전층 반응기와 유동층 반응기의 장단점을 비교하시오.

2. 자외선 차단용 화장품을 제조하기 위한 화합물을 생산하는 데 사용되는 효소가 있다. 효소에 대한 V_{max}는 2.5 mmol/m^{3}s, K_m을 8.9 mM이라 하고, 기질의 초기 농도를 12 mM이라 하자. 기질 전환함수로써 회분식 반응기에 요구되는 시간을 그래프로 나타내시오.

3. 연습문제 2에서 효소의 4.4시간이 지난 후에 활성이 반으로 감소하게 된다. 90%의 기질의 전환을 이루기 위해 요구되는 회분식 효소 반응기의 반응 시간을 계산하시오.

1. 충전층 반응기는 컬럼 공간에 대한 촉매의 충전율이 높기 때문에 생산 효율이 좋다. 기질 용액을 하부에서 공급해 주거나 상부에서 공급해 주는 방법이 사용 가능하고, 점도가 높은 기질의 경우 하부에서 공급하는 방법이 적당하다. 단점으로는 원료 중에 불순물 등이 유입될 시 잔류하게 되어 이의 제거가 힘들고 반응 도중 가스가 발생하는 경우 이의 처리가 힘들다. 유동층 반응기는 가스의 발생을 동반하는 반응에 적당한 경우가 많으며, 기질 용액을 주로 반응기의 하부에서 공급하는 것이 보통이다. 생성물과 발생 가스는 탑의 상부에서 포괄 처리하는 것이 보편적이고 컬럼 부피에 대한 촉매의 충전율이 충전층 반응기 내 체류를 최소화할 수 있는 장점이 있다. 유동층 내의 교반 효과를 높이기 위해 다양한 반응기가 고안되어 있으며 용액 중 고정화 효소를 부유 상태로 사용할 수 있기 때문에 충전층의 압력에 대해 압력 손실이 적고, 가스를 사용할 수 있기 때문에 고정화 미생물을 사용하는 경우에 적합하다.
2. $S_0 = 12$ mM이고, $V_{max} = 2.5\ mmol \cdot m^{-3} \cdot s^{-1}$이므로 일단 V_{max}의 단위를 $mM \cdot h^{-1}$로 전환하자.

$$V_{max} = 2.5\ mmol \cdot m^{-3} \cdot s^{-1} \times \frac{3600s}{1h} \times \frac{1m^3}{1000L} = 9\ mmol \cdot L^{-1} \cdot h^{-1}$$

$t_b = \frac{K_m}{V_{max}} \ln \frac{s_0}{s_f} + \frac{s_0 - s_f}{V_{max}}$ 에서 $S_0 = 12$ mM, $V_{max} = 9\ mmol \cdot L^{-1} \cdot h^{-1}$, $K_m = 8.9$ mM이므로 아래 표를 작성할 수 있고, 이를 근거로 그래프를 그릴 수 있다.

Substrate conversion(%)	S_f(mM)	t_b(h)
0	12.0	0.00
10	10.8	0.24
20	9.6	0.49
40	7.2	1.04
50	6.0	1.35
60	4.8	1.71
80	2.4	2.66
90	1.2	3.48
99	0.12	5.87

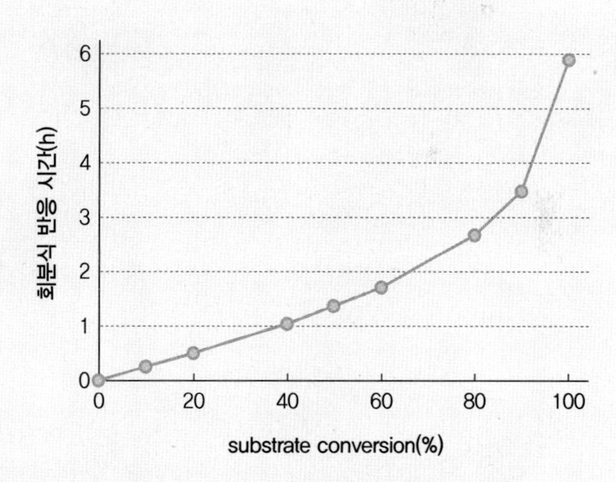

3. $S_0 = 12$ mM, $V_{max} = 9\ mmol \cdot L^{-1} \cdot h^{-1}$, $K_m = 8.9$ mM, $S_f = 0.1 \times S_0 = 1.2$ mM, $k_d = \frac{\ln 2}{t_h} = \frac{\ln 2}{4.4h} = 0.158$이므로, 식 $t_b = \frac{-1}{k_d} \ln\left[1 - k_d \left(\frac{K_m}{V_{max0}} \ln \frac{s_0}{s_f} + \frac{s_0 - s_f}{V_{max0}}\right)\right]$에 각 값을 대입하여 계산하면 $t_b = 5.0$h이다. 따라서, 효소 비활성화가 있는 경우, 90% 전환율에 대해 요구되는 시간은 3.5시간에서 5.0시간으로 증가한다.

09

생물 공정용 세포 시스템

의약품, 식품, 정밀 화학 제품 등 특정 목적 산물을 생산하기 위해 최근 생체 및 세포를 이용하는 경우가 늘고 있다. 이러한 생물 공정용 세포 시스템(cell system for bioprocess)은 기존의 화학 공정(chemical process)에 비하여 보다 안전하고 친환경적인 장점이 있으며, 효소 공정(enzymatic process)에 비하여 조효소(coenzyme) 첨가가 불필요하거나 원재료가 저렴한 장점이 있다. 본 장에서는 다양한 세포 시스템에 대해 기초적인 특징을 설명하고 목적하는 산물의 종류에 따라 어떤 시스템을 결정할지 그 선정 기준을 제시한다.

1. 생물 공정용 세포 시스템

1) 세포의 특징

목적하는 유전자를 이용하여 원하는 물질을 생산하고자 할 때 세포 시스템을 이용하면 빠른 생장 속도, 다양하고 편리한 유전자 발현 시스템, 저렴한 공정 단가 등 많은 장점을 기대할 수 있다. 특히 원핵생물과 진핵생물 사이에는 유전자 복제, 전사, 번역 등 일련의 단백질 합성 및 이후의 변형 과정에서 많은 차이가 있을 뿐만 아니라 세포의 종류에 따라서 유전자의 발현 과정이 서로 다르다. 따라서 어떠한 세포를 생물 공정용 시스템으로 선택할 것인가는 벡터의 종류, 외래 유전자target DNA의 원천과 성질, 클로닝cloning의 목적 등에 따라서 결정된다.

2) 세포 공장

세포 공장cell factory은 공장에서 제품을 만들어 내는 것과 같은 개념으로 미생물, 곤충, 동물, 식물 등의 세포를 이용하여 목적하는 물질을 대량 생산하는 시스템을 말한다. 이는 단순한 세포의 배양을 통한 목적 물질의 생산을 의미하는 것이 아니라 생물학, 유전학, 화학, 물리학, 공학 등의 다양한 학문의 융합적인 기술이 집약되어 그 생산성이 극대화된 세포를 활용한 생산 시스템을 의미한다. 세포 공장의 개발은 세포 내 대사 경로의 면밀한 분석을 통해 불필요한 대사 경로는 제거하여 최소한의 유전체만을 가지는 세포를 만들고, 목적 물질의 대량 생산이 가능하도록 대사 경로를 재설계하는 과정이 필요하다.

2. 미생물 세포

1) 미생물의 종류

목적하는 유전자를 이용하여 원하는 물질을 생산하고자 할 때 미생물 세포를 이용하면 빠른 생장 속도, 다양하고 편리한 유전자 발현 시스템, 저렴한 공정 단가 등 많은 장점을 기대할 수 있다.

미생물은 단세포나 균사로 구성되어 있다. 분류학상 동식물과는 별도로 원생생물Protists이라 불린다. 원생생물은 다시 원핵 세포prokaryote와 진핵 세포eukaryote로 나뉜다. 원핵 세포에는 세균류bacteria, 시아노박테리아류, 조류, 남조류가 있고, 진핵 세포에는 일반 조류algae, 원생동물protozoa, 지의류lichens, 균류fungi가 있다. 생물 산업에 가장 많이 이용하는 미생물은 세균이며, 이외에 균류에 속하는 곰팡이mold와 효모yeast가 있다. 세균은 분열binary fission에 의해 증식하며, 크기는 생물공학에 이용되는 세포 중에서 가장 작다(<1 μm).

2) 세균

(1) 대장균

대장균*Escherichia coli*은 생물공학의 발전과 함께 가장 먼저 이용된 미생물로 현재 가장 보편적으로 이용된다. 대장균을 대표하는 균주는 K-12, B, C, W 4가지가 있으며, 이 중 생물공학적으로 가장 많이 사용되는 균주는 K-12와 BL21(B균주 유래)이고, 이들에서 유래한 다양한 변이주들이 현재 개발되어 사용 중이다. 이들 변이주들은 실험실 용도로 적응된 균주로 바이오필름biofilm 생성능과 사람의 장 정착능을 잃어 버렸고 세포질에서 이황화 결합disulfide bond 생성능이 높아 단백질 3차 구조 유지에 유리하다. 또한 프로테이스protease 유전자*lon, ompT*가 결손되어 높은 단백질 축적에 유리하고, 희귀 코돈rare codon의 번역 능력이 강화되어 이종heterologous 유전자 발현에 적합하다. 재조합 단백질의 페리플라즘periplasm 분비용으로 개발된 변이종도 있다.

생물공학의 태동기인 1980년 초반 허가된 재조합 의약품의 대부분이 대장균에서 생산되었다. 인슐린insulin이 최초로 생산된 이후 다양한 인터페론interferon과 인터루킨interleukin이 생산되었고, 항응고제anticoagulants와 인간 성장 호르몬human growth hormone, hGH도 생산되고 있다.

대장균은 많은 장점을 가지고 있는데, ① 유전적 특성 및 생리적 특성이 자세히 연구되어 있고, ② 다양한 변이주들이 개발되어 용도에 따라 필요한 균주를 이용할 수 있다. ③ 생장 속도가 빠르고, ④ 고농도 배양(> 50g 건조 중량/L)이 가능하며, ⑤ 적절한 프로모터를 이용할 때 높은 발현율(총 단백질의 약 25~50% 또는 그 이상)을 보이고, ⑥ 간단하고 값싼 배지가 사용되어 경제적이다.

반면에 대장균의 단점으로는 ① 단백질이 세포 밖으로 배출되지 않고 세포 내부에 고농도로 축적이 되며, ② 단백질 가수분해효소의 공격을 받거나 불용성인 내포체inclusion body로 엉김이 생겨, 녹아 있는 상태의 활성 있는 단백질 양은 제한을 받게 된다. ③ 아세

변이주
염색체 DNA상의 변이로 인해 표현형이 변한 생물

트산을 비롯한 대사산물들이 배지에 축적되면 세포 생장을 방해한다. ④ 단백질 분리 정제 과정에서 대장균의 세포벽에서 유래한 내독소endotoxin(또는 발열성 물질pyrogen)가 유출될 수 있는데, 이들 내독소는 리포다당류lipopolysaccharide, LPS로서 고열병 같은 부작용을 유발할 수 있다.

이러한 대장균의 문제점은 다양한 생물공학적 기술로 극복될 수 있다. 첫째, 단백질 분비와 배출을 위해 시그널 펩타이드(신호 서열)signal peptide를 융합하는 방법이 이용되는데, 여기서 분비secretion는 단백질이 대장균의 내세포막inner membrane을 통과하는 것으로 정의되고, 배출excretion은 단백질을 세포 외부로 내보내는 것으로 정의된다. 둘째, 내포체 형성을 억제하기 위해 대장균을 저온에서 배양하면서 저농도의 단백질 발현 유도 물질inducer을 사용하고, 단백질 접힘을 돕는 샤페론chaperone 단백질을 함께 발현시킨다. 셋째, 배지 내 아세트산의 축적을 방지하기 위해 포도당 용액의 공급 속도를 조절하는 유가식fed-batch 배양법을 사용한다. 넷째, 내독소가 최종 산물에 포함되지 않도록 엄격한 분리 정제 공정을 확립한다.

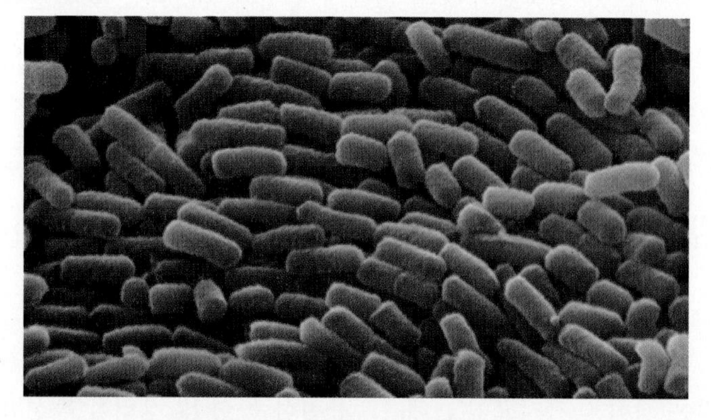

그림 9-1 *E. coli* BL21 전자 현미경 사진
자료: Krishnakumar, K. 2016, ***Int. Res. J. Eng. Tech.*** 3(12): 129-132

시그널 펩타이드(신호 서열)
분비 단백질, 세포막 단백질, 핵 이동, 미토콘드리아 이동 단백질 등의 아미노 말단에 각각의 이동 신호로서 역할을 하는 아미노산 서열. 15~20개의 아미노산으로 구성되고 주로 소수성 아미노산으로 구성된다.

GRAS(Generally Recognized As Safe)
일반적으로 안전하다고 인정되는 물질로서 미국 FDA에서 전문가들이 식품 또는 식품화학 물질을 평가하여 승인된다. 미국 내에서의 승인임에도 불구하고 국제적으로 안전한 물질로서 인식되기도 한다.

(2) 바실러스

바실러스 서브틸러스*Bacillus subtilis*는 고초균으로 불리며, 대표적인 호기성 그람 양성균으로 단백질이 체외로 분비되는 특징으로 인해 대장균을 대신할 수 있는 세균으로 생물공학적 효용 가치가 크다. 세포 모양은 막대형의 간균으로 이분법으로 분열하고 산소와 영양분이 고갈되거나 고온에서 내생 포자endospore를 생성한다.

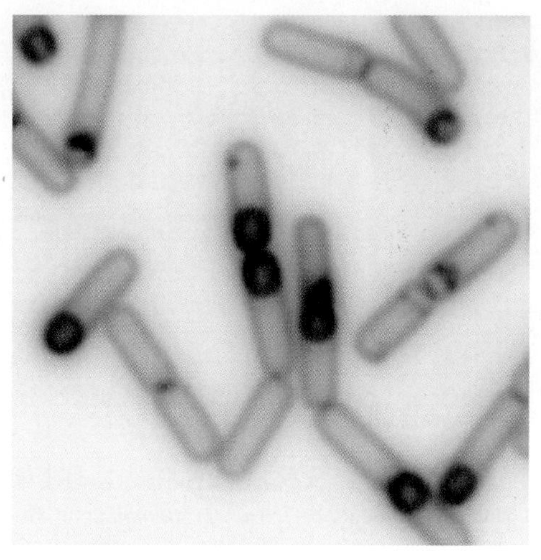

그림 9-2 *Bacillus subtilis* 전자 현미경 사진
자료 : Fusitu, M., and Losick, R., 2005, ***Genes & Dev.*** 19: 2236-2244

바실러스 서브틸러스의 특징은 ① 병원성이 없는 GRASgenerally recognized as safe의 안전한 균주로 간주되어 한국의 청국장과 일본의 나토natto 발효에 이용되고, ② 점질물인 폴리감마글루타메이트polygammaglutamate, PGA를 생성하여 화장품 보습제로 이용하며, ③ 세탁 세제에 대표적으로 첨가되는 프로테이스 서브틸리신subtilisin을 대량으로 분비하는 특성을 갖는다. 이런 단백질 분비능으로 인해 산업적 효소인 아밀레이스, 프로테이스 등을 *B. subtilis*를 이용하여 생산한다.

그러나 *B. subtilis*는 산업화를 가로막는 문제점을 갖고 있다. ① *B. subtilis*는 다양하고 많은 양의 단백질 가수분해효소들을 생산하여 목적하는 단백질 생산물을 분해하고 최종 생산 수율을 낮출 수 있다. 이를 극복하기 위해 단백질 가수분해효소 유전자의 일부가 결손된 돌연변이주가 개발되었으나 단백질 생산물의 생산 수율을 충분히 높이지는 못하고 있다. ② 제한된 벡터 종류와 프로모터로 인해 유전자 조작 작업이 어렵고, 플라스미드 불안정성plasmid instability이 대장균보다 높다.

(3) 코리네박테리움

코리네박테리움 글루타미쿰*Corynebacterium glutamicum*은 포자를 형성하지 않는 비운동성의 그람 양성균이며, 병원성이 없는 GRAS 균주로서 1950년대 일본에서 최초로 분리되었다. *C. glutamicum* ATCC 13032의 유전자 게놈 정보가 공개되었는데 원형의 염색체와

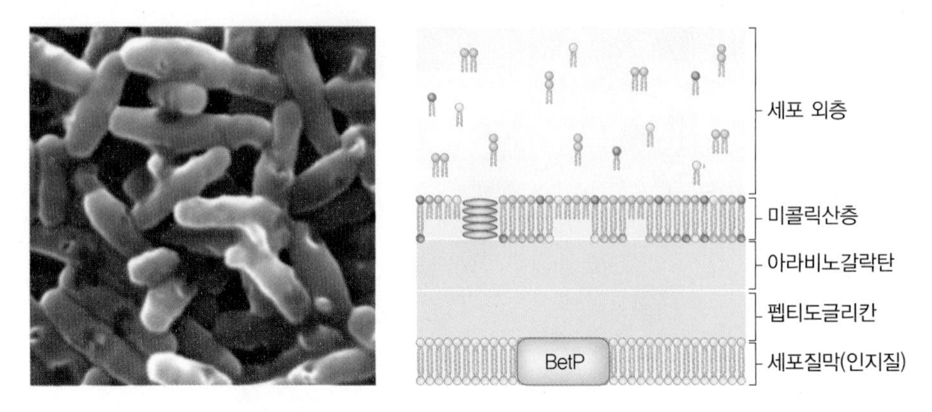

그림 9-3 *Corynebacterium glutamicum*의 전자 현미경 사진(좌)과 세포 외피 구조(우)
자료 : Pillai, A. B. et al., 2017, ***Braz. J. Microbiol.*** 48: 451-460

1개의 플라스미드가 있고 유전체 크기는 3.3백만(3.3Mb) 개 염기쌍이다. 이 균은 세포 분열 직후 V자형 세포V-shaped cells(snapping division)를 만들고, 세포벽이 두 층으로 되어 있으며(그림 9-3), 세포 분열 시 내층만이 자란다. *C. glutamicum*의 형태는 배양 조건에 의해 영향을 받는다. Mycolata는 세포벽을 둘러싼 지질이 풍부한 세포 외피이며, 투과 장벽permeability barrier 역할을 한다. *Corynebacterium*에서 지질lipid 도메인은 30~36개의 탄소 원자와 비환원성 β-keto그룹을 가지고 있는 corynemycolic acid으로 구성되어 있다.

*C. glutamicum*의 특징을 살펴보면 ① 식품용으로 사용할 수 있는 안전한 균주이고, ② 포자를 만들지 않고, ③ 성장 속도가 빠르고, ④ 필수 영양소를 최소로 요구하며, ⑤ 세포 외로 단백질 가수분해효소를 분비하지 않아 단백질 분비 생산에 적합하고, ⑥ 안정적인 유전체를 가진다.

*C. glutamicum*은 글루탐산을 포함한 다양한 L-아미노산(라이신, 트레오닌, 아이소루신, 세린)과 핵산 등을 생산하는 데 이용되어 식품 산업에서 매우 중요한 미생물이다. L-글루탐산은 전 세계적으로 연간 100만 톤 이상이 생산되고 있다.

포자
균류나 식물의 무성 생식 세포로서 포자낭 안에서 만들어지는 것을 내생 포자라고 하고 체외에서 형성된 포자를 외생 포자라고 한다.

형질 전환
외래 유전자 또는 DNA를 받아들여 세포 자신의 유전 형질을 변화시키는 현상

(4) 젖산균

젖산균(유산균lactic acid bacteria)은 식품 산업에 이용되는 중요한 미생물로, 탄소원을 이용하여 빠른 속도로 젖산을 생성하고 이로 인해 식품의 저장 기간을 연장시키는 역할을 한다. 이외에도 식품에 향기, 물성, 그리고 영양학적으로 유익한 측면을 제공한다. 특히, 치즈나 젖산균 발효유로 대표되는 유가공 산업이나 김치 등의 채소 발효 산업에 흔

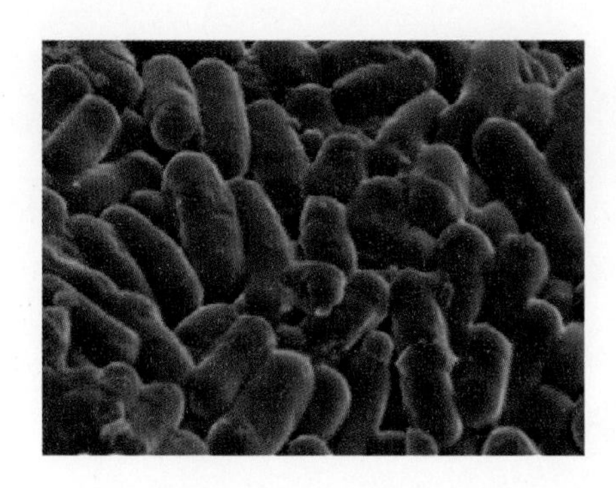
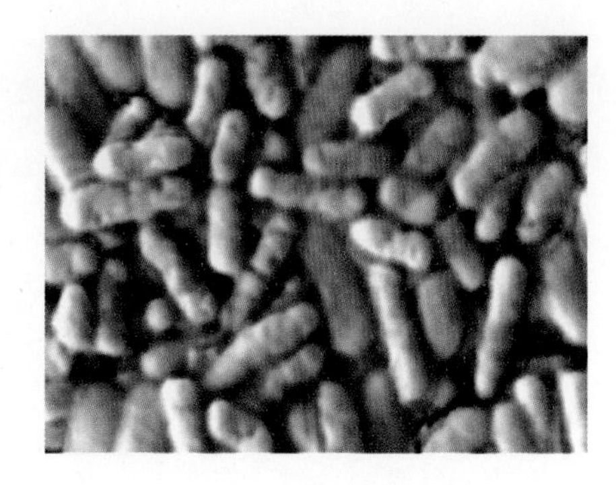

그림 9-4 *Lactobacillus acidophilus*(좌)와 *Lactobacillus casei*(우)의 전자 현미경 사진
자료 : Shu, G. et al., 2018, *LWT* 90: 70-76(좌) ; Banerjee, D., 2016, *Int. J. Pharm. Pharm. Sci.* 8(4): 181-184(우)

히 이용되는데, 약 20종의 다양한 속genera의 젖산균 중 식품 산업에서는 *Lactococcus*, *Lactobacillus*, *Leuconostoc*, *Oenococcus*, *Pediococcus*, 그리고 *Streptococcus*가 많이 이용되고 있다. 젖산균을 이용한 생물공학적 연구는 대표적으로 *Lactococcus lactis*를 이용하여 니신nisin 유도 발현 벡터를 형질 전환하여 다양한 대사공학적 시도들을 성공적으로 수행하였다. 그 외에도 *Lb. acidophilus*, *Lb. casei*, *Lb. helveticus*, *Lb. plantarum*, *Lb. reuteri*, *Lb. sakei*와 *Leuconostoc citreum*들 젖산균에 외래 유전자를 도입하여 외래 단백질heterologous protein 및 다양한 기원origin의 항원antigen을 생산하였다.

젖산균의 특징을 살펴보면 ① 식품에 사용하는 안전성, ② 대부분 장 건강에 유익한 프로바이오틱스 미생물로 사람의 대장 환경에 정착할 수 있는 점을 들 수 있다. 장내 미생물이 사람의 건강에 중요한 영향을 미치는 점을 고려하여 항원 등 의약 단백질 발현 연구가 활발하다.

반면에 젖산균을 생물공학적으로 이용하기 어려운 단점으로는 ① 영양 요구성이 높아 우유 또는 채소와 같이 복합 영양 배지에서 생육하고, ② 젖산 같은 유기산을 대량 생산하여 고농도 배양이 어려우며, ③ 유전자 재조합 기술이 타 균주에 비해 까다로운 점 등이 있다.

(5) 클로스트리듐

기존의 클로스트리듐 아세토부틸리쿰*Clostridium acetobutylicum*은 고온, 저온 및 영양소 부족 등의 극한의 환경에서 내생 포자를 형성하는 것으로 알려져 있다. 그람 양성 후벽균문Firmicutes으로서, 혐기성 세균이다. 1912년 토양으로부터 발견되었으며, 가장 일반적으

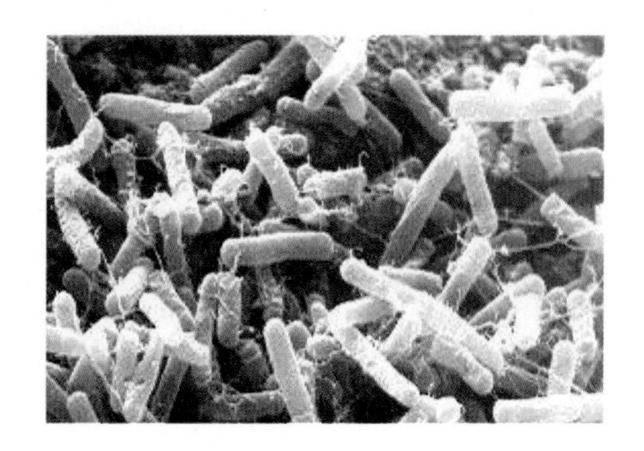

그림 9-5 *Clostridium acetobutylicum* 전자 현미경 사진
자료 : https://www.wur.nl/en/show/Revival-of-butanol-production-by-Clostridia.htm

로 널리 연구하는 미생물은 ATCC 824형 균주로, 1924년 미국 서부 코네티컷Connecticut 정원의 토양에서 발견되어 분리되었고, 부탄올 생산 미생물로 널리 알려져 있다. 게놈은 3,940,880개의 염기쌍을 포함하는 염색체와 192,000개의 염기쌍을 포함하는 원형 플라스미드로 구성되어 있다.

*Clostridium*의 장점은 ① 아세톤-부탄올-에탄올 발효(ABE-발효)를 효율적으로 수행할 수 있어 석유 기반 연료를 대체할 수 있는 바이오부탄올 생산에 가장 적합한 균주이며, ② 발효를 위해 글루코스, 수크로스, 락토스, 자일로스, 자일란, 전분과 글리세롤 등 다양한 기질의 이용이 가능하다. ③ 목재나 생활 폐기물, 농업 폐기물, 옥수수대, 슬러지, 유청 등 다양한 바이오매스도 클로스트리듐 발효를 위한 기질로 사용 가능한 것으로 보고되었다.

단점으로는 ① 산업적으로는 여전히 비싼 당밀molasses이 기질로 이용되고 있고, ② 부탄올에 의한 피드백 저해와 이종 발효에 의해 부탄올의 생산성과 생산량이 낮으며, ③ 부탄올 회수 공정 비용이 비싸다는 점 등을 들 수 있다.

*Clostridium*속 균주에 의한 감염으로는 심한 복통과 설사를 동반하는 식중독을 일으키는 *Clostridium perfringens*에 의한 것과 *Cl. botulinum*의 보툴리늄 독소에 의한 것이 가장 많이 알려져 있으며, 특히 식품 섭취에 의한 감염이 가장 일반적인 경로로 보고되어 있다. *Cl. difficile*은 특히 대장염과 설사를 일으키는 균주로 알려져 있다.

(6) 방선균

방선균Actinomycetes은 그람 양성균으로 토양, 하천, 해수에 널리 분포하며, 일부는 동물과 식물에 기생하여 증식하지만 대부분은 토양에서 검출된다. 세포 성장 시 균사와 포자를 형성하여 사상균과 비슷한 특징을 나타내므로 곰팡이로 분류되기도 하였지만, 높은 GC 함량과 세포벽의 구성이 그람 양성균의 특징을 보여 원핵생물로 분류되었다. 토양에서 방선균은 다양한 효소의 생산을 통해 복잡한 구조의 유기물도 분해할 수 있으므로 동식물 사체의 유기물을 분해하여 토양을 비옥하게 하고, 분해물이 식물로 다시 흡수될 수 있도록 식물의 뿌리에 공생하여 질소를 고정하는 역할을 한다. 미생물로부터 생산되는 것으로 보고된 수많은 생리 활성 물질들 중 절반 이상이 방선균에서 유래한 것인데, 특히 이차 대사산물로서 항생제를 생산하여 서식 환경에서 병원성 미생물의 성장을 억제하고 유용 미생물의 증식을 간접적으로 돕는 역할을 한다. 수백 가지의 항생제가 방선균으로부터 자연적으로 생산되며, 이는 주로 *Streptomyces*속에서 생산되는 것으로 보고되었다.

방선균은 항생제뿐만이 아니라 여러 생리 활성 물질과 다양한 효소와 색소 등을 생산하며, 세포 내의 대사산물과 중간 산물이 풍부하여 이들은 천연 물질 생합성의 전구체로 이용될 수 있으므로 천연 물질의 생산 효율을 높이기에 용이하다. 그리고 복잡하고 세밀한 화학구조를 수정할 수 있어 천연 물질 생산을 위한 강력한 도구로 이용될 수 있다. 또한 파지와 항생제에 대한 저항성이 높다.

하지만, 천연 물질 생합성에 필요한 전사와 대사의 조절이 복잡하고 생합성 기작의 이해도와 알려진 생합성 경로를 재구성할 수 있는 합리적인 가이드라인이 부족하다. 또한 유전자 조작이 가능한 균주와 방법이 모두 제한적이며 그 효율도 낮은 편이고, 성장 속도가 느린 단점이 있다.

방선균에서 이차 대사산물의 생산성을 향상시키기 위한 방법으로 전구체 생산 방향으로 대사 흐름 조절, 경쟁 생합성 경로의 저해, 항생제 저항성 증가, 생합성 관련 유전자의 과발현, 게놈 셔플링genome shuffling, 이종 균주에서 생합성 유전자들의 클러스터cluster 발현 등의 전략이 적용될 수 있다. 하지만, 방선균은 복잡하고 단단한 세포벽을 가지고 있어 외부 유전자의 도입이 어려운 편이다. 따라서 유전자 조작 효율을 높이기 위해서 다양한 방법들이 개발되었다. 첫째로 세포벽이 제거된 프로토플라스트 형질 전환법으로 외부 유전자를 도입할 수 있으나 이 방법은 이후 재생 효율이 매우 떨어지는 단점이 있다. 둘째, 접합Conjugation법은 프로토플라스트 형질 전환법에 비해 높은 효율을 나타내므로 방선균에서 유전자 도입을 위한 표준 방법으로 사용되고 있다. 이 외에도 형질 도입transfection이나 전기 천공법electroporation도 사용할 수 있다.

방선균은 산업적으로 의약품, 건강식품, 항암제와 항생제, 그리고 효소 등의 생산에 이용된다. 이러한 생산물들은 모두가 높은 상업적 가치를 가지므로 새로운 방선균이 많이 개발되고 있다. 대표적인 생산물은 항생제로 주요 생산 균주는 *Streptomyces*이며, bonactin, chloramphenicol, daptomycin, kanamycin, neomycin, pyridomycin, spectinomycin, streptomycin 등의 다양한 항생제를 생산하고, *Micromonospora*는 gentamicin, micromonosporin, microcin A, rosamicin, teicoplanin 등의 항생제를 생산한다. 이 외에도 산업적으로 중요한 항생제 생산 방선균으로는 *Actinomadura*, *Actinoplanes*, *Actinosporangium*, *Amycolatopsis*, *Chromobacterium*, *Dactylosporangium*, *Kibdelosporangium*, *Nocardia*, *Pseudonocardia*, *Saccharopolyspora* 등이 포함된다. 또한 방선균은 이차 대사산물로서 다양한 색의 색소를 생산할 수 있으며, 대표적인 균주는 *Streptomyces virginiae*이다. 이 색소들의 일부는 항생 또는 항암 효과를 나타내는 것도 있다. 방선균은 항생제와 색소와 같은 이차 대사산물 외에도 다양한 종류의 효소 생산이 가능하다. 셀룰레이스cellulase는 세제, 종이, 펄프 산업과 동물 사료 첨가제로 사용된다. 대표적인 생산 방선균은 *Streptomyces*가 가장 잘 알려진 생산 균주이고, *Thermobifida*와 *Micromonospora*는 재조합 셀룰레이스 생산에 이용된다. 자일라네이스xylanase도 펄프 산업에 사용되는데, 역시 *Streptomyces*가 대표적 생산 균주이고, *Actinomadura* sp. FC7과 *Nonomuraea flexuosa*도 산업적으로 적용 가능한 자일라네이스를 생산할 수 있다. 아밀레이스amylase는 종이, 전분 가공, 제빵, 알코올 산업에 이용되

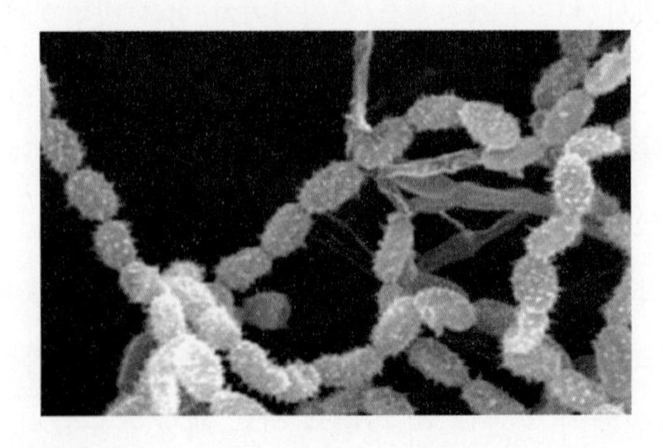

그림 9-6 방선균 Actinomycete 균주 전자 현미경 사진(×7,500)
자료 : Selvameenal, L. et al., 2009, ***Indian J. Pharm. Sci.*** 71: 499-504

며, *Streptomyces erumpens*, *Nocardiopsis* sp., *Thermobifida* sp.가 주요 생산 방선균이다. 이 외에도 펙티네이스pectinase, 프로테이스protease, 키티네이스chitinase와 같은 효소도 방선균에서 생산된다.

3) 진균

(1) 효모

효모는 진핵 세포로 세포막과 세포벽을 가지며, 크기는 5~10 μm로 세균보다 크고 출아법budding으로 분열한다. *Saccharomyces cerevisiae*는 식품 산업과 생물 공정에 광범위하게 사용되고, *Pichia pastoris*와 *Hansenula polymorpha*는 생물 공정에 주로 사용된다. 생장을 위한 *S. cerevisiae*의 최적 pH는 4.5~5.5이나 광범위한 pH 조건에서 생존이 가능하고 세균보다 일반적으로 산에 강하여 pH를 3.5~3.8로 유지하면 세균의 오염을 어느 정도 억제할 수 있다. 온도는 20~30°C에서 잘 자라 세균보다 낮은 편이다. 탄소원은 단당류와 이당류를 이용하는 반면, 아밀레이스와 같은 가수분해효소가 없어 다당류를 대사하지 못한다. 따라서 포도당에서는 에탄올 발효를 하지만 쌀과 같은 전분질을 이용하지 못하므로 술을 만드는 양조 과정에서 가수분해효소를 누룩이나 맥아의 형태로 첨가하여야 한다. 일반적으로 효모는 혐기 조건에서는 에탄올 발효를 주로 진행하고, 호기 조건에서는 세포 분열을 주로 한다. 따라서, 양조 발효는 혐기에서 진행하고 제빵 효모bakery yeast 생산 공정은 호기 조건에서 진행한다. *Pichia*속 효모는 발효 시 표면에 건조한 피막 형태로 생육하는 산막 효모로 알려져 있다.

생물 공정에 주로 이용되는 *S. cerevisiae*는 유전자 및 생리학적 측면에서의 충분한 정보가 제공되고 발전된 발효 공정 기술이 개발되어 목적 단백질 생산을 위해 폭넓게 이용되었다. *S. cerevisiae*는 식품에 사용할 수 있는 안전한 미생물이고, 고농도 세포 배양이 가능하며, 생장 속도가 빠른 편이다(대장균의 약 25%). 또한 세균보다 커서 발효 후 배지로부터 쉽게 회수될 수 있고, 세균에 비해 발현된 단백질에 당 첨가 반응glycosylation이 가능하다.

그러나 *S. cerevisiae* 발현 시스템은 발현 단백질에 첨가되는 당이 대부분 만노스mannose로 과다하게 첨가되는 경향이 있어 복잡한 당 사슬 구조를 가진 의약 단백질을 똑같이 생산하기는 어렵다는 단점이 있다. 또한 단백질의 발현량이 대장균에 비해 낮고,

세포 외 배출이 어려운 편이다.

*Pichia pastoris*와 *Hansenula polymorpha* 같은 메틸 영양성methylotrophic 효모들은 여러 장점으로 인해 특정 단백질 발현에 우수한 세포 시스템으로 사용된다. 본 메틸 영양성 효모는 메탄올을 탄소-에너지원으로 이용하여 생장하고, 고농도 배양(>100g/L)이 가능하다. 메탄올은 동시에 AOX 1 프로모터의 유도 물질로 목적 단백질의 발현에도 이용된다. 따라서 특정 단백질의 경우에 고농도 균체 배양과 고효율 발현으로 부피 생산성이 대장균보다 더 높을 수 있다. 단백질 접힘folding과 분비 또한 대장균보다 종종 우수하고, 목적 단백질에 당 첨가 반응이 *S. cerevisiae*보다 적게 일어난다.

메틸 영양성 효모의 단점은, 고농도 배양과 빠른 신진대사로 인해 대량의 열이 발생하고 높은 용존 산소량을 요구하므로, 효율적인 냉각과 산소 공급 공정이 필요하다. 또한 메탄올이 성장 기질과 유도 물질로 동시에 이용되므로 메탄올의 이중 성장diauxic growth을 정밀하게 제어하는 공정이 요구된다.

효모 세포 시스템은 의약 단백질 등의 생산에 이용되었는데, 1981년 α-interferon이 처음 생산된 이래 인체 유래의 신경 성장 인자nerve growth factor, 종양 괴사 인자tumour necrosis factor, 인슐린, 알부민 등이 생산되고, HIV 백신, 히루딘, hepatitis B virus surface antigen 등의 의약 단백질이 생산되었다.

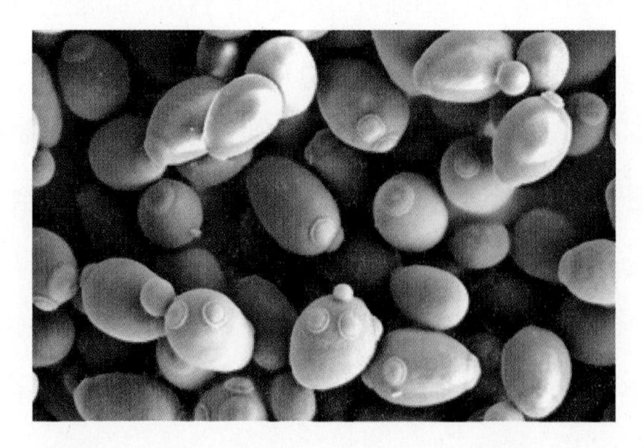

그림 9-7 *Saccharomyces cerevisiae* 전자 현미경 사진
자료 : [저작자] Mogana Das Murtey and Patchamuthu Ramasamy(CC BY-SA)
[이미지 출처] https://www.intechopen.com/books/modern-electron-microscopy-in-physical-and-life-sciences/sample-preparations-for-scanning-electron-microscopy-life-sciences

(2) 곰팡이

곰팡이는 절대 호기성strict aerobic으로, 균사 형태로 세포 분열하고 외생 포자exospore를 생성하여 특징적인 색깔로 구분할 수 있다. 다양한 가수분해효소를 분비하여 전분과 섬유소 등의 다당류를 대사하여 생육한다. *Aspergillus*속에는 *A. oryzae*, *A. niger*, *A. awamori* 등이 있어 식품의 양조 및 장류 발효에 오랫동안 이용되었다. 생물 공정에는 *A. nidulans*와 *Trichoderma reesei*가 이용된다. 이 외에 거미줄곰팡이 *Rhizopus*속, 털곰팡이 *Mucor*속, 푸른곰팡이 *Penicillium*속이 있다.

곰팡이 세포 시스템은 타 미생물 발현 시스템과 비교하여 고수율로 단백질을 분비 생산할 수 있고, 번역 후 수식post-translational modification 과정이 효모에 비해 인체 시스템과 비슷하며, GRAS 균주로서 식품 생산에 직접 적용할 수 있다는 등의 장점을 갖고 있다.

하지만, 아직 극복해야 할 과제도 있는데, 호기성이므로 고체 배양법이 주로 이용되고, 액체 배양 시에는 효율 높은 산소 공급 장치를 필요로 한다는 점이다. 또한 균체가 덩어리로 자라며, 발현된 목적 단백질의 당 사슬이 인간의 구조와 동일하지 않다는 점이다.

A. niger, *A. oryzae*, *A. awamori*, *T. reesei* 등으로 대표되는 사상성 진균류는 전통적으로 돌연변이법으로 균주를 개량하여 발효 식품과 효소, 항생제, 유기산, 색소 등의 대사산물 생산에 폭넓게 이용되었고, 최근에는 인간 항체(IgG)와 같은 의약 단백질도 생산이 가능하게 되었다.

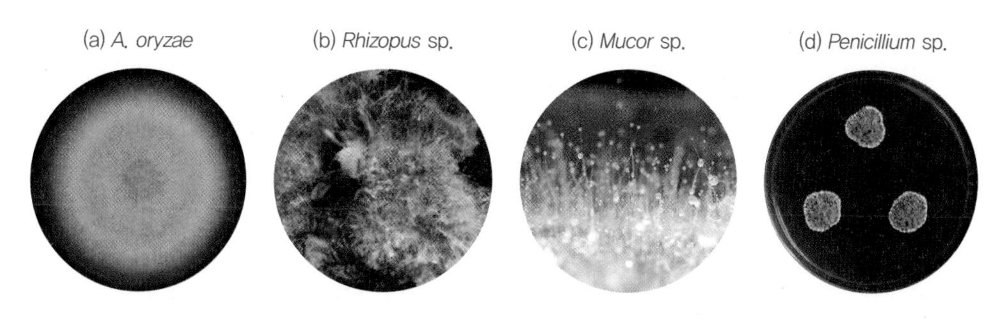

그림 9-8 다양한 곰팡이

자료 : (a) Jin, F. J., et al., 2011, ***Eukaryot. Cell*** 10: 945–955

(b) McKenzie, E. 2013, ***Rhizopus stolonifer***, Updated on 5/6/2014 10:09:36 PM Available(http://www.padil.gov.au/maf-border/pest/main/143074/51287)

(c) http://www.commanster.eu/commanster/Mushrooms/Asco/WAsco/Mucor.mucedo.html

(d) https://en.wikipedia.org/wiki/Penicillium_glandicola

번역 후 수식
단백질을 이루는 폴리펩타이드 사슬이 생합성된 후 성숙 단백질이 되도록 변형되는 과정. 가수분해효소에 의한 절단 또는 글리코실화, 인산화, 아세틸화, 아실화 등과 같이 아미노산 잔기에 여러 화합물이 첨가되는 현상이 포함된다.

3. 곤충 세포

곤충insect 세포도 특정 단백질 생산을 위해 사용할 수 있는데, 배큘로바이러스baculovirus를 형질 전환 용도로 사용한다. 대표적인 곤충 세포는 누에silkworm(*Bombyx mori*), 거염벌레fall armyworm(*Spodoperda frugiperda*), 양배추 자벌레cabbage looper(*Trichoplusia ni*)에서 유래된 것들이다. AcNPVAutofrapha californica nuclear polyhedrosis virus라는 배큘로바이러스가 숙주세포로의 재조합 DNA 삽입을 위한 운반체로 사용된다. 곤충 세포-베큘로바이러스 발현 시스템baculovirus expression vector system, BEVS은 세포 핵에서 생산된 목적 단백질이 세포 소기관으로 이행하면서 당 사슬 첨가 등의 단백질 수정이 일어나고, 분비 단백질의 경우는 시그널 펩타이드(신호 서열)signal peptide가 절단되면서 목적 산물이 배지나 체액 안으로 분비가 가능하다. 곤충 세포는 성충을 식물성 사료를 제공하여 사육하거나, 개별 세포를 발효기를 이용하여 현탁 배양하는 것이 가능한데 배양 최적 조건은 약 28°C, pH 6.2이다.

곤충 세포 시스템의 장점은 목적 단백질의 번역 후 수식 과정에서 들 수 있는데, 단백질에 첨가되는 당 사슬의 구조가 미생물이나 식물에 비해 사람의 당쇄 구조에 가깝고(시알산도 포함), 아미드화amidation가 완벽하게 일어난다는 점이다. 이러한 특징은 단백질의 3차 구조 형성을 도와 효소의 활성 및 항원의 항원성을 향상시킨다. 또한 초기 시스템 확립의 편리성으로, 이미 확립된 BEVS 시스템을 이용하면 복잡한 목적 단백질을 신속하게 생산할 수 있다.

하지만, 동물 세포에 비해 번역 후 수식 과정이 아직 불완전하고, 미생물을 이용한 대량 배양 공정에 비해 산업화 공정의 확립이 아직 어렵다는 문제점이 남아 있다.

곤충 세포 시스템은 지금까지 다양한 종류의 재조합 단백질을 생산하는 데 이용되었는데, 이들 재조합 단백질은 주로 진단 용도, 단백질의 구조와 기능 연구 및 백신 개발 등에 이용되고 있다. 대표적인 산업화 사례로는 인간유두종바이러스 백신인 서바릭스Cervarix를 들 수 있으며, 동물을 대상으로 한 백신으로 돼지콜레라바이러스 백신, PCV2porcine circovirus type 2 백신 등이 있다.

4. 동물 세포

1) 동물 세포의 구조

동물animal 세포는 크기(10~30 μm)와 모양(구형, 타원형)이 다양하다. 동물 세포는 세포벽cell wall을 갖고 있지 않지만, 단백질, 지방, 그리고 탄수화물로 구성된 얇고 부서지기 쉬운 원형질막plasma membrane으로 둘러싸여 있다. 이런 구조로 인해 전단 응력에 매우 민감하다. 어떤 세포는 원형질막의 일부가 변형되어 미세 융모microvilli라고 불리는 많은 수의 돌기를 형성하고 있다. 미세 융모는 세포의 표면적을 증가시켜 원형질막을 통과하는 물질의 수송을 보다 효과적으로 만든다. 동물 세포의 표면은 음전기를 띠고 있으며, 세파덱스Sephadex나 콜라겐collagen 같이 양전기를 띤 표면에서 자라려는 성향이 있다(부착 의존성 세포anchorage-dependent cells). 많은 세포들은 표면의 리간드ligand에 부착하는 특이한 세포 표면 수용체cell surface receptor를 갖고 있다. 그러나 하이브리도마hybridoma 같은 몇몇 동물 세포는 부착 의존성을 가지지 않으며, 현탁 배양suspension culture에서 생장한다.

대부분 동물 세포의 세포질cytoplasm 내에는 소포체endoplasmic reticulum, ER라 불리는 막에 연결된 채널의 광범위한 망상 조직network이 존재한다. ER은 단백질 합성과 번역 후 과정의 초기 단계에 결정적으로 중요하다. 미토콘드리아는 호흡이 일어나는 곳이며, ATP를 대량으로 생산하는 세포의 발전소이다. 미토콘드리아는 DNA를 포함하고 있는 세포질 내의 독립된 세포 소기관organelle이며, 독립적인 재생산 능력을 갖고 있다.

리소좀lysosome은 단일막으로 싸인 작은 세포질 내 소기관이고, 단백질 가수분해효소protease, 핵산 가수분해효소nuclease, 그리고 에스터레이스esterase 같은 다양한 가수분해효소를 포함하고 있다. 리소좀은 세포에 의해 섭취된 기질 입자들을 소화시키는 역할을 한다. 골지체Golgi body는 시스터나cisternae라고 불리는 꽤 불규칙한 모양의 막으로 싸인 세포질 내 세포 소기관이다. 골지체는 복잡한 당 첨가 반응을 완성시키고, 세포 외 단백질을 모아서 분비시키고, 세포 내 단백질을 다른 세포 소기관으로 보내는 역할을 한다.

핵nucleus은 핵 외피nuclear envelope를 형성하고 있는 두 개의 핵막nuclear membrane에 의해 싸여 있다. 핵은 염색체 DNA와 핵인nucleolus이라고 불리는 몇몇의 어두운 색의 알갱이 구조들을 갖고 있고, 핵인은 전자 현미경으로 관찰할 수 있다. 핵인들은 막에 붙어 있지 않고 리보솜 물질에 의해서 생성되는 것으로 나타났다. 동물 세포는 세포에 기계적 힘을 제공하며, 세포 모양을 조정하고, 세포의 움직임을 인도하는 세포 골격cytoskeleton 또는 단백

하이브리도마
2개 이상의 같거나 다른 종류의 세포를 융합하여 만든 잡종 세포. 주로 종양 세포와 일반 세포를 융합하여 종양 세포처럼 계속 증식할 수 있으며, 일반 세포의 특성을 가지는 세포를 말한다.

질 필라멘트filament의 시스템을 갖고 있다.

2) 동물 세포의 종류

동물 세포 배양이라고 하면 넓은 의미에서 곤충 세포나 물고기 세포의 배양도 포함할 수 있으나, 일반적으로 포유동물 세포mammalian cells 배양을 의미한다. 조직으로 직접 얻은 세포를 1차 배양 세포라 한다. 1차 배양 세포로부터 얻은 세포 계통cell line을 2차 배양 세포secondary culture라 부른다. 세포는 EDTA, 트립신, 콜라지네이스collagenase, 또는 프로네이스pronase 등의 용액을 사용하여 플라스크 표면으로부터 제거할 수 있다. 본 세포들을 불멸성immortal으로 유도하기 위해 골수종myeloma (암)세포와 융합하면 하이브리도마 세포가 되어 박테리아와 같이 연속적으로 분열할 수 있다. 포유동물 세포 배양으로 단백질을 생산하는 경우 숙주세포로는 대개 유전자를 조작한 햄스터 난소 세포Chinese hamster ovary cells, CHO cells가 이용된다. 포유동물 세포에 유전자 재조합 처리를 하기 위해 사용되는 벡터vector는 보통 영장류primate의 바이러스이다.

3) 동물 세포 배양 방법

(1) 배양 배지와 대사 경로

동물 세포 배양의 전형적인 배지는 탄소원(포도당), 질소원(글루타민, 비필수 및 필수 아미노산), 혈청(5~20%), 비타민 미량 원소, 완충제, 그리고 무기 염류 등을 포함한다(예, Dulbecco's modified Eagle, DME). 혈청은 혈액에서 각종 혈구 세포를 제거하고 남은 액상 분획으로, FBSfetal bovine serum(소 태아 혈청), CScalf serum(송아지 혈청), HShorse serum(말 혈청) 등이 이용된다. 혈청은 아미노산, 생장 인자, 비타민, 특정 단백질, 호르몬, 지방, 미네랄 등을 함유하는 것으로 알려져 있다.

포도당은 해당 과정glycolysis에 의해서 피루브산pyruvate이 되며, 또한 펜토스 인산 경로pentose phosphate pathway를 통해 생체 합성에 사용되기도 한다. 피루브산은 TCA 회로에 의해 부분적으로 CO_2와 H_2O로 되고, 일부는 젖산lactic acid이나 지방산으로 되기도 한다. 포도당은 글루타민처럼 탄소원과 에너지원으로 쓰인다. 글루타민의 일부는 암모늄과 글루탐산으로 되고 다시 다른 아미노산들로 변형되어 생합성biosynthesis에 쓰인다. 글루타민은 또한 TCA 회로로 들어가 다른 아미노산을 위한 탄소 골격carbon skeleton을 만들고, ATP와

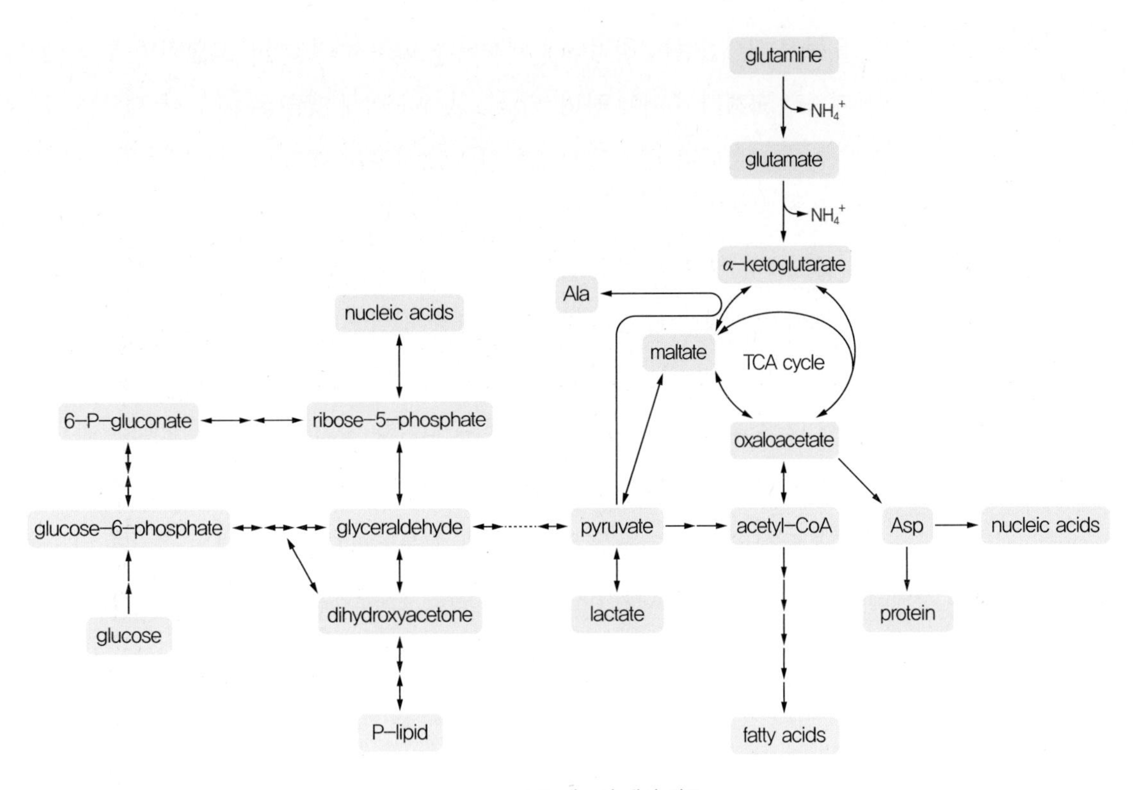

그림 9-9 동물 세포의 대사 경로

CO_2 및 H_2O도 만든다. 동물 세포는 또한 포도당신생합성gluconeogenesis 경로에 의해 피루브산으로부터 포도당을 합성할 수 있다. 대사의 폐기 산물로서 젖산염과 암모니아의 유출이 고농도 배양 시스템에서의 중요한 문제이다. 높은 농도의 젖산염과 암모니아는 1차적으로 세포 내 pH와 리소좀의 pH를 변화시켜 세포에 유독하다.

(2) 배양 기술

동물 세포 배양이란 체외*in vitro*에서 인공적으로 체내*in vivo*와 유사한 조건을 제공하여 세포를 대량 증식시키는 방법이다. 이때 동물 세포는 단층 부착monolayer attachment 상태나 현탁suspension 상태로 생장한다. 동물 세포를 배양하기 위하여는 동물의 특정 장기 또는 조직에서 떼어 낸 조직들을 처리하여야 한다. 우선 무균 상태에서 T-플라스크나 롤러병roller bottle에서 생장시키는데 이것을 1차 배양 또는 초대 배양이라 한다. 이때 얻어지는 세포는 1차 배양 세포primary cell line라 하며, 부착 의존성 세포anchorage-dependent cell이다. 1차 배양은 생장 곡선에서 정지기가 미생물에 비해 짧은데 이는 배양액에 젖산염과 암모늄 같은 유독성 대사산물이 축적되기 때문이다. 따라서 정지기에 도달하면 부착 세포를 신선한 배지로 교체해 주어야 하며, 막membrane이나 미세 캡슐micro capsule에 세포를 가두어 두고 배지를 필요에 따라 첨가하고 간헐적으로 사용된 배지를 제거하는 관류 반응기perfusion reactor를 사용하기도 한다. 1차 배양 세포로부터 얻은 세포 계통cell line을 2차 배양 세포secondary culture라 부르고, 골수종myeloma(암) 세포와 융합하여 하이브리도마 세포를 만든다.

동물 세포 배양에 필요한 장치로는 무균 실험대clean bench, 이산화탄소 배양기CO_2 incubator, 원심 분리기, 도립 현미경inverted lens microscope이 있다. 이산화탄소 배양기는 공기에 이산화탄소가 추가된 기체 조성이 유지되도록 고안한 장치로서 대개 100%의 습도와 37°C를 유지한다. 이산화탄소를 공급하는 이유는 배지 내에 있는 탄산 완충 용액에 의한 수소 이온 농도(pH) 조절을 돕기 위해서이다. 보통 5% CO_2가 보강된 공기와 탄산염 완충액carbonate buffer(HCO_3^{2-}/$H_2CO_3^-$)이 배지의 pH를 7.3 근처로 유지하기 위해 사용된다. 원심 분리는 분당 3,000 rpm(1,500 g) 이내의 범위에서 작동하여 세포가 파괴되지 않도록 한다. 도립 현미경은 대물렌즈objective lens가 시료판 아래에 장착되어 있어 배양기 바닥에 부착되어 있는 동물 세포의 상태를 관찰하기 위해 사용된다. 포유동물 세포는 37°C와 pH 7.3에서 잘 자라고, 전형적인 세포 분열 시간은 12~20시간이다.

4) 동물 세포 배양의 장단점

동물 세포 배양의 장점을 살펴보면, 다양한 외부 유전자 발현 시스템이 개발되어 있고, 단백질 발현에 있어서 미생물에서는 불가능한 복잡한 번역 후 수식이 가능하여 인체에서 활성을 갖는 단백질을 생산할 수 있으며, 발효기를 사용하여 생산 규모를 확대할 수 있다. 또한 산업적으로 가장 많이 사용되고 있는 CHO 세포의 경우 그 안전성이 잘 입증되어 있어 이 세포로부터의 생산물 승인이 쉬운 편이다.

하지만, 동물 세포 배양은 비용이 많이 들고 저효율 공정으로 다음과 같은 문제점도 있다.

① 동물 세포는 미생물보다 크고 복잡한 세포로서 생장 속도가 미생물에 비하여 매우 느리기 때문에 생산성이 낮고 배양 도중 미생물에 의해 오염되기 쉽다.

② 배양에 필요한 배지의 조성이 완전하게 알려져 있지 않고, 혈청serum과 같은 값비싼 성분을 요구한다.

③ 동물 세포는 부드러운 플라스마막plasma membrane으로 둘러싸여 있어서 전단력shearforce에 약하므로 산소 공급을 목적으로 한 심한 교반을 피해야 한다.

④ 몇몇 유도 가능한 프로모터inducible promoter가 있기는 하지만 벡터의 발현율이 비교적 낮아 보통 전체 단백질의 1~5% 범위에서 생산된다.

⑤ 과다한 수준의 단백질 발현도 일부 가능하나 이 경우 세포 내 단백질 가공 소기관(예, 소포체와 골지체)을 포화 상태로 만들어서 불완전하게 가공된 단백질을 합성한다. 이런 문제들은 공정 전략에 상당한 영향을 줄 수 있다.

5) 산업적 이용

동물 세포 배양에 의해 백신, 단일군 항체, 인터페론, 인터루킨-2, 효소, 호르몬 등 생물공학적으로 유용한 제품들이 많이 생산되고 있다. 동물 세포animal cells를 배양하는 목적은 크게 두 가지로 효소, 호르몬, 백신, 면역 조절 인자, 항암제 등 여러 종류의 의료용 치료 단백질을 생산하는 것과 장기organ나 조직tissue을 만들어 내는 데 있다. 치료용 단백질은 유전자가 재조합된 미생물을 이용하여 생산할 수도 있다. 그러나 생성물이 대개 당 그룹이 연결되어 있는 복잡한 단백질이기 때문에 단백질 합성뿐만 아니라 번역 후 수식을 수행할 수 있는 동물 세포를 이용하는 것이 제품의 품질면에서 바람직하다. 동물 세포의 생산물은 보통 당glycosidic 그룹이 연결되었거나 연결되어 있지 않은 고분자량의 단백질들로 구성되어 있다. 많은 수의 효소, 호르몬, 백신, 면역생물학 물질immunobiological(단일군 항체, 림포카인), 항암제 등이 동물 세포 배양 기술을 사용하여 생산될 수 있다.

동물 세포 배양을 최초로 산업적으로 응용한 것은 1950년대 초반에 백신vaccine을 생산하기 위해서였다. 그 후 단일 항체monoclonal antibody 생산을 위한 하이브리도마를 이용한 동물 세포 배양이 이루어졌다. 1970년대 후반에 와서 인터페론, 호르몬 등의 물질을 생산하는 방법으로 동물 세포를 배양하는 대신 이러한 물질을 만드는 유전자를 박테리아에 도입하여 발현시키는 재조합 DNA 기술을 사용하였다. 특히 유전자 재조합된 박테리아recombinant DNA bacteria에 의한 생산성이 동물 세포를 이용한 방법보다 수십 배 높은 것이 알려지면서 재조합 박테리아에 의한 생산이 동물 세포 배양을 대신할 것으로 보였다. 그러나 상업적 가치를 가지는 단백질계 제품의 수효가 증가함에 따라 동물 세포 배양과 미생물 배양 중 어느 것을 선택할 것인가는 생성물의 복잡성에 따라 판단해야 한다는 것을 알게 되었다. 즉 당 첨가 반응 등 번역 후 수식을 많이 요구하는 생성물의 경우에는 미생물은 이 일을 수행할 능력이 없으므로 생산 비용이 많이 소요되더라도 동물 세포를 이용하여 그 생성물을 만들어야 한다는 것이다.

5. 식물 세포

1) 식물 세포의 특징

특성이 밝혀진 일부 식물에서 많은 중요한 물질(예, 120가지 이상의 처방약)을 생산해 왔다. 서양에서 25%가 넘는 의약품이 식물의 추출물로부터 만들어지고, 아시아나 다른 지역에서는 훨씬 더 많은 비율의 의약품이 식물에서 유래한다. 의약품으로서의 사용뿐만 아니라, 식물 생산품은 염료, 식용 향료, 향수, 살충제, 제초제 등으로 이용된다. 이런 물질들은 미생물에 의해 생산되지 않으며 화학합성으로 대체할 수 없을 정도의 복잡성을 갖고 있는 것들이다.

식물plant 세포가 미생물과 기본적으로 다른 점은 미분화 상태라도 계속 배양하면 분화differentiation되고 기관화organization될 수 있는 능력이 있다는 것이다. 적당한 환경 조건하에서 미분화된 세포undifferentiated cell로부터 식물 전체를 재생시킬 수 있는 능력을 전체 형성능totipotency이라고 부른다. 이 능력은 2차 대사물secondary metabolite 생성과도 종종 관련이 있다.

캘러스callus와 현탁 배양suspension culture은 수백 종의 식물에 대해 확립되어 있다. 캘러스는 분열하고 있는 세포를 가진 식물의 모든 부분으로부터 생성될 수 있다. 잘라 낸 식물 절편을 빠른 세포 분열을 촉진시키는 영양소와 호르몬들을 포함하는 고체 배지 위에 놓는다. 형성된 캘러스는 상당히 클 수 있고(> 1 cm 너비와 높이), 조직화된 구조를 갖지 않는다. 캘러스를 탈분화된 조직dedifferentiated tissue이라고 부르지만, 여러 형태의 세포 혼합체이다.

캘러스
식물체의 일부를 잘라내어 옥신을 함유한 배지에서 적당한 조건으로 배양할 때 분열 증식하는 세포 덩어리. 무한 증식할 수 있으나 탈분화한 상태의 세포이다.

현탁 배양
일반적인 세포 배양을 말하는 것으로 액체 배지에서 부유된 상태로 세포를 배양하는 방법이다. 일반적으로 세포의 대량 배양 또는 배양액 내 대사산물 추출 시에 주로 이용되는 배양법이다.

2) 식물 세포 배양 방법

(1) 식물 세포의 종류

식물체의 잎, 줄기, 뿌리 등 외식편explants이라고 하는 조직tissue을 얻은 후, 하이포아염소

산나트륨sodium hypochlorite, NaClO 용액을 이용하여 표면 멸균을 한다. 멸균된 외식편은 고체 배지 위에서 배양하여 캘러스(단세포 집합)를 유도시킨다. 이때 이렇게 유도된 캘러스는 몇 차례 계대 배양을 하면 세포 간 결합이 약해져 세포들이 서로 떨어지기 쉽게 되고, 이를 액체 배지로 옮겨서 현탁 배양을 하면 단세포 집합을 얻을 수 있게 된다. 또한 식물의 조직 및 절편을 배양 용기 내에서 무균 배양하여 조직을 증식하는 것이 가능하다. 산삼도 조직 배양하여 배양 용기 내에서 무한으로 복제할 수 있기 때문에 유전자원으로서 효율적 보존 및 육종의 소재로 이용될 수 있어서 산업적으로 중요한 응용 기술이 된다.

(2) 식물 세포 배양용 배지

탄소원으로는 주로 설탕sucrose을 사용하는데, 이는 식물체 내에서는 당이 수크로스 형태로 이동하기 때문이다. 그러나 식물에 따라서는 포도당glucose, 젖당lactose, 또는 서로 다른 당들을 혼합한 경우가 더 좋은 효과를 나타내기도 한다. 질소원으로는 질산 이온(NO_3^-)과 암모늄 이온(NH_4^+)이 주로 이용되는데, 보통 암모늄 이온이 세포 성장 초기에 먼저 이용되고, 이것이 모두 고갈되면 질산 이온이 이용된다. 인산은 식물체 내의 핵산 대사와 ATP, ADP, UDP 등 에너지 대사에 필수적인 요소로 작용하기 때문에 많은 경우 세포 성장의 제한 요소로 작용한다. 식물 세포 배양에서 주로 사용되는 호르몬은 옥신auxin과 사이토키닌cytokinin으로 크게 나누어진다. 옥신으로는 2,4-D2,4-dichlorophenoxyacetic acid, IAA3-indoleacetic acid, IBA3-indolebutyric acid, NAA1-naphthaleneacetic acid, CPA4-chlorophenoxyacetic acid 등이 있다. 사이토키닌으로는 BA6-benzylaminopurine, kinetin6-furfurylaminopurine, zeatin4-hydroxy-3-methyl-tans-2-butenylaminopurine 등이 있다. 이 중에서 가장 강력한 합성 옥신인 2,4-D는 캘러스의 세포 분열을 촉진하고 2차 대사산물의 생합성을 억제하는 물질로 알려져 있다. 식물 세포 배양에서 2차 대사산물의 생합성을 촉진시키는 물질을 유도체elicitor라고 하며, 유도체 처리에 의해 생성되는 2차 대사산물을 총칭하여 피토알렉신phytoalexin이라고 한다. 유도체는 크게 두 종류로 분류될 수 있다. 균류·세균·효모 등의 추출물로 생물체로부터 얻어진 화합물을 생물적 유도체biotic elicitor라 하고, 이것 이외의 모든 물질들을 무생물적 유도체abiotic elicitor라 한다. 무생물적 유도체에는 UV 조사, 저온 충격cold shock 또는 열 충격heat shock, 에틸렌ethylene, 항곰팡이제fungicide, 항생제(actinomycin D, cycloheximide), 중금속 염(silver, mercury, copper), 계면 활성제(Triton) 등이 있다. 식물체로부터 유도된 캘러스를 이용한 현탁 배양suspension culture은 식물 세포 배양에서 가장 보편적으로 사용되고 있는 방법이다.

식물 세포는 미생물 세포와 마찬가지로 배양을 위하여 배지, 산소, 알맞은 혼합mixing, 성장과 대사산물의 생산을 위한 환경 조건을 조절해 주어야 한다.

(3) 식물 세포 배양 공정down-stream

캘러스를 이용하여 배양기에서 현탁 배양하기 위해 캘러스 단편을 진탕 배양기shake flask의 액체 배지에 넣고 천천히 교반하면 세포와 세포 덩어리가 떨어진다. 27°C와 pH 5.5 조건에서 계속 배양하면 현탁 세포들은 복제를 하기 시작하는데, 2~3주 후에 현탁된 세포를 새 배지로 옮기고 큰 덩어리와 나머지 캘러스는 제거한다. 식물 세포는 지름이 10~100 μm 정도에 이르기까지 클 수 있다. 세포 분열 시간은 전형적으로 20~100h 정도로 늦게 생장한다. 생장을 위한 에너지 공급을 광합성에 의존하지 않고, 탄소원과 에너지원으로서 외부에서 공급되는 수크로스나 포도당에 의존한다. 현탁 배양 시 세포를 빛에 노출시키면 특정 경로의 발현이 조절될 수는 있지만, 대부분의 세포가 지속적인 광영양성 생장을 하는 것은 아니다. 전형적인 호흡률은 대개 0.5 mmol O_2/h·g 건조 중량 또는 대장균의 약 5~15%이다. 식물 세포는 종종 전체 부피의 70%에 이를 정도의 매우 높은 농도로 배양할 수 있다.

인삼 같은 식물의 조직인 가는 뿌리(부정근adventitious roots)를 배양 용기 내에서 증식할 수 있다. 즉 기내에서 인삼 조직을 배양하여 인삼 조직으로부터 캘러스를 유도한 다음 부정근을 유도하면 배양기 내에서 무한으로 증식할 수 있다. 따라서 약 10~20톤의 대용량 배양 탱크에서 인삼 부정근을 생산할 수 있는데, 부정근 배양의 경우 약 4~6주 이후 처음 생중량의 약 5~10배 이상으로 생중량이 증가할 수 있다.

3) 식물 세포 시스템의 장단점

식물에서 알려진 천연 화합물의 수는 미생물의 경우보다 약 4배 이상 많은 것으로 알려져 있다. 1985년 3,500개의 새로이 동정된 화학 구조 중에서 2,619개가 식물에서 유래된 것이며, 매년 1,500개 이상의 새로운 화학 구조를 가진 신물질이 식물로부터 발견되고 있다. 생리 활성 측면에서 식물체로부터 얻을 수 있는 중요한 물질들은 주로 의약품, 식품 첨가물, 화장품, 농약 등이며, 이 중에서 특히 의약품은 많은 가능성을 가진 분야이다. 인류가 이용하고 있는 약재의 25% 정도는 식물체로부터 얻고 있다. 지구상의 식물 25만 종 중에서 약학적인 측면에서 규명된 것은 약 2,500종에 불과하여 앞으로 이 분야에서의 전망은 매우 밝다.

항암제로 유명한 택솔taxol의 경우는 주목에서 직접 추출하는 방법과 반합성 방법의 경우 환경과 기상 조건 등의 영향으로 원료의 안정적 공급, 분리 및 정제, 스케일 업 등에 많은 어려움이 있었으나, 식물 세포 배양에 의한 생산 방법은 장소와 시간에 제한을 받지 않고, 일정한 질과 양을 갖는 제품을 대량으로 생산할 수 있는 장점이 있다. 형질 전환 식물들은 비용 외에도 많은 잠재적인 장점들을 제공한다. 식물 바이러스들은 인간에게 감염성이 없기 때문에 내재성 바이러스나 프라이온에 대한 안전을 걱정할 필요가 없다. 대규모화는 더 넓은 면적에서 재배함으로써 쉽게 이루어질 수 있다.

한편, 많은 관심에도 불구하고 식물 세포 배양이 유용 물질 생산의 최선의 기술로 자리잡지 못하고 있는 데는 먼저 해결해야 할 몇 가지 중요한 문제점들이 있기 때문이다. 즉 ① 목적 물질의 낮은 생산성, ② 식물 세포의 느린 성장 속도, ③ 식물 세포의 배양 기간 중 불안정성, ④ 대량 배양의 어려움, ⑤ 목적 물질의 회수 및 정제의 어려움 등으로, 이들은 산업화 과정에서 반드시 극복되어야 할 문제점들이다. 따라서 식물 세포 조직 배양이 산업적으로 이용되려면 최종 산물의 부가가치가 500달러/kg 이상이 되거나 최종 산물이 오직 식물에서만 유래하는 희소성을 갖춰야 한다. 형질 전환 식물의 단점은 종종 발현 수준이 낮으며(총 수용성 단백질의 1%이면 양호), N-결합 당 첨가 반응이 불완전하며, 다른 몇몇 포유동물의 번역 후 과정들이 일어나지 않는다는 것이다. 대규모화가 쉽고 비용이 저렴한 반면, 산업적으로 사용하기에 충분한 양의 종자를 테스트하고 생산하는 데 장기간(30개월)이 걸린다.

4) 식물 세포 배양 기술의 상업화

시코닌shikonin을 식물 세포 배양 기술로 최초로 생산하였다. 식물 세포인 *Lithospermum erythrorhizon*에 의하여 생산되는 시코닌shikonin은 붉은 염료로서 의약품과 화장품 등에 사용된다. 1단계 반응기에서 성장 배지(MG-5)를 이용하여 9일 정도 세포 배양을 하고, 이를 여과하여 세포만을 2단계 반응기로 옮겨 생산 배지(M-9)로 14일 정도 배양하여 시코닌을 생산한다.

택솔taxol도 식물 세포 배양 기술로 대량 생산에 성공하였다. 택솔은 학명이 파클리택셀Paclitaxel로 택산taxane 계열의 천연 다이테르페노이드diterpenoid로서 강력한 항암 효과를 가지고 있으며, 난소암, 유방암, 카포시Kaposi 종양에 대하여 항암제로 이용 중이다. 처음에는 파클리택셀을 태평양 주목Pacific yew tree(*Taxus brevifolia*)의 껍질에서 추출하여 생산하였다. 그러나 나무 전체를 수확하는 것은 종자의 멸종 위기로 인해 식물 세포 배양 기술로 대체되었다. 생물 반응기를 이용한 파클리택셀의 생산은 순도가 높은 택솔을 제공해 주고, 정밀한 제어로 재현성이 높고 환경 친화적인 장점이 있다. 택솔의 산업적 생산은 30,000 L의 교반 탱크 용기를 이용한 현탁 배양으로 생산 가능하고, 국내 생명공학 회사에 의해 세계 최초로 대량 생산에 성공하여 '제넥솔Genexol'이라는 상품명으로 시판되고 있다.

인삼*Panax ginseng* C.A. Meyer은 오랜 기간 동안 한국을 대표하는 식품 및 의약품으로 사용되고 있으며, 최근 건강 식품에 대한 관심이 높아짐에 따라 국내외 인삼의 소비가 늘고 있어 미래에 각광받는 건강 유지 및 증진 식품으로서 가치를 지닌다. 현재 국내 다수의 업체에 의해 식물 세포 배양 기술로 인삼 부정근을 생산하고 있다.

6. 조류(수생 생물)

조류藻類, algae는 육상 식물을 제외한 모든 광합성 생물의 통칭으로, 어떤 특정 분류군을 지칭하는 분류학적 용어가 아니라 매우 다양한 분류군을 포함하는 일반 용어이다. 조류를 구분하는 주된 기준은 광합성 색소와 편모의 구조이며, 색소체의 구조와 세포벽 구성 물질, 광합성 저장 물질 등도 유용한 분류 기준이 된다. 다양한 분류군 중에서 대부분이 식물 플랑크톤이라고 불리는 단세포성 미세조류microalgae에 속하며, 이들은 해양 생태계의 주요 생산자로 활동한다. 다세포성 대형 조류macroalgae에는 녹조류, 홍조류, 그리고 황색조류의 일부인 갈조류가 속하며, 이들은 얕은 바다에서 주로 서식한다. 조류는 연 2,000억 톤에 달하는 지구 전체의 광합성량 중 90%를 담당하는 것으로 알려졌다.

조류는 생장성이 높고 배양이 쉬우며, 물에 대한 접근성만 있으면 배양이 가능하여 강, 호수, 바다 등지뿐만이 아니라 미세조류는 사막과 같은 육상의 비경작지에서도 배양이 가능하다. 또한 태양광과 이산화탄소를 이용한 광합성을 통해 세포의 성장이 이루어지고 다양한 유기물들을 생산해 내므로 이산화탄소 저감 효과를 나타내어 친환경적이며, 비용을 절감할 수 있어 경제적이다. 그리고 조류는 단위 면적당 생산성이 높고 지질이나 탄수화물, 건강 증진 영양소가 풍부한 특징이 있다. 특히 지질을 다량 축적하는 미세조류는 단위 면적당 지질 생산량이 팜유의 생산에 비해 10배 높으며, 거대조류는 건조 중량의 약 70%가 섬유질 또는 당류로 구성되어 있어 당화와 에탄올 발효 공정을 통한 에탄올 생산에 유리한 원료이다. 하지만, 조류는 상대적으로 광합성 효율이 낮고 일반 미생물에 비해 성장 속도가 느린 편이며, 바이오매스 회수, 탈수, 추출 등의 후처리 공정에서 높은 에너지의 투입이 필요하여 경제적 비용이 발생하게 된다.

이러한 한계점의 해결을 위해 다방면의 연구가 이루어져 왔다. 먼저 생산성이 높은 신종 발굴을 통해 생산 효율의 증대가 가능하다. 선발 조건으로는 성장성이 높아야 하며, 지질이나 당류의 축적률이 높아야 하고, 추출 용이성을 위해 세포벽이 얇아야 한다. 두 번째로 유전공학적genetic engineering 방법을 통해 생산 효율의 증대가 가능하다. *Chlamydomonas reinhardtii*가 미세조류 연구를 위한 모델 생물로서 유전공학적 연구에 많이 활용되고 있으며, 대사 조절을 위해 전기천공법 등 각 조류의 특성에 적합한 다양한 형질 전환법이 개발되었다. 형질 전환 효율의 증가를 위해 다양한 벡터가 개발되었는데, 사용되는 벡터 시스템은 주로 조류의 염색체로부터 유래한 단편을 주형으로 하며, 프로모터로는 rbcS, fcp, dcy1, PyAct1 등과 같이 조류로부터 유래하거나 바이러스로부터 유래한 CaMV35S 또는 SV40 프로모터가 많이 이용된다. 대사 조절은 광합성 효율을 높이기 위한 광합성 관련 유전자 또는 다량의 지질이나 당류, 고부가 가치 물질 등의 축적을 위한 생합성 유전자의 과발현과 경쟁 대사 경로의 억제, 다중 효소의 발현과 활성의 동시 조절을 위한 전사 인자 조절 등으로 이루어지고 있다. 그리고 후처리 공정의 효율성을 높이기 위해 세포벽 생성 억제, 또는 생산 산물의 세포 외 분비 유도를 위한 유전자 조작도 시도되고 있다. 세 번째로는 효율적이고 경제적인 배양 방법의 개발을 통해 생산 효율을 증가시킬 수 있다. 일반적으로 거대조류는 해양 또는 인공 연못에서의 양식을 통해 공급되고 있으며, 주로 생산량이 많은 근해 양식법의 효율 향상을 위한 연구가 이루어지고 있다. 미세조류는 개방형 연못(수로식 또는 원형) 또는 폐쇄형 시스템인 광생물 배양기photobioreactor를 이용하여 배양되며, 배양기의 디자인, 물리적 운용 조건과 영양 조건에 대한 연구를 통해 바이오매스 또는 목적 물질의 생산 효율을 높이고자 노력하고 있다.

거대조류는 세계적으로는 농업용 비료로 이용되는 비율이 높으며, 아시아 지역에서는 식품으로 많이 소비되고 있고, 화석 연료 대체를 위한 수송용 연료로서 당화와 에탄올 발효 공정을 통한 바이오 에탄올 생산에 대한 연구가 이루어지고 있다. 미세조류

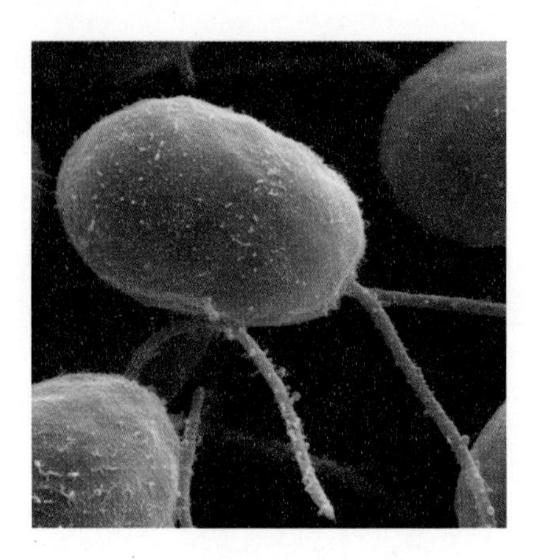

그림 9-10 녹조류인 Chlorophyta(*Chlamydomonas reinhardtii*) 전자 현미경 사진
자료 : http://remf.dartmouth.edu/imagesindex.html

는 거대조류에 비해 산업적으로 다양한 분야에 이용된다. 클로렐라Chlorella와 스피루리나Spirulina는 건강 보조 식품과 식품 첨가제로서 이용되며, 두날리엘라Dunaliella와 헤마토구균Haematococcus은 각각 β-카로틴β-carotene과 아스타잔틴astaxanthin과 같은 카로티노이드 생산에 이용되고 있다. 천연 색소인 피코빌리프로테인phycobiliprotein은 스피루리나, 포르피리디움Porphyridium, 로델라Rhodella로부터 생산되며, 식품, 화장품, 의약품 등에 사용된다. 다가 불포화 필수 지방산과 오메가-3 지방산의 생산에도 이용되고 영양 공급원 또는 착색제로서 사료 첨가제로 이용되기도 한다. 또한 거대조류와 마찬가지로 유지 가능한 수송용 연료로서 미세조류에 축적된 중성 지방을 활용한 바이오디젤 생산에 대한 연구도 이루어지고 있다.

7. 생물공학용 세포 시스템의 선정 지침

1) 다양한 세포 시스템의 특징

생물 공정의 성패는 종종 세포와 발현expression 시스템의 선택에 달려 있으므로, 공정 설계 초기에 본 시스템을 신중히 검토하고 선정한다. 가장 먼저 고려해야 할 사항은 생산하고자 하는 물질의 종류이다. 만약 택솔 같은 식물 유래 파이토케미컬phytochemical이거나 인삼 부정근이라면 우선적으로 식물 세포 시스템이 선택될 것이다. 하지만, 의약품, 식품, 정밀화학 관련 생물 산업에서 생산하거나 또는 발현시켜야 하는 물질이 단백질인

표 9-1 재조합 단백질 발현 세포 시스템의 특징 비교

특성	*E. coli*	효모/곰팡이	곤충 세포	동물 세포
세포 성장	빠름(30분)	빠름(90분)	느림(18~24시간)	느림(24시간)
배지 가격	낮음	낮음	높음	높임
발현 수준	높음	낮거나 높음	낮거나 높음	낮거나 중간
세포 외 발현	페리플라즘으로 분비	배지로 분비	배지로 분비	배지로 분비
단백질 접힘	일반적으로 재접힘 요구	적절한 접힘	적절한 접힘	적절한 접힘
번역 후 수식				
N-linked 당 첨가 반응	불가	Mannose 높음	단순하고 시알산(sialic acid)이 없음	복잡함
O-linked 당 첨가 반응	불가	가능	가능	가능
인산화 반응	불가	가능	가능	가능
아세틸화 반응	불가	가능	가능	가능
아실화 반응	불가	가능	가능	가능

자료 : Nevalainene et al., 2005, *TRENDS in Biotechnology* 23, 468

경우가 대부분이므로 여기서는 단백질 생산물에 집중하여 설명한다. 재조합 단백질을 발현할 때 사용되는 대표적인 세포 시스템의 특징을 표 9-1에 요약하였다.

대장균은 빠른 성장 속도와 기존 확립된 최적 조건의 장점으로 가장 우선 고려되는 세포이다. 하지만, 세포외 분비와 번역 후 수식의 어려움은 대표적인 단점이다. 효모와 곰팡이는 역시 성장 속도가 빠른 공정 효율성과 번역 후 수식 기능이 있으나 만노스 당을 위주로 수식하는 한계점이 있다. 곤충 세포는 미생물에 비해 공정 효율은 떨어지나 단백질의 번역 후 수식 능력이 양호하여 미래의 잠재성이 높은 시스템으로 간주된다. 반면에, 동물 세포는 인간의 번역 후 수식에 가장 가까운 단백질 구조를 발현할 수 있어 가장 각광을 받고 있으나, 느린 생장 속도와 높은 공정 비용은 생산 단가를 높이는 주요 요인이 된다.

2) 세포 시스템 선정 시 고려 사항

세포 시스템 선정 시 제일 먼저 고려되어야 할 사항은 단백질 생산물의 번역 후 수식이 필요한가의 여부이다. 인체 조혈 호르몬인 에리스로포이에틴erythropoietin과 같이 단백질

에 복잡한 당사슬을 추가하는 등의 광범위한 번역 후 수식을 필요로 한다면 CHO 세포 같은 동물 세포 시스템으로 선정해야 한다. 반면, 약간의 간단한 번역 후 수식이 요구되면(예, 당첨가 반응), 효모나 곰팡이가 적당하다. 하지만, 치료용 단백질에 있어서의 번역 후 수식의 필요성과 정확성은 확실히 예측하기가 힘들고 생산물의 활성 측정과 최종 임상 실험이 요구되기도 한다.

만약 단백질 생산물의 번역 후 수식이 필요 없다면, 대장균*E. coli*을 초기 세포 시스템으로 선택하는 것이 가장 보편적이다. 대장균은 생리학적, 유전학적으로 어떤 다른 생명체보다도 훨씬 많은 정보가 알려져 있고, 벡터나 프로모터뿐만 아니라 여러 종류의 다양한 변이종들도 이용할 수 있는 장점이 있다.

중요하게 고려해야 할 또 한 가지는 생산물이 식품에 사용될 것인지의 여부이다. 효모와 코린박테리움의 몇몇 종들(예, *S. cerevisiae*, *C. glutamicum*)은 식품의약품안전처의 식품용 미생물 목록에 올라 있어서 허가를 획득하기가 매우 간편하다. 어떤 경우에는 젖산균이나 형질 전환 식물의 식용 가능 부분이 백신이나 치료 단백질을 위한 약물 전달에 사용될 수 있다.

위 사항을 반영하여 1차 선발한 세포 시스템이 한 개 이상의 복수라면 그 다음은 경제성을 평가하여야 하는데 여기에는 균체 성장 속도, 배양 배지 비용, 발현율, 세포 외 배출 여부, 단백질 접힘 효율 등 생물 공정 효율성을 전체적으로 고려하여야 한다.

3) 최적 세포 시스템 선정 사례

세포-벡터 시스템의 선택은 복잡하다. 앞에서 설명했듯이 생산하고자 하는 생산물이 단백질인 경우 번역 후 수식 과정이 필요 없다면 생산성과 비용 면에서 바람직한 특성들을 우선 고려해야 한다. 단백질 의약품의 산업적 생산에서 널리 사용되는 시스템은 대장균과 CHO 세포의 배양이다. 티슈플라스미노젠 활성제(tPA)의 생산을 위한 이 두 시스템의 흥미로운 공정 경제학 연구가 다타Datar, 카트라이트Cartwright, 로즌Rosen에 의해 수행되었다. 이들의 분석은 연간 11 kg의 생산물을 만들 수 있는 공정에 대한 것이었다. 대장균은 460 mg/L를 만드는 데 비해 CHO 세포 공정은 33.5 mg/L를 생산하는 것으로 가정하였다. CHO 세포 생산물은 정확한 접힘이 일어났고, 생물학적 활성이 있으며, 배지로 유출되었다. 대장균의 생산물은 주로 내포체inclusion body 형태이므로 생물학적 활성이 없으며, 접힘이 잘못되어 있고 불용성이다. 대장균 생산물을 재용해시키고 재접힘 작업을 하여 활성을 갖는 물질로 만드는 공정에는 추가 단계들이 필요하다. CHO 세포 물질의 회수 공정은 5단계인 데 비해 대장균의 공정은 16단계가 필요하다. 단계가 많을수록 수율이 떨어질 가능성이 커진다. 대장균 생산물의 총회수 수율이 겨우 2.8%인 것에 비해 CHO 생산물의 경우는 47%이다.

tPA를 위해서 필요한 생물 반응기 부피는 CHO 공정의 경우 14,000 L이고 대장균 공정에서는 17,300 L이다. CHO 공정에 대한 자본금은 1,110만 달러이고 대장균 공정에 대한 자본금은 7,090만 달러이며, 이 금액의 75%가 재접힘 탱크에 소요된다. 이런 조건에서 단위 생산 비용은 CHO 공정에서는 g당 10,660달러이며, 대장균 공정에서는 g당 22,000달러이다. 투자에 대한 회수 비율rate of return on investment, ROI은 CHO 공정의 경우 130%이며, 대장균 공정은 겨우 8%이다. 그러나 만약 재접힘 단계의 수율이 20%가 아니라 90%라면 총수율은 15.4%로 높아질 것이며, 연간 11 kg을 생산하는 경우 개선된 대장균 공정에서는 ROI가 85%이고, 단위 생산 비용은 7,530달러로 떨어질 것이다. 만약 대장균 공정 설비가 연간 61.3 kg을 생산하도록 원래 크기(17,300 L 발효기)로 남아 있으면, 단위 생산 비용은 g당 4,400달러로 떨어질 것이다. CHO 공정에서 tPA 생산 비용은 배지 내 혈청의 비용에 매우 민감하다. 만약 배지의 가격이 L당 10.5달러에서 2달러로 떨어지면(예, 배지 내 혈청이 10%에서 2%로), CHO 세포 생산물의 가격은 g당 6,500달러로 떨어질 것이다.

위의 예로부터 얻을 수 있는 주요 교훈은 어느 정도 완전한 분석이 없이는 숙주-운반체 시스템을 선택하는 것이 어렵다는 것이다. 가격은 단백질과 이들의 특성, 그리고 용도에 달려 있다. 공정 기술(예, CHO 세포에서의 낮은 혈청 배지나 대장균에서의 단백질 분비 시스템)에서의 변화는 제조 비용과 숙주-운반체 시스템의 선택에 커다란 영향을 미칠 수 있다.

단 원 정 리

목적하는 유전자를 이용하여 원하는 물질을 생산하고자 할 때 세포 시스템을 이용하면 빠른 생장 속도, 다양하고 편리한 유전자 발현 시스템, 저렴한 공정 단가 등 많은 장점을 기대할 수 있으며, 이러한 시스템은 대사 경로가 재설계된 세포 공장의 개발로 그 효율을 극대화할 수 있다. 인위적 배양을 통해 목적 물질을 생산하는 세포 시스템에는 세균, 진균, 곤충 세포, 동물 세포, 식물 세포, 조류 등 자연계에 존재하는 다양한 계에 속하는 세포들이 이용될 수 있으며, 생명공학의 발전과 더불어 세포 시스템의 적용 범위는 더욱 넓어지고 있다.

세균의 경우 대장균이 가장 보편적으로 이용되는 세포 시스템으로 다양한 호르몬과 의약품, 재조합 단백질들의 생산에 이용되고 있다. 이 외에도 바실러스는 식품 발효와 세포 외로 단백질을 분비하는 특성을 가지고 있어 효소 생산에 많이 이용되고, 코리네박테리움은 아미노산과 핵산 생산, 젖산균은 식품 발효용이나 프로바이오틱스로서 개발되고 있으며, 클로스트리듐은 부탄올 발효, 방선균은 항생제 생산에 적용되고 있다. 진균류에는 효모와 곰팡이가 속하는데 효모는 식품 산업에서 에탄올 발효용으로 주로 사용되고, 단백질에 대해 당 첨가 반응이 가능하여 여러 가지 의약 단백질 생산에 이용되며, 곰팡이를 이용하여 식품 발효와 항생제, 유기산, 색소, 의약 단백질을 생산할 수 있다.

곤충 세포는 단백질의 당 첨가 반응이 미생물이나 식물에 비해 사람의 당 구조에 가까운 장점이 있다. 동물 세포는 주로 포유동물 세포를 의미하며, 복잡한 번역 후 수식이 가능하여 인체에서 활성을 갖는 단백질을 생산할 수 있으므로 백신, 단일군 항체, 효소, 호르몬, 면역 조절 인자, 항암제 등의 유용 제품들이 동물 세포로부터 생산되고 있다. 식물 세포는 식물로부터 생산되는 물질인 의약품, 염료, 향료, 향수, 살충제, 제초제 등 미생물에 의해 생산되지 않고 그 구조가 복잡하여 화학합성이 어려운 물질의 생산에 이용된다. 조류는 거대조류와 미세조류로 구분할 수 있는데, 거대조류는 식용으로 사용되거나 에탄올 발효의 원료로 이용되고, 미세조류는 그 자체로 건강보조식품 또는 식품 첨가제로 이용되며, 이외에도 카로티노이드, 오메가-3 지방산, 천연 색소, 화장품, 의약품 등의 생산에 이용된다.

결론적으로, 세포 시스템을 활용하여 목적 물질을 생산하고자 할 때에는 그 물질의 필수 요소에 부합되는 세포의 특성을 가지며, 경제성을 합리적으로 이룰 수 있는 적합한 세포 시스템을 선택하여 생물 공정을 설계하는 것이 필수적이다.

연 습 문 제

1. 원하는 물질을 대량 생산하고자 할 때 미생물 발현 시스템이 다른 세포 시스템에 비해 가지는 장점이 무엇인지 설명하시오.

2. 대장균은 생물공학적으로 많이 이용되고 있고 실험실 용도로 적응된 다양한 변이주들이 개발되어 사용 중이다. 이러한 다양한 변이주의 특징을 설명하시오.

3. GRAS로 인정된 대표적인 세균은 어떤 것이 있으며, 이들의 산업적 용도에 대해 설명하시오.

4. 그람 양성균이며, 포자를 형성하는 세균은 무엇인지 쓰시오.

5. 동물 세포의 하이브리도마 세포 제조 방법과 그 특징을 설명하시오.

6. 동물 세포 배양 시 5% 이산화탄소가 추가된 공기 조성이 유지되도록 가스를 주입해 준다. 그 이유를 설명하시오.

7. 미생물에서 재조합 단백질 생산을 생산하면 동물 세포보다 생산 효율이 수십 배 높다. 하지만, 동물 세포에서도 많은 단백질 제품들이 생산되고 있는데 그 이유는 무엇이며, 주요 생산물은 어떠한 것인지 설명하시오.

8. 식물 세포 배양 시 캘러스 유도 과정을 설명하시오.

9. 식물 세포 배양을 통한 유용 물질 생산에 있어서 낮은 생산성이나 느린 성장 속도, 대량 배양과 목적 물질의 회수 및 정제의 어려움 등과 같이 제약 조건이 많다. 이를 극복하기 위한 방법을 설명하고 대표적인 제품 몇 가지를 소개하시오.

10. 단백질 생산 생물 공정 설계에 있어서 세포 시스템의 선정 시 고려 사항을 설명하시오.

정답 및 해설

1. 빠른 생장 속도, 다양하고 편리한 유전자 발현 시스템, 저렴한 공정 단가 등
2. 바이오필름 생성능과 사람의 장 정착능을 잃어 버렸고 세포질에서 이황화 결합 생성능이 높아 단백질 3차 구조 유지에 유리하며, 프로테이스 유전자가 결손되어 높은 단백질 축적에 유리하고, 희귀 코돈의 번역 능력이 강화되어 이종 유전자 발현에 적합하다.
3. • 바실러스는 청국장과 나토와 같은 식품의 발효에 사용되고 아밀레이스와 프로테이스와 같은 산업 효소 생산에 이용된다.
   • 코리네박테리움 중 코리네박테리움 글루타미쿰은 단백질과 여러 아미노산, 핵산 등을 생산에 이용된다.
   • 젖산균은 치즈나 발효유와 같은 유가공 산업이나 채소 발효 산업과 같은 식품 발효 산업과 장 건강을 위한 프로바이오틱스로서 이용된다.
4. 바실러스, 클로스트리듐, 방선균
5. 골수종 암세포와 일반 세포를 융합하여 제조하며, 암세포처럼 불멸성을 가지게 되어 박테리아와 같이 연속적으로 분열할 수 있다.
6. 배지 내에 있는 탄산 완충 용액에 의한 수소 이온 농도 조절을 돕기 위해 주입한다.
7. 미생물은 번역 후 수식 기능이 없거나 수식의 복잡성에 따라 불완전한 수식이 일어날 수 있으나 동물 세포의 경우는 복잡한 수식을 수행할 수 있는 시스템이 구축되어 있어 사람이나 동물에서 활성을 가질 수 있도록 단백질의 번역 후 수식을 완성할 수 있다. 따라서, 이러한 복잡한 수식이 필요한 백신, 단일균 항체, 인터페론, 인터루킨, 효소, 호르몬 등이 동물 세포로부터 생산된다.
8. 식물로부터 잘라 낸 절편을 sodium hypochlorite 용액으로 표면 멸균하고 빠른 세포 분열을 촉진시키는 영양소와 auxin이나 cytokinin과 같은 호르몬을 포함하는 고체 배지 위에 놓고 배양을 하면 세포가 덩어리로 뭉쳐 자라서 캘러스를 형성한다.
9. 고부가 가치이면서 식물 자체 또는 식물에서만 유래하는 물질을 생산하는 것이 상업적으로 유리하다. 붉은 염료로서 의약품과 화장품 등에 사용되는 시코닌과 여러 암에 대한 항암제로 사용되는 택솔 등이 대표적인 예이다.
10. 첫 번째로 단백질 생산물의 번역 후 수식의 필요성과 필요한 수정의 정도이다. 단백질 생산물의 번역 후 수식이 필요 없다면, 생산성이 높은 세균 특히 대장균을 선택하는 것이 유리하고, 간단한 번역 후 수식이 요구되면 효모나 곰팡이가 적당하며, 요구되는 수식 정도가 복잡하면 동물 세포 시스템을 이용하여야 한다. 두 번째는 생산물이 식품에 사용될 것인지의 여부이다. 식품에 사용될 시에는 식품용으로 이미 허가된 세포 시스템을 사용하여 생산하는 것이 생산된 제품의 인허가 시 유리할 것이다.

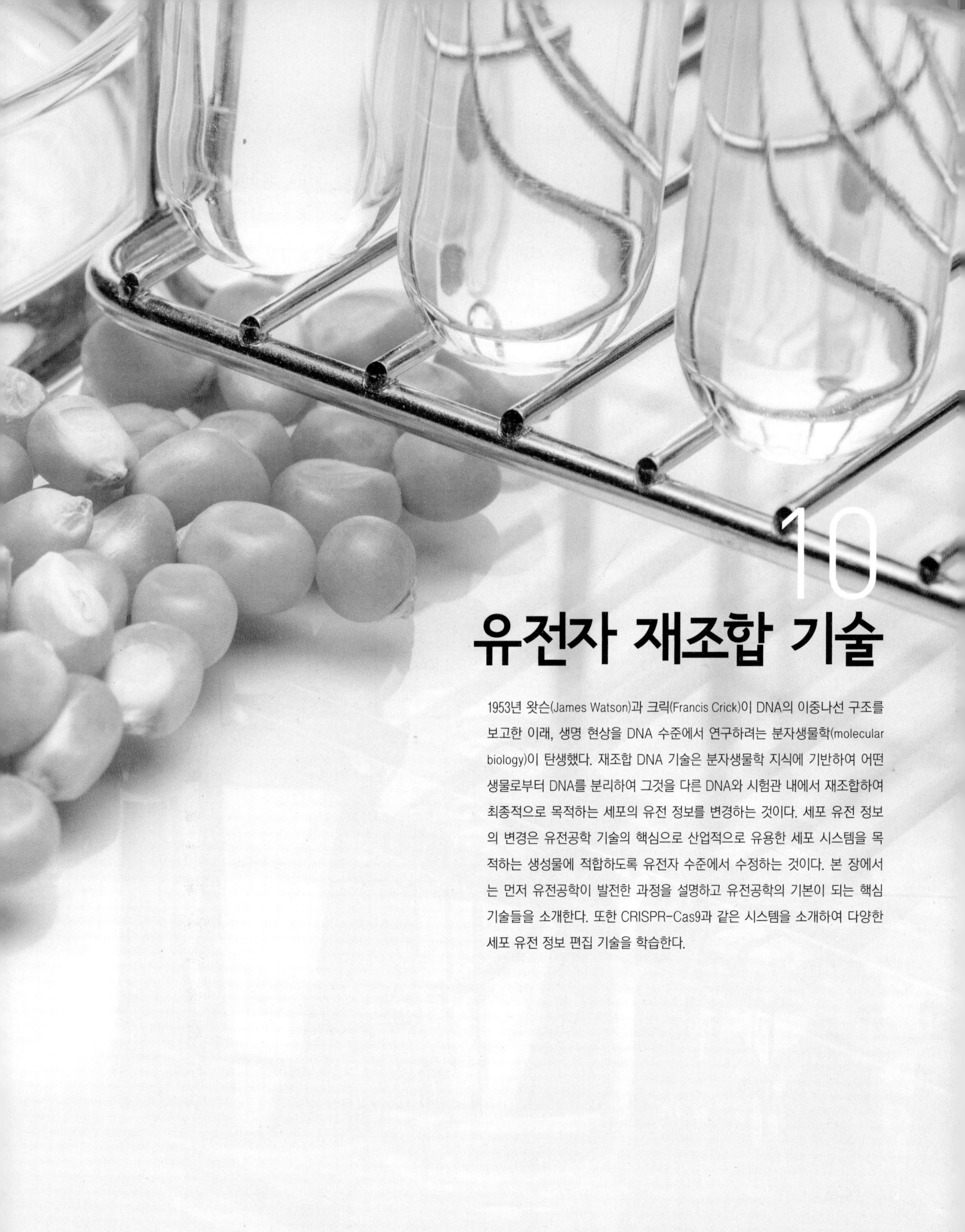

10 유전자 재조합 기술

1953년 왓슨(James Watson)과 크릭(Francis Crick)이 DNA의 이중나선 구조를 보고한 이래, 생명 현상을 DNA 수준에서 연구하려는 분자생물학(molecular biology)이 탄생했다. 재조합 DNA 기술은 분자생물학 지식에 기반하여 어떤 생물로부터 DNA를 분리하여 그것을 다른 DNA와 시험관 내에서 재조합하여 최종적으로 목적하는 세포의 유전 정보를 변경하는 것이다. 세포 유전 정보의 변경은 유전공학 기술의 핵심으로 산업적으로 유용한 세포 시스템을 목적하는 생성물에 적합하도록 유전자 수준에서 수정하는 것이다. 본 장에서는 먼저 유전공학이 발전한 과정을 설명하고 유전공학의 기본이 되는 핵심 기술들을 소개한다. 또한 CRISPR-Cas9과 같은 시스템을 소개하여 다양한 세포 유전 정보 편집 기술을 학습한다.

1. 유전공학의 발전

분자생물학은 20세기에 비약적인 발전을 이루었다. 1910년에 미국의 유전학자인 모건Thomas Hunt Morgan이 '유전자가 염색체에 들어 있다'고 주장하였으며, 1928년에는 영국의 그리피스Fred Griffith가 형질 전환 인자transforming principle인 유전 물질의 존재를 입증하였다. 이어서 1944년에 에이버리Oswald Avery가 그리피스가 입증한 유전 물질은 DNA임을 증명하였다.

1941년에는 비들George Beadle과 타툼Edward Tatum이 한 개의 유전자gene가 한 개의 효소enzyme에 해당된다고 주장하였으나, 나중에 한 개의 유전자가 한 개의 폴리펩타이드polypeptide를 생성함이 증명되었다. 1953년 왓슨James Watson과 크릭Francis Crick이 DNA의 입체 구조를 제안하였고, 1966년에는 코라나Har Gobind Khorana와 니런버그Marshall Nirenberg가 유전 암호를 해독하였다.

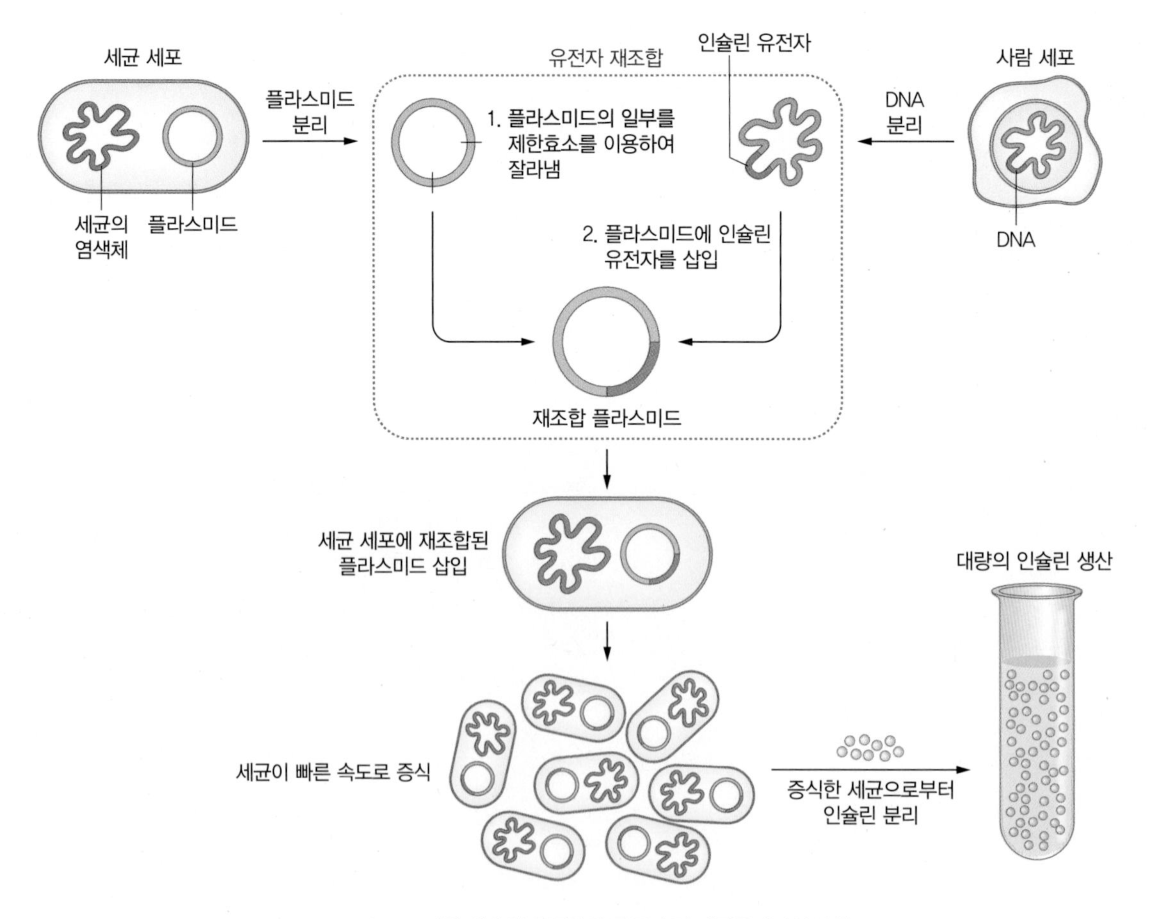

그림 10-1 사람 인슐린 유전자의 클로닝 및 대장균에서의 발현

유전공학은 DNA를 각각 자르고 붙이는 제한효소restriction enzyme와 연결효소ligase의 발견과 함께 발전하였다. 1967년 겔러트Martin Gellert 등에 의해 대장균 DNA 연결효소가 발견되었으며, 1970년에 스미스Hamilton Smith 등에 의해 헤모필러스 인플루엔자*Haemophilus infuenzae* d 균주에서 DNA를 절단하는 제한효소 *Hind*Ⅰ을 분리하였고, 요시모리Yoshimori는 약제 내성 인자 RI를 가지고 있는 대장균*Escherichia coli*에서 제한효소 *EcoR*Ⅰ을 분리하였다. 1970년에 맨델Morton Mandel과 히가Akiko Higa는 대장균을 0.1 M의 염화칼슘으로 처리하면 대장균 막의 투과성이 증가되어 고분자인 DNA의 세포 내 도입이 쉽다는 사실을 발견했다. 이와 같은 성과를 기초로 1972년에 버그Paul Berg 등과 카이저Kaiser 등의 두 그룹은 독립적으로 두 분자의 DNA를 시험관 내에서 공유 결합시켜 한 개의 환상 DNA분자 제작에 성공했으며, 1973년 캘리포니아 대학교의 보이어Herbert Boyer와 스탠퍼드 대학교의 코언Stanley Cohen은 두 종류의 플라스미드plasmid를 시험관 내에서 제한효소로 절단하고 DNA 연결효소를 이용하여 연결한 후, 대장균에 도입시켜 형질 전환하는 실험을 최초로 성공하였다. 현재 호르몬이나 인터페론interferon, 인터루킨interleukin 등과 같은 여러 가지 단백질이 재조합 DNA 기술로 생산되고 있다. 그림 10-1은 *E. coli*에 진핵 세포의 DNA를 클로닝하는 방법을 보여 주는데, 본 방법은 기본적이면서 광범위하게 이용되는 유전자 재조합 방법이다.

2. 유용 유전자 확보 방법

1) 클로닝

2000년에 처음 보고된 인간의 게놈 서열genome sequence을 비롯한 대장균, 곰팡이, 효모 등 각종 생물의 게놈 서열과 유전 정보가 공개되면서 산업적으로 유용한 유전자를 쉽게 확보하고 이용하는 유전자 재조합 기술이 보편화되고 있다. 유용한 유전자를 얻는 방법 중에서 가장 보편화된 것이 중합효소 연쇄 반응polymerase chain reaction, PCR에 의한 증폭 방법이다.

PCR은 타깃 유전자의 양끝 5′과 3′ 방향에 각각 상보적인 2개의 프라이머primer를 이용하여 주형이 되는 염색체 DNAchromosomal DNA에 접합annealing한 후, 고온에서 안정한 Taq 중합효소Taq polymerase와 상용화되어 있는 유전자 증폭기Thermocycler를 이용하여 대용량으로 증폭한다. 현재까지 다양한 종류의 열 안정성 DNA 중합효소가 발견되어 상용화되어 있

중합효소 연쇄 반응(PCR)
DNA 중합효소의 연쇄 반응을 이용하여 생체 밖에서 DNA를 복제하거나 합성하는 방법으로, DNA 분자의 수를 단시간 내에 대량으로 증폭하는 데 주로 사용된다. 이 방법을 응용하면 여러 종류의 유전자 DNA가 혼합되어 있는 혼합물 중에 극미량으로 존재하는 특정의 DNA를 단시간에 증폭시켜 검출해 낼 수 있다.
DNA 중합효소의 연쇄 반응은 증폭시키고자 하는 이중나선 구조의 DNA 사슬을 변성시켜 단일가닥 사슬로 만들고, 이 단일가닥 사슬이 주형(template)으로 사용되어 새로운 사슬이 합성되면서 이중가닥의 사슬이 만들어진다. 새로이 합성된 이중나선 구조의 DNA를 다시 변성시켜 단일가닥 사슬을 만들어 주형으로 사용하고, 이로부터 이중가닥의 DNA가 합성되면 다시 변성시키고 하는 과정을 수없이 반복해야 한다.

tip

제한효소(Restriction enzyme)

DNA를 분해하는 핵산 가수분해효소(nuclease)의 일종으로 그 절단하는 위치가 특정 염기서열로 제한되어 제한효소(restriction endonuclease)라 부른다. DNA의 특이한 3~6개의 염기서열을 구별하여 절단하고 반응에는 Mg^{2+}를 요구한다. 효소의 명명에는 효소를 분리한 균의 속(genus)명의 앞 글자 한 개를 대문자로 쓰고 종(species)명의 앞 글자로부터 2문자를 소문자로 계속하여 합계 3문자로 나타낸다. 같은 종으로부터 1종류 이상의 효소가 분리될 때는 로마 숫자로 구별한다. 예를 들면, 헤모필러스 인플루엔자(*Haemophilus influenzae*) d주인 것은 *Hind*I, *Hind*II, *Hind*III, 약제 내성 인자 RI를 함유한 *E. coli*로부터 분리한 것은 *Eco*RI이라 부른다. DNA 사슬을 절단하여 생긴 말단에서 1개의 사슬 부분이 튀어나와 있으면 접착 말단(cohesive end)이라 부르고, *Hae*III 등과 같은 효소처럼 2개의 사슬을 한꺼번에 가위로 자르듯이 절단하여 평평한 말단을 만들면 평활 말단(flush end 또는 blunt end)이라 부른다.

으며, DNA 합성의 정확도fidelity, 진행도processability, 합성 DNA의 크기에 따라 원하는 효소를 선택할 수 있다. 가장 일반적으로 많이 사용하는 효소는 Taq 중합효소이지만, 이 효소의 경우 5′→3′ 핵산 말단 가수분해효소exonuclease의 활성이 없기 때문에 교정 능력proofreading이 없는 효소이다.

증폭된 유전자를 일반적으로 대장균에서 유래한 플라스미드 벡터에 삽입하는데 증폭된 유전자와 벡터를 제한효소로 절단한 후 라이게이스ligase를 이용하여 접합하면 벡터 내부에 원하는 유전자를 삽입할 수가 있다. 이렇게 재조합한 플라스미드 벡터를 다시 대장균 내부로 도입하면 목적하는 유전자를 대장균에서 복제하거나 발현시킬 수 있게 되고, 이러한 일련의 과정을 유전자 클로닝gene cloning이라고 한다. 또한 다양한 유전자를 클로닝하며 집합체로 만든 것을 특별히 유전자 라이브러리library라고 한다. 사람과 같이 진핵 세포로 구성된 생물에서 유전자를 클로닝하려면 RNA에서 역전사시킨 cDNA를 이용한다.

유전자 라이브러리
클로닝(cloning)된 여러 종류의 유전자들이 모여서 이루어진 하나의 집합체로서, 여기에는 특정 세포의 전체 게놈(genome)을 대표하는 각종 유전자들이 모두 들어 있다. 흔히 유전자 도서관(genomic library) 또는 유전자 은행(gene bank)이라고 한다.

cDNA 클론
mRNA로부터 역전사되어 합성된 여러 종류의 cDNA 조각들이 클로닝 벡터(cloning vector)에 공유 결합된 상태로 모여서 하나의 집단을 이루고 있는 것. 즉 유전자 DNA 대신에 cDNA를 클로닝에 사용하여 생성한 재조합체 유전자의 집합체이다. 매우 작아서 약 40~45 kb에 상당하는 DNA 분자를 클로닝하는 데 사용된다.

뉴클레오사이드 포스포라미디트
뉴클레오타이드의 일종으로 DNA 화학 합성에 이용된다. 기존의 뉴클레오타이드 구조와 달리 당의 3′에 인산기, 5′에 하이드록시기가 붙어 있고, 여기에 각각 비활성 작용기가 붙어 있어 평상시에는 반응이 일어나지 않는다. 일단 DNA 합성을 위해 5′ 말단의 작용기를 떼어내면 하이드록시기가 다른 포스포라미디트의 3′ 말단 인산기를 공격하여 에스터 결합을 형성한다. 본 반응을 연속하여 DNA를 합성한다.

2) DNA 화학 합성

짧은 길이의 DNA는 화학적인 방법으로도 합성이 가능하다. 이를 위해 단일 염기를 고체상 칩에 고정한 후 뉴클레오사이드 포스포라미디트nucleoside phosphoramidites를 이용하여 3′에서 5′방향(생합성과 반대 방향)으로 한 번 반응에 한 개의 염기를 추가하면서 핵산 사슬을 합성한다. 사슬의 길이는 보통 200염기 정도로 합성하고 반응의 끝에서는 보호 그룹을 제거하고 분리·정제한다. 이 반응은 정확성이 높지 않아 합성의 오류가 자주 발생하므로 정제하여 염기서열을 분석하는 과정이 필요하고 짧은 길이의 DNA 사슬(올리고 뉴클레오타이드) 합성에 주로 이용된다. 좀 더 긴 염기서열을 합성하려면 위에서 정제한 짧은 사슬을 여러 종류로 각각 합성한 후 DNA 연결효소를 이용하여 중합하는 방법을 사용하면 1,000개의 염기 사슬까지 합성할 수 있다.

3. 유전자 운반체(벡터)

유전자 운반체를 흔히 벡터vector라고 하며, 특정의 유전자 DNA를 원하는 숙주세포 속에 가지고 들어가서 증폭시킬 수 있는 기능을 보유한 DNA 분자이다. 벡터는 특정 세포 시스템에서 복제replication가 가능하고 유전자 단편을 삽입할 수 있는 제한효소 절단 부위를 갖고 있으며, 숙주세포 내부에 도입되면 쉽게 분리할 수 있도록 항생제 내성antibiotic resistance 등의 유전자를 갖고 있다.

숙주세포를 세균으로 한정할 때 이와 같은 운반체의 특성을 갖춘 DNA는 그 형태에 따라 플라스미드, 파지, 코스미드 등으로 나눌 수 있다. 이들은 서로 독특한 생리적 특성과 장단점을 보유하고 있어서 사용 목적에 따라 선택된다.

1) 플라스미드

플라스미드plasmid는 자가 복제 능력을 보유하고 있으며, 염색체 DNA와는 별개로 분리되어 세포질 내에 존재하는 두 가닥의 원형 DNAextrachromosomal covalently closed circular DNA이다. 그 크기는 통상 1 kb 내지 500 kb로 다양하나, 실제로 유전자 재조합에 쓰이는 플라스미드는 대부분 10 kb 이내에 상당하는 소형의 DNA들이다. 유전자 클로닝 초창기에 많이 쓰였던 플라스미드의 한 예는 pBR322이고, 이후 pUC, pET 벡터 및 이들의 다양한 용도의 벡터 등이 개발되어 사용 중이다.

(1) pBR322

pBR322는 pBR313의 대부분의 불필요한 DNA 단편이 제거된 4,361 bp의 작은 플라스미드이다. pBR322는 현재까지도 많이 사용되는 벡터 중의 하나이며, 그 후에 개발된 많은 벡터의 모체 역할을 하였다. 이 플라스미드는 그림 10-2와 같이 *E. coli*에서 복제 기점replication origin(ColE 1 ori)을 가지며, 암피실린ampicillin에 내성을 가진 유전자(Amp^r)와 테트라사이클린tetracycline에 내성을 가진 유전자(Tet^r)를 가진다.

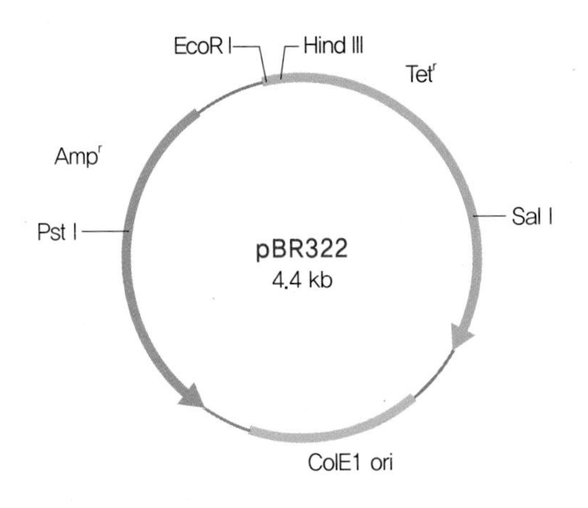

그림 10-2 Plasmid 벡터 pBR322의 구조

(2) pUC 벡터

1978년과 1983년 사이에 pBR322를 혁신적으로 발전시키려는 다음의 노력이 있었다. 첫째, 벡터의 크기를 더욱 줄이고, 둘째 복제 개수copy number를 더욱 증가시키고, 셋째는 여러 종류의 다양한 외래성 단편 DNA를 클로닝하기 위해 다양한 종류의 제한효소 인식 부위를 벡터에 삽입하였다. 벡터의 크기가 작을수록 복제 개수, 안정성, 그리고 형질 전환 효율이 증가하는 장점이 있다. 개발된 pUC18/19(2,686 bp)와 같은 pUC 계열의 벡터는 자가 복제를 위한 절편replicon을 갖고 있으며, 13종류의 제한효소 인식 부위를 갖는 다중 클로닝 부위multi-cloning site를 갖고 있어 가장 많이 사용되는 클로닝 벡터cloning vector 중 하나이다. pBR322의 복제 개수가 15~20 정도인데 비해, pUC 벡터는 500~700개의 복제 개수를 갖는 이점이 있다.

클로닝 벡터
유용한 물질 또는 단백질을 생산하는 외래(foreign) DNA를 클로닝(cloning)할 때 DNA 운반체로 사용되는 일종의 DNA를 말한다. 일반적으로 플라스미드(plasmid) 또는 파지(phage)를 포함한 바이러스가 클로닝 벡터로 사용된다.

프로모터(promoter)
유전자 DNA로부터 RNA가 합성되는 전사 반응 초기 단계에 RNA 중합효소(RNA polymerase)가 인식하고 결합하여 전사를 시작하는 DNA의 특정 부위이다.

오페론(operon)
세균에 있어서 특정 유전자의 발현과 조절에 관계된 하나의 유전자 단위로서, 단백질의 아미노산 조성 및 서열에 대한 암호를 담고 있는 구조 유전자와 유전자 발현을 조절하는 조절 인자에 상당하는 DNA 부분을 합쳐서 일컫는다.

(3) pET 벡터

pET 벡터 시스템은 외래 단편 유전자를 단순히 클로닝하는 목적보다는 그로부터 단백질을 대량 발현하는 목적으로 개발되었다. pET 벡터는 약 5.4 kb의 크기로 암피실린의 항생제 내성 마커marker와 f1 복제 기점을 갖는 파지미드phagemid이다. 다중 클로닝 부위를 가지고 있으며, T7 프로모터T7 promoter에 의해서 유도된다. *E. coli* 균주의 염색체에는 별도로 T7 RNA 중합효소 유전자를 삽입하여 발현되도록 하였다. 젖당 오퍼레이터lactose operator에 의한 유도 프로모터 시스템inducible promoter system을 사용한다. 따라서 배지 내에 젖당의 유사체analogue인 IPTG를 첨가하면 역시 pET 벡터 내에 있는 lacI 유전자에 의해 만들어진 락 리프레서lac repressor가 젖당 오퍼레이터lac operator에 결합하는 것을 억제하여 T7 프로모터에 의한 외래 단편 유전자의 발현을 유도하게 된다. 본 젖당 유도 프로모터 시스템은 대장균에 있는 락오페론lac operon을 활용한 것이다.

2) 파지

파지phage는 일종의 바이러스로서 세균을 숙주로 이용하여 생활하며, 박테리오파지 bacteriophage라고도 한다. 그 형태는 여러 가지이나 기본적으로 유전자인 핵산을 안에 두고, 그 밖으로 단백질protein coat이 둘러싸고 있는 모습을 나타낸다. 여러 종류의 파지 중에서도 *E. coli*의 바이러스에 해당하는 박테리오파지 람다bacteriophage lambda(λ)는 플라스미드에 비해서 비교적 커다란 크기의 외래 유전자를 클로닝하는 데 알맞다. 람다 파지lambda phage는 약 50 kb에 해당하는 이중가닥 DNA를 유전자로 가지고 있으며, DNA 분자의 양 끝에 단일가닥 형태의 12개의 뉴클레오타이드nucleotide에 해당하는 접착 말단cohesive end, cos site을 가지고 있다. 이 파지가 숙주인 대장균 세포를 감염할 때는 파지 DNA가 세포 내로 들어가 cos site 간의 수소 결합으로 원형화되고, 감염 초기에는 이 상태에서 파지 유전자가 전사된다. 이후 파지의 운명은 파지 DNA의 복제 방법에 따라 용균 경로lytic pathway와 용원 경로lysogenic pathway 두 가지 중 하나를 선택하게 된다. 이러한 λ 파지의 특성을 이용하여 벡터로 이용하게 되었다. 야생형의 파지 DNA 중에서 불필요한 부분을 잘라내어 본래 유전자(약 50 kb)의 약 60%만 유지하고 변형시켜 벡터를 만들었다.

3) 코스미드

λ 파지 벡터는 플라스미드 벡터에 비해서 비교적 거대 분자량의 외래 DNA를 클로닝하는 데 사용될 수 있는 장점이 있으나, 파지 벡터를 플라스미드 벡터에 비해서 취급, 보관, 관리 등에 어려움과 번거로움이 따른다. 이러한 문제점을 해결하기 위해서 개량된 것이 코스미드cosmid 벡터이다. 코스미드는 플라스미드로서의 일부 기능과 파지로서의 일부 기능을 보유한 거대 DNA 분자 클로닝용 벡터로, 코스미드의 크기 자체가 플라스미드 벡터처럼 5 kb 내외로 매우 작아서 약 40~45 kb에 상당하는 DNA분자를 클로닝하는 데 사용된다.

코스미드는 플라스미드에서처럼 자가복제에 필요한 유전자ori gene를 가지고 있어서 세균 세포 내에서 독립적으로 존재할 수 있으며, 파지에 비해 취급 및 보존이 쉽다. 또한 항생제 내성 유전자 마커marker를 가지고 있어서 선별 및 추적이 쉽다. 그리고 λ 파지 유래의 cos유전자(site)를 가지고 있어서 생체 밖인 시험관에서 재조합체 유전자를 사용하여 파지 입자를 만드는 데 이용될 수 있다. 시험관에서 재조합체 DNA를 파지 입자로 만들고, 숙주세포인 대장균을 감염시키면 파지 입자 안에 들어 있던 재조합체 DNA는 숙주세포 안으로 들어가게 된다. 세포 안에 들어간 DNA는 이때부터 플라스미드처럼 원형 DNA로 염색체와는 별도로 존재한다.

4. 유전자 셔틀벡터 제조

1) 연결 작용

벡터 DNA와 외래성 DNA 단편을 효소 반응으로 결합한다. DNA 분자를 제한효소로 절단하고 생긴 절단된 말단의 구조에 따라 단편fragment을 만들고 연결효소ligase를 이용하여 연결하여 재조합체recombinant DNA를 만든다. *E. coli*의 DNA 라이게이스ligase는 2개 사슬 DNA상에 존재하는 틈이 없는 1개 사슬 절단(nick)에만 작용하여 이것을 완전하게 닫으므로 이 효소를 DNA 2분자 간의 결합에 사용할 때는 먼저 양 분자의 접착 말단cohesive end 사이를 수소 결합으로 묶어 절단을 만들 필요가 있다.

2) 내부융합 클로닝

내부융합 클로닝In-Fusion cloning은 하나 이상의 DNA 단편을 유전자의 상동 재조합homologous recombination을 이용하여 벡터에 도입하는 방법이다. 이 기술은 선형화된 벡터와 목적하는 유전자의 PCR 산물에 15 bp 정도 겹치는 서열이 생기도록 프라이머를 설계하여 혼합 효소 반응을 이용하여 연결하는 방법이다. 내부융합In-Fusion 기작은 연결효소를 사용하지 않으며, 양 말단에 상동서열을 지닌 두 선형화된 dsDNA를 T4 DNA 중합효소T4 DNA polymerase와 반응하면 3′ 말단부터 뉴클레오타이드nucleotides가 제거되고 두 DNA 단편은 상보적으로 결합하게 되며, 일부 gap은 대장균에 도입되어 수복된다. 본 말단상동서열 결합 특성을 이용하여 3개 이상의 DNA 단편도 단일 반응으로 결합시킬 수 있고, point mutant 제작 및 기존 벡터vector로 특정 단편(항생제 내성 사이트, 프로모터, 형광 단백

재조합체
모세포와 다른 유전 형질을 갖고 있는 딸세포를 말한다. 보통 재조합체라고 하며, 인위적인 유전자의 변형이나 세포(핵)융합 등을 거쳐서 생겨난다. 예 : recombinant DNA(재조합 DNA)

T4 DNA 중합효소
대장균의 박테리오파지 T4에서 유래하는 DNA 중합효소로 분자량은 약 114,000이다. 단일 소단위로 구성하고 주형 DNA상에 존재하는 외가닥 사슬의 3′-OH 말단에서 주형 DNA에 상보적인 새로운 DNA를 합성한다. 강력한 3′→5′ 핵산말단가수분해 활성이 있어 외가닥 및 이중가닥 DNA를 분해하는 데 주로 사용한다.

질, 각종 tag 등)을 삽입할 수도 있어 다양한 실험에 대응할 수 있는 벡터로 개조도 용이하다.

이 시스템은 부위 특이적 재조합 부위 또는 여분의 DNA 서열을 필요로 하지 않으며

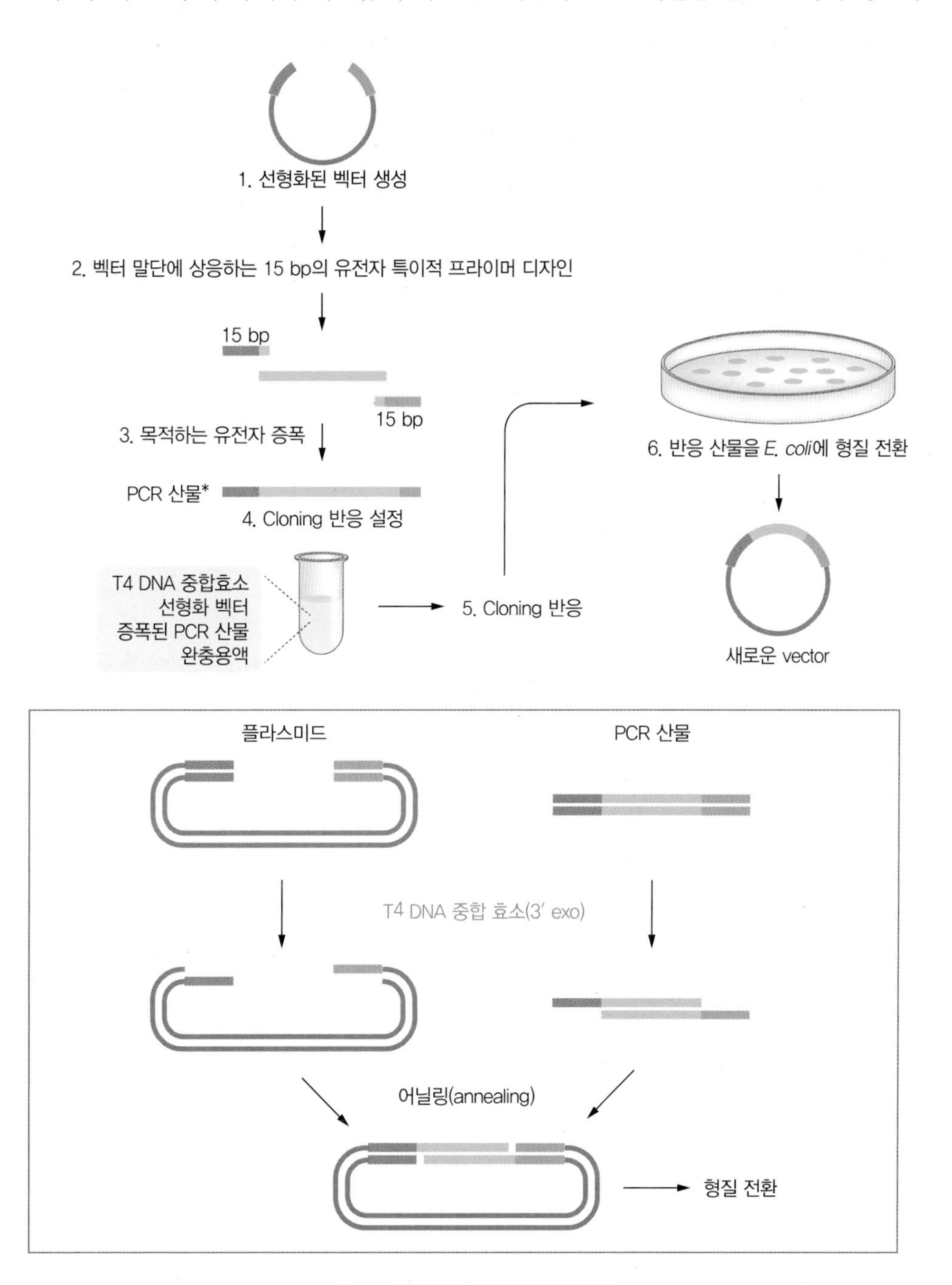

그림 10-3 내부융합 클로닝 방법의 개요

제한효소 및 DNA 연결효소를 필요로 하지 않는다. 이 시스템의 장점은 유전자에 추가 염기서열 도입 없이 목적하는 DNA 서열만 정확하게 복제할 수 있으며, 한번에 여러 가지 조각을 의도적인 방향으로 연결할 수 있다는 것이다.

5. 세포 내 이형 유전자 도입 방법

1) 플라스미드 이용 : Transformation

그림 10-1에서 설명한 것과 같이 플라스미드 벡터에 외래 유전자target DNA를 연결하여 재조합 DNA를 만들고 이를 대장균*E. coli*과 같은 숙주세포 내부에 넣어 유전 형질을 변화시키는 방법을 형질 전환Transformation이라고 한다.

2) 파지와 세균 이용 : Transfection

바이러스 입자나 세균을 대상 세포에 감염시켜 바이러스와 세균의 벡터를 사용하여 외래 유전자를 대상 세포 안으로 전달하는 방법을 형질 주입transfection이라 하는데 이는 transformation(형질 전환)과 infection(감염)의 합성어이다.

진핵 세포의 경우에 λ 파지를 이용하여 외래성 DNA 단편을 삽입한 DNA를 포함하는 파지를 감염시켜 유전자를 전달할 수 있다.

포유동물에 있어서 외래 유전자 도입법에는 여러 가지가 연구되고 있는데 외래 유전자를 도입시킨 레트로바이러스retrovirus를 숙주 생식 세포에 감염시킴으로써 유전자를 도입하는 레트로바이러스법이 대표적이다. 이 방법에서는 배에서의 바이러스 감염이 4세포기 이후에 일어나지 않으며, 배로의 침투가 모자이크화되는 등의 결점이 있다.

식물 세포의 경우에는 아그로박테리움 투메파시엔스*Agrobacterium tumefaciens*라는 미생물을 감염시킨 후 본 세균의 내부에 있는 Ti 플라스미드를 매체로 유전자 형질 전환이 가능하다. 아그로박테리움은 그람 음성의 토양 미생물로 쌍자엽식물이나 나자식물에 감염하여 근두암종crown gall이라는 종양을 형성한다. 이 종양은 아그로박테리움이 갖고 있는 Titumour inducing 플라스미드(약 200 kb) DNA의 약 10%가 식물에 전이되면서, 이들이 갖고 있는 옥신과 시토키닌 합성 유전자가 발현되기 때문이다. 식물에 전이되는 부위를 T-DNA라고 한다. T-DNA가 식물체에 전이되어 식물 염색체에 삽입된다. T-DNA 안에 들어 있는 유전 정보를 고등식물의 염색체 DNA로 이동시킬 수 있는 원리를 이용하여, 목적의 외부 유전자를 25염기쌍을 함유하는 T-DNA의 양쪽 말단 단편인 LBleft border와 RBright border 사이에 삽입시킨 후, 아그로박테리움의 감염 과정을 통해 그 부분만 식물의 핵 내로 전이시킬 수 있다. 벡터들도 작은 크기의 말단 T-DNA 단편인 LB와 RB를 갖고 있으며, 그 사이에 외부 유전자를 용이하게 삽입할 수 있도록 조작되어 있다.

3) 동종 세포 이용

(1) 접합Conjugation

세포 접합은 세포 교배cell mating라고도 한다. 2개 또는 3개의 세포가 직접 접촉함으로써 세포와 세포 간에 물리적인 통로가 만들어지고, 그 통로를 통하여 공여체 세포로부터 수용체 세포로 DNA의 전달이 이루어진다. 그러나 2개의 세포가 합쳐져서 하나로 되는 것은 아니다.

(2) 융합Fusion

세포 융합cell fusion이란 서로 다른 형질의 두 세포를 융합하여 우량 형질의 잡종 세포 hybrid cell, fusant를 만드는 기술인데 여기에서 새로이 생겨난 세포는 모세포와 다른 유전 형질을 갖는다. 원형질체 융합protoplast fusion이라고도 한다. 미생물에 세포벽 융해효소(예, lysozyme 등)를 작용시켜 원형질체protoplast를 만들고, 두 종류의 원형질체를 폴리에틸렌 글리콜polyethylene glycol을 함유한 액에 현탁시키면 원형질체가 응집하고, 세포 융합이 일어나고, 이 중에서 융합체fusant를 얻을 수 있다. 세포가 융합되면 초기에는 일단 다핵 세포 heterokaryon를 거쳐 핵분열에 의하여 새로운 유전 형질을 가진 단핵 세포synkaryon가 탄생하게 된다. 융합이 끝난 원형질체는 구연산나트륨sodium citrate 등을 첨가한 완전 배지상에서 일정 기간배양하면 세포벽이 재생이 되면서 완전한 형태의 세포로 성장하게 된다. 세포 융합 기술은 다른 형질 전환 방법들에 비하여 그 조작이 간편하고 유전자의 재조합 빈도가 높으며, 동식물은 물론 미생물의 육종에 이르기까지 광범위하게 응용되고 있다.

미생물 세포의 경우 세포 융합은 다양한 균주에 대해 폭넓게 이용된다. 그 예로 항생 물질의 60% 이상을 생산하는 방선균*Streptomyces* sp., 아미노산과 핵산 관련 물질을 생산하는 *Corynebacterium* sp., 아밀레이스 생산균인 고초균*Bacillus* sp., 셀룰레이스 생산균인 *Cellulomonas* sp., 장류 생산균인 곰팡이*Aspergillus* sp., 빵이나 알코올 발효에 관여하는 효모*Saccharomyces* sp., 이 밖에 *E. coli*와 같은 그람 음성균에서 동속 간 또는 일부 경우 이속 간 성공적인 융합이 가능하다. 특히, 효모 같은 진핵 세포eukaryote는 미토콘드리아 같은 세포 내 소기관organelle의 융합이 가능하며, 단상체haploid 간의 융합에 의해 2배체diploid 이상의 고배수체polyploid를 얻을 수 있는 것이 특징이다.

식물 세포의 경우 생식 세포의 수정에 의하지 않고 단세포로부터 원래의 식물과 동일한 식물을 복제하는 분화의 전능성을 갖고 있으므로 세포 융합 기술을 이용하면 과거에는 불가능했던 다른 과속 간에도 형질 전환을 이룰 수 있게 되어 식물 육종 산업에 크게 기여할 것으로 기대된다.

동물 세포의 경우 세포 융합 기술은 효과적으로 이용된다. 임파구에는 항체 생산 세포의 전구 세포인 B 세포와 면역 응답을 조절하는 T 세포가 있는데, 이들은 생체 밖에서는 증식하지 못한다. 하지만, 암세포에 감염된 임파구 세포myeloma cell는 생체 밖에서도 증식할 수가 있으므로 B 세포와 임파구 세포를 융합하여 잡종 세포hybridoma를 얻을 수 있다. 본 융합 세포는 현재 인공 배지에서 증식하여 단일 크론 항체monoclonal antibody를 대량 생산하는 데 이용한다.

4) 물리적 방법

(1) $CaCl_2$와 열처리

대장균의 경우 $CaCl_2$로 처리한 균에 일정 시간(약 30분) 저온에서 DNA를 함께 배양한 후, 짧은 시간(약 30~60초) 동안 열처리heat shock(42°C)하면 벡터가 쉽게 도입된다.

(2) 전기 천공Electroporation

전기적 충격에 의한 외래 유전자의 유입법은 효율이 좋아 많이 이용된다. 이 방법의 원리는 친수성과 소수성으로 되어 있는 인지질의 이중막을 짧은 시간 동안의 전기 충격voltage shock으로 세포막 구조를 파괴시켜 작은 구멍(천공)을 만들고, 이를 통해 극성 물질인 외래 DNA가 주입되도록 하는 방법이다. 이렇게 잠시 파괴된 세포막은 일정 시간 후에 자연적으로 다시 결합되어 정상적으로 돌아가게 된다. 이 방법은 대장균, 곰팡이 및 각종 고등생물 세포 등 다양한 종류의 세포에 외래 유전자를 유입하는 데 이용될 수 있고, 주입 효율이 매우 높으며 아주 미량의 외래 DNA만 이용된다는 장점이 있다. 그러나 전기적 충격이 세포의 정상 기능에 영향을 미칠 수도 있다는 단점이 있다.

(3) 미세 주입Microinjection

목적하는 유전자 DNA를 현미경에 고정된 극소형의 주사기micromanipulator를 이용하여 생세포의 핵 내로 주입시키는 방법으로 주사 바늘 직경이 핵에 삽입되어도 괜찮을 정도로 미세하여야 한다. 동식물 세포의 핵 내에 외래 DNA를 도입시킬 때, 그리고 핵의 치환이나 이식에도 사용된다. 수정란의 전핵에 외래 유전자를 직접 주입하고 배양시킨 배를 모체 자궁에 이식하면 형질 전환 동물을 얻을 수 있다. 주입된 DNA는 전핵에 있어서 염색체 복제가 개시되기 전 임의의 부위에서 재결합이 이루어져 도입되는 것으로 생각된다. 형질 전환 동물을 생산할 때 많이 사용하는 방법이며, 기타 세포의 경우 알맞은 유전자 도입 방법이 알려져 있지 않거나 운반체 DNA가 없을 때도 사용될 수 있다.

(4) 입자총Particle gun

식물 세포 내로 DNA를 전달할 때 사용하는 장치로 DNA로 코팅된 입자를 세포나 조직 속으로 총을 쏘듯이 발사projection해서 투입함으로써 DNA를 전달한다. 마이크로발리스틱스microballistics라고도 한다. 이 방법은 DNA가 코팅된 금gold 혹은 텅스텐tungsten으로 된 세포보다 작은 미세 입자(일명 microcarrier)를 고압을 이용하여 세포에 빠른 속도로 발사하여, 그 입자가 순간적으로 세포막을 뚫고 세포 내로 주입되게 하는 방법이다. 이 고압을 형성하기 위해 비활성 기체인 헬륨(He)이 이용되고, 가속된 고속 입자와 공기 사이의 마찰에 의한 저항을 없애기 위해 특별히 제작된 진공 체임버chamber를 사용한다. 이 방법 역시 세균, 곰팡이 및 각종 동물 세포에도 효과적으로 이용된다.

6. 세포의 유전 정보 편집 기술

본 절에서는 목적하는 세포 시스템의 염색체 염기서열을 임의의 DNA를 주입하여 수정하거나 돌연변이를 유발하여 변경시키는 방법에 대해 알아본다. DNA 단일가닥 또는 이중가닥을 세포에 유입하여 재조합을 유도하면 목적하는 특정 부위에 염기서열을 수정 및 편집할 수 있다. 또한 특정한 돌연변이 유발 물질을 이용하거나 단순한 환경적 스트레스를 부여하여도 미생물은 유전형과 표현형이 동시에 쉽게 변화된다. 이런 방법을 이용하면 특정 염기를 수정하여 유전자의 발현을 중지knock-out시키거나 감소knock-down시키고, 발현된 단백질의 활성을 아미노산 서열 변화로 변경시킬 수 있다.

1) 단일가닥 DNA 재조합Single strand DNA recombination

단일가닥 DNAssDNA 재조합 기술은 여러 박테리아속의 염색체 염기서열을 정밀하게 변화시키는 데 사용할 수 있다. 그림 10-4에서 보여 주듯이 DNA가 복제될 때 이중나선 구조가 풀리고 선도가닥leading strand과 지체가닥lagging strand에 따라서 새로운 DNA가 합성된다. 선도가닥은 5′에서 3′ 방향으로 한 번에 합성되는 반면, 지체가닥은 약 100 bp 오카자키 절편이 합성되며, 후에 연결효소에 의해 연결되는데, 이때 오카자키 절편과 비슷한 서열의 고농도의 약 80개의 단일가닥 DNA를 넣어주면 이 단일가닥이 특정 위치의 오카자키 절편 서열 대신 위치하게 되어 돌연변이mutation를 일으키게 된다. 이 기술은 박테리아 게놈bacteria genome을 정교하게 돌연변이시킬 수 있고 기존의 항생제와 같은 마커marker가 필요하지 않은 장점이 있다. 하지만, 세균의 경우 바뀐 염기서열mismatch을 인식하여 수정하는 SOS 복구 기작이 발달되어 있어 다시 원래 서열로 복구되는 문제점이 있다. 이 경우에는 박테리오파지bacteriophage 유래의 람다λ, 베타 단백질β protein과 같은 재조합효소recombinase를 넣어 주면 재조합 효율을 증대시킬 수 있다.

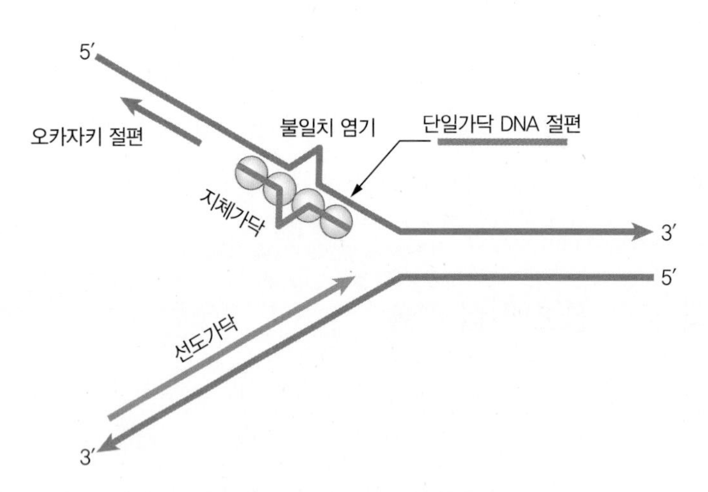

그림 10-4 단일가닥 DNA 재조합

2) 이중가닥 DNA 재조합Double strand DNA recombination

그림 10-5에서 보여주듯이 세포 염색체의 목적하는 유전자targeted gene에 대해 상동유전자 절편을 이용하여 특정 DNA를 교체 또는 삽입하는 방법이다. 목적 유전자의 5′ 부위의 상동 부위homologous region와 3′ 상동 부위를 선발 마커(선발 표지 유전자, 예 : 항생제 내성 유전자)를 사이에 두고 벡터에 삽입하거나 DNA 절편으로 제조하여 세포 내부로 유입하면 염색체 복제 과정에서 상동 부위가 부착되면서 이중나선이 만들어지고 DNA 중합효소가 남은 사슬을 복제한다. 이와 같은 이중가닥 DNA 재조합은 낮은 확률로 일어나므로 항생제 내성 유전자와 같은 선발 표지 유전자를 함께 도입함으로써 항생제 배지에서 재조합 세포를 선발할 수 있다.

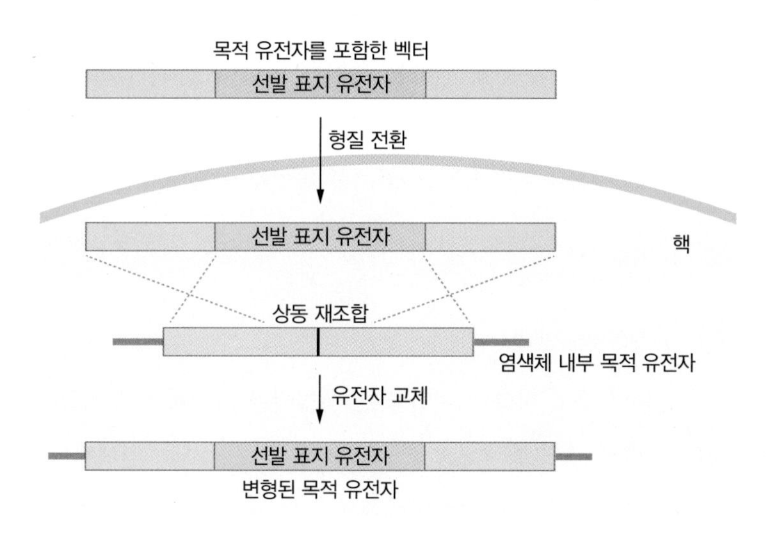

그림 10-5 상동유전자 재조합 과정

3) 이중가닥 절단과 수선Double-stranded break and repair

핵산 가수분해효소는 유전체의 원하는 위치에 특정한 이중가닥 절단double-stranded break, DSB을 일으키게 되고, 그 절단은 세포의 자체적인 메커니즘에 의해 상동재조합homologous recombination, HR 또는 비상동말단연결Non-homologous end joining, NHEJ의 방식으로 수선된다. 최근 주로 이용되고 있는 조작된 핵산 가수분해효소는 크게 3가지(ZFNsZinc Finger Nucleases, TALENsTranscription Activator-Like Effector Nucleases, the CRISPR/CasClustered Regularly Interspaced Short Palindromic Repeats/Cas 시스템)가 있다.

핵산 가수분해효소를 이용하기 위해 가장 먼저 이중가닥 절단의 수선 메커니즘에 대한 이해가 필요하다. 일반적으로 이중가닥 절단의 수선에 대해 두 가지 경로가 알려져 있다. 상동재조합 또는 비상동말단연결이 그것이다. 상동재조합의 경우, 상동성 있는 서열을 포함한 DNA 공여체가 절단된 부분의 사라진 유전자 서열을 되살리기 위한 주형으로 사용된다. 반면 비상동말단연결은 이중가닥 절단의 끝을 직접 연결해 주기 위해 다양한 효소를 이용한다. 비상동말단연결은 마이코박테리아mycobacteria의 이중가닥 절단부에서 50%의 확률로 돌연변이를 유발한다고 할 만큼 오류를 유발하는 수선 방식이다. 그러므로 만일 다양한 샘플에서 원하는 유전자에 이중가닥 절단을 만들 수 있다면, 비상동말단연결의 부정확성을 통해 그 위치에 쉽게 변이가 만들어지도록 할 수 있다. 반면, 상동재조합의 경우 상동성 있는 서열을 포함한 DNA 공여체가 수선의 주형으로 이용되므로, 관심 있는 유전적 부분에 원하는 변이를 만들어 낼 수 있다는 장점을 가진다. 이와 같이 유전체 내 특정 위치에 이중가닥 절단을 만들면, 세포의 자체적 수선 과정에서 원하는 변이를 얻어낼 수 있고 본 원리를 발전시켜 유전체 편집genome editing 기술이 발전되고 있다.

4) 자연 돌연변이(진화 돌연변이)

변이의 발생은 게놈의 구조 변화에 기인한다. 게놈이란 기능적으로 조화를 이루어 완전한 생활을 하기 위하여 필요한 최소한의 유전자군을 포함하는 염색체chromosome 한 개의 조pair를 말한다. 따라서 염색체 수의 변화에서 오는 게놈 돌연변이genome mutation와 염색체 내의 유전자 변화(deletion, inversion, duplication, translocation)에서 오는 염색체 돌연변이chromosome mutation로 나눌 수 있다. 그러나 미생물 육종에 이용되는 변이 방법은 주로 유전자를 구성하는 염기의 배열 순서나 조성의 변화에 의한다. 돌연변이라는 것은 유전자가 변하여 자손에 유전되는 현상이고, 크게 나누면 자연 돌연변이spontaneous mutation, 인공(인위) 돌연변이artificial mutation가 있다. 유전자의 DNA는 염기, 데옥시리보스deoxyribose 및 인산의 3개 성분으로 구성되어 있고, 염기로서는 아데닌adenine, A, 구아닌guanine, G, 사이토신cytosine, C 및 타이민thymine, T의 4종류가 있으며, 데옥시리보스 뉴클레오타이드deoxyribose nucleotide가 서로 데옥시리보스의 3′과 5′의 위치에서 인산 결합하여 인산가교로 결합된 폴리뉴클레오타이드polynecleotide의 사슬로 이중사슬double strand이 나선상으로 된 이중나선 구조를 하고 있다. 그리고 아데닌과 타이민, 구아닌과 사이토신 간에 수소 결합hydrogen bond(염기짝base pair)하여 서로 연결되어 있다.

DNA 염기배열의 변화는 염기 또는 염기군의 삽입insertion, 결실deletion, 치환substitution, 중복duplication, 전좌translocation, 역위inversion가 있다. 이 중 삽입, 결실, 중복, 전좌에 의하여 염기의 배열이 변화하므로 그 뒤의 아미노산 배열이 전부 바뀌게 된다. 이러한 형의 변이를 프레임시프트frame shift형 변이라 한다. 변이된 결과 다른 아미노산을 암호화할 수 있는 변이를 미스센스missense 변이라 하고, 아무런 아미노산도 암호화할 수 없는(UAA, UAG, UGA) 변이를 넌센스nonsense 변이라 한다. 그리고 GC⇔AT와 같은 치환은 퓨린purine 염기가 퓨린 염기로, 피리미딘pyrimidine 염기가 피리미딘 염기로 치환되고 있으며, 이것을 전이transition라고 한다. 이와 다르게 AT⇔CG와 같은 퓨린 염기가 피리미딘 염기로, 피리미딘 염기가 퓨린 염기로 치환되는 것을 교차형 염기전이transversion라 한다.

돌연변이 유발 물질은 DNA의 특정한 부위가 아닌 어떤 유전자이든지 무작위로 변화를 일으킬 수 있지만, 과량으로 처리할 경우는 세포의 사멸을 일으킨다. 돌연변이 유발 물질mutagen의 처리 농도 및 처리 시간은 처리 농도가 높을수록, 그리고 처리 시간이 길수록 세포의 생존율은 낮아진다. 돌연변이 발생 빈도는 생존율이 1% 이하일 때 가장 높게 나타난다. 돌연변이를 의도적으로 유도하려면 화합물을 이용하거나 자외선을 조사하면 된다. DNA 성분에 있는 특정된 구조를 약품 처리하여 돌연변이를 직접적으로 유발시키는 화합물로 Ethyl methane sulfonate(EMS)와 N-methyl-N′-nitro-N-nitrosoguanidine(NTG)이 있다. 또한 DNA는 강한 자외선을 흡수하여 미생물의 염색체에서 변이가 일어난다.

DNA 용액 중에 자외선을 조사하면 두 종류의 화학적 변화가 일어난다. 첫 번째는 같

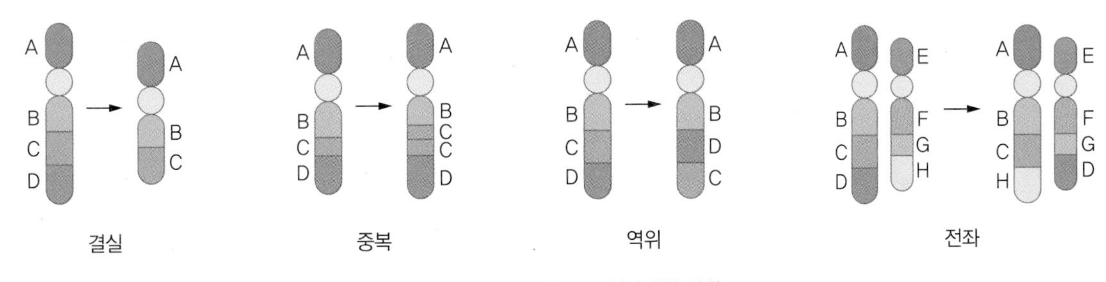

그림 10-6 대표적인 DNA 염기배열 변화

은 사슬상에서 서로 이웃하고 있는 피리미딘 잔기 사이에 공유 결합covalent bond이 형성되어 피리미딘 이합체dimer가 된다. 이들의 2량체는 DNA 분자를 변형시켜 정상적인 염기짝 형성을 방해한다. 두 번째는 피리미딘 잔기의 이중 결합이 있는 4,5 이중 결합을 수화hydrate한다. 자외선에 의한 돌연변이 유기작용ultraviolet light induced mutation의 대부분은 피리미딘 이합체 형성의 결과로부터 이루어진다. 이는 피리미딘 이합체를 제거하거나 또는 절단하는 처리를 하면 자외선이 변이 유기 효과가 거의 상실되는 것으로도 이합체의 중요성을 알 수 있다.

일반적으로 자연계에서 분리 선발한 야생균주wild type strain가 생산하는 대사산물의 양은 매우 소량으로 경제성이 없는 경우가 많다. 균주의 돌연변이에 의해 수십 배 또는 수백 배로 생산성을 높이는 경우가 많았으며, 이는 각종 처리에 의한 변이주의 획득에 의해 이루어지게 된다. 예를 들어, 페니실린penicillin 생산에 있어서 1940년대 초기 단계에서는 0.1 g/L 이하의 수준이었으나, 1990년대에는 60 g/L 정도로 생산량이 증가하였다.

tip

CRISPR-Cas9 시스템

CRISPR(Clustered Regularly Interspaced Short Palindromic Repeats) / Cas 시스템은 플라스미드나 파지와 같은 외래 유전자로부터 원핵생물(prokaryote)을 보호하는 면역 시스템이다.

RNA(harboring the spacer sequence) CRISPR 서열은 외래 침입 유전자를 공격한 바이러스의 DNA 단편을 공간(space)에 저장하고 기억한다. CRISPR 서열은 박테리아에서 약 40%, 고세균에서 약 90%가 발견된다. CRISPR이 기억한 서열은 안내 RNA(guide RNA) 서열이 외래 DNA를 인식하게 하고 Cas 단백질이 자르는 것을 도와준다. 이러한 방어 기작은 박테리아 방어 시스템에서 중요한 역할을 하며, CRISPR-Cas9로 알려진 기술의 기초를 형성하여 생물체에서 효과적으로 유전자를 변화시키는 데 사용된다.

CRISPR-Cas 유전자 편집 기술은 미생물뿐만 아니라, 동식물에서도 다양한 응용 분야를 가지고 있다. 이 방법은 기존의 유전자 편집 기술과는 다르게 외래 유전자의 도입 없이 미생물이나 동물, 식물에 존재하고 있는 유전자를 이어 붙이는 방법이기 때문에 GMO 관련법의 규제에서 보다 자유로울 수 있다. 또한 기존의 유전자 편집 기술은 선택 마커(selectable marker)로 항생제를 사용하여 항생제 내성 유전자의 전이가 문제가 되었지만, CRISPR-Cas 시스템은 별도의 선택 마커가 필요하지 않아 더욱 안전하다. 하지만, CRISPR-Cas 시스템에 대한 윤리적, 종교적 문제, 사회적 위험 등에 대한 여러 가지 시선이 공존하고 있어 이에 대한 고찰이 필요하다.

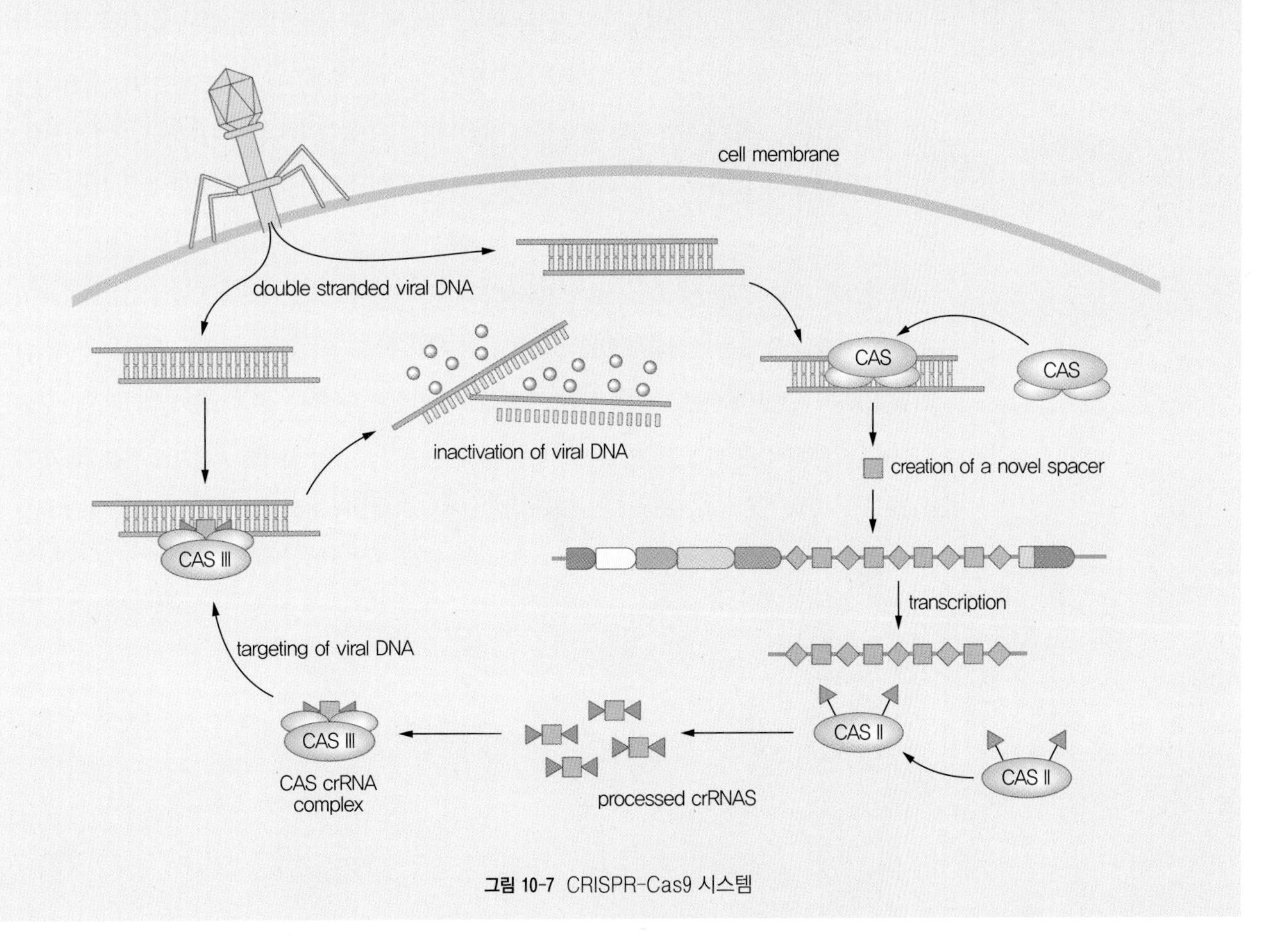

그림 10-7 CRISPR-Cas9 시스템

단 원 정 리

분자생물학과 생명공학 기술은 20세기에 비약적인 발전을 이루고 각종 생물의 게놈 서열과 유전 정보가 공개되면서 산업적으로 유용한 유전자를 쉽게 확보하고 이용하는 유전자 재조합 기술이 보편화되고 있다. 유용한 유전자를 얻는 방법 중에서 가장 보편화된 것이 PCR(polymerase chain reaction)에 의한 증폭 방법이다. PCR은 타깃 유전자의 양끝 5′과 3′ 방향에 각각 상보적인 2개의 프라이머(primer)를 이용하여 주형이 되는 염색체 DNA(chromosomal DNA)에 접합(annealing)한 후, 고온에서 안정한 *Taq* 중합효소(*Taq* polymerase)와 상용화되어 있는 유전자 증폭기(Thermocycler)를 이용하여 대용량으로 증폭한다.

증폭된 유전자를 일반적으로 대장균에서 유래한 플라스미드 벡터에 삽입하는데 증폭된 유전자와 벡터를 제한효소로 절단한 후 연결효소를 이용하여 접합하면 벡터 내부에 원하는 유전자를 삽입할 수가 있다. 이렇게 재조합한 플라스미드 벡터를 다시 대장균 내부로 도입하면 목적하는 유전자를 대장균에서 복제하거나 발현시킬 수 있게 되고, 이러한 일련의 과정을 유전자 클로닝(gene cloning)이라고 한다.

유전자 운반체를 흔히 벡터(vector)라고 하며, 특정의 유전자 DNA를 원하는 숙주세포 속에 가지고 들어가서 증폭시킬 수 있는 기능을 보유한 DNA 분자이다. 대표적으로 플라스미드, 파지, 코스미드 등의 기술이 이용되고 있다. 최근에는 이러한 기술을 보완할 수 있는 내부융합 클로닝 기술도 이용되고 있다. 이렇게 만든 벡터는 접합, 융합, 물리적 방법 등을 통해 세포 내로 벡터 유전자가 도입되고 있다. 그밖에 세포 시스템의 염색체 염기서열을 임의의 DNA를 주입하여 수정하거나 돌연변이를 유발하여 변경시키는 방법이 있다.

대표적으로 DNA 단일가닥 또는 이중가닥을 세포에 유입하여 재조합을 유도하면 목적하는 특정 부위에서 염기서열의 수정 또는 편집되게 하는 단일가닥 DNA재조합(SSDR), 이중가닥 DNA재조합(DSDR) 방법이 있다. 또한 특정한 돌연변이 유발 물질을 이용하거나 단순한 환경적 스트레스를 부여하여도 미생물은 유전형과 표현형이 동시에 쉽게 변화된다. 이런 방법을 이용하면 특정 염기를 수정하여 유전자의 발현을 중지(knock-out)시키거나 감소(knock-down)시키고, 발현된 단백질의 활성을 아미노산 서열 변화로 변경시킬 수 있다.

연습문제

1. Cloning에 이용되는 vector DNA로서 요구되는 기본적인 조건에 대해 설명하시오.

2. 세균에 사용하는 대표적 3가지 유전자 운반체(벡터)를 설명하시오.

3. pUC vector에 대해 기술하시오.

4. Shuttle vector 제조에 이용되는 두 가지 대표 기술에 대해 설명하시오.

5. 내부융합 클로닝(In-Fusion cloning)의 장점에 대해 설명하시오.

6. 세포 내 이형 유전자 도입 방법에 대해 설명하시오.

7. 세포 내 이형 유전자 도입 방법 중 물리적 방법을 설명하시오.

8. 세포의 유전 정보 편집 기술에 대해서 설명하시오.

9. DNA 성분에 있는 특정된 구조를 약품 처리하여 직접 돌연변이를 유발시키는 물질의 대표적인 예를 드시오.

10. 다음 용어에 관해 설명하시오.
   (1) frame shift형 변이

   (2) missense 변이

   (3) nonsense 변이

정답 및 해설

1. Cloning에 이용되는 vector DNA로서 요구되는 기본적인 조건은 두 가지가 있다.

① DNA 분자가 적당한 세포에 기생하고, 그 속에서 복제(replication)하기 위하여 필요한 유전 정보를 완전하게, 그리고 안정되게 유지하면서 증식을 계속해야 한다.

② 복제에 관여하지 않는 부분에 외래성 DNA 단편을 삽입할 수 있는 특정 부위(제한 endonuclease의 절단 부위)를 갖고 있어야 한다.

2. 유전자 운반체(벡터)

(1) 플라스미드(plasmid) : Plasmid는 자가복제 능력을 보유하고 있으며, 염색체 DNA와는 별개로 분리되어 세포질 내에 존재하는 두 가닥의 원형 DNA이다(extrachromosomal covalently closed circular DNA).

(2) 파지(phage) : Phage는 일종의 바이러스로서 세균을 숙주로 이용하여 생활하며, 박테리오파지(bacteriophage)라고도 한다. 야생형의 온전한 phage DNA를 vector로 사용한 것이 아니라 이 중에서 lytic growth에 필요하지 않은 DNA 등 불필요한 부분을 잘라내고 변형시켜 vector로서 유용한 유도체를 만들었다. 즉 λ phage는 본래 유전자(약 50 kb)의 약 60%만 유지하고 있으면 vector로서 사용될 수 있다.

(3) 코스미드(cosmid) : Cosmid는 plasmid로서의 일부 기능과 phage로서의 일부 기능을 보유한 거대 DNA 분자 cloning용 vector로, cosmid의 크기 자체가 plasmid vector처럼 5kb 내외로 매우 작아서 약 40~45kb에 상당하는 DNA분자를 cloning하는 데 사용된다. Cosmid는 plasmid에서처럼 자가복제에 필요한 유전자(ori gene)를 가지고 있어서 세균세포 내에서 독립적으로 존재할 수 있으며, phage에 비해 취급 및 보존이 쉽다. 또한 항생제 내성 유전자 marker를 가지고 있어서 선별 및 추적이 쉽다.

3. pUC vector의 장점 pUC18/19(2,686 bp)와 같은 pUC 계열의 vector는 자가 복제를 위하여 pMB1에서 유래한 replicon을 갖고 있으며, 13종류의 제한효소 인식 부위를 갖는 합성 polylinker(multi-cloning site)를 갖는 high-copy-number plasmid로 개발되어, 현재까지도 전 세계적으로 가장 많이 사용되는 cloning vector 중 하나이다. pBR322의 copy number가 15~20 정도인데 비해, pUC vector는 500~700개로 high-copy number이다.

4. (1) Ligtion : Vector DNA와 외래성 DNA 단편을 효소 반응으로 결합한다. DNA 분자를 제한효소로 절단하고 생긴 절단된 말단의 구조에 따라 단편(fragment)을 만들고 ligase를 이용하여 연결하여 재조합체(recombinant) DNA를 만든다.

(2) In-Fusion 클로닝 : In-Fusion 클로닝은 하나 이상의 DNA 단편을 유전자의 상동 재조합(homologous recombionation)을 이용하여 벡터에 복제하는 방법이다. 이 기술은 선형화된 벡터와 목적하는 유전자의 PCR 산물에 15bp 정도 겹치는 서열이 생기도록 프라이머를 설계하여 효소를 이용하여 연결하는 방법으로 이 시스템은 부위 특이적 재조합 부위 또는 여분의 DNA 서열을 필요로 하지 않으며, 제한효소 및 DNA ligase가 필요없다. 이때 사용되는 효소 mixture는 각 말단에서 15 bp 이상의 중

첩을 인식하고 이 상동성을 공유하는 DNA 단편을 정확하게 연결한다. 이때 15 bp의 중첩은 프라이머 디자인을 통한 PCR 증폭에 의해 생성될 수 있다.

5. In-Fusion 방식은 기존의 방법과는 다르게 제한효소 인식 부위나 특별한 염기서열에 영향을 받지 않아 실험자의 서열 디자인에 따라서 원하는 모든 서열을 조작할 수 있다. 또한 subcloning 과정이 필요하지 않고 insert와 vector의 15 bp 정도의 상동성을 가진 서열과 효소만 있으면 바로 반응을 일으킬 수 있으므로 쉽고 빠르게 cloning할 수 있다.

6. (1) Cell-plasmid(transformation) : 원핵 세포(prokaryotes)에서 관찰되는 유전 형질의 변화로 형질 전환이라고 한다. 형질 전환 실험에 있어서 수용체 세포로 가장 많이 쓰이는 균주는 대장균(*E. coli*)으로서 외래 DNA를 효율적으로 세포 내에 집어넣는 방법들이 개발되었다.

   (2) Cell-phage(transfection, transduction) : 바이러스 입자를 vector로 사용하여 외래 유전자를 진핵 세포(eukaryotic cell) 내로 전달하는 방법이다. Transfection은 transformation과 infection(감염)의 합성어이다. 참고로 Bacteriophage는 한 세포(donor cell)에서 다른 세포(recipient cell)로 DNA의 전달을 매개하는 특성이 있는데, 이를 이용하여 두 세포 사이에서 DNA가 전달되는 현상을 transduction이라고 한다.

   (3) Conjugation : Mating이라고도 한다. 2개 또는 3개의 세포가 직접 접촉함으로써 세포와 세포 간에 물리적인 통로가 만들어지고, 그 통로를 통하여 공여체 세포로부터 수용체 세포로 DNA의 전달이 이루어진다. 그러나 2개의 세포가 합쳐져서 하나로 되는 것은 아니다.

   (4) Fusion : 미생물에 세포벽 용해효소(예, lysozyme 등)를 작용시켜 protoplast를 만들고, 두 종류의 protoplast를 polyethylene glycol을 함유한 액에 현탁시키면 원형질체(protoplast)가 응집하고, 세포 융합(cell fusion)이 일어나고, 이 중에서 융합체(fusant)를 얻을 수 있다. 세포와 세포가 합쳐져서 하나의 새로운 세포가 만들어지는 것으로서 염색체 DNA가 합쳐지게 된다. 여기에서 새로이 생겨난 세포는 모세포와 다른 유전 형질을 갖는다. 보통 세포 융합(cell fusion) 또는 원형질체 융합(protoplast fusion)이라고 한다.

7. (1) Heat shock in $CaCl_2$: 대장균인 경우는 $CaCl_2$로 처리한 균에 일정 시간(약 30분) 저온에서 DNA를 함께 배양한 후, 짧은 시간(약 30~60초) 동안 고온 처리(heat shock, 42°C)를 함으로써 쉽게 도입된다.

   (2) Electroporation : 최근 들어 전기적 충격에 의한 외래 유전자의 유입법의 원리는 친수성과 소수성으로 되어 있는 인지질의 이중막을 짧은 시간 동안 전기 충격(voltage shock)을 주어 세포막의 구조를 파괴시켜 작은 구멍을 만들게 되고, 이를 통해 극성 물질인 외래 DNA가 주입되는 방법이다. 이는 숙주세포와 DNA의 혼합액에 수백 내지 수천 볼트의 고전압을 순간적으로 걸어 줌으로써 아주 짧은 시간 동안에 세포벽 및 막에 DNA가 통과할 만한 통로가 생기고, 그 순간에 인접해 있던 DNA 분자가 세포 안으로 들어가도록 하는 방법이다.

   (3) Microinjection : 현미경에 고정된 micromanipulator를 사용하여 수정란의 전핵에 외래 유전자를

직접 주입하고 배양시킨 배를 자궁에 이식하여 새끼를 얻는 방법이다. 당초 형질 전환 동물의 생산은 거의 이 방법으로 이루어졌다. 주입된 DNA는 전핵에 있어서 염색체 복제가 개시되기 전 세사기에 임의의 부위에서 저단 재결합이 이루어져 이때 도입되는 것으로 생각된다. 보통 1~100여 카피의 DNA가 연결된 상태이며, 숙주 DNA 배열 속으로 삽입된다.

(4) Particle gun : 식물세포 내로 DNA를 전달할 때 사용하는 입자총으로 DNA로 코팅된 입자를 세포나 조직 속으로 총을 쏘듯이 발사(projection)해서 투입함으로써 DNA를 전달한다. Microballistics라고도 한다. 이 방법은 DNA가 코팅된 금(gold) 혹은 텅스텐(tungsten)으로 된 세포보다 작은 미세입자(일명 microcarrier)를 고압을 이용하여 세포에 빠른 속도로 발사하여, 그 입자가 순간적으로 세포막을 뚫고 세포 내로 주입되게 하는 방법이다.

8. (1) 단일가닥 DNA (ssDNA) recombineering : 여러 박테리아 속의 염색체를 미세하게 변화시키는 데 사용되는 기술이다. DNA가 복제될 때 double helix 구조가 풀리고 leading strand와 lagging strand에 따라서 새로운 DNA가 합성된다. Leading strand는 5′에서 3′ 방향으로 한번에 합성되는 반면, lagging strand는 약 100 bp 오카자키 절편이 합성되며 후에 ligase에 의해 연결되는데, 이때 오카자키 절편과 비슷한 서열의 고농도의 약 80 mer의 서열을 넣어주게 되면 이 80 mer의 서열이 특정 위치의 오카자키 절편 서열 대신 위치하게 되어 mutation을 일으키게 된다.

(2) Double strand recombination : 두 개의 상동 DNA 분자 간의 재조합으로 상동성 재조합은 두 개의 유사하거나 동일한 DNA 분자 간에 뉴클레오타이드 서열이 교환되는 일종의 유전자 재조합이다. DSB(double-strand breaks)로 알려진 DNA의 두 가닥에서 발생하는 유해한 틈을 정확하게 복구하기 위해 세포에서 가장 널리 사용되고 상동성 재조합은 또한 진핵 세포가 동물의 정자 및 난자와 같은 배우자 세포를 만드는 과정인 감수 분열 시 DNA 서열의 새로운 조합을 만들어 낸다. 이러한 새로운 DNA 조합은 자손의 유전적 변이를 나타내며, 차례로 개체군이 진화 과정에서 적응할 수 있게 해 준다. 상동성 재조합은 수평 유전자 전달에 사용되어 다른 균주와 세균 및 바이러스종 사이에서 유전물질을 교환한다.

9. Ethyl methane sulfonate(EMS), N-methyl-N′-nitro-N-nitrosoguanidine(NTG)

10. DNA 염기배열의 변화는 염기 또는 염기군의 삽입(insertion), 결실(deletion), 치환(substitution), 중복(duplication), 전좌(translocation), 역위(inversion)가 있다. 이 중 삽입, 결실, 중복, 전좌에 의하여 염기의 배열이 변화하므로 그 뒤의 아미노산 배열이 전부 바뀌게 된다. 이러한 형의 변이를 frame shift형 변이라고 한다. 변이된 결과 다른 아미노산을 암호화할 수 있는 변이를 missense 변이라고 하고, 아무런 아미노산도 암호화할 수 없는 (UAA, UAG, UGA) 변이를 nonsense 변이라고 한다.

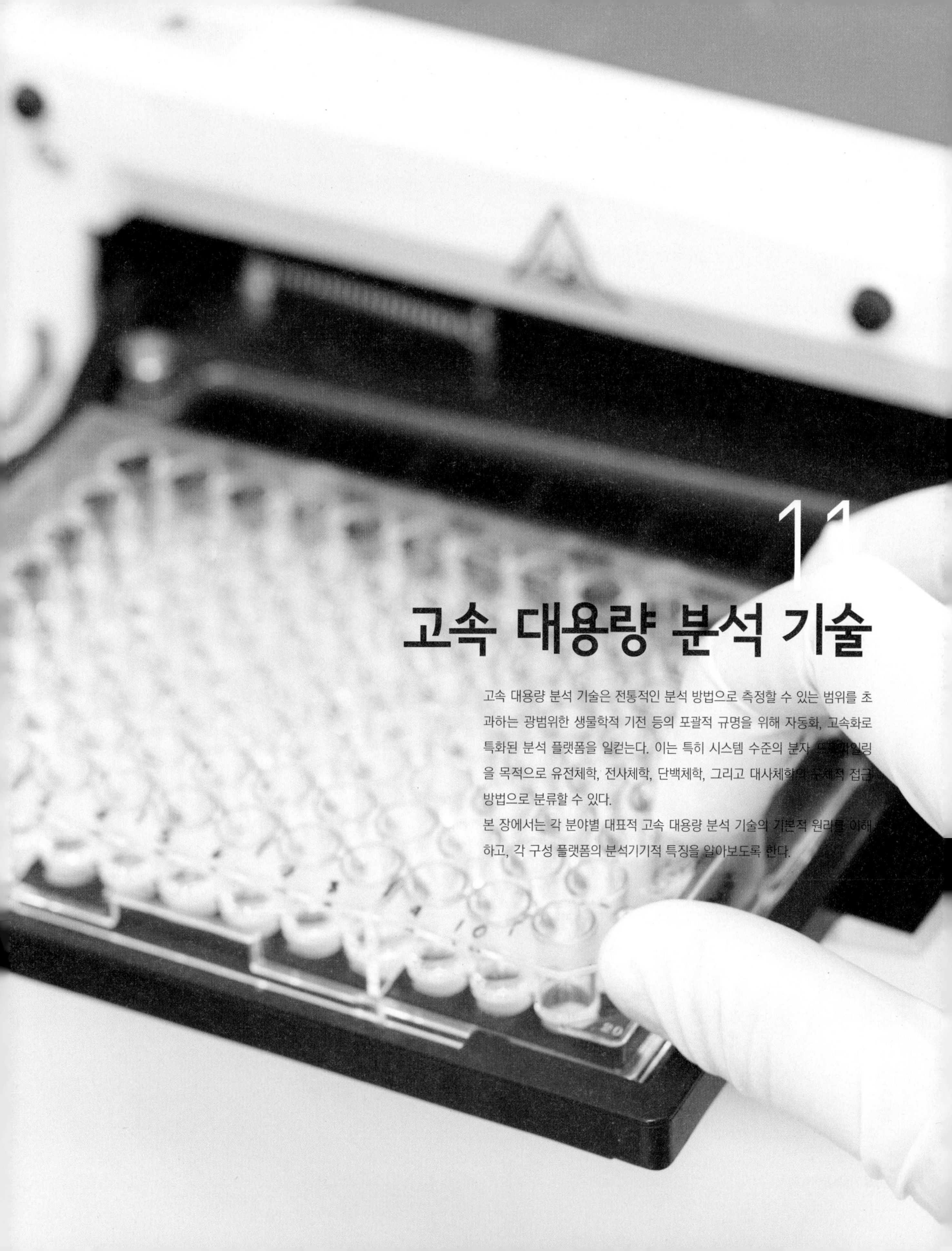

11

고속 대용량 분석 기술

고속 대용량 분석 기술은 전통적인 분석 방법으로 측정할 수 있는 범위를 초과하는 광범위한 생물학적 기전 등의 포괄적 규명을 위해 자동화, 고속화로 특화된 분석 플랫폼을 일컫는다. 이는 특히 시스템 수준의 분자 프로파일링을 목적으로 유전체학, 전사체학, 단백체학, 그리고 대사체학의 구체적 접근 방법으로 분류할 수 있다.

본 장에서는 각 분야별 대표적 고속 대용량 분석 기술의 기본적 원리를 이해하고, 각 구성 플랫폼의 분석기기적 특징을 알아보도록 한다.

1. 유전체학

게놈genome은 모든 유전자를 포함하는 유기체의 완전한 DNA 집합체를 일컬으며, 유전체학genomics의 포괄적인 정의는 게놈의 염기서열 분석을 통한 유전체의 구조 및 기능의 규명을 위한 복합적 학문 분야이지만, 주요 분야는 여전히 유전체 염기서열 분석에 있다.

2. 기능유전체학

기능유전체학functional genomics은 유전체 수준으로 유전형genotype과 표현형phenotype 간의 복잡한 상호관계 규명을 그 목적으로 하고 있다. 관련 연구는 전사 과정transcription, 번역 과정translation 및 단백질-단백질 상호 작용 등 폭넓은 분야의 역동적인 조절 과정을 포함한다. 본 장에서는 염기서열 분석을 기반으로 유전체의 총괄적인 기능 규명 분야를 기능유전체학으로 정의하고, 이에 관련된 대표적인 고속 대량 분석high-throughput analysis 플랫폼

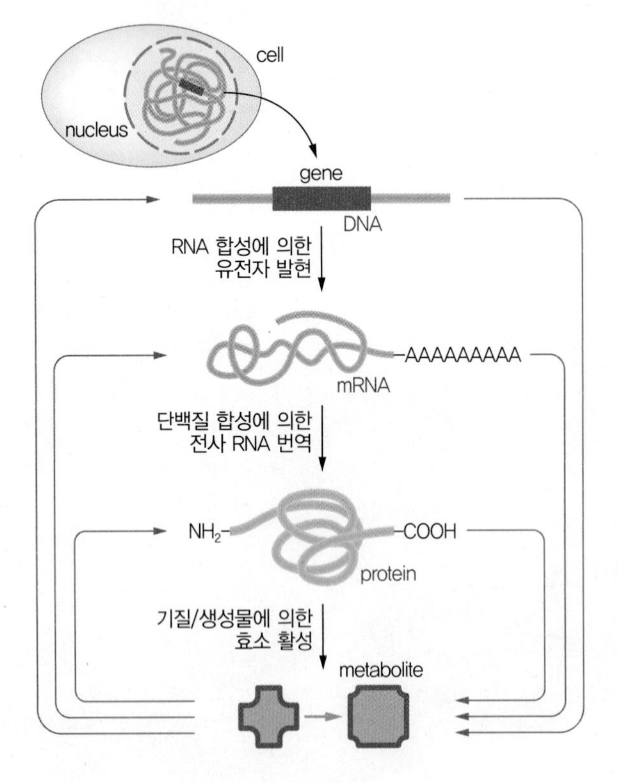

그림 11-1 분자생물학의 중심 원리

을 중심으로 전사체학, 단백체학, 대사체학에 관하여 알아보기로 한다.

1) 전사체학

(1) 개요

전사체학transcriptomics은 통합된 mRNA의 수준에서 다양한 생명 현상을 관찰하고 이해하는 연구 분야로 정의될 수 있다. 이는 게놈에 존재하는 모든 유전자가 전사되는 것은 아니며, mRNA가 합성된 후에도 선별적으로 번역 과정을 거쳐 단백질로 발현된다. 또한 대사 과정의 조절은 종종 다양한 유전자의 발현 변화와 관련되기 때문에, 유전자의 정량적인 정보는 세포의 생리적 이해에 매우 중요한 역할을 한다.

오랫동안 보편적으로 사용된 기술로는 역전사효소 활용 PCRreverse transcriptase-PCR을 이용한 노던 블랏northen blot이 그 예이며, 이는 주형template mRNA를 통한 cDNA 생성 및 증폭을 이용한다는 점에서는 현재 사용되고 있는 기술과의 공통점을 지닌다. 그러나 이 방법은 이미 조절regulation 메커니즘을 정확하게 알고 관련 소수 유전자의 발현 수준을 알고자 하는 경우로 그 활용이 국한되어 있으며, 유전자 조절 기작이 완전히 규명되지 않은 경우 수천 개의 유전자 중에서 선택된 유전자의 발현 수준을 통한 설명에 있어서 그 한계점이 있다.

(2) 전사체 분석 방법

① 혼성화 기반 접근법Hybridization-based method

혼성화 기반 접근법은 형광 물질로 라벨된 cDNA와 함께 소규모 맞춤형 마이크로어레이microarray 또는 상업적으로 제작된 고밀도 올리고 마이크로어레이 배양incubation 과정과 공통점을 지닌다. 이 접근 방법은 노던 블랏이나 qPCR과는 다르게 고속 대용량 분석을 할 수 있으며, 비교적 비용이 적게 든다는 특징이 있다. 그러나 게놈 서열 분석을 기반으로 이미 알려져 있는 타깃 위주의 분석, 그리고 교차혼성화cross-hybridization로 인한 상대적으로 높은 오류 수준 등의 단점이 있으며, 개별적으로 이루어진 결과에 대한 직접적인 비교가 힘들어 일반적으로 복잡한 데이터 정규화 작업normalization을 필요로 한다. 예로는 마이크로어레이가 가장 대표적이며, 연구 대상 샘플을 준비해서 mRNA를 추출하고 역전사효소를 이용한 RT-PCR을 통하여 cDNA를 합성한다. cDNA를 사용하는 이유는 RNA보다 구조적으로 높은 안정성을 가지고 있기 때문이다. 이때 대조 그룹control group은

혼성화
DNA나 RNA상의 염기서열에 상보적인 염기서열을 부착시키는 과정

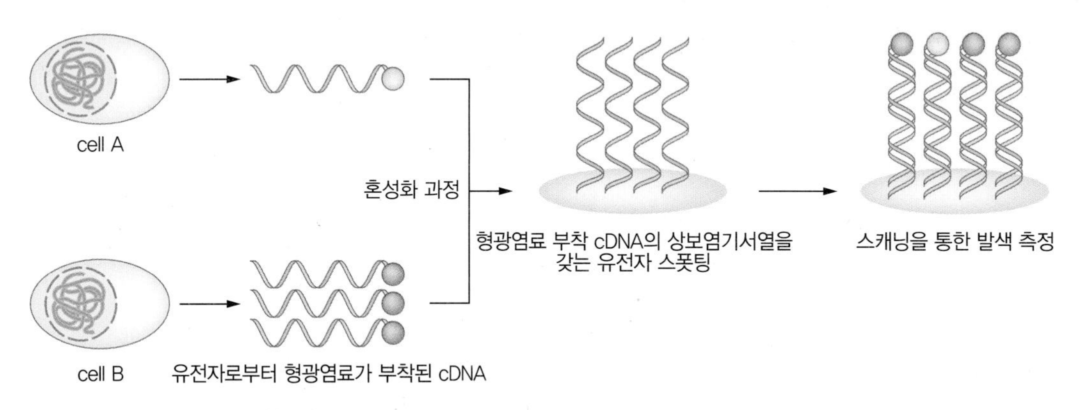

그림 11-2 Microarray 실험의 전체적 모식도

cy3(green), 샘플sample은 cy5(red) 형광 염료dye를 부착시킨다. 다음으로는 혼성화를 하기 위하여 dsDNA ssDNA의 단일가닥 형태를 만든다. 이렇게 준비된 단일가닥 DNAsingle strand DNA, ssDNA를 준비된 마이크로 칩의 상보적인 염기서열과 혼성화되는 원리를 기본으로 하고 있다.

② 서열 작성 기반 접근법 Sequence-based method

서열 작성 기반 접근법의 일반적인 목적은 혼성화 기반 접근법과 유사하나, 실험적으로 획득한 mRNA 결과를 직접적으로 cDNA 서열 작성에 반영한다는 점에서 그 차이점이 있다고 할 수 있다. 초기에는 cDNA 또는 expressed sequence tag(EST) 라이브러리의 생거 DNA 염기서열 분석법Sanger sequencing method이 활용되었으나, 낮은 처리량과 정량성 등의 단점을 극복하고자 tag 기반 분석법tag-based method이 개발되었다. 예로는 serial analysis of gene expression(SAGE), cap analysis of gene expression(CAGE), 그리고 massively parallel signature sequencing(MPSS) 등이 있다. 이러한 tag 기반 전사체 분석은 고속 대량 분석이 가능하고 높은 정량성의 장점을 가지고 있으나, 짧은 길이의 tag로 인해 유전체 스케일로 지도화mapping하는 데 유전자 서열의 중복 가능성의 한계를 가지고 있다.

최근 차세대 염기서열 분석Next Generation Sequencing, NGS이라 불리는 새로운 방법의 고속 대량 DNA 염기서열 분석법high-throughput DNA sequencing 개발을 통해 전사체의 정성·정량 분석의 새로운 패러다임을 제공하는 전환점이 되었다. 이 중 전사체 분석에 가장 널리 적용되는 방법 중 하나인 RNA-SequencingRNA-Seq은 RNA 추출물에 존재하는 전사체를 검출하고 정량화하기 위한 계산 방법과 함께 고효율 시퀀싱 방법론을 결합한 것이다. 이를 통해 앞서 기술한 바와 같이 마이크로어레이 방법이 특정 유전체 주석달기genome annotation를 기반으로 mRNA의 증가 또는 감소량만을 도출할 수 있었던 것과는 달리, RNA 편집, 대립-특이적 유전자 발현 등의 정보를 획득할 수 있게 되었으며, 특정 대상

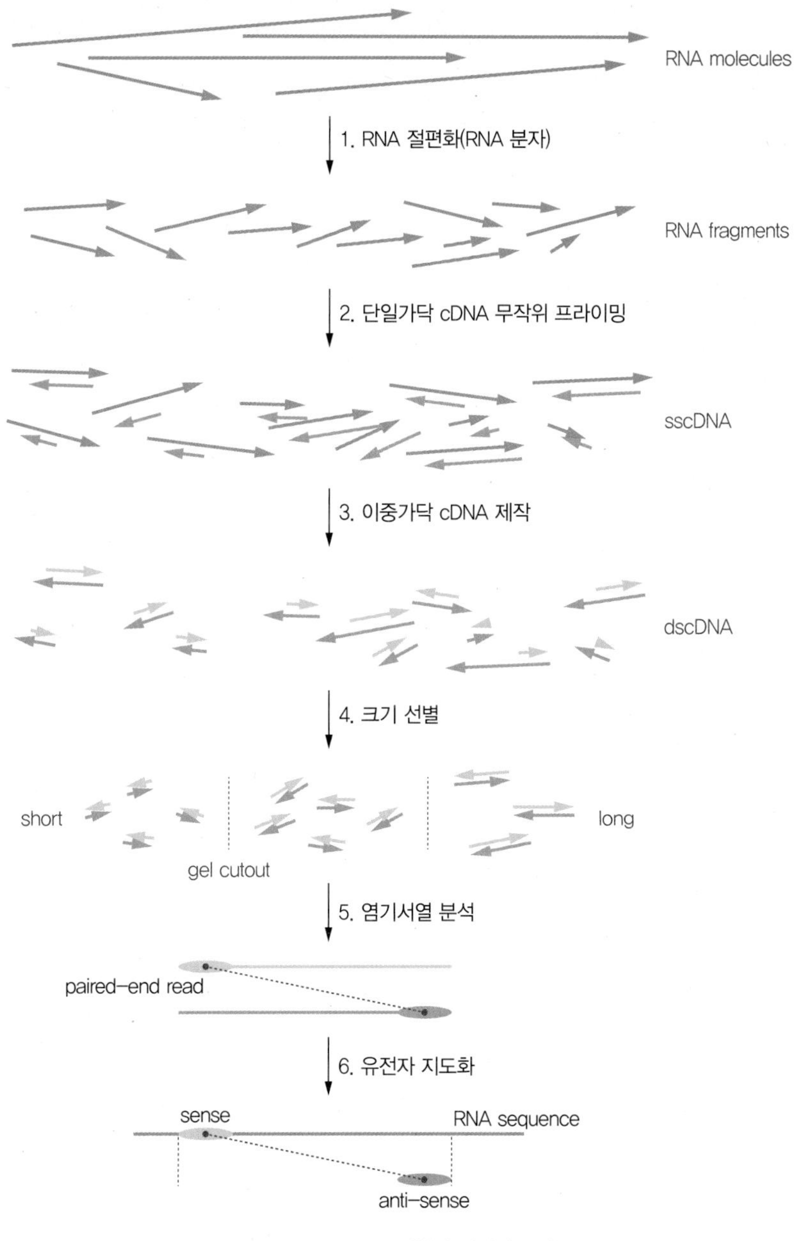

그림 11-3 RNA-Seq 실험의 전체적 모식도

이 small RNA 및 비암호화 RNAnon-coding RNA 등의 분석 또한 적용되고 있다.

2) 단백체학

(1) 개요

앞서 기술한 바와 같이 기능유전체학의 다양한 접근 방법의 일환으로 유전체의 발현에 의한 분자적 수준에 있어서의 1차적 표현형인 mRNA의 정량 연구 분야에 대해서 살펴보았다. 유전자의 염기서열적 특징이 발현이라는 과정을 거칠 때 그 기능이 구체화된다는 것을 고려해 볼 때, mRNA의 측정은 몇 가지 면에서 그 한계점을 포함하고 있다. 첫째로는 유전자 기능의 최종적 발현 형태는 번역 과정translation을 거친 단백질의 형태로 표현되는 경우가 많다. 특히 메틸화, 인산화, 아세틸화 등 단백질 번역 후 수식 과정post-translational modification은 유전자의 염기서열이나 mRNA의 발현을 통해서 예측이 제한되어 있으며, 단백질의 직접적 분석을 통해서만 알 수 있는 정보이다. 또한 mRNA와 단백질의 발현 패턴은 항상 일차함수의 관계가 아니기 때문에 mRNA의 발현량이 단백질 발현량을 대표할 수 없으며, 이에 세포 기능 및 그에 따른 생명체 기능의 구체적 기작 규명을 위하여 단백질의 총합체인 단백체의 연구 필요성이 대두되었다.

(2) 단백체 분석 방법

단백질은 전사체 분석에 적용할 수 있었던 복제self-replicating 또는 핵산으로 결합annealing할 수 있는 형질을 가지고 있지 않으므로, 많은 종류의 단백체를 어레이array나 칩chip의 형태로 구성하는 것이 불가능하다. 또한 수많은 단백체 또는 그에 기인하는 펩타이드의 분리나 동정을 위해 특정 항체나 획일적인 분자 특징을 이용하는 방법은 높은 수준의 복잡성을 고려할 때, 그 한계점을 가지고 있다.

이에 단백체 수준의 효율적 분리를 위해 등전점isoelectric point이나 분자량의 차이를 이용한 방법이 적용되기 시작하였으며, 또한 이 두 가지 특징을 접목한 2차원 전기영동법two-dimensional electrophoresis, 2-DE이 가장 보편적인 방법으로 사용되어 왔다. 이후 고성능 액체 크로마토그래피liquid chromatography 기술과 높은 해상도resolution와 감도능sensitivity을 보유한 질량 분석 기기의 개발로 단백체 분석의 비약적인 발전의 계기가 되었다. 또한 단백질 동정 및 상대·절대 정량 분석뿐만 아니라 단백질 번역 후 과정의 면밀한 분석에도 적용되기 시작했다. 여기에서는 고속 대용량 분석high-throughput analysis에 가장 보편적으로 사용되는 단백체 분석 방법을 소개하고자 한다.

① **젤 기반 단백체학**Gel-based proteomics

개요에 기술한 바와 같이, 질량 분석과 연계되어 초기 단백체학Proteomics에 적용된 방법으로 단백질 및 펩타이드의 분리를 하는 데 있어서 이차 전기영동two-dimensional polyacrylamide gel을 사용하는 방법이다. 주로 일차원으로 등전점을 이용한 등전점 전기영동isoelectrofocusing이 사용되며, 이차원으로는 SDS-젤 전기영동sodium dodecylsulfate(SDS) polyacrylamide gel electrophoresis을 사용한 분자량의 차이에 따른 분리법이 적용된다. 이렇게 이차원으로 분리된 단백질 스폿spot은 쿠마시블루coomassie blue 및 은 염색법silver staining 등으로 염색을 하게 되며, 염색의 정도에 따라 단백질의 대략적인 정량적 평가가 가능하다. 이후 단백질 spot은 분리되어 염색 제거 과정destaining을 거쳐 트립신 효소에 의한 분해 과정에 의해 펩타이드 절편fragment으로 변환하여, 개별적 단백질에 대한 펩타이드 맵핑peptide mapping 및 펩타이드 서열 분석peptide sequencing을 통하여 일차적으로는 펩타이드를 동정하며, 연차적으로 펩타이드의 정보를 통하여 단백질의 동정을 하게 된다.

② **젤 프리 단백체학**Gel-free proteomics

젤 기반 단백체학은 질량 분석을 통한 단백질 동정을 위하여 등전점 전기영동isoelectric focusing, 젤 전기영동gel electrophoresis, 염색staining 및 젤 절제gel excision 등 개별적인 여러 단계

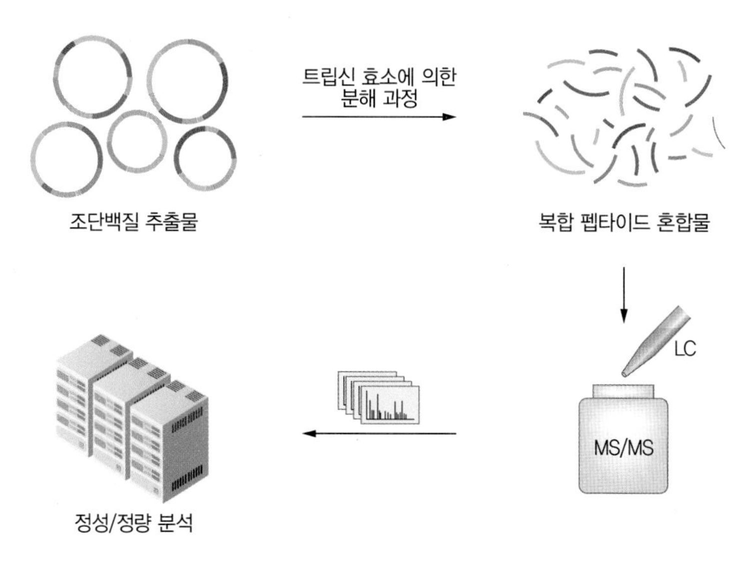

그림 11-4 Gel-free 단백질 분석 실험의 전체적 모식도

를 거쳐야 하므로, 대량 고속 분석 시스템의 적용에 있어서 그 한계점을 가지고 있다. 이에 젤을 이용하지 않는 gel-free 분리 과정이 그 대안책으로 제시되어 보다 보편적으로 활용되고 있다. 이는 생물학적 시스템에서 추출된 단백질 복합체를 먼저 트립신 효소를 이용한 분해 과정trypsin digestion을 통하여 펩타이드화하고 액체 크로마토그래피liquid chromatography, LC를 통하여 분리한 후, 질량 분석 시스템을 통하여 정성 및 정량하는 접근 방법을 적용한다. 주로 역상 컬럼reverse phase column에 의한 분리가 일반적이나, 두 개 이상의 컬럼을 조합하여 이차원 LCtwo-dimensional LC를 사용함으로써 펩타이드의 분리능을 극대화시키는 방법도 자주 사용된다. 가장 대표적인 조합으로는 이온수지 크로마토그래피ion-exchange chromatography와 역상 크로마토그래피reverse phase chromatography이다.

③ **단백질 동정**

질량 분석을 이용한 단백질 동정은 트립신 효소에 의한 분해 과정 이후 생성된 단백질 분해 유래 펩타이드의 단위전하당 질량mass-to-charge ratio과 이중질량분석법tandem mass spectrometry(MS/MS)을 이용하여 생성된 단편fragment의 정보로 이루어진다. 이는 유전체 정보에서 예측되는 아미노산의 서열과 비교하여 상대적인 유사성을 통하여 최종적인 단백질 동정에 적용된다. 먼저 단백체학은 그 접근 방법에 따라 하향식top-down과 상향식bottom-up 방식으로 구분할 수 있다. 하향식 전략은 단백질 분해 과정을 선행하지 않고, 질량 분석 시스템을 사용하여 순수intact 단백질을 동정하는 방법으로 정제purification 등의 전처리 또한 선행하지 않는 접근 방법이다. 이 전략은 상향식 방법만큼 보편적으로 쓰이지는 않는다. 상향식 방법은 복잡한 단백체로 구성된 혼합체에서 트립신 등의 제한효소를 통한 단백질에서 얻어지는 펩타이드 혼합물peptide mixture을 대상으로 주로 C18 컬럼을 이용한 분리를 질량 분석 시스템 전에 수행하는 방법이다. 이는 다시 텐덤 질량 분석 여부에 따라 펩타이드 질량 지문peptide mass finger print과 펩타이드 서열 분석peptide sequencing으로 나누어진다. 펩타이드 서열 분석 기술은 펩타이드의 추가적인 텐덤 질량 분석에 의해 보다 구체적인 아미노산 서열의 분석이 가능하다.

④ **정량 단백체학Quantitative proteomics**

정량 단백체학의 주목적이 샘플 안에 존재하는 단백체들의 동정이라고 한다면 정량 단백체학은 샘플 안에 포함된 단백질들의 정량을 주목적으로 하는 단백체 분석 기술이다. 앞서 언급한 2-DE 과정에서 단백질 스폿의 염색 정도는 비교적 신뢰도 높은 상대적

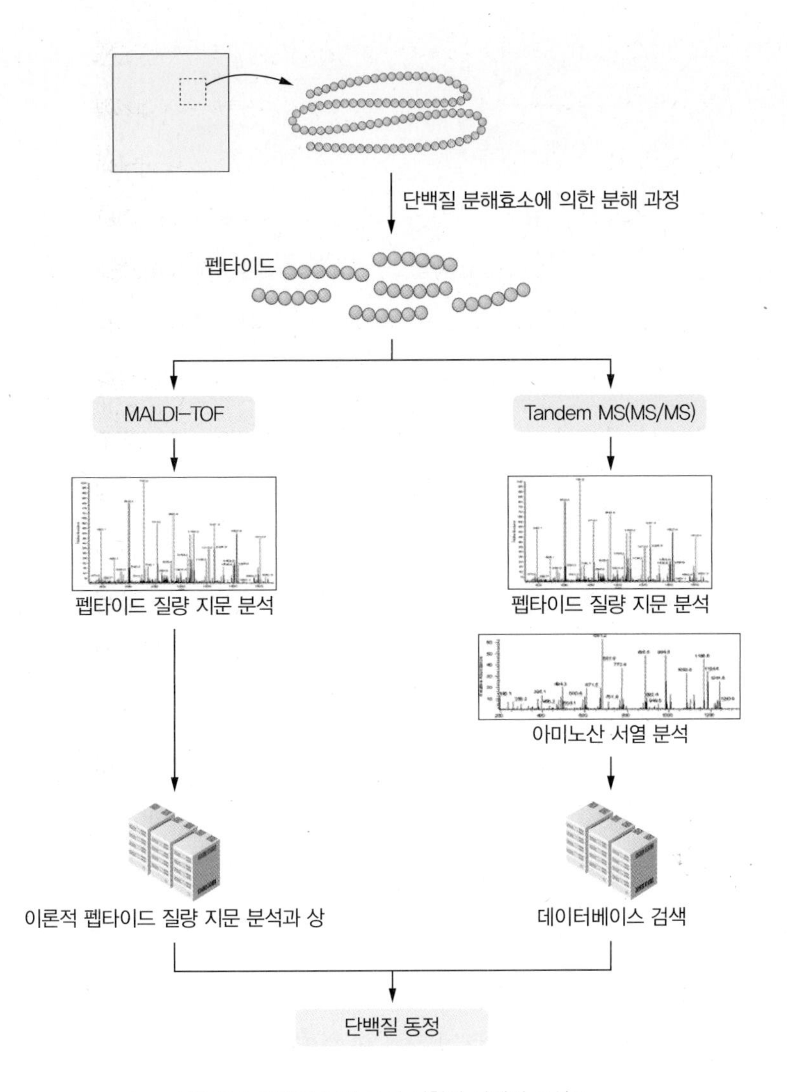

그림 11-5 단백질 동정 분석 실험의 전체적 모식도

정량성을 도출해 낼 수 있지만, 한정된 검출 범위로 인해 상대적으로 높은 발현량을 갖는 단백질 분석에 한정되어 있으며, 여전히 분리 불가능 단백질co-migration protein들의 존재 여부와 염기성 그리고 소수성 형질을 갖는 단백질의 경우 분리 과정에서 가능성을 포함하고 있다.

- SILAC(Stable isotope labeling with amino acids in cell culture) : SILAC은 세포 배양 성분 중 안정적 동위원소 라벨링stable isotope labeling이 되어 있는 아미노산을 사용하여 시료들 간의 단백질의 존재량 차이를 분석하는 기술이다. 예를 들면, 6개의 13C로

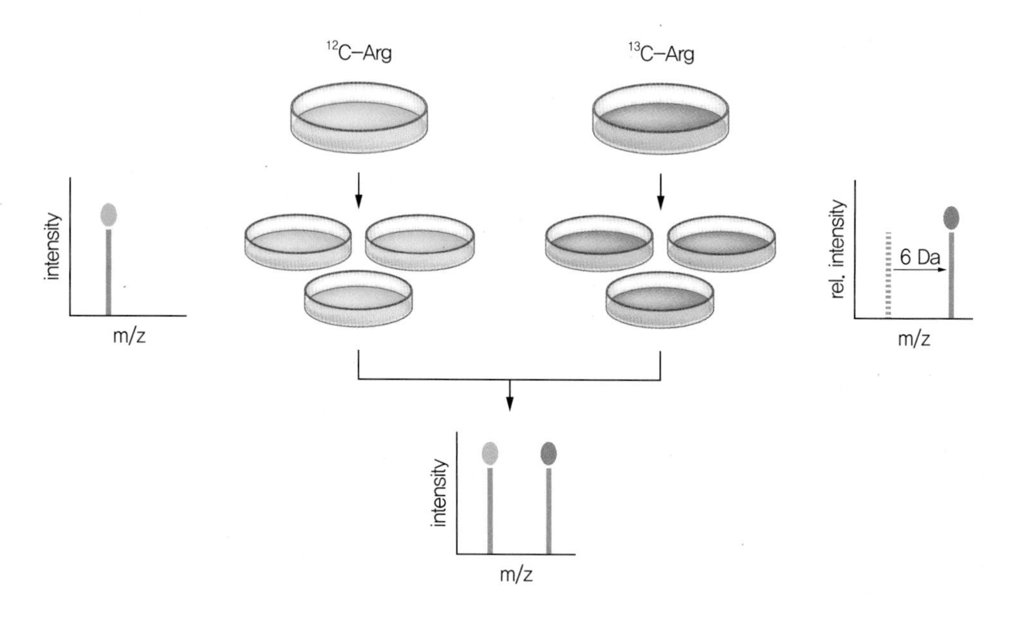

그림 11-6 SILAC 단백질 분석 실험의 전체적 모식도

라벨링된 아르지닌arginine을 시료 중 하나의 배지 성분으로 사용한 경우 이는 비동위원소 탄소로 구성된 아르지닌과 다른 질량값을 나타내게 되고 이는 질량 분석 시 하나의 아르지닌이 포함된 펩타이드에서 6 Da의 차이를 갖게 된다. 이를 이용하여, 두 종류의 샘플을 동시에 비교함으로써 샘플을 비교할 때 발생할 수 있는 정량성의 약화를 극복할 수 있다. 이 외에 타이로신tyrosine 등의 아미노산이 이 기법에 사용되며, 경우에 따라 아미노산의 질소동위원소(^{15}N)를 사용하기도 한다.

- iTRAQ(isobaric tags for relative and absolute quantification) : iTRAQ은 단일 실험을 통해 두 종 이상의 샘플에서 단백질의 양을 분석하는 방법으로, 이중질량분석과 동종원소 라벨링을 적용하는 정량 단백체학quantitative proteomics의 연구 분야이다. 이 방법은 안정동위원소로 라벨링된 분자를 단백질의 N-말단과 곁사슬아민side chain amine에 공유 결합해 이용한다. 액체 크로마토그래피-질량 분석법 분석 동안, 펩타이드 서열을 결정하는 데 도움이 되는 서열 특이적 프러덕트 이온product ion과 샘플별로 택tagging이 되어 있는 리포트 택reporter tag의 양에 따라 펩타이드의 상대 비율을 반영함으로써 궁극적인 단백질 양을 평가하는 방법이다.
- 라벨 미사용 단백체학label-free proteomics : 이는 위에 기술한 방법들과는 달리 동위원소

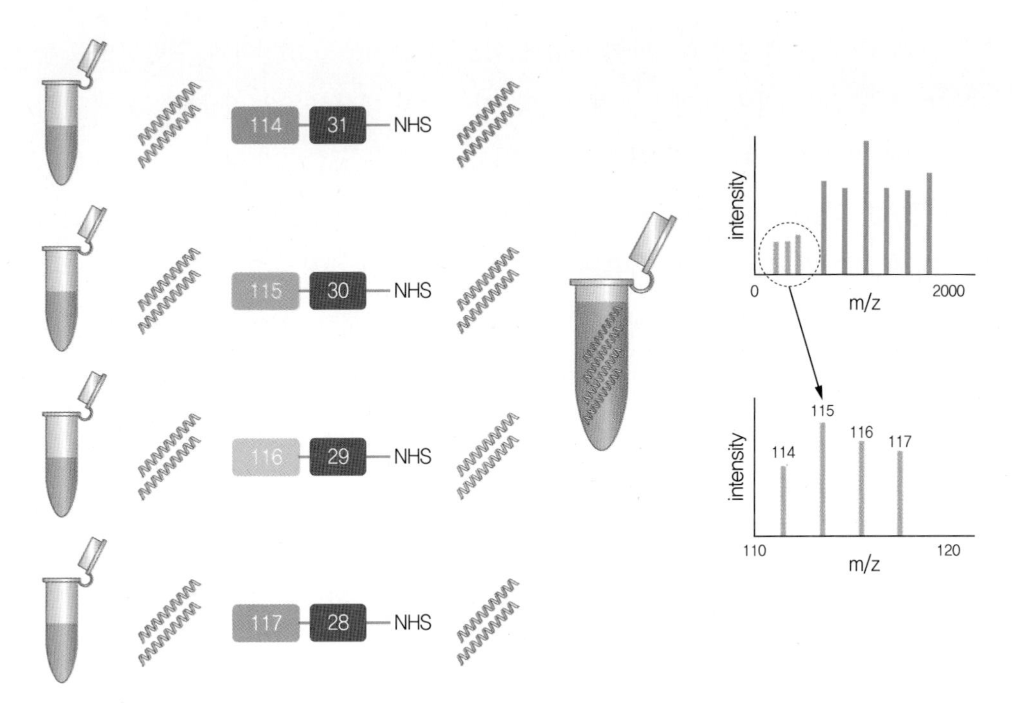

그림 11-7 iTRAQ 단백질 분석 실험의 전체적 모식도

라벨링을 사용하지 않는 것이 특징이며, 크게 모이온량precursor signal intensity을 이용하는 방법과 스펙트라 카운팅spectral counting 방법으로 구분된다. 첫 번째 방법은 고분해능high-resolution 질량 분석 기기를 사용하여 얻은 스펙트럼spectrum을 이용할 때 유용한 방법이며, ms/ms 과정 전의 MS1 스펙트럼 수준에서 펩타이드 시그널을 검출하고 이를 정량화에 사용하는 방법이다. 이와는 대조적으로 스펙트라 카운팅 방법은 이중 질량분석을 이용하여 절편을 생성하고 이의 수를 계산하여 최종 단백질의 정량에 반영하는 방법이다.

3) 대사체학

(1) 개요

앞서 기술한 바와 같이 인간 유전체 해독 후 전사체, 단백체 분석 기술 및 정보 처리 기술의 비약적 발전을 통해 미지의 유전자에 대한 기능을 규명하는 본격적인 포스트 게놈 시대가 시작되었다. 이와 더불어 상대적으로 최근에 들어서, 생체 기능의 조절과 관련하여 직접적이고 다양한 역할을 하는 대사 물질metabolite 연구의 중요성이 강조되었다.

대사 물질은 대사 과정에 관여하는 중간체 및 최종 생성물을 지칭하며, 일반적으로 분자량이 2000 Da 미만인 화합물에 해당한다. 이 중 1차 대사산물은 정상적인 성장, 분화 및 생식을 직접 포함하며, 2차 대사산물은 이러한 과정을 포함하지 않지만 생물학적 기능에 중요한 역할을 하는 화합물을 지칭한다. 이는 일반적으로 생물체의 표현형을 가장 잘 표현하고 정량화할 수 있는 작은 생체 분자로서 완전한 대사산물의 프로파일은 유전자형과 발현 정도, 그리고 단백체 분석만을 통하여 그 해석적 접근이 제한되어 있는 대사체metabolome의 직접적 정보를 제공한다. 또한 세포 내 다양한 변화를 유전자 및 단백질 발현과 관련된 데이터와 결합하여, 분자들의 통합적 상관관계를 통한 시스템 수준에서의 생명체의 표현형에 가장 근접한 데이터 생산을 가능케 한다. 이러한 대사 물질의 분석은 오래 전부터 분석화학적 접근 방법을 통해 개별 물질(단일 물질) 또는 극히 한정된 수의 집합체에 관련된 정성·정량 분석의 형태로 국한되어 왔다. 그러나 질량 분석 기반 단백체의 분석의 경우처럼, 크로마토그래피와 질량 분석을 중심으로 한 기술의 진보로 다양한 대사 물질의 동시다발적, 그리고 고속 분석high-throughput analysis이 가능해짐에 따라 새로운 오믹스omics 분야로서 그 입지가 굳어졌다.

(2) 대사체학의 기본 원리

대사체 분석은 주로 핵자기 공명 분석nuclear magnetic resonance spectroscopy과 질량 분석 기기mass spectrometer로 분석한다. NMR 분광 분석NMR spectroscopic analysis은 다양한 유기 화합물의 분석과 화합물의 합성 확인을 위해 사용되어 왔다. 홀수의 질량이나 원자 번호를 가지고 있는 핵만이 핵공명nuclear spin 현상을 일으키며, 대부분의 유기 화합물의 구성 원자인 수소 원자의 스핀 공명spin resonance을 통해 수소 원자를 분석하는 1H-NMR이 가장 일반적으로 사용되는 접근법 중에 하나이다. 이를 통해 유기 화합물 내에 수소 원자와 결합된 다른 원자 및 작용기를 알 수 있다. 유기 화합물 분석에 있어서 보편적으로 1차원 NMR이 사용되며, 분석 대상 분자의 구조가 복잡할 경우에는 COSY, NOESY, HMBC, HSQC와 같은 2차원 NMR을 사용하기도 한다. 이와 마찬가지로, 유기 화합물의 주요 구성 원자인 탄소의 경우 탄소 동위 원소의 일종인 13C의 핵자기 공명 분광을 이용한 탄소의 결합 형태 및 공간적 배열을 분석할 수 있다. 이는 ^{1}H-NMR 분광법과 상호보완적으로 적용함으로써 보다 정확한 구조 해명에 적용할 수 있다.

질량 분석법mass spectrometry은 분자의 질량을 측정하여 이를 통한 물질의 동정 및 정량에 사용되는 방법이다. 최근 분석 기기의 기술적 발전 및 대중적 보급화로 가장 보편적으로 사용할 수 있는 분석 시스템이다. 핵자기 공명 분석에 비하여 비교적 저렴하며, 높은 감도 및 고속 분석에 적용할 수 있는 장점이 있다. 질량 분석은 검출 물질의 범위에 따라 크게 표적 분석target analysis, 대사 물질 프로파일링metabolite profiling, 그리고 대사체학metabolomics으로 나누어지며, 이와는 별개로 개별 물질의 동정 과정 없이 질량 분석 기기를 통하여 검출된 물질의 정량적인 정보를 이용하여 샘플 등의 분류를 주목적으로 하는 대사 물질 지문채취metabolic fingerprinting가 있다. 여기에서는 질량 분석 기기를 활용한 대표적 대사체 분석 시스템을 그 주요 내용으로 다룬다. 대부분의 경우 생체 내 복잡하게 존재하는 다종의 대사체 분석의 효율을 높이기 위하여 1차적 분리 과정을 거치는데, 가장 대표적인 방법으로는 가스 크로마토그래피gas chromatography, GC와 액체 크로마토그래피liquid chromatography, LC가 있다.

① GC-MSGas-chromatography mass-spectrometry

GC-MS는 주로 휘발성 화합물volatile compound을 분석하는 방법으로 가장 오래된 질량 분석 시스템이다. 이는 법의학 등을 중심으로 광범위한 적용 범위를 가지고 있으며, 오랫동안 누적되어 온 데이터베이스를 통해 광범위한 물질의 보다 손쉬운 동정 및 높은 재현성 등의 장점을 가지고 있다. 주로 휘발성이 높고 소수성hydrophobic 물질에 적용도가 높으나, 유도체화 방법의 적용을 통한 분석 대상 물질의 범위를 넓힐 수 있다. 이온화 방법으로는 전자 충격 이온화electron ionization 방법이 가장 오랫동안 사용되어 왔으며, 이는 70 eVelectron Volts의 높은 에너지를 통하여 분자의 이온화된 단편fragment을 유도하는 접근법으로서 가장 보편적이고 높은 수준의 재현성을 갖고 있는 방법이라고 할 수 있다. 그 외로는 메탄이나 암모니아 등의 가스를 이용한 분자의 단편을 최소화하여 분자 이온molecular ion의 검출을 가능케 하는 화학 이온화chemical ionization의 방법이 적용되고 있다. 질량 분석기Mass analyzer의 경우 단일 4중극자 질량분석기single quadrupole mass analyzer가 가장 보편적으로 사용되어 왔으나, 최근에는 높은 주사율scan rate, 해상도resolution, 감도sensitivity 및 화학 이온화 방법과 연계한 텐덤 질량 분석 등을 통하여 비행시간time-of-flight, 삼중 4중극자triple quadrupole, 오비트랩Orbitrap 등의 다양한 질량 분석기의 복합적 시스템 구성을 그 특징으로 한다.

② LC-MSLiquid-chromatography mass spectrometry

LC-MS는 GC-MS와 비교하여, 상대적으로 비휘발성 물질과 극성 물질의 분석에 적합하며, GC-MS의 대상 물질의 분석 범위보다 폭넓은 것이 그 장점이라고 할 수 있다. 특히 고성능 액체 크로마토그래피high pressure liquid chromatography, HPLC의 발전으로 현재 가장 보편적으로 적용되는 대사체 분석 시스템이다. 액체 크로마토그래피에 사용되는 컬럼 및 이온화 방법(양이온화, 음이온화)에 따라 다양한 물질군을 분석할 수 있다. 비극성 물질의 분리를 위해서는 역상 크로마토그래피reverse-phase chromatography가 사용되는데, 이는 비극성 물질의 흡착을 유발하는 고정상stationary phase과 극성 용매로 구성된 이동상mobile phase 조합을 통해 이루어지며, 대표적으로 사용되는 컬럼으로는 C18 컬럼이 있다. C18 컬럼의 패킹 소재packing material는 ODS로 실리카겔에 고정되어 있는 octadecyl 그룹($-C_{18}H_{37}$)이 주로 사용되어 왔다. 패킹 소재의 탄소 수를 줄일수록 비극성 상호 작용보다는 극성 상호 작용을 통한 물질 분리에 사용될 수 있는데, 이를 정상 크로마토그래피normal phase column chromatography라고 하며 C8(octyl type) 및 C4(butyl type)가 이에 해당한다. 역상 크로마토그래피와는 반대로 극성 물질의 분리에 적용할 수 있으며, 극성 물질의 흡착을 유발하는 고정상을 사용하고, 이동상으로는 비극성 용매를 사용하는 것이 일반적인 적용 방법이다. 최근 극성 물질 분리능의 극대화를 위하여, 친수 상호 작용 액체 크로마토그래피에 최적화된 컬럼의 사용이 증가하는 추세이다. 이는 역상 크로마토그래피와 이온 수지 크로마토그래피의 특성을 공유하는 방법으로 탄소 체인의 길이를 줄이는 방법을 보완하여 보다 적극적인 극성 상호 작용을 유발하는 패킹 소재를 사용한다. 예를 들면, 아마이드amide, 음이온cation, 양쪽이온zwitterion 작용기 등이 있다. 이온화 방법은 GC-MS에서 사용되는 EI 방법과는 달리 주로 소프트 이온화법인 electrospray ionization(ESI)와 matrix-assisted laser desorption/ionization(MALDI)이 사용된다. 이를 통해 어미 이온parent ion의 측정이 가능하므로 타깃 물질의 정확한 분자량을 알 수 있으며, 텐덤 질량 분석과 연계하여 대사 물질의 구조 규명에 그 활용도가 높다고 할 수 있다.

단 원 정 리

본 장에서는 유전자의 기능을 규명하기 위하여 대용량 고속 분석을 통한 시스템 수준의 분자 유동성을 모니터링할 수 있는 대표적 기능 유전체학의 예를 살펴보았다. 초기에는 유전체학을 기반으로 전사체학, 단백체학, 대사체학 등의 연구가 개별적으로 진행되어 왔으나, 최근에는 시스템 생물학(systems biology) 범위에서 통합적, 그리고 면밀한 관찰과 해석이 시도되고 있으며, 이를 통한 복잡한 자연 현상의 연구에 적용되고 있다. 이러한 대용량 고속 분석을 통해 산출되는 데이터양은 기하급수적으로 증가하고 있으며, 이에 따른 데이터 통합의 필요성은 다양한 형태의 생물통계학(biostatistics) 및 컴퓨터 집중적 생물정보학(bioinformatics)의 학문 분야의 발전을 가져오게 하였다. 또한 생물학 또는 전산 관련 학문의 통합적 발전은 이로 인해 생성되는 빅데이터(big data)의 중요성과 더불어 관련 분야 전공자의 높은 수요가 예측되고 있다.

연 습 문 제

1. 기능 유전체학의 정의 및 대표적인 관련 연구 분야를 설명하시오.

2. 대사체학 연구의 접근 기법 중 metabolic fingerprinting에 대하여 간략히 설명하시오.

정답 및 해설

1. 기능적 유전체학은 유전체 수준으로 유전형(genotype)과 표현형(phenotype) 간의 복잡한 상호관계 규명을 목적으로 한다. 대표적 관련 연구 분야는 전사체학(transcriptomics), 단백체학(proteomics), 대사체학(metabolomics)이다.
2. 개별 물질의 동정 과정 없이 분석 기기를 통하여 검출된 feature의 정량적인 정보를 이용하여 샘플 등의 분류를 주목적으로 하는 연구 기법이다.

12 바이오매스 활용 기술

바이오매스는 광합성으로 생산되는 식물 유래 자원으로서 바이오매스로부터 주로 탄수화물 및 지질의 분리가 가능하며, 이를 이용한 가수분해, 발효, 생물 전환 등의 공정을 통하여 바이오연료 및 바이오 기반의 다양한 소재와 제품을 생산할 수 있다. 본 장에서는 생물 공정에서 중요한 소재가 되는 바이오매스에 대한 소개와 종류별 특성 및 장점을 알아보고, 바이오매스를 이용한 다양한 공정에 대해 이해하도록 한다.

1. 바이오매스의 정의 및 구분

1) 바이오매스의 정의

넓은 의미의 바이오매스biomass란 자연계에서 살아 있는 생물체living organism의 활동 결과로 얻어지는 모든 물질mass을 총칭한다. 즉 생물체의 구성 성분인 단백질, 지질, 탄수화물 등을 모두 포함한다. 그러나 좁은 의미의 바이오매스란 바이오에너지bioenergy를 생산할 수 있는 주로 식물체 중심의 생물체 유래의 원료 물질을 총칭한다 즉, 좁은 의미의 바이오매스는 식물, 미세조류, 해조류 등의 광합성 가능한 식물 계통의 생물체가 빛과 이산화탄소를 이용한 광합성을 통해 생산하는 생물 자원 중 바이오에너지의 원료로 사용될 수 있는 자원을 의미한다.

2) 바이오매스의 구분

바이오매스로부터 생산되는 바이오에너지는 바이오매스를 화학적으로 연소시켜 발생되는 열로 발전하는 바이오매스 파워biomass power와 바이오매스의 구성 성분을 수송 기관의 연료로 사용하는 액체 연료로 전환해서 만들어지는 바이오연료biofuel로 나누어진다.

바이오에너지는 그 원료에 따라 1, 2, 3세대 바이오에너지로 구분된다. 즉 식용 식물 자원으로부터 제조되는 1세대 바이오에너지first generation bioenergy, 비식용 자원인 초본계grass 및 목질계wood 식물 자원으로부터 제조되는 2세대 바이오에너지second generation bioenergy, 해양 거대조류 및 담수 미세조류로부터 제조되는 3세대 바이오에너지third generation bioenergy로 분류된다. 이러한 바이오에너지의 분류에 맞추어 바이오매스도 1, 2, 3세대 바이오매스로 구분된다.

2. 1세대 바이오매스의 활용

1세대 바이오매스로부터 생산되는 1세대 바이오에너지의 대표적인 것으로 에탄올을 들 수 있다. 에탄올은 이미 예전부터 옥수수, 밀, 보리 등의 곡류나 고구마, 감자, 타피오카 등의 서류의 전분starch, 과실의 당액, 사탕수수sugar cane나 사탕무sugar beet의 설탕sucrose 등의 당분sugar으로부터 술을 만드는 과정에서 생산되었다. 식용 원료로부터 생산된 에탄올을 연료로 사용할 경우처럼 식용 원료로부터 생산되는 연료는 1세대 바이오연료first generation biofuel로 총칭함으로써 비식용인 리그노셀룰로스로부터 얻어지는 섬유소계 에탄올cellulosic ethanol과 같은 2세대 바이오연료와 구별한다.

당분으로는 비교적 간단히 발효 과정과 증류 과정을 통해 연료용 에탄올을 생산할 수 있다. 현재 브라질에서는 다량 재배되는 사탕수수로부터 추출된 설탕을 효모yeast로 발효하여 얻어지는 에탄올을 생산하여 자국 내 알코올 자동차의 연료로 사용하고 있다. 이러한 수송용 에탄올 실용화는 가장 모범적인 바이오연료의 실용화 사례로 소개되고 있다.

전분으로부터 생산하는 에탄올은 당분으로부터 생산하는 에탄올 생산 공정에 효소적 액화 및 당화 공정이 추가되어야 한다. 전분이 함유된 옥수수를 고온의 수증기로 증자하여 호화gelatinization한 후 알파-아밀레이스α-amylase를 이용한 부분적 가수분해로 점도를 낮추는 액화liquefy를 거치고, 액화된 전분을 글루코아밀레이스glucoamylase를 이용하여 포도당으로 당화saccharify시킨 당화액을 얻는다. 그 당화액을 효모를 이용하여 에탄올ethanol 발효ferment를 하고 발효액을 증류하여 고순도 에탄올을 얻는다(그림 12-1). 옥수수가 대량 재배되고 있는 미국에서는 옥수수에서 얻어지는 전분을 이용하여 에탄올을 생산하는 옥수수 리파이너리corn refinery가 오래전부터 산업화되어 비식용 에탄올을 생산하고 있다. 옥수수 재배지대corn belt가 펼쳐진 미국 중서부 지방에서는 곳곳에 옥수수 리파이너리가 가동되고 있다. 이러한 옥수수 에탄올은 미국 내 일부 주유소에서 에탄올이 첨

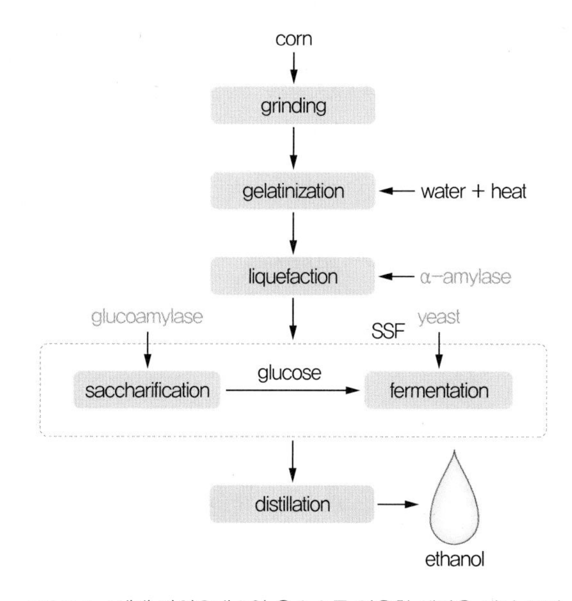

그림 12-1 1세대 바이오매스인 옥수수를 이용한 에탄올 생산 공정

알파-아밀레이스
전분을 구성하고 있는 아밀로스 및 아밀로펙틴 사슬의 중간의 α-1,4 결합을 절단하여 이당류인 말토스와 말토올리고당을 생성하는 효소

글루코아밀레이스
전분을 구성하고 있는 아밀로스나 아밀로펙틴의 비환원성 말단부터 가수분해 반응을 통하여 α-1,4 결합과 α-1,6 결합을 모두 절단함으로써 포도당을 생성시키는 효소

가제로 15%(v.v) 함유된 E15로 판매되고 있으며, 일반 휘발유 자동차에 사용되고 있다.

1세대 바이오연료는 식용으로 이용되는 농산물을 이용하기 때문에 이러한 원료를 연료 생산에 이용할 경우 식량 생산과 충돌하여 농산물의 가격 상승을 초래하고, 농산물 관련 제품의 가격이 비정상적으로 폭등하는 에그플레이션agflation이 일어날 우려가 있다. 따라서 제1세대 바이오연료 생산을 자제하고 대신 식량 생산과 충돌의 우려가 없는 제2세대 바이오연료 생산에 대한 선호도가 높아지고 있다.

3. 2세대 바이오매스의 활용

비식용 자원인 초본계 및 목질계 식물 자원인 2세대 바이오매스의 주성분은 리그노셀룰로스lignocellulose이다. 리그노셀룰로스는 리그닌lignin, 셀룰로스cellulose, 헤미셀룰로스hemicelulose로 구성되어 있어서 리그노셀룰로스라는 이름으로 불린다. 리그노셀룰로스는 광합성을 통해 지속적으로 생합성되므로 지구상에서 무한정 생산이 가능한 대체 자원이며, 바이오매스를 활용한 산업에서 발효 가능한 당의 기본 자원으로 여겨진다. 그러나 현재 이러한 2세대 바이오매스를 활용한 공정의 상업화 사례는 낮은 경제성 때문에 찾아보기 드문 실정이다.

리그노셀룰로스에서 당류의 급원으로서 가장 중요한 성분인 셀룰로스는 β-1,4 결합으로 포도당이 연결되어 안정한 구조를 이루고 있다. 리그노셀룰로스의 또 다른 주요 성분인 헤미셀룰로스는 셀룰로스와 달리 복합 다당체로써 주로 5탄당pentose인 자일로스

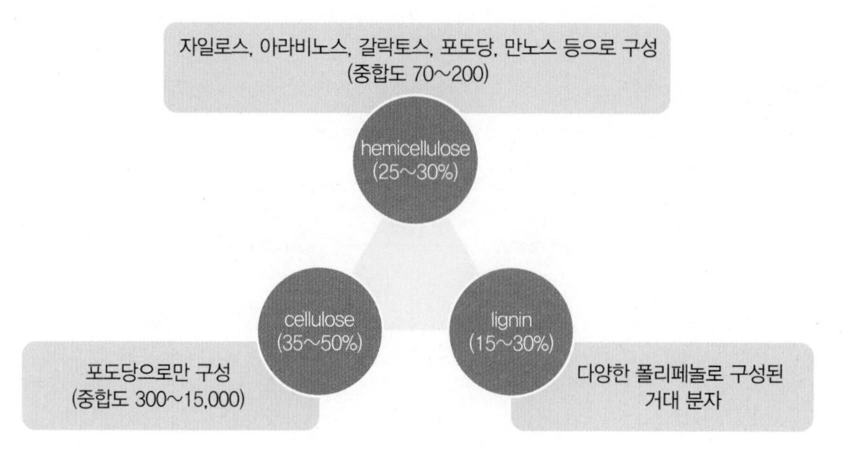

그림 12-2 리그노셀룰로스의 구성 성분 및 특성

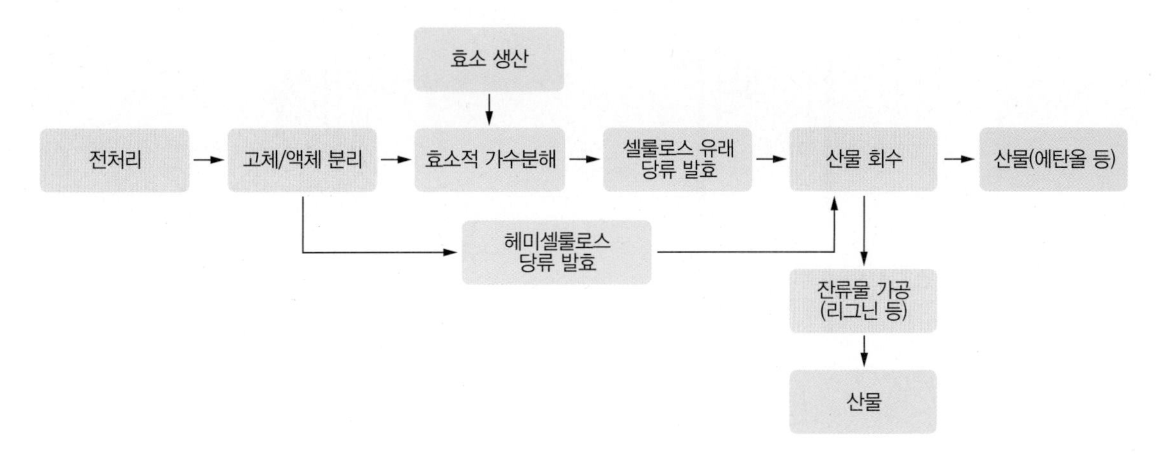

그림 12-3 리그노셀룰로스로부터 에탄올을 생산하기 위한 전처리, 당화, 발효 및 분리정제 공정

xylose, 아라비노스arabinose와 6탄당hexose인 만노스mannose, 갈락토스galactose, 포도당으로 구성되어 있으며, 중합도degree of polymerization가 낮고 구조의 규칙성이 낮아 비교적 쉽게 구조 변형 및 가수분해가 이루어지는 특징이 있다. 셀룰로스 및 헤미셀룰로스와 달리 다량의 방향족 화합물로 이루어진 고분자 물질인 리그닌은 소수성hydrophobicity을 띠고 있는 중합체로, 자연적으로나 화학적으로 강한 내구성을 가지고 있으며, 셀룰로스를 보호하는 역할을 한다(그림 12-2). 이러한 리그노셀룰로스로부터 바이오연료와 같은 유용한 물질을 생산하기 위해서는 전처리pretreatment, 당화, 발효, 분리정제separation and purification 등의 공정을 거쳐야 한다(그림 12-3). 각 공정에 대한 필요성과 목적에 대해서는 다음 세부 절에서 설명하기로 한다.

1) 2세대 바이오매스의 전처리 공정

리그노셀룰로스를 발효 기질로 사용하기 위해서는 리그노셀룰로스에 함유된 셀룰로스 및 헤미셀룰로스부터 발효 가능한 당류fermentable sugar를 생산하여야 한다. 그리고 이러한 당화 공정은 셀룰로스로부터의 포도당 생산이 주된 목적이다. 리그노셀룰로스는 물리화학적으로 매우 견고한 화학 결합으로 연결되어 있고 리그닌으로 둘러싸여 있어 발효성 당으로의 전환이 쉽지 않기 때문에 효소적 가수분해 공정 전에 전처리 공정이 반드시 필요하다(그림 12-4). 따라서 전처리 공정의 일차적 목적은 전처리 후에 시행되는 효소적 당화 공정 즉, 셀룰로스를 포도당으로 가수분해하는 공정에서의 당화율digestibility을 높이는 것이다.

중합도
단당류와 같은 단량체들이 화학결합을 통해 서로 연결되어 긴 사슬을 형성하는 것을 중합이라고 하며, 이러한 중합체상의 단량체의 수를 중합도라고 한다.

당화율
탄수화물 중합체로부터 얼마만큼의 단당류 및 올리고당을 생산되는 수율을 나타내는 것으로 해당 탄수화물 중합체로부터 이론적으로 생산될 수 있는 단당의 수율 100%로 기준을 두고 산출한다.

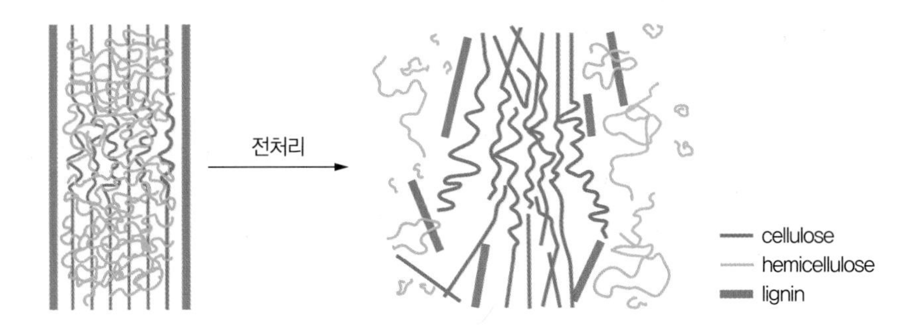

그림 12-4 전처리에 따른 리그노셀룰로스의 구조 변화 모식도

바이오매스의 전처리 기술은 물리적 방법인 증기폭쇄steam explosion 전처리, 열수 전처리hydrothermal pretreatment와 화학적 방법인 묽은 산 전처리dilute acid pretreatment, 알칼리 전처리alkaline pretreatment 등이 있다. 물리적 전처리는 물리적인 방법으로서 리그노셀룰로스의 구조 변화를 통해 효소가 기질인 리그노셀룰로스에 쉽게 접근할 수 있는 형태로 유도하나 일반적으로 그 실효성이 낮은 편이다. 따라서 이를 좀 더 효과적으로 하기 위해 화학적 방법을 이용한 산 및 알탈리 전처리 공정이 많이 연구 개발되고 있다.

황산을 이용한 리그노셀룰로스 전처리 공정은 1819년 프랑스 화학자인 앙리 브라코노Henri Braconnot에 의해 진한 황산을 이용한 전처리 공정이 처음 개발되었다. 이후 1855년 멜센Melsen에 의해 묽은 산 전처리 공정이 개발되었고, 현재까지도 가장 상용화에 가까운 주된 방법으로 연구 개발 중이다. 묽은 산 전처리는 5%(w/w) 이하 농도의 산 용액(황산, 염산, 질산 등)에 리그노셀룰로스를 침지한 후 120~215°C의 고온의 스팀에서 60초~10분간 찌는 동안 산에 의한 촉매 반응으로 90% 이상의 헤미셀룰로스 가수분해, 리그닌 구조 변형이 일어난다. 그 결과 전처리 된 바이오매스에 셀룰레이스 등의 섬유소 분해 효소를 이용한 효소 당화enzymatic hydrolysis를 실시할 경우 이를 통해 이론적 수율의 90%에 가까운 포도당 수율glucose yield을 얻을 수 있다. 이러한 산 전처리 공정의 단점은 전처리 공정에서 푸르푸랄furfural, 하이드록시메틸푸르푸랄hydroxymethyl furfural, 레불린산levulinic acid, 아세트산acetic acid, 개미산formic acid 등과 같은 저해제가 생성이 되는 것이다. 푸르푸랄은 자일로스와 같은 5탄당의 과분해, 하이드록시메틸푸르푸랄은 6탄당의 과분해로 인해 생성된다. 레불린산은 리그닌의 구성물인 폴리페놀polyphenol의 분해로 생성된다. 아세트산은 헤미셀룰로스의 잔기로부터 유래되며, 개미산은 푸르푸랄, 하이드록시메틸푸르푸랄 등의 추가적인 분해가 더 진행되어 생성된다. 이러한 저해제들은 후속 공정인 효소 당화와 특히, 발효 공정을 방해하는 요인이 된다. 이러한 저해제에 의한 방해 요인을 제거하기 위해서는 발효 공정 전에 산 전처리물에 포함된 저해제를 제거하는 공정을 도입하거나 저해제 내성을 가진 발효 미생물을 사용하는 것이 필요하다.

알칼리를 사용하여 리그노셀룰로스를 전처리하는 방법의 주요 효과는 바이오매스로부터 리그닌과 아세틸기acetyl, 우론산uronic acid 등 헤미셀룰로스와 리그닌을 연결하는 잔기를 제거함으로써 효소의 접근성을 높이는 것이다. 이는 주로 바이오매스 구성 물질의 비누화와 팽창을 통해 이루어진다. 알칼리 전처리법의 대표적인 것으로는 미시간 주립대학교Michigan State University의 브루스 데일Bruce Dale 등이 개발한 AFEXammonia fiber explosion 방법이 있다(그림 12-5). AFEX는 암모니아를 바이오매스와 1:1~1:3 정도의 비율로 혼합한 후 고온(70~180°C)에서 5~30분 동안 처리하고 순식간에 상압으로 압력을 떨어뜨려 기체 상태의 암모니아를 회수한다. 이러한 과정에서 바이오매스의 구조의 물리적, 화학적 변화를 유도하여 효소적 당화율을 높일 수 있는 전처리 효과를 얻게 된다. 이러한 알칼리 전처리 공정은 묽은 산 가수분해법과는 달리 헤미셀룰로스는 거의 가수분해되지 않고 주로 리그닌을 용해시켜 리그닌을 셀룰로스와 헤미셀룰로스로 분리할 수 있게 만든다. 따라서 셀룰로스와 헤미셀룰로스를 후속 효소 당화 공정에서 당화시켜 포도당과 자일로스 등의 5탄당을 같이 얻을 수 있다.

결론적으로, 산 전처리법은 리그노셀룰로스에서 셀룰로스와 헤미셀룰로스 간의 결합을 와해시켜 헤미셀룰로스를 전처리 과정에서 용해시킨 뒤 (효소적 당화 공정에서의) 셀룰로스의 효소적 당화를 촉진한다. 산 전처리 과정에서 생성된 불용성 리그닌과 과분해된 헤미셀룰로스는 후속의 당화/발효 공정까지 따라 가게 된다. 한편, 알칼리 전처리법

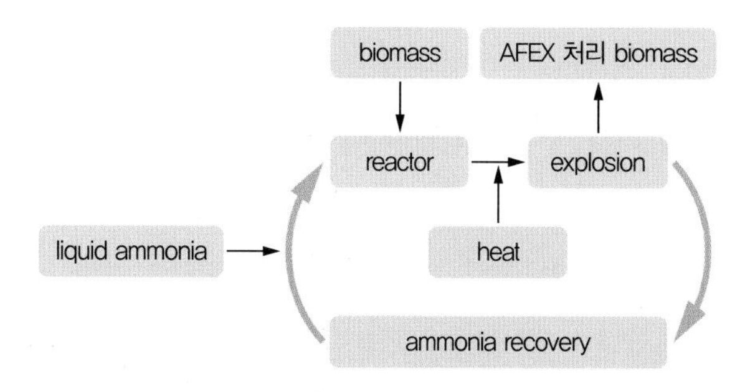

그림 12-5 암모니아를 이용한 AFEX 전처리 공정 모식도

은 주로 리그닌을 용해시킴으로써 셀룰로스 및 헤미셀룰로스의 효소적 당화를 위한 효소의 기질에 대한 접근성accessibility을 향상시킨다. 그러나 알칼리 전처리법은 고함량의 리그닌을 포함하는 바이오매스(예, softwood)의 경우에는 각 성분들 사이의 견고한 결합을 와해시키지 못해 전처리 효과가 낮다. 산 및 알칼리를 이용한 화학적 전처리는 화학반응에 의존하므로 효소 반응에 비해 고온에서 이루어져야 하고, 비특이적이며, 당류의 과분해에 의한 손실 및 저해산물inhibitor 생성 등의 단점이 있다.

생물학적 전처리 방법으로는 리그노셀룰로스를 분해하는 곰팡이들을 이용하는 방법과 분자 수준에서 단백질을 이용하는 방법이 있다. 나무에 기생하는 곰팡이들은 셀룰로스 및 헤미셀룰로스뿐만 아니라 난분해성인 구성 성분 리그닌을 적절히 분해할 수 있다. 이러한 목재 부후wood decay 곰팡이를 이용한 생물학적 전처리 공정은 기존 화학적 전처리에 비하여 온화한 조건에서의 전처리 조건일 뿐만 아니라 적은 에너지 투입량을 가지고 친환경적이며, 저해제의 생성이 극히 적다. 그럼에도 가수분해 전처리 시간이 너무 길어 전처리 효율이 낮기 때문에 독립적으로 수행하기에는 아직 갈 길이 먼 상태이다. 따라서 생물학적 전처리와 화학적 전처리의 적절한 조합이 필요하고, 분자생물학적 접근을 통한 향상된 생물 촉매의 개발이 이루어져야 할 것이다.

2) 2세대 바이오매스의 당화 공정

리그노셀룰로스의 주된 구성 성분은 셀룰로스, 헤미셀룰로스, 리그닌이다. 이 중 발효성 당류의 기질이 되는 탄수화물은 셀룰로스, 헤미셀룰로스이다. 특히 셀룰로스는 포도당이 β-1,4 결합으로 연결된 다당류로서 리그노셀룰로스의 주된 당류 자원이 된다. 헤미셀룰로스는 자일로스, 아라비노스, 갈락토스, 만노스 등으로 다양하게 구성되어 있고 그중 주된 당류는 자일로스이며, 나머지 당류들은 그 구성량이 미미한 상태이다. 따라서 리그노셀룰로스의 주된 당류는 포도당과 자일로스로 대표된다고 할 수 있다. 포도당은 거의 모든 미생물에 의해 잘 발효되지만 자일로스는 5탄당으로서 많은 발효 미생물에 의해 대사 및 발효되지 못하는 문제점이 있다. 포도당이 리그노셀룰로스 중 가장 많은 당류라는 이유와 자일로스가 많은 산업용 발효 미생물에 의해 대사되지 않는 특성 때문에 2세대 바이오매스의 당화 공정은 주로 리그노셀룰로스의 셀룰로스 당화에 초점이 맞추어져 왔다.

셀룰로스를 가수분해하여 당을 얻는 당화 공정은 셀룰로스를 분해하는 효소인 셀룰레이스cellulase가 발견되기 전까지는 황산 등을 이용한 산 가수분해 공정으로 이루어져 왔다. 문헌상으로는 브라코노에 의하여 1819년에 진한 황산으로 셀룰로스로부터 포도당을 생산하는 당화 공정이 보고 되었다. 그 이후에도 이러한 산 당화 공정은 미국 농무성의 임산물연구소US Forest Products Laboratory 등에 의해서 지속적으로 연구되었다. 셀룰레이스는 제2차 세계대전 중 미국 육군연구소US Army Natick Development Center가 미 육군의 무명텐트나 군복 등이 분해되는 원인을 조사하던 중 트리코더마 레세이*Trichoderma reesei* 곰팡이에서 분비되는 것을 최초로 발견하였다. 이후로도 트리코더마*Trichoderma* 균주는 셀룰레이스를 생산하는 주된 숙주 균주로 계속 개량되어 왔다. 곰팡이가 셀룰로스를 분해하는 시스템은 셀룰레이스로서 사슬 중간 결합을 자르는 엔도endo 타입의 효소인 endoglucanase(EG), 사슬 말단부터 자르는 엑소exo 타입의 효소인 cellobiohydrolase (CBH1, CBH2)로 구성되어 있다(그림 12-6). 단백질량으로는 CBH가 EG보다는 훨씬 많은 양이 만들어진다. EG에 의하여 셀룰로스의 중간 부위의 결합들이 절단되어 여러 조각의 올리고당이 만들어지면 올리고당의 환원 말단으로부터는 CBH1, 올리고당의 비환원

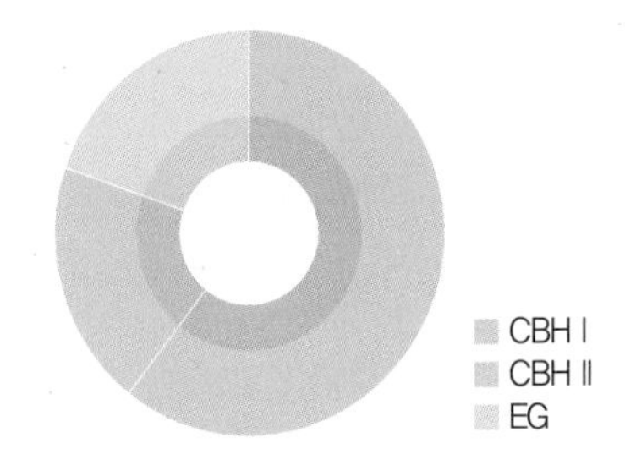

그림 12-6 트리코더마 곰팡이에서의 셀룰레이스 구성 비율

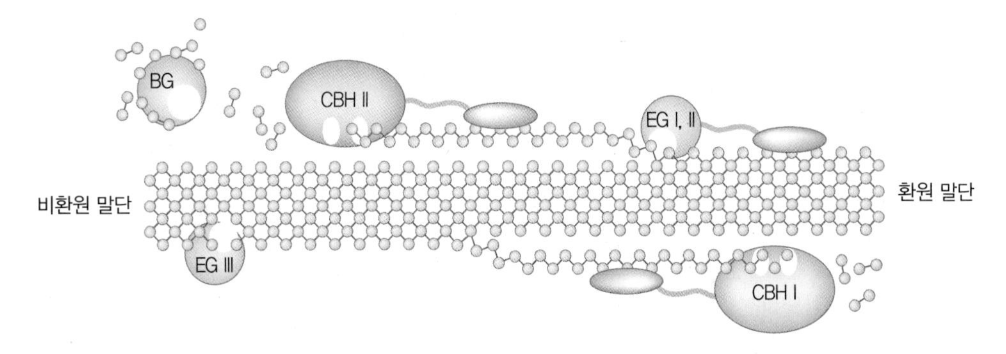

그림 12-7 곰팡이 효소에 의한 셀룰로스 분해

말단으로부터는 CBH2가 가수분해를 일으키면서 이당류인 셀로바이오스cellobiose를 생산하게 된다(그림 12-7). 결론적으로 이들 두 가지 그룹의 효소에 의해 셀룰로스로부터 이당류인 셀로바이오스가 최종 산물로 만들어진다. 셀로바이오스는 이당류에 작용하는 효소인 베타-글루코시데이스β-glucosidase에 의해 β-1,4 결합이 절단되어 셀로바이오스 한 분자로부터 포도당 두 분자가 만들어진다. 현재 시판되고 있는 셀룰레이스는 이들 효소에 헤미셀룰로스를 분해하는 효소인 헤미셀룰레이스가 함유된 효소 복합제이다. 이러한 효소 복합제를 바이오매스 전처리물에 첨가하여 효소 당화를 시행할 경우 포도당과 자일로스 등의 단당류가 생산된다.

펄프 및 섬유산업용 셀룰레이스로 연구실 및 산업적으로 많이 사용된 효소는 덴마크의 세계적인 효소기업인 노보자임Novozymes사에서 생산된 셀루클라스트Celluclast 1.5 L였으나 이 효소는 바이오매스 전용 효소가 아니었다. 따라서 나중에 노보자임사에서 셀릭 시텍Cellic CTec이라는 바이오매스 분해를 위한 새로운 산업용 효소를 개발한 후에 셀루클라스트 1.5 L은 생산이 중단되었다. 셀릭 시텍은 기존의 셀룰레이스에 새로운 효소인 Auxiliary Activity family(AA) 9이 함유된 것으로 추측된다. AA9은 과거에 그 기능이 명확히 밝혀지지 않은 채 GH61로 분류되다가 셀룰로스 사슬의 다양한 위치의 탄소들을, 즉 C-1, C-4 등을 산화시키는 기능이 있는 lytic polysaccharide monooxygenase(LPMO)로 규명되었다. 이러한 산화 기능 이외에도 약하게나마 셀룰로스 β-1,4 결합을 가수분해하는 활성도 있는 것으로 알려져 있다. C-1을 산화시킴으로써 올리고당 길이의 알돈산aldonic acid이 생성되고 C-4를 산화시킴으로써 올리고당 길이의 케토알도스ketoaldose가 생성된다. AA9가 산업적으로 중요한 이유는 AA가 처리된 리그노셀룰로스는 처리되지 않은 대조군에 비해 셀룰레이스에 의한 효소 당화율이 크게 증가되는 점이다. 이러한 특성을 이용하여 셀룰레이스에 AA9을 소량 첨가하여 효소 당화율을 높이고, 반면에 셀룰레이스를 1/5~1/10로 줄여서 동일한 당화율을 얻을 수 있다. 이러한 AA9이 함유된 셀릭 시텍은 몇 가지 버전이 산업용으로 나오면서 바이오매스 당화용 효소로 사용되고 있다.

베타-글루코시데이스
포도당과 같은 단당류 두 개가 베타-1,4 결합으로 붙어서 형성된 이당류의 가운데 결합을 가수분해 반응으로 절단하는 효소

3) 2세대 바이오매스의 발효 공정

1세대 바이오매스인 당분 및 전분 당화물과 달리 2세대 바이오매스 리그노셀룰로스

당화물에는 여러 가지 당류(포도당, 자일로스)가 복합적으로 존재하게 된다. 따라서 당화물에 존재하는 모든 당을 효율적으로 발효할 수 있는 균주의 개발이 중요하다. 대부분의 자연계에 존재하는 에탄올 발효 세균 및 효모는 위에서 언급한 특성을 충분히 만족시키지 못하기 때문에 유전자 재조합 기법을 이용한 대사공학적 균주 개량 연구가 꾸준히 시도되어 왔다. 특히 혼합당 발효를 위해서 자연계에 존재하는 야생형wild type 균주인 피키아 스티피티스*Pichia stipitis*(현재는 *Scheffersomyces stipitis*로 개명됨)로 대표되는 5탄당 발효 균주는 포도당과 자일로스를 모두 발효하여 에탄올을 생산하지만 발효 속도와 에탄올 내성 측면에서 산업적인 이용이 힘든 단점이 있다.

사카로마이세스 세레비지에*Saccharomyces cerevisiae* 효모는 전통적으로 에탄올 발효 및 알코올 함유 식품의 제조에 오랜 기간 이용되어 왔다. *S. cerevisiae*는 이미 전분 및 당류 유래 자원을 이용한 에탄올 생산에 이용되어 상업적인 가능성을 검증받은 균주이다. 그러나 *S. cerevisiae*는 자일로스를 발효하지 못하는 약점을 가지고 있다. 이 점에 대한 해결 방안으로 자연계에 존재하는 대표적인 자일로스 발효 효모인 *P. stipitis* 로부터 자일로스를 자일루로스xylulose로 전환시키는 대사 경로에 필요한 효소인 xylose reductase(XR), xylitol dehydrogenase(XDH) 및 xylulokinase(XK)의 유전자들(XYL1, XYL2 및 XYL3)을 *S. cerevisiae*에 도입함으로써 자일로스와 포도당을 모두 발효할 수 있는 재조합 *S. cerevisiae*를 성공적으로 개발하였다. 하지만, XR/XDH/XK를 이용한 재조합 *S. cerevisiae*의 자일로스 발효는 그 속도가 포도당에 비해서 매우 느리고, 다량의 자일리톨xylitol이 부산물로 생산됨으로 인하여 에탄올 수율이 현저히 낮다는 문제점이 대두

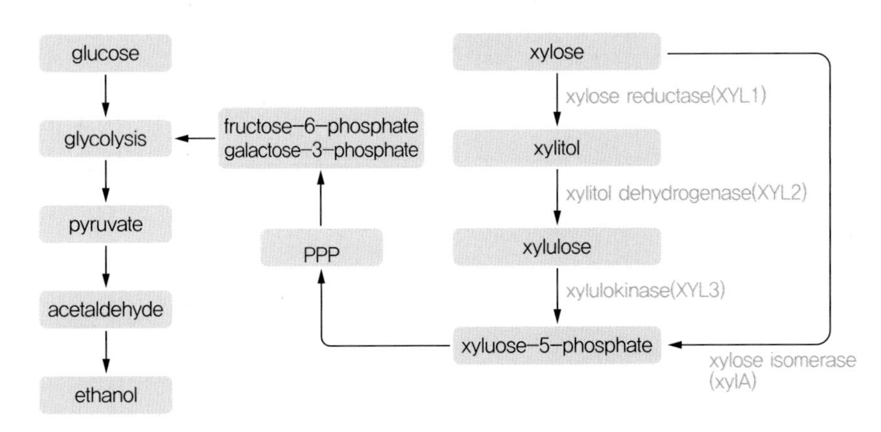

그림 12-8 재조합 *S. cerevisiae*를 이용한 자일로스 발효

되었다. 이러한 문제는 최근에 재조합 *S. cerevisiae*에 진화공학evolutionary engineering을 적용함으로써 해결되었다. 진화공학이란 미생물을 특정 스트레스가 있는 환경에서 지속적으로 생장하게 함으로써 그 스트레스에 적응한 자연적인 돌연변이주가 나오도록 유도하는 기법이다.

4. 3세대 바이오매스의 활용

최근에는 육지에서 얻는 식물체가 아닌 해양이나 담수에서 자생 또는 양식되는 해조류marine algae 및 미세조류microalgae의 주성분인 탄수화물을 원료로 이용하여 바이오연료를 생산하는 기술 개발이 이루어지고 있고, 이렇게 생산되는 연료를 제3세대 바이오연료로 지칭하고 있다. 제3세대 바이오연료도 광합성을 통하여 지속적인 원료 생산이 가능하고, 해조류 및 조류가 식량으로서 차지하는 부분이 적기 때문에 식량 생산과 충돌할 우려도 적어 제2세대 바이오연료와 함께 제1세대 바이오연료의 대안으로 대두되고 있다. 3세대 바이오매스는 크게 녹조류green algae, 갈조류brown algae, 홍조류red algae로 나눌 수 있다. 녹조류는 주로 전분과 셀룰로스로 구성되어 있어 전분을 당화하여 발효할 수 있다.

1) 갈조류 바이오매스의 당화 및 발효 공정

갈조류의 주된 탄수화물 성분은 알긴산alginate, 푸코이단fucoidan, 라미나린laminarin 등이다. 알긴산은 두 종류의 우론산uronic acid인 만누론산mannuronic acid, M과 글루론산guluronic acid, G으로

표 12-1 갈조류 탄수화물의 구성 성분

탄수화물(중합체)	함량(건조 중량 기준)	분해효소	최종 생산물
알긴산(alginate)	12~34%	alginate lyase	mannuronate, guluronate
후코이단(fucoidan)	8~15%	fucoidanse (α-L-fucosidases)	fucose
라미나린(laminarin)	0.5~3.7%(최대 11.6%)	β-1,3-glucanase, β-1,6-glucanase	glucose
만니톨(mannitol)	6.8~15%	발효 가능한 당(fermentable sugar)	
셀룰로스(cellulose)	미량	cellulose	glucose

진화공학
미생물을 특정한 스트레스 조건에서 연달아 계대 배양함으로써 그 스트레스 조건에 적응한 변이체가 자연적인 돌연변이에 의하여 생성되도록 유도하여 최종적으로 스트레스를 극복한 진화 균주를 얻는 인위적인 방법

구성되어 있는데 구성되는 방법에 따라 polyM chain, polyG chain과 heteroGM chain으로 구성된다(표 12-1). 현재까지 알긴산을 분해하는 미생물로는 *Sphingomonas* sp. A1, *Agarivorans* sp. JAM-A1m, *Pseudomonas aeruginosa* PAO1, *Corynebacterium* sp. ALY-1, *Saccharophagus degradans* 2-40 등이 알려져 있다.

갈조류의 최대 탄수화물 주성분인 알긴산을 당화하는 방법은 크게 물리화학적 방법과 생물학적 방법으로 나누게 된다. 물리화학적인 방법은 염산, 황산과 같은 산과 열처리를 통해 알긴산을 가수분해하는 방법이다. 이와 같은 물리화학적인 방법을 통해서는 비교적 쉽게 알긴산을 분해할 수 있지만, 반응 조절이 어려워 선택적인 중합도를 갖는 올리고알긴산을 만들기가 어렵고 과분해에 의해 푸르푸랄, 하이드록시메틸푸르푸랄 등의 독성이 있는 알데하이드가 다량 생성된다. 알긴산의 산 가수분해를 통해 생성되는 단당류인 우론산은 포화된 형태로 현재까지 미생물에 의해 발효 및 대사되는 것으로 알려져 있지 않아 생물학적 전환이 불가능한 당류이다. 반면에 효소에 의하여 생성되는 불포화된 단당류는 비효소적으로 4-deoxy-L-erythro-hexoseulose uronate(DEH)로 전환되며 DEH는 특정 미생물에 의하여 2-keto-3-deoxy-D-gluconate(KDG)를 거쳐 대사된다. 따라서 발효 공정까지 감안하면 알긴산의 경우는 효소를 이용한 당화 공정이 효과적이라고 볼 수 있다. 알긴산은 엔도 타입의 알긴산 분해효소endo-type alginate lyase를 이용하여 올리고당으로 만들고, 엑소 타입의 알긴산 분해효소exo-tyep alginate lyase를 이용하여 불포화된 단당류를 거쳐 자발적인 반응으로 DEH로 전환된다(그림 12-9). DEH는 해양미생물 등 DEH를 대사하는 대사 경로를 지니고 있는 미생물에 의하여 발효될 수 있다.

알긴산을 효소적 가수분해로 단당류 형태로 전환시키면 DEH가 생성된다. DEH는 미생물의 DEH 중의 DEH reductase 또는 DEH isomerase와 KDG isomerase로 촉매되는 대사 경로를 통해서 NAD(P)H를 조효소로 이용하여 2-keto-3-deoxy-D-gluconate(KDG)로 전환된다. 이후에 KDG는 KDG kinase 작용으로 2-keto-3-deoxy-6-phosphogluconate(KDPG)로 전환되고(그림 12-10), KDPG는 몇몇 세균에 존재하는 엔트너-두도로프Entner-Doudoroff 대사 경로와 대부분의 생명체가 갖고 있는 해당작용glycolysis 대사 경로를 통해서 최종적으로 에탄올로 전환된다. 알긴산 대사 경로는 해양미생물에 존재하는 것으로 보고되었다. DEH 대사 경로는 *Sphingomonas* sp. A1 해양미생물에서 최초로 보고되었는데, DEH reductase인 A1-R은 NADPH 조효소에 의존적으로

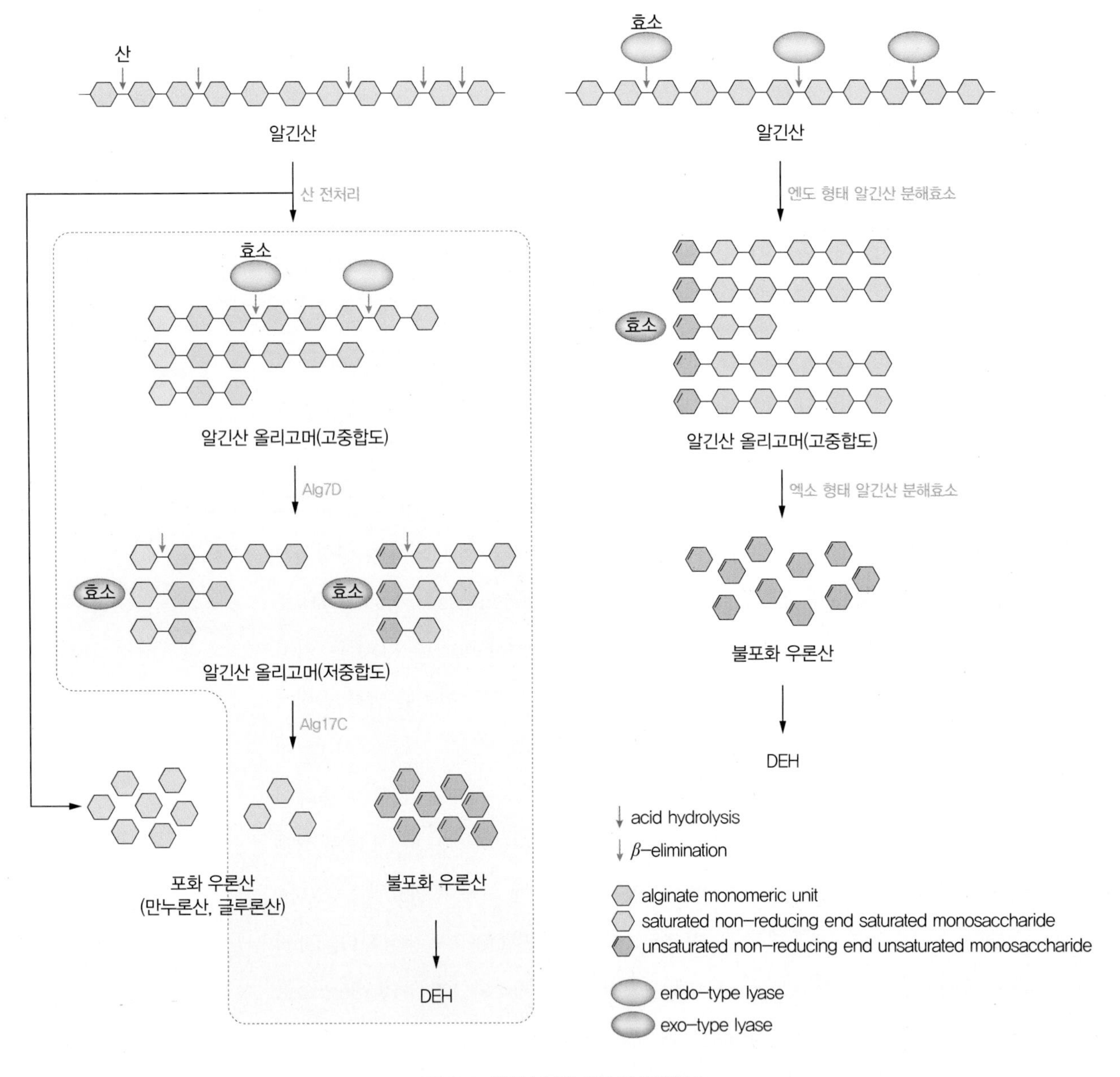

그림 12-9 알긴산 분해 과정 및 분해효소

DEH를 KDG로 전환시킨다. DEH 대사 경로를 보유하고 있는 *Sphingomonas* sp. A1 세포 내로 에탄올 생산에 필요한 자이모모나스 모빌리스*Zymomobilis mobilis* 유래의 pyruvate decarboxylase(Pdc)와 alcohol dehydrogenase(Adh)를 암호화하는 두 개의 유전자를 삽입하였고, 이 유전자 재조합 균주를 이용하여 알긴산 6%로부터 3일 동안 13.0 g/L의

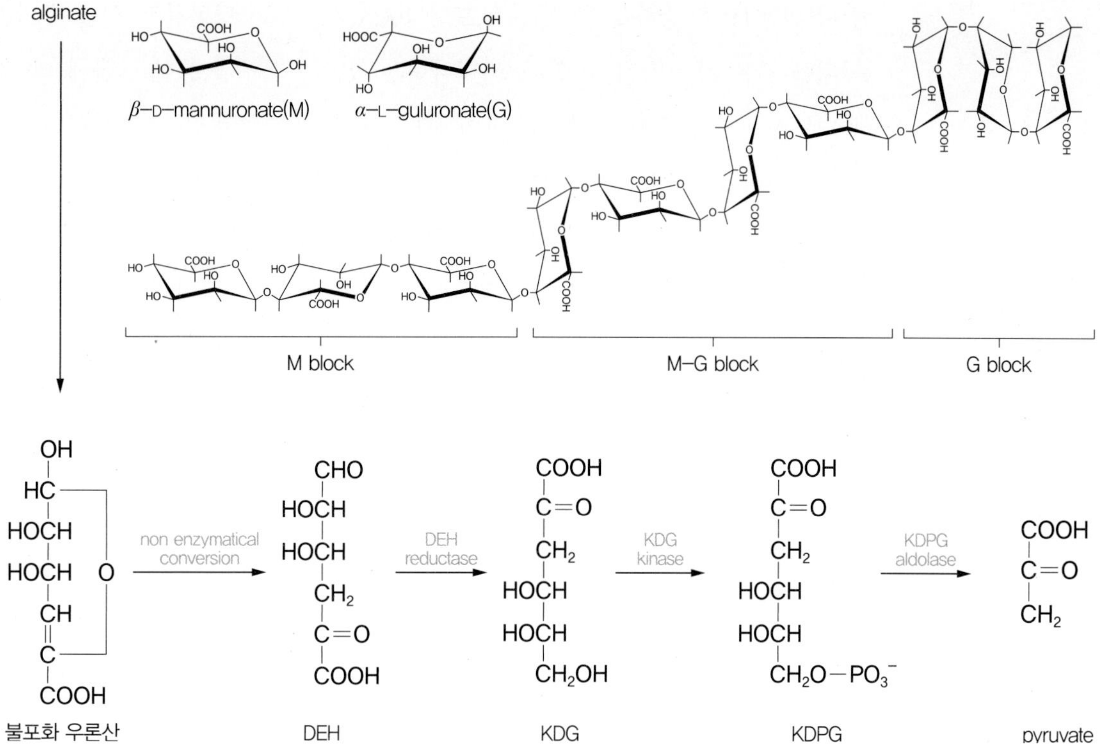

그림 12-10 알긴산 당화물 및 그 단당류의 대사 경로

에탄올을 생산하였다. 한편, 바이오연료와 바이오 화합물 생산에 가장 보편적으로 사용되고 있는 대장균*E. coli*을 균주로 이용하여 알긴산을 포함한 갈조류 바이오매스를 에탄올로 전환시키는 연구 결과도 보고되었다. 알긴산의 분해에 필요한 알긴산 분해효소alginate lyase와 알긴산 분해물을 세포 내로 이송시키는 운반transporter 단백질, 알긴산 단량체인 DEH 대사 효소, 이후의 대사 관련 효소 및 조절단백질 등을 암호화하는 유전자 클러스터를 해양미생물인 비브리오 스플렌디두스*Vibrio splendidus*에서 클로닝하였고, 해당 유전자 클러스터와 에탄올 생산용 유전자를 대장균에 도입하여 알긴산 대사형 유전자 재조합 대장균을 제조하였으며, 이 균주를 이용하여 건조된 다시마로부터 알긴산과 만니톨 등을 이론적 수율의 80% 수율의 에탄올로 전환시킬 수 있는 기술을 개발하였다.

라미나린은 포도당으로 연결된 β-1,3 결합의 주축 사슬에 β-1,6 결합으로 다시 포도당으로 가지치기가 이루어진 다당류이다. 당류로서 갈조류 바이오매스의 탄수화물 중 알긴산 다음으로 많은 함량을 나타내는 구성 성분이다. 라미나린은 포도당으로만 구성된 다당류이므로 당화를 할 경우 포도당 100%로 구성된 당화물을 얻을 수 있어 발효를 위한 좋은 기질이 될 수 있다. 라미나린은 산 가수분해를 통한 당화에 의하여 포도당으로 전환될 수 있으나 갈조류 바이오매스의 주 구성 성분인 알긴산에 산 당화를 적용하는 것이 효율적이지 않으므로 갈조류 바이오매스의 당화에 산 가수분해가 적용되지 않을 수 있다. 따라서 라미나린에도 효소를 이용한 당화 공정이 적용될 가능성이 높다. 라미나린에 긴 사슬 중간의 β-1,3 결합을 절단하는 엔도 타입의 β-1,3-글루카네이스β-1,3-endoglucanase와 긴 사슬 말단의 결합을 절단하는 엑소 타입의 β-1,3-글루카네이스β-1,3-exoglucanase와 더불어 β-1,6 결합을 절단하는 β-1,6-글루카네이스β-1,6-endoglucanase를 조합하여 사용하면 라미나린으로부터 포도당을 손쉽게 생산할 수 있다. 라미나린의 당화물은 전량 포도당이므로 미생물에 의하여 쉽게 발효될 수 있다.

2) 홍조류 바이오매스의 당화 및 발효 공정

홍조류는 한천agar으로 구성된 아가로파이트agarophyte와 카라기난carrageenan으로 구성된 카라기노파이트carrageenophyte로 나뉜다. 한천은 아가로파이트 홍조류의 주성분으로서 아가로스agarose와 아가로펙틴agagaropectin으로 구성된다. 아가로스는 D-갈락토스와 3,6-안하이드로-L-갈락토스3,6-anhydro-L-galactose, L-AHG가 β-1,4 결합으로 연결된 이당류인 아가로바이오스agarobiose가 α-1,3 결합으로 반복적으로 연결된 사슬 형태의 다당류이다. 아가로펙틴은 갈락토스와 AHG로 구성되어 있으며, 에스터 황산기ester sulfate, 메틸기, 피루브산pyruvate 등이 잔기로 붙어 있는 형태를 지니고 있다. 카라기난은 카라기노파이트 홍조류의 주성분으로서 D-갈락토스와 D-AHG로 구성되어 있으며, 이들 당류에 에스터 황산기가 잔기로 붙어 있다.

홍조류는 종에 따라 구성 비율이 다르지만, 아가로파이트에 속하며 한천의 함량이 높은 우뭇가사리의 경우는 건조중량의 ~80%는 탄수화물, 탄수화물의 ~80%는 한천, 한천의 ~80%는 아가로스로 구성되어 있다. 따라서 주로 아가로스를 기질로 하여 효소 당화 공정이 개발되어 왔다. 아가로스를 가수분해하여 당화하는 효소로는 절단하는 결합의 종류에 따라 베타-아가레이스β-agarase와 알파-아가레이스α-agarase로 나뉜다. 이러한 아가레이스들은 홍조류를 먹고 사는 해양미생물에서 대부분 발견되고 있으며, 그중에서도 β-아가레이스가 절대적으로 많이 발견되고 있다. β-아가레이스는 아가로스의

베타-아가레이스
아가로스 및 아가로펙틴의 β-1,4 결합을 절단하는 효소로서 그 반응산물로서 네오아가로올리고당을 생성한다.

알파-아가레이스
아가로스 및 아가로펙틴의 α-1,6 결합을 절단하는 효소로서 그 반응산물로서 아가로올리고당을 생성한다.

알파-네오아가로바이오스 하이드롤레이스
아가로스로부터 효소적으로 생성되는 이당류인 네오아가로바이오스의 α-1,3 결합을 가수분해 반응을 통해 절단하여 단당류인 L-AHG와 갈락토스를 생성한다.

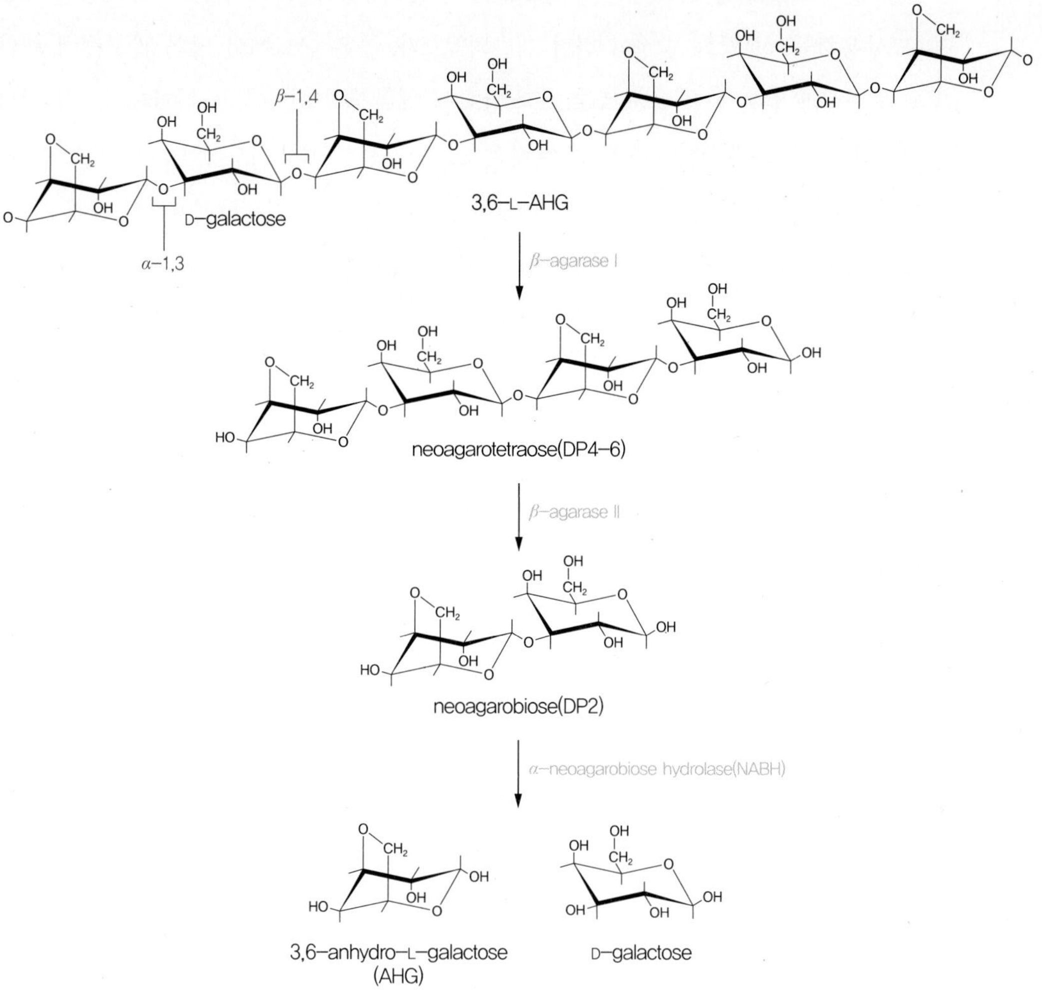

β-1,4
D-galactose
α-1,3
3,6-L-AHG
β-agarase I
neoagarotetraose(DP4-6)
β-agarase II
neoagarobiose(DP2)
α-neoagarobiose hydrolase(NABH)
3,6-anhydro-L-galactose (AHG)
D-galactose

그림 12-11 아가로스의 가수분해 경로 및 관련 효소

D-갈락토스와 L-AHG 사이의 β-1,4 결합을 절단하며, 엔도 타입과 엑소 타입의 두 부류가 있다. 엔도 타입의 β-아가레이스는 중합도 4, 6, 8 등의 다양한 길이의 올리고당을 생성하며, 엑소 타입의 β-아가레이스는 중합도 2의 이당류인 네오아가로바이오스neoagarobiose를 생성한다. α-아가레이스에 속하는 알파-네오아가로바이오스 하이드롤레이스α-neoagarobiose hydrolase, NABH 또는 네오아가로올리고사이드 하이드롤레이스는 네오아가로바이오스의 L-AHG와 D-갈락토스 사이의 α-1,3 결합을 절단하여 L-AHG와 D-갈락토스를 단당류 형태로 생성한다(그림 12-11).

한천 및 아가로스를 당화하는 공정으로는 올리고당을 만들기 위한 목적으로 아세트산을 사용하는 산 당화 공정이 먼저 개발되었으나, 높은 온도에서 당의 과분해에 의한 저해제 생성과 낮은 수율 문제로 효소적 당화를 개발하게 되었다. α-아가레이스가 거의 알려지지 않아 β-아가레이스의 최종 분해 산물로 생성되는 네오아가로바이오스의 가수분해가 불가능하였다. 그러나 최근 네오아가로바이오스 하이드롤레이스의 발견 및 재조합 효소로서의 생산에 힘입어 효소적 당화 공정을 통한 아가로스로부터 D-갈락토스 및 L-AHG의 생산이 가능하게 되었다. 한편, 효소 공정에서는 높은 온도를 사용하지 못하기 때문에 물에 녹지 않는 기질인 아가로스의 수용액 농도는 낮을 수 밖에 없다. 따라서 효소 공정 전에 Tris-HCl 버퍼를 낮은 농도의 촉매제로 첨가한 열수 전처리 공정을 적용하여 아가로스를 아가로올리고당 형태로 가수분해한 뒤 액화liquefaction한 상태에서 고농도의 기질로 하는 효소 당화 공정이 가능하게 되었다. 이를 통하여 높은 농도의 최종 당 용액 산물을 얻을 수 있게 되었다.

홍조류의 주된 탄수화물 중 한천의 구성 성분은 D-갈락토스 및 L-AHG이며, 셀룰

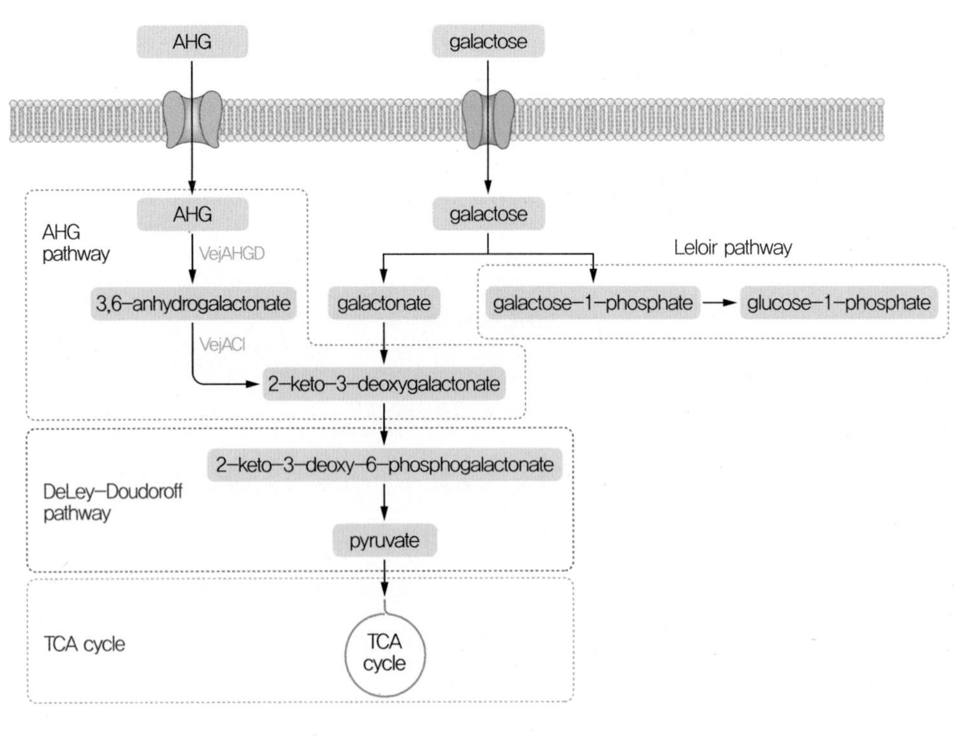

그림 12-12 AHG 대사 경로가 도입된 재조합 미생물의 대사 경로

액화
전분이나 아가로스와 같은 탄수화물 중합체는 상온이나 아주 높은 온도가 아니면 물에 녹지 않는다. 이러한 탄수화물 중합체를 효소나 산 등의 촉매를 이용하여 물에서의 용해도가 높은 올리고당의 함량이 높은 상태로 가수분해시키면 미세한 알갱이 형태로 물에 분산되어 점성이 낮고 유동성이 높아지는 상태가 되며, 이러한 상태로 만드는 것을 액화라고 한다.

로스의 구성 성분은 포도당이다. 이들 당류 중 D-갈락토스와 포도당은 대부분의 미생물에서 발효되는 성분이나 L-AHG는 육상 생물체에서는 발견되지 않는 희귀당이다. 이러한 L-AHG는 육상 미생물에 의해 발효나 대사되지 않는다. 따라서 홍조류 중에 함유된 당류를 효율적으로 발효하기 위해서는 L-AHG를 발효하는 것이 필요하다. 최근 들어 L-AHG를 유일한 탄소원으로 소비하는 해양 미생물을 분리한 후 그 미생물에서의 L-AHG 대사 경로를 유전체, 전사체 및 대사체 분석을 통하여 규명하였다. 그 연구 결과에서 L-AHG는 3,6-anhydrogalactose dehydrogenase(AHGD) 효소와 보효소 NAD^+에 의해 3,6-anhydrogalactonate로 산화된 후 3,6-anhydrogalactonate cycloisomerase(ACI)에 의하여 2-keto-3-deoxy-galactononate로 전환되어 일반적인 탄소 대사 경로로 들어감이 최초로 밝혀졌다. 그러한 대사 경로상의 L-AHG 대사 관련 효소 유전자들이 도입된 재조합 대장균이 L-AHG를 이용하는 것을 보여 주어 홍조류 바이오매스의 활용 측면에서 새로운 계기를 마련하였다(그림 12-12).

단 원 정 리

- 1세대 바이오매스 : 식량원으로서 이용되는 바이오매스로서 당분, 전분 등이 핵심 성분이며, 이를 이용한 바이오연료 생산기술은 이미 성숙한 단계이다. 따라서 바이오연료 등을 생산하기 위한 목적으로는 원료의 가격이 비교적 높고, 새로운 기술의 개발이 적용될 여지가 적어 가격을 더 이상 낮추기는 어려우므로 미래의 지속적인 바이오매스로서는 사용에 한계가 있다.
- 2세대 바이오매스 : 목질계, 초본계 바이오매스로 구성되며, 농·임산물의 부산물 및 폐자원으로 식량생산과는 충돌이 없어 미래 바이오매스로서 전망이 밝다. 그러나 이러한 2세대 바이오매스로부터 당을 얻기 위해서는 전처리, 효소 당화 공정이 필요하며, 이 과정에 비용이 많이 소요된다. 또한 자일로스 등의 5탄당이 일반 산업 균주에 의해 발효되지 않은 문제, 전처리 공정에서 발생하는 저해제 생성에 의한 미생물 저해 문제 등이 걸림돌이다. 이런 모든 문제가 해결되어야 공정 비용 절감, 생산성 및 생산 수율의 증대가 이루어져 산업화가 될 수 있다.
- 3세대 바이오매스 : 3세대 바이오매스는 조류의 탄수화물을 이용하여 당을 생산하고 이를 발효 등으로 전환하여 바이오연료 및 바이오 소재 등의 제품을 생산하는 것이다. 3세대 바이오매스는 1, 2세대 바이오매스보다 연구 역사가 짧아 해결해야 할 문제가 많이 남아 있다. 일단 바이오매스의 대량 양식 문제가 해결되어야 하고, 해조류 등의 탄수화물로부터 단당류를 효률적으로 얻는 당화 기술의 개선이 필요하며, 이들에만 존재하는 희귀당이 산업 균주에 의해서 발효되지 못하는 문제를 해결하여야 한다.

1. 다음 바이오매스 중 식량원으로서 이를 바이오연료 생산에 이용할 경우 에그플레이션 등의 경제적 문제를 야기할 수 있는 것을 고르시오.
   ① 1세대 바이오매스 ② 2세대 바이오매스
   ③ 3세대 바이오매스 ④ 4세대 바이오매스

2. 리그노셀룰로스를 이용하여 바이오연료의 한 종류인 에탄올을 생산할 경우 필요하지 않은 공정을 고르시오.
   ① 전처리 ② 당화 ③ 발효 ④ 유지 추출

3. 다음 중 헤미셀룰로스를 구성하는 당이 아닌 것을 고르시오.
   ① 포도당 ② 자일로스 ③ 만노스 ④ 자일리톨

4. 셀룰로스를 효소적으로 가수분해하여 얻어지는 이당류인 셀로바이오스를 가수분해하는 효소를 고르시오.
   ① cellulase ② endoglucanase
   ③ β-glucosidase ④ cellobiohydrolase

5. 다음 중 갈조류의 주된 탄수화물 성분이 아닌 것을 고르시오.
   ① 한천 ② 알긴산 ③ 푸코이단 ④ 라미나린

6. 다음 중 자일로스를 발효하지 못하는 효모를 자일로스를 대사하도록 대사공학적으로 조작하는 데 필요한 효소가 아닌 것을 고르시오.
   ① xylose reductase ② xylitol dehydrogenase
   ③ xylose isomerase ④ xylulokinase

7. 다음 중 갈조류의 주된 탄수화물인 알긴산의 단당류로부터 미생물 발효로 에탄올을 생산하는 반응 단계에서 필요하지 않은 대사물을 고르시오.
   ① 4-deoxy-L-erythro-hexoseulose ② 2-keto-3-deoxy-D-gluconate
   ③ 2-keto-3-deoxy-6-phosphogluconate ④ 2-keto-3-deoxy-galactononate

8. 아가로스를 가수분해하여 당화하는 효소 중 D-갈락토스와 3,6-안하이드로-L-갈락토스의 β-1,4 결합을 절단하는 효소를 고르시오.

① α-agarase ② β-agarase
③ neoagarobiose hydrolase ④ endo-type alginate lyase

9. 홍조류의 주된 탄수화물인 한천의 구성 성분 중 효모 등의 산업 균주에 의해 발효되지 않는 당을 고르시오.

① D-galactose ② 3,6-anhydrogalactonate
③ 3,6-anhydro-L-galactose ④ 2-keto-3-deoxy-galactononate

10. 홍조류의 주된 탄수화물인 아가로스의 3,6-안하이드로-L-갈락토스는 최근에 해양미생물에서의 그 대사 경로가 밝혀졌다. 밝혀진 신규 대사 경로에 포함된 대사물 및 효소가 아닌 것을 고르시오.

① 3,6-anhydrogalactose dehydrogenase ② 3,6-anhydrogalactonate cycloisomerase
③ 2-keto-3-deoxy-galactononate ④ 2-keto-3-deoxy-D-gluconate

정답 및 해설 1. ① 2. ④ 3. ④ 4. ③ 5. ① 6. ③ 7. ④ 8. ② 9. ③ 10. ④

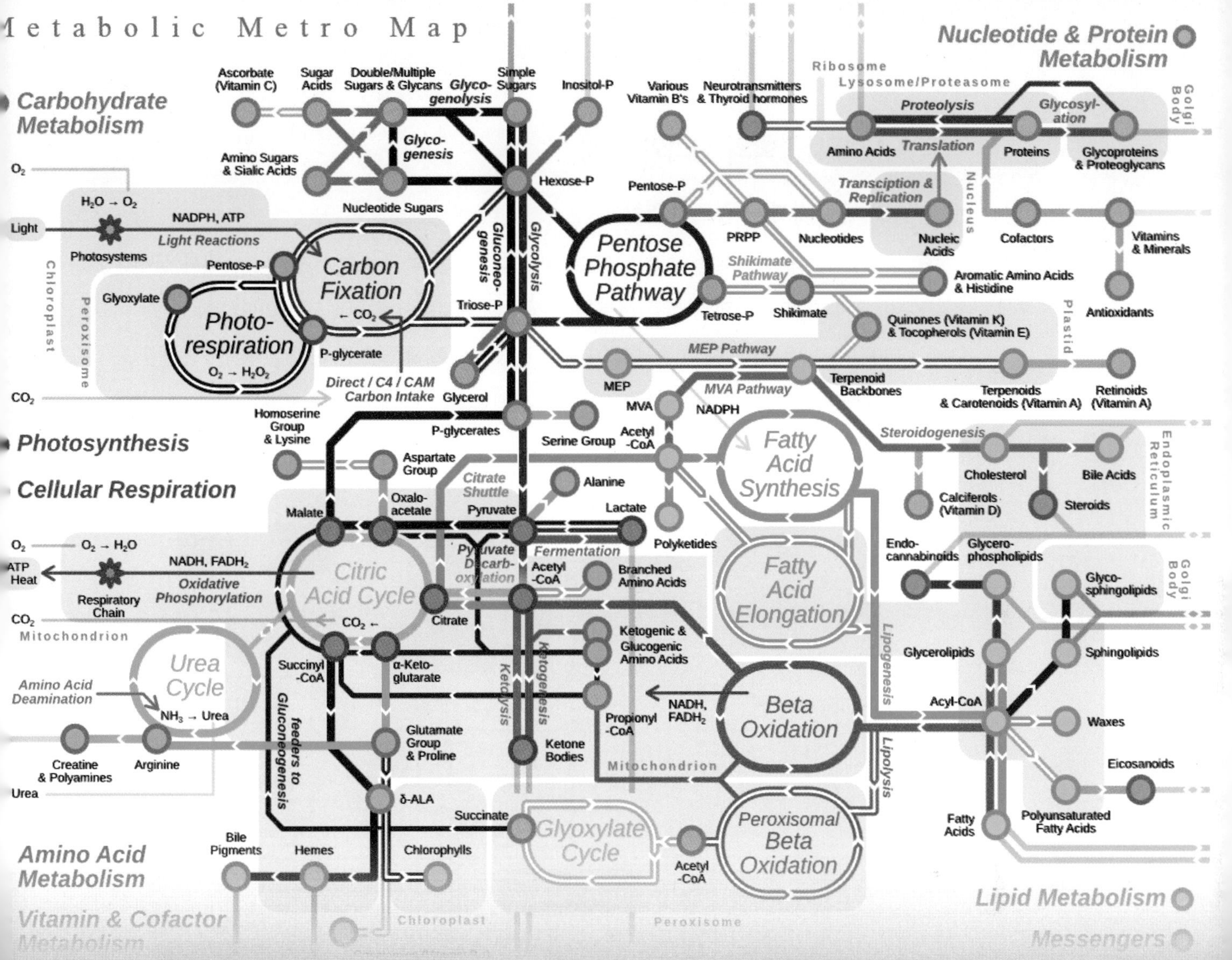

Metabolic Metro Map

13
대사공학

모든 생명체는 생명 현상을 유지하기 위해서는 대사 경로를 필요로 한다. 세포의 생육과 유지를 위하여 최적화된 대사 경로를 유전공학 방법을 이용하여 변경함으로써 목적하는 대사 물질을 고효율로 과생산하는 전략이 대사공학이다. 대사공학은 의약, 식품, 농업, 그리고 화학 산업에 광범위하게 응용되고 있다. 본 장에서는 대사공학을 연구하는 데 필요한 기본 개념과 원리에 대해서 설명하고자 한다.

진 자료 : https://upload.wikimedia.org/wikipedia/commons/6/6e/Metabolic_Metro_Map.svg

1. 대사공학의 정의와 소개

1) 세포 내 대사 경로의 역할

세포 내 대사 경로는 수많은 효소들과 그 효소들의 작용으로 생산되는 대사 물질들이 다시 다른 효소의 기질로 사용되는 복잡한 네트워크로 구성되어 있다(그림 13-1). 이러한 대사 네트워크를 이용하여 세포는 성장과 유지에 필요한 단백질, 핵산, 인지질 등을 합성하기 위한 다양한 전구체들, 산화환원효소 반응에 사용되는 NADPH, NADH와

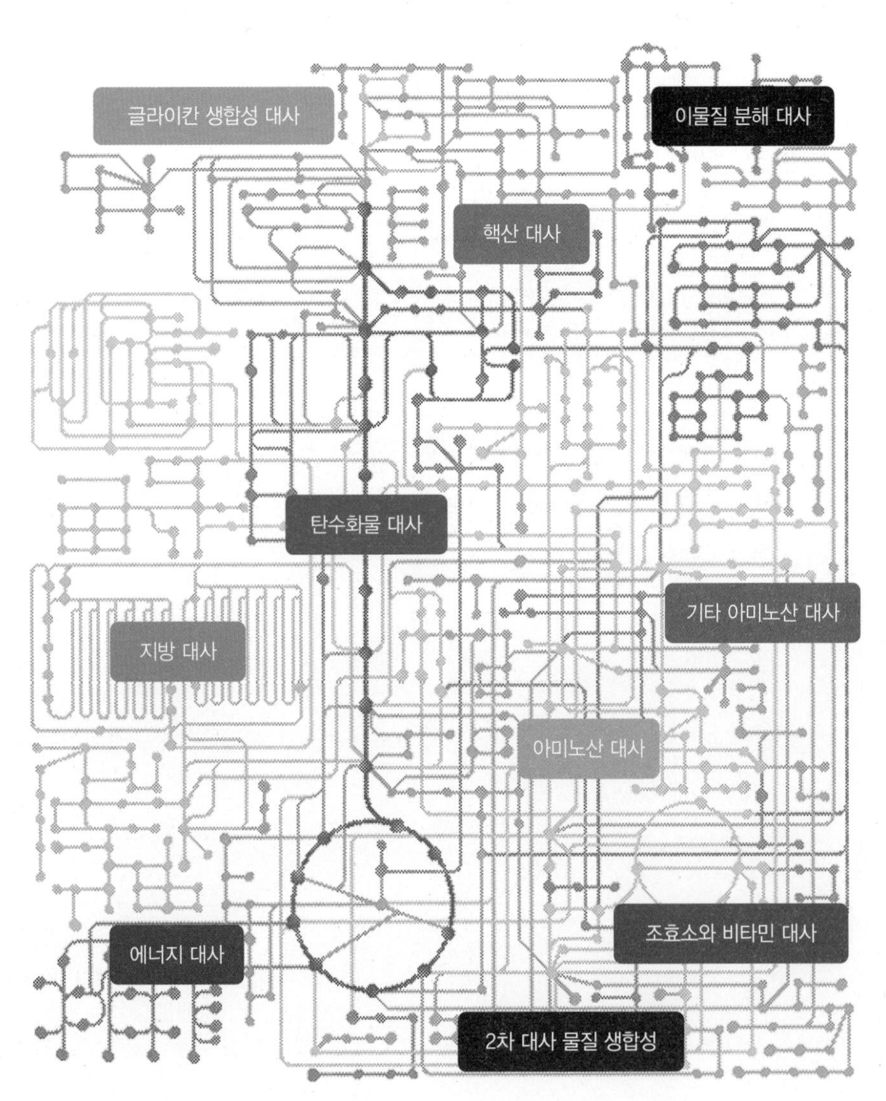

그림 13-1 대사 네트워크로 연결된 세포 내 대사 반응

대사 네트워크
세포 내 수많은 효소들과 그 효소들의 작용으로 생산되는 대사 물질들이 다시 다른 효소의 기질로 사용되는 복잡한 네트워크를 지칭한다. 대사 네크워크를 이용하여 세포는 성장과 유지에 필요한 단백질, 핵산, 인지질 등을 합성하기 위한 다양한 전구체들, 산화환원효소 반응에 사용되는 NADPH, NADH와 같은 조효소, 그리고 ATP와 같은 에너지원을 생산한다.

같은 조효소, 그리고 ATP와 같은 에너지원을 생산한다.

포유류와 같은 고등 생명체의 세포는 미생물에 비해 외부 환경의 변화가 적기 때문에 주어진 기질의 이용성을 최대화하고, 부산물의 생산을 최소화하는 전략으로 세포 내 대사 네트워크의 항상성과 효율의 극대화를 추구한다. 하지만, 미생물의 경우에는 급격히 변화하는 외부 환경에서 경쟁적으로 생육하기 위해 기질의 이용성을 최대화하는 방법으로 다량의 부산물을 생산하는 대사 경로를 활용하기도 한다. 좋은 예가 효모가 포도당을 발효하면서 에탄올을 생산하는 경우이다. 이에 관해 좀 더 자세하게 설명하면 다음과 같다.

(1) 대사 경로의 유연성 : 포도당의 호기적인 이용과 혐기적인 이용

효모는 포도당을 크게 두 가지 대사 경로를 이용하여 생육할 수 있다. 하나는 포도당과 산소를 호흡 경로를 통하여 대사하여 부산물 없이 이산화탄소만을 생산하며 생육하는 방식이다. 이 경우 1 mol의 포도당과 6 mol의 산소를 이용하여 6 mol의 이산화탄소를 생산하면서 최대 38 mol의 ATP를 생산할 수 있다.

$$\text{glucose} + 6\,O_2 \longrightarrow 6\,CO_2 + 6\,H_2O + 38\,\text{ATP} \qquad \text{(식 13.1)}$$

다음으로, 효모는 산소가 없는 혐기적인 조건에서도 포도당을 이용하여 생육할 수 있는데 이를 포도당의 혐기 대사 경로라고 한다. 이 경우는 1 mol의 포도당을 소모하여 2 mol의 에탄올과 2 mol의 이산화탄소를 생산하며, 2 mol의 ATP를 생산한다.

$$\text{glucose} \longrightarrow 2\,\text{ethanol} + 2\,CO_2 + 2\,\text{ATP} \qquad \text{(식 13.2)}$$

위의 두 반응식으로 표현되는 호기적(식 13.1), 혐기적(식 13.2) 포도당의 대사 경로는 미생물이 생육 조건, 즉 산소의 공급 여부에 따라 포도당 대사 경로를 바꾸어 가며 생육할 수 있다는 것을 보여 준다. 따라서 앞에서 제시한 기질의 효율적인 이용, 그리고 생산되는 발효 부산물의 최소화 전략을 따르는, 부산물이 전혀 만들어지지 않고 과량의 ATP가 만들어지는 호기적인 대사 경로가 더 유용한 대사 방식이라고 생각할 수 있겠다. 반면에 산소가 없는 조건에서 포도당으로부터 과량의 에탄올을 생산하고 소량의 ATP만을 생산하는 혐기 대사 경로는 미생물의 생육을 위해서는 최적의 대사 경로가 아니라고 생각할 수도 있다.

그러나 흥미로운 사실은 우리가 와인, 맥주, 그리고 제빵에 사용하는 효모인 사카로마이세스 세레비지에*Saccharomyces cerevisiae*는 산소가 있는 조건에서도 포도당을 혐기 대사 경로를 이용해서 생육하면서 과량의 에탄올을 생산한다. 물론 한정된 포도당을 가지고 다른 미생물과의 경쟁 없이 포도당을 이용한다면, 포도당을 이산화탄소와 ATP를 생산하는 호기적인 대사 경로를 통해서 이용하는 것이 효모의 생육에는 유리할 것이다. 하지만, 과일의 표피 등에서 수많은 미생물들과 섞여서 자라는 효모는 다른 미생물과 포도당의 이용을 위해서 경쟁해야 하기 때문에, 빠른 시간 안에 모든 포도당을 에탄올로 전환하여 포도당 이용을 선점할 수 있는 혐기 대사 경로를 이용한다. 발효 부산물로 만들어지는 에탄올은 다른 미생물들, 특히 세균의 생육을 억제할 뿐만 아니라 포도당이 고갈되었을 때 효모가 다시 탄소원으로 활용될 수 있기 때문에 효모는 호기적인 조건에서도 과량의 포도당이 존재하면 에탄올을 생산하는 대사 전략을 구사한다(그림 13-2).

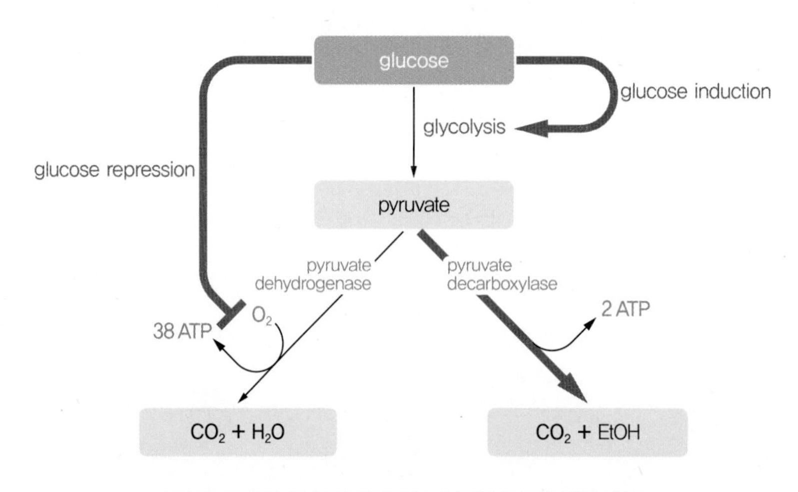

그림 13-2 호기 및 혐기 조건에서 효모의 포도당 대사 경로

혐기 대사(anaerobic metabolism)
산소를 최종 전자 전달체로 사용하지 않는 세포 대사 운영 방식으로 효모의 경우 포도당을 혐기적으로 대사할 경우 산소가 없는 조건에서 소량의 ATP와 과량의 에탄올을 생산한다.

호기 대사(aerobic metabolism)
산소를 최종 전자 전달체로 사용하는 세포 대사 운영 방식으로 효모의 경우 포도당을 호기적으로 대사할 경우 산소를 이용하여 과량의 ATP와 세포 성장 전구체들을 생산한다.

물론, 실제 효모는 위에서 이야기한 방식으로 혐기 대사 100% 혹은 호기 대사 0% 형태의 극단적인 방식으로 대사 경로를 조절하지는 않는다. 실제 효모를 포도당을 함유한 배지에서 배양해 보면, 산소의 공급 조건에 따라서 혐기 대사 80%, 호기 대사 20% 혹은 혐기 대사 40%, 호기 대사 60% 방식으로 생육 환경에 따라 유연하게 혐기 및 호기 대사 경로를 조절하는 것을 관찰할 수 있다.

그렇다면 효모가 포도당 대사 경로를 생육 환경, 즉 배지 내 포도당의 농도 및 산소 농도에 따라 어떻게 변화시킬 수 있는 것일까? 답은 간단하다. 효모는 포도당 및 산소의 농도를 감지하는 능력을 가지고 있고, 그 정보를 바탕으로 생육의 최적화 및 다른 미생물과의 경쟁을 극대화할 수 있는 대사 조절 기능을 가지고 있다.

2) 대사공학의 태동

앞에서 소개한 효모의 포도당 대사 조절 사례를 통해서 우리는 미생물 대사 경로가 정적으로 고착된 것이 아니라 미생물이 미생물 세포 내외의 정보를 이용해서 대사 경로를 다양한 형태로 변형할 수 있다는 사실을 알게 되었다. 그렇다면 미생물이 진화하면서 확립한 자체 대사 경로 조절 기능을 인위적으로 바꾸어 대사 경로의 운영을 우리가 원하는 방식으로 할 수 있지 않을까 하는 질문에서 시작한 연구 방법이 대사공학이다.

사실 인위적으로 대사 경로를 조절해서 미생물이 우리가 원하는 물질을 과생산하게 하는 방법은 매우 오랫동안 시도되어 왔다. 예를 들면, 항생 물질을 생산하는 곰팡이의 돌연변이주를 유도하고, 생성된 수많은 돌연변이주의 배양 실험을 통하여 항생 물질 수율 및 생산성이 보다 향상된 특정 돌연변이 균주를 확보하고, 확보된 돌연변이 균주를 모균주로 하여 다시 돌연변이주를 유도하여 순차적으로 항생 물질의 생산능이 향상된 균주를 선별하는 방법은 시간과 노력이 많이 들지만 매우 성공적으로 발효 산업에 적용되었다(그림 13-3). 현재 미생물 발효 방법에 의해서 생산되는 대부분의 물질들이 무작위 돌연변이 유도를 통해서 얻은 균주의 발효를 통해서 생산되고 있다.

3) 전통적인 균주 개량 방법의 한계점

미생물 돌연변이주의 선별을 통한 목적 대사 물질의 과생산 방법은 어느 정도는 매우 효율적인 방법이지만, 여러 가지 한계점을 가지고 있다. 첫째, 수많은 돌연변이주를 유도하고 이를 선별하는 과정에 의존하는 전통적인 균주 개량 방법은 특별한 목적 균주에 관한 자세한 생물학적인 정보(예를 들면, 어떤 대사 경로를 이용하여 목적 대사 물질이 생산되는가 하는)를 가지고 있지 않아도 수행할 수 있다는 장점이 있다. 하지만, 우수 균주가 선별되어도 왜 선별된 균주가 목적 대사 물질을 과생산하는지 유전학, 생화학적인 기작을 알 수가 없기 때문에 효율적인 균주의 개선이 어렵다. 둘째, 전통적인 균주 개량 방법을

전통적인 균주 개량 방법
다양한 방법을 이용하여 무작위 돌연변이주를 다량 확보하고 확보된 돌연변이 균주들의 목적 생산 물질 생산능을 평가하여 우수 균주를 확보하고, 다시 추가로 돌연변이주를 유도함으로써 순차적으로 목적 물질의 생산능이 향상된 균주를 선별하는 방법

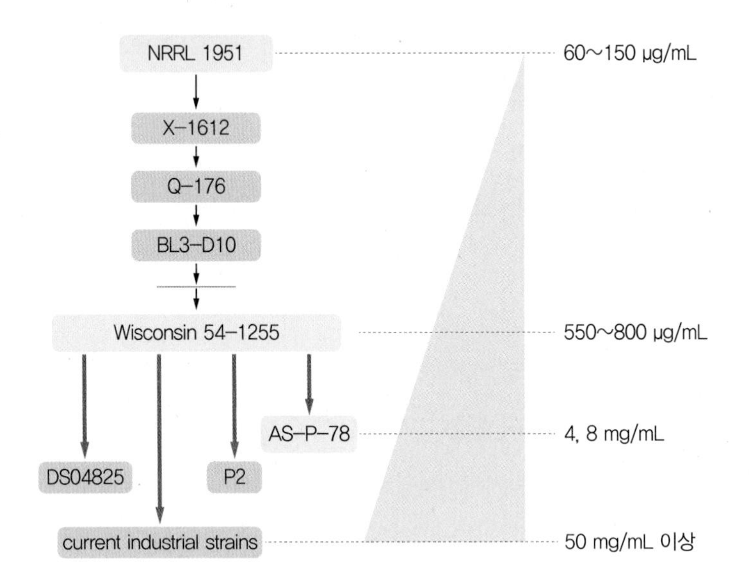

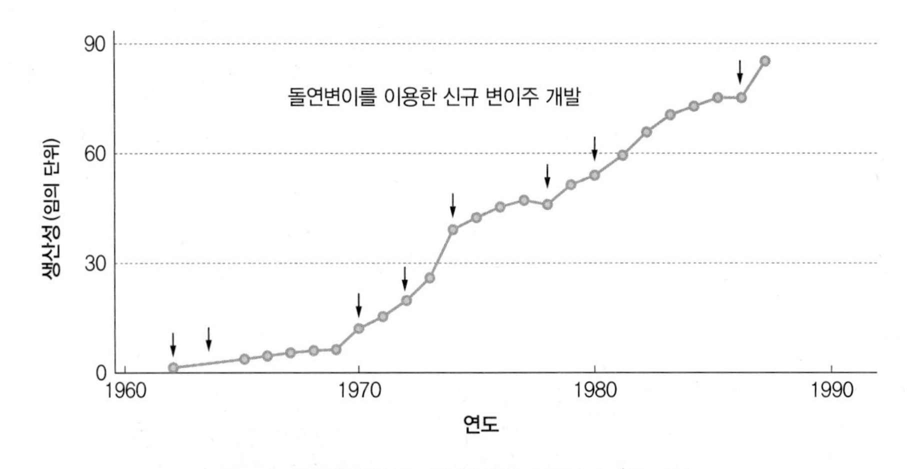

그림 13-3 돌연변이주를 이용한 항생제 과생산 균주 개발

적용하기 위해서는 적은 양이지만 이미 목적하는 대사 물질을 생산하는 균주가 필요하다. 따라서 이미 생산능이 비교적 잘 보고된 항생 물질, 아미노산, 유기산 등을 과생산하는 균주의 개선은 가능하지만, 아직까지 보고되지 않은 신규 물질을 생산하는 균주를 개발하는 것은 불가능하다. 셋째, 전통적인 균주 개발 시 사용되는 돌연변이 유도 과정 중에 목적 대사 물질의 생산에 도움이 되는 유용한 돌연변이가 축적되겠지만 이와 동시에 세포의 생육을 저해하는 돌연변이도 축적될 수 있기 때문에 최적 생산 균주의 개발이 어렵다.

4) 대사공학 : 유전자 조작을 이용한 능동적인 대사 경로의 조작

전통적인 균주 개량 방법의 한계를 극복하기 위해서 유전자 조작에 의한 능동적인 대사 경로의 조작을 통한 우수 균주 개발 방법이 1980년도 후반부터 시도되기 시작하였다. 기존의 미생물 유전공학 연구가 유전자 조작을 통해서 목적하는 외래 단백질의 과생산에 초점을 두었다면, 대사공학은 유전자 조작의 결과로 얻는 미생물의 대사 형질의 변경에 초점을 두었다는 데 그 차별성이 있다. 복잡한 대사 경로를 원하는 방식으로 조

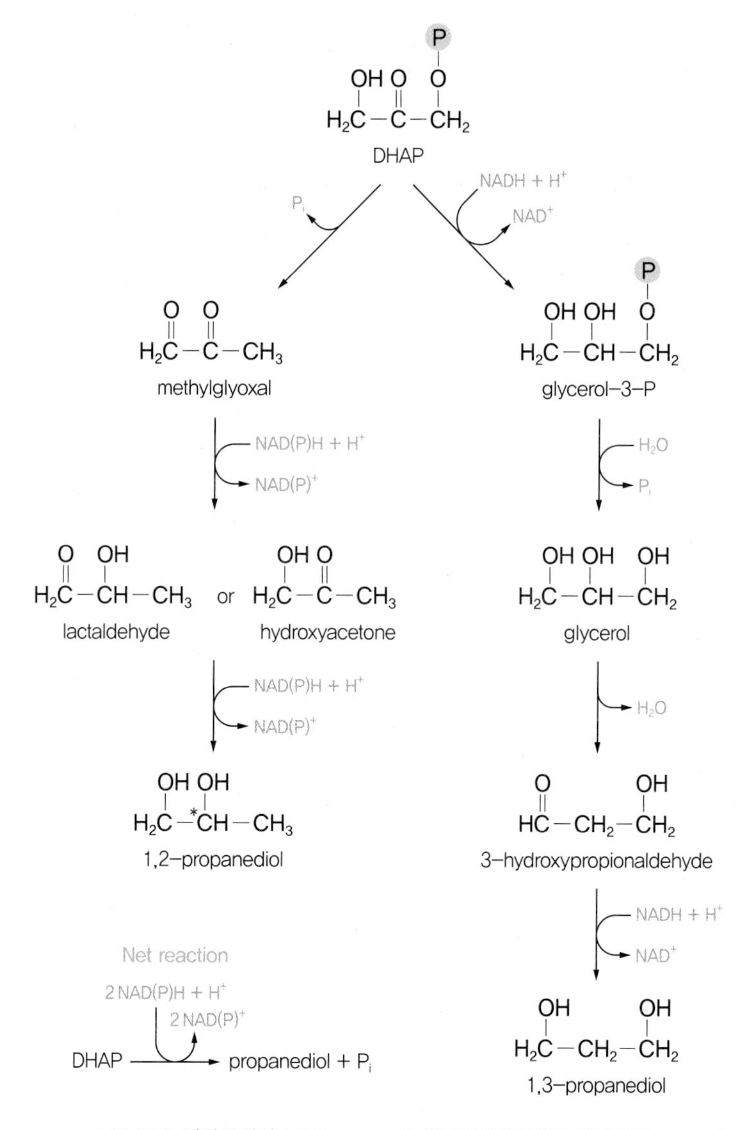

그림 13-4 대장균에서 1,3-Propanediol을 생산하기 위한 대사 경로

대사공학(metabolic engineering)
유전자 재조합 기술을 이용하여 새로운 대사 경로를 도입하거나 기존의 대사 경로의 제거, 증폭 및 변경을 통하여 세포의 대사 특성을 원하는 방향으로 바꾸는 기술

대사 형질(metabolic phenotype)
세포가 소모하는 특정 기질, 혹은 생산하는 특정 물질로 표현되는 세포의 형질

절하기 위해서는 다수의 정교한 유전자 조작이 필수적이다. 따라서 지난 30년간 개발된 분자생물학 연구 방법, 예를 들면 플라스미드 클로닝plasmid cloning, PCR, 형질 전환, 그리고 최근에 개발된 유전체 편집 기술genome editing technology 등이 대사공학 연구를 견인해 왔다고 할 수 있다.

대사공학적 연구 방법을 이용한 미생물 균주 개발의 예로서, 재조합 대장균을 이용한 1,3-propanediol 생산(그림 13-4)을 들 수 있다. 자연계에 존재하는 1,3-propanediol 생산 미생물 균주들은 혐기 미생물들로 대용량 발효가 용이하지 않고, 다른 대사 물질을 부산물로 생성하기 때문에 산업용으로 이용하는 데 한계가 있다. 따라서 이미 재조합 단백질 생산을 위한 고농도 배양 경험이 많은 대장균에 1,3-propanediol의 생합성에 필요한 유전자들을 클로닝하여 도입하고, 나아가 수율 및 생산성 향상을 위하여 대장균 유전자들을 추가로 녹아웃knockout하거나 과발현함으로써 기존 생산 균주들에 비하여 향상된 1,3-propanediol 생산능을 보이는 재조합 대장균이 제작되어 현재 대량 생산에 사용되고 있다. 이 외에도 식품첨가물, 화학합성 원료, 의약품 원료로 사용될 수 있는 많은 유용 대사 물질들이 대사공학 연구 방법을 통해서 개발되고 있다.

2. 대사공학 연구 방법

1) 대사량

대사공학 연구의 가장 핵심이 되는 객체, 즉 예측, 측정, 변환 및 최적화의 목표가 되는 것이 세포 내 대사량metabolic flux이다. 세포 내에는 수많은 효소 반응의 네트워크가 존재하고 이 네크워크로 흘러가는 대사 물질의 시간당 변화량이 대사량으로 정의된다. 따라서, 대사량은 세포의 특성을 표시해 주는 중요한 인자 중의 하나이다. 간단한 반응을 예로 세포 내 대사량에 관해서 좀 더 고찰하여 보면 다음과 같다.

유전체 편집 기술
세포 내 유전체 염기서열을 변경하는 기술으로 Cas9 단백질과 guide RNA를 이용하여 DNA를 절단한 후 원하는 염기서열로 치환하는 기술

$$A \xrightarrow{J_{AB}} B$$

대사량
단위 세포당 특정 대사 반응에 의해서 전환되는 물질의 변화량을 대사량으로 정의할 수 있다. 특정 대사 물질의 변화량을 세포의 중량과 시간으로 나누어서 표시한다.

대사 물질 A가 B로 전환되는 효소 반응이 세포 내에 있다고 가정하면, 이때 효소 반응에 의하여 단위세포당 A가 B로 전환되는 양을 대사량으로 정의할 수 있다. 대사량은 단위세포당 및 단위시간 내에 변환되는 양으로 나타내기 위해서 세포의 중량과 시간으

로 나누어서 표시한다. 따라서 대사량은 위의 반응식에서 J_{AB}로 나타낼 수 있고 반응 시작의 분자의 양을 A_0, B_0 반응 후 분자의 양을 A, B라 한다면 $J_{AB} = \text{mmol}(A_0 - A)$ 또는 $(B - B_0)$/g cell·h로 나타낼 수 있다. 대부분의 효소의 반응 속도는 *in vitro* 조건에서 효소의 K_M값보다 훨씬 높은 농도의 기질을 사용하여 측정함으로써 효소가 촉매할 수 있는 최대의 반응 속도를 측정하는 것과는 달리, 대사량은 실제 세포 내부에서 일어나는 반응량을 측정한다는 면에서 효소의 반응 속도와는 다르다고 하겠다. 따라서 많은 연구에서 시도되었지만 *in vitro* 조건에서 측정한 효소의 역가를 기반으로 세포 내의 대사량을 예측하는 것은 한계가 있다. 그렇다면 대사공학의 객체인 대사량은 어떻게 예측·측정하고, 또한 우리가 원하는 방향으로 바뀌었는지 알 수 있을까? 이제 조금 더 실제에 가까운 다음의 예를 생각해 보자. 앞서 언급한 상황에 더 추가해서 이번에는 전환된 대사 물질 B가 세포 밖으로 분비가 되는 경우이다.

$$A \xrightarrow{J_{AB}} B_{intra} \text{ ——| 세포막 |} \xrightarrow{J_{Expert}} B_{Extra}$$

이 경우 세포막을 통과하여 배지로 이동한 대사 물질 B의 양을 B_{Extra}로 나타낼 수 있고 세포 밖으로 분비되는 J_{Export}의 크기에 비례하여 B_{Extra}는 증가하게 된다. 따라서 $J_{Export} = (B_{Extra} - B_{Extra0})$ mmol/g cell·h가 되고, 초기 세포 외부에 B분자가 없었다면 B_{Extra} mmol/g cell·h가 된다. J_{Export} 경우는 앞서 언급한 J_{AB}와는 달리 세포 외부, 배지 중의 B 농도를 측정하여 쉽게 측정할 수 있다. 추가로 세포 내에 B의 농도가 일정하다면, 즉 세포 내에 B의 축적이나 감소가 일어나지 않는다는 가정을 하면, $J_{AB} = J_{Export}$의 관계가 성립하여 측정 가능한 J_{Export}을 이용하여 세포 내 J_{AB} 대사량을 예측할 수 있다. 이와 같이 미생물 발효 중에 배지 중으로 배출되는 생산 물질의 생산량을 측정하거나, 반대로 배지 중에서 세포 안으로 이동하는 기질의 감소량을 측정하여 세포 내 대사량을 예측할 수 있다.

다음으로 아래와 같이 대사량이 나뉘어지는 대사 경로를 생각해 보자. 대사량은 대사 물질의 시간당 변환량이므로 연결된 대사량 사이에는 질량보존의 법칙이 성립한다.

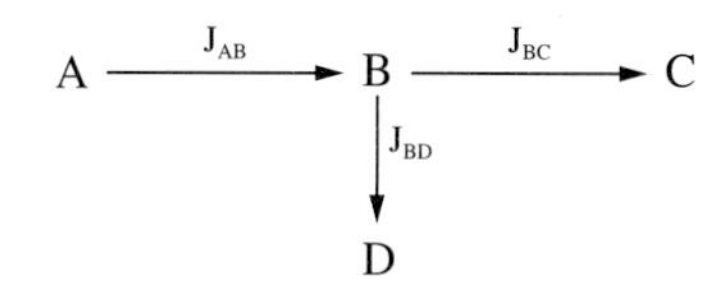

따라서 위와 같이 한 대사량이 둘로 나뉘어지는 경우에는 $J_{AB}=J_{BC}+J_{BD}$의 관계가 성립한다. 만약, J_{AB}와 J_{BC}를 측정할 수 있다면 대사량 J_{BD}를 예측할 수 있게 된다. 미생물 내에 존재하는 복잡한 대사 경로도 궁극적으로는 위에서 언급한 몇 가지 간단한 대사량 관계식의 반복으로 이루어진다.

2) 대사량 반응식Flux Blance Analysis, FBA

세포 내에는 앞의 예와 같은 대사량이 수백 개 혹은 수천 개가 존재한다. 그렇다면 세포 내의 수많은 대사량을 다 함께 고려할 수 있는 방법은 없을까? 여기서 한 가지 중요한 사실은 세포 내의 수많은 대사량은 서로 연결되어 있다는 사실이다. 따라서 세포 내에서 생성 및 소멸되고 있는 연결 가능한 모든 대사량을 수학적으로 나타낼 수가 있다.

아주 간단하지만 그림 13-5와 같이 5개의 대사량으로 구성되는 대사 경로를 가지고 대사량의 상관관계식을 유도해 보자. r_A, r_B, r_C는 세포 밖에서 측정이 가능한 반응 속도이다. 그리고 v_1, v_2는 세포 내에서 대사 물질 A의 B(1분자의 A가 2분자의 B로 변환)로의 변환, A의 C로의 변환을 나타내는 대사량이다. 따라서 다음 그림에서 표시된 대사 경로는

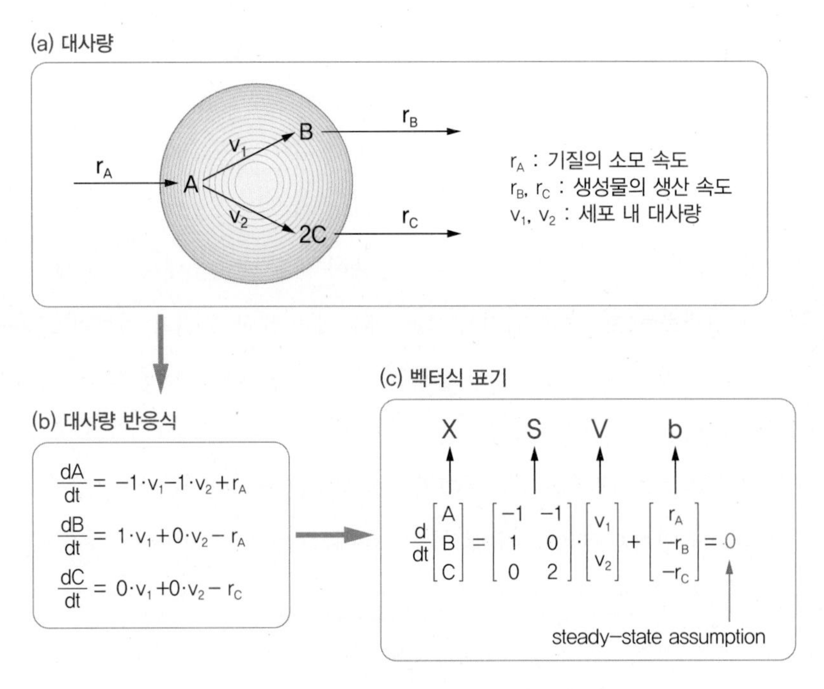

그림 13-5 세포 내 대사량을 수학적으로 표시한 예

대사량 반응식(FBA)
주어진 대사 네트워크의 정상 상태 가정을 통하여 유도되는 1차 연립 방정식의 해를 구하여 대사량을 예측하는 방법이다. 대부분의 경우 계산하고자 하는 대사량의 개수가 방정식의 수보다 많은 underdetermined system 조건에서 수행하기 때문에 대사량을 예측하기 위해서는 목적함수와 선형계획법을 활용한다.

5개의 대사량으로 구성(그림 13-5(a))되고, 5개 대사량이 결정되면 대사 경로를 완전하게 기술할 수 있다.

세포 내에 존재하는 대사 물질(A, B, C)은 축적되지 않는다는 가정을 통하여, [A], [B], [C]는 정상 상태에 있다고 볼 수 있기 때문에 대사량 방정식으로 나타낸 것과 같은 3개의 방정식(그림 13-5(b))을 유도할 수 있다. 그리고 그 방정식들은 벡터 방정식(그림 13-5(c))으로 다시 더 간단하게 나타낼 수 있다. 유도된 형태는 미분 방정식의 형태이지만, 세포 내에서 A, B, C의 농도는 변하지 않는다는 정상 상태 가정하에서는 3개의 미분 방정식이 3개의 1차 방정식으로 변환된다. 결과적으로는 5개의 변수(r_A, r_B, r_C, v_1, v_2)와 3개의 1차 방정식을 얻을 수 있다. 이 경우 변수의 개수(5)가 방정식의 개수(3)보다 크기 때문에 방정식을 풀 수가 없게 된다. 하지만, 실험을 통해서 r_A, r_C를 구하면, 방정식의 개수(3)와 변수의 개수(3)가 같아지기 때문에 정확한 대사량 r_B, v_1, v_2를 구할 수 있게 된다(그림 13-6).

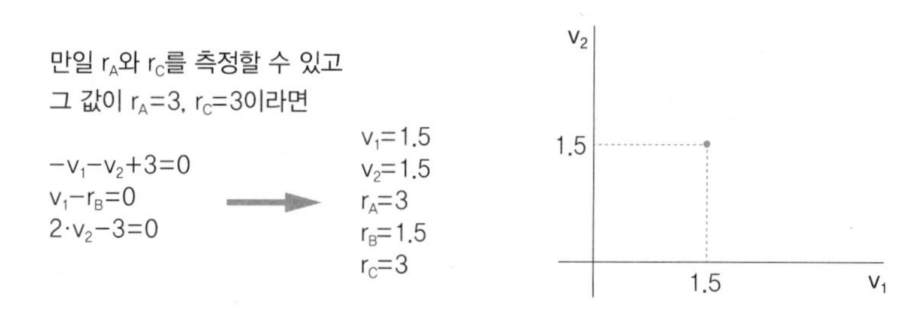

그림 13-6 대사량을 측정하여 시스템을 구성하는 대사량을 구하는 경우

만약 대사량 r_A 하나만 측정할 수 있다면, 변수가 하나 줄기 때문에 정확한 대사량 r_B, r_C, v_1, v_2를 구할 수는 없지만 방정식을 통해서 각 대사량의 관계를 구할 수 있게 된다. 그림 13-7에서 보여 주는 바와 같이 정확한 대사량을 알지는 못하지만, 각 대사량들이 어떤 관계를 가지고 있는지 알 수 있다. 이때 각 대사량이 가질 수 있는 값의 범위를 해의 영역solution space이라고 한다. 만약 변수의 개수가 방정식의 개수보다 1개가 많으면 가능한 대사량의 값들은 선으로 나타나고, 2개가 부족하면 면으로, 그리고 3개가 부족하면 3차원 공간으로 해의 영역을 나타낼 수 있다(그림 13-7). 해의 영역이 얻어지면, 비록 우리가 알고자 하는 특정 대사량을 얻지는 못하지만 대사량들이 어떤 범위에서 존재하

는지, 그리고 각 대사량 간에 관계는 어떠한지 알아낼 수 있기 때문에 세포의 대사 형질을 연구하는 데 도움이 될 수 있다. 이때 어떤 목적함수, 예를 들면 특정 대사량이 최대치가 되는 대사량을 구하고 싶다면 수학적 방법인 선형계획법linear programming을 이용하여 대사량을 구할 수 있다.

그림 13-7에서 보이는 해의 영역에서 목적함수로 $Flux_A + Flux_B + Flux_C$가 최대가 되는 특정 대사량을 구하고자 한다면 오른쪽의 붉은 점으로 보여지는 3차원 좌표가 목적함수를 만족하는 특정 $Flux_A$, $Flux_B$, $Flux_C$이 된다.

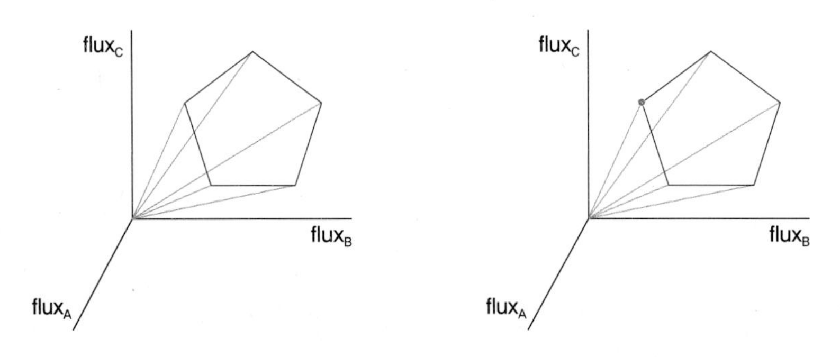

그림 13-7 대사량으로 가질 수 있는 값의 범위를 보여 주는 해의 영역
왼쪽은 $Flux_A$, $Flux_B$, $Flux_C$로 구성되는 해의 영역을 보여 주고, 오른쪽의 점은 그 해의 영역에서 가정 혹은 목적함수를 만족시키는 특정 대사량을 보여 준다.

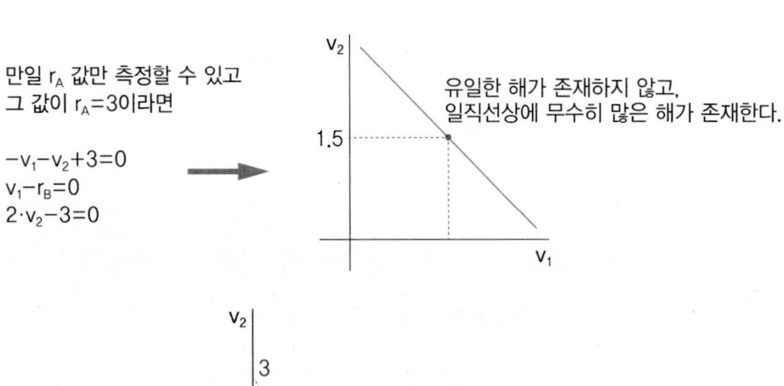

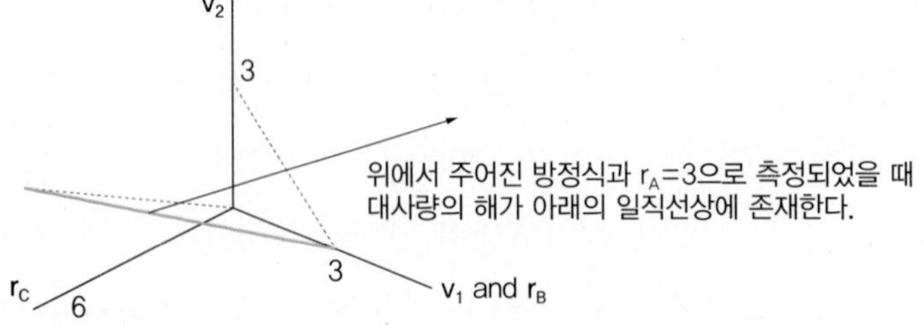

그림 13-8 대사량 관계 방정식을 이용한 대사량 예측 방법
대사량 변수의 개수가 대사량 관계 방정식의 개수보다 많을 때는 정확한 대사량을 구할 수는 없지만, 해의 영역(각 대사량 간의 관계)을 구할 수 있다.

목적함수(objective function)
변수의 개수가 방정식의 개수보다 많은 경우에는 조건을 만족시키는 특정 값이 존재하기보다는 조건을 만족시키는 수많은 값들이 존재할 수 있다. 이때 무수한 값들 중에서 특정 값을 구할수 있도록 도와주는 변수로 구성된 1차 함수를 목적함수라 한다.

선형계획법
주어진 목적을 달성하기 위하여 어떻게 제한된 자원을 합리적으로 배분하느냐에 대한 의사 결정 문제를 해결하기 위하여 개발된 수리적 기법이다. 대사공학 연구에서 활용되는 선형계획법은 1차식으로 나타낼 수 있는 대사 반응식들을 만족하는 대사량들 중에서 목적함수의 최대화(예를 들면, 세포 생육의 최대화)를 달성할 수 있는 대사량을 찾아내는 데 활용된다.

다시 지금까지 우리가 고려했던 그림 13-5의 예로 돌아와서 해의 영역을 고려해 보면, r_A의 값을 알고 있는 경우에는 대사량 변수의 개수가 대사량 방정식 개수보다 1개가 부족하므로 그림 13-8에서 파란색 및 녹색으로 표시되는 선이 v_1, v_2, r_B, r_C 대사량이 가능한 값들로 이루어진 해의 영역이 된다.

이와 같이 가능한 대사량으로 구성된 해의 영역을 얻으면, 그림 13-9의 예와 같이 여러 가지 가정(목적함수)을 통하여 특정 대사량을 구할 수 있게 된다. 그림 13-9의 예에서는 v_1의 값이 최대가 되는 대사량은 $v_1=3$, $r_B=3$, $v_2=0$, $r_C=0$으로 정해지는 것을 볼 수 있다. 이와 같이 해의 영역을 얻게 되면, 다양한 가정(혹은 목적함수)을 만족시키는 특정 대사량을 계산해 낼 수 있다. 실제 세포 내에서 발생하는 대사량을 가지고 방정식을 만들어 보면, 대부분이 경우 변수의 개수가 방정식의 개수보다 훨씬 더 많은 상황이 생기지만, 목적함수를 만족시키는 특정 대사량은 항상 구할 수가 있게 된다(그림 13-9).

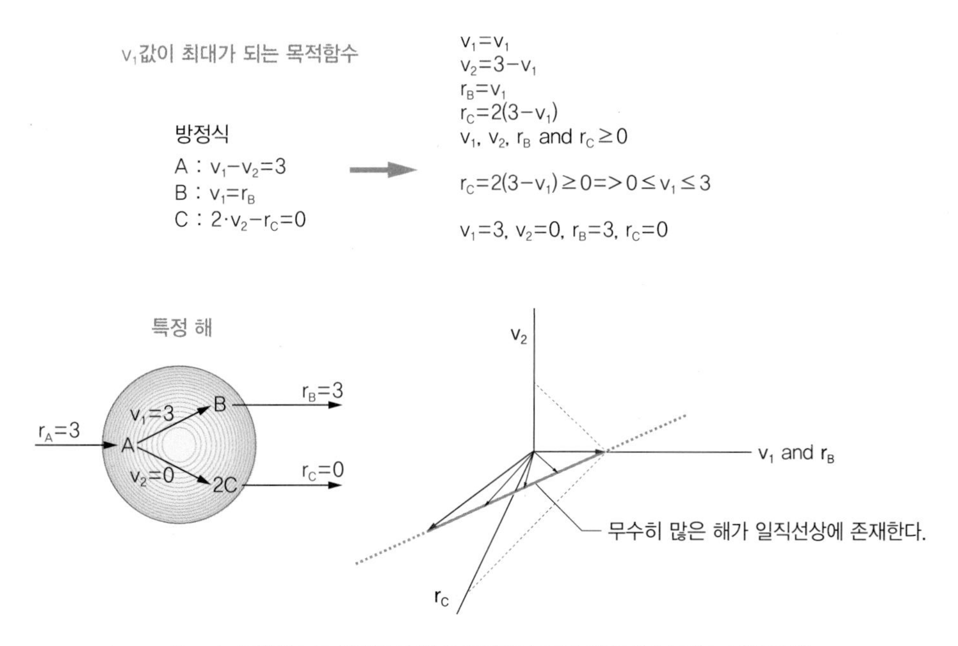

그림 13-9 목적함수를 이용하여 해의 영역에서 특정 대사량을 구하는 방법의 예

지금까지 어떻게 세포 내 대사량으로 이루어진 방정식을 유도하는지 알아보고 대사량 변수의 개수가 대사량 관계식과 같거나 많은 경우에 어떻게 특정 대사량을 구하는지 알아보았다. 특히 관계식에서 특정 대사량을 구하지 못할 때는 해의 영역을 구할 수 있다

는 것을, 그리고 목적함수가 주어지면 수학적인 방법을 이용해서 특정 대사량을 얻어낼 수 있다는 것을 알아보았다. 그렇다면 우리는 어떤 목적함수를 이용할 수 있을까? 미생물이 배지에서 생육하고 있을때, 무엇을 최대화하도록 진화하였을까? 그건 아마도 세포의 성장을 최대화하도록 미생물의 대사는 진화했을 것으로 생각할 수 있다. 그렇다면, 세포의 생육을 최대화시키는 목적함수를 가지고 특정 대사량을 구하는 전략을 생각해 볼 수 있다.

위에서 고려한 간단한 반응식과 같이 세포의 생육을 수학적으로 표시하기 위해서는 먼저 세포를 구성하는 주요 성분, 예를 들면 단백질, 탄수화물, 핵산, 지방의 함량을 결정하여야 한다(그림 13-10).

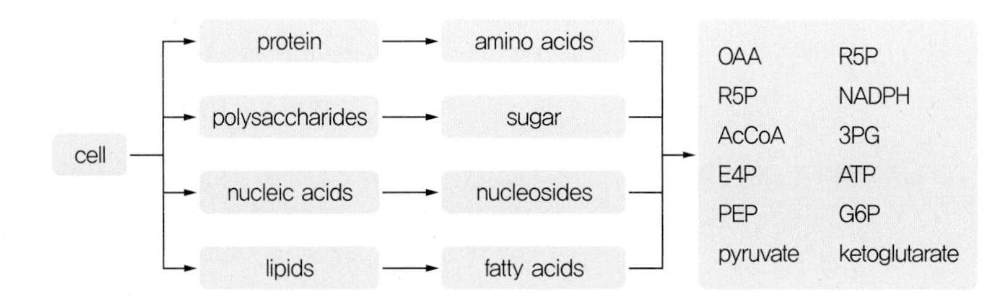

그림 13-10 목적함수를 활용한 대사량 예측 방법
세포의 생육을 수학적으로 기술하기 위해서는 세포의 구성 성분의 비율과 생합성에 필요한 전구체의 양을 계산하여야 한다.

효모를 예로 들면, 효모 1 g은 단백질 0.42 g, 탄수화물 0.38 g, 핵산 0.07 g, 지방 0.07 g, 회분 0.06 g으로 구성되어 있다. 단백질 0.42 g을 만들기 위해서 필요한 아미노산의 양과 그 전구체의 양은 표 13-1과 같다. 비슷한 방식으로 탄수화물 0.38 g, 핵산 0.07 g, 지방 0.07 g을 생합성하는 데 필요한 전구체의 양은 표 13-2와 같이 계산할 수 있다. 이를 종합하면 1 g의 효모 세포를 생합성하는 데 필요한 전구체의 양은 표 13-3과 같이 계산할 수 있다. 따라서 다음과 같은 효모의 생육을 기술하는 반응식을 얻을 수 있다.

$$\begin{aligned}&2345\ \text{G6P} + 724\ \text{R5P} + 563\ \text{E4P} + 77\ \text{TP} + 789\ \text{3PG} + 972\ \text{PEP} + 1131\ \text{PYR} + 628\ \text{AcCoA}\\&\quad + 1026\ \text{aKG} + 1032\ \text{OAA} + 9146\ \text{NADHP} + 30077\ \text{ATP}\\&\quad \longrightarrow 10^{6}\ \text{g yeast cell} + 3349\ \text{NADH}\end{aligned} \quad \text{(식 13.3)}$$

위의 반응식을 이용하면 다른 효소 반응과 같이 세포의 생육 반응을 대사량 분석에

표 13-1 단백질 0.42 g을 생합성하기 위해 필요한 전구체의 양

세포 구성 성분	μmol	세포 구성 성분 1 μmol을 합성하는 데 필요한 전구체의 양(μmol/μmol)														
		Pyr	AKG	OAA	R5P	ACCOA	E4P	PEP	3PG	TP	ATP	NADH	NADPH	1-C	NH3	S
amino acid[1]	3889															
alanine	182.8	−1	0	0	0	0	0	0	0	0	0	0	−1	0	−1	0
arginine	217.8	0	−1	0	0	0	0	0	0	0	−7	1	−4	0	−4	0
asparagine	247	0	0	−1	0	0	0	0	0	0	−3	0	−1	0	−2	0
aspartate	247	0	0	−1	0	0	0	0	0	0	0	0	0	0	0	0
cysteine	35	0	0	0	0	0	0	0	−1	0	−4	1	−5	0	−1	−1
glutamate	260.6	0	−1	0	0	0	0	0	0	0	0	0	−1	0	−1	0
glutamine	260.6	0	−1	0	0	0	0	0	0	0	0	0	−1	0	−2	0
glycine	217.8	0	0	0	0	0	0	0	−1	0	0	1	−1	1	−1	0
histidine	353.9	0	0	0	−1	0	0	0	0	0	−6	3	−1	−1	−3	0
isoleucine	202.2	−1	0	−1	0	0	0	0	0	0	−2	0	−5	0	−1	0
leucine	307.2	−2	0	0	0	−1	0	0	0	0	0	1	−2	0	−1	0
lysine	120.6	0	−1	0	0	−1	0	0	0	0	−2	2	−4	0	−2	0
methionine	182.8	0	0	−1	0	0	0	0	0	0	−7	0	−8	−1	−1	−1
phenylalanine	155.6	0	0	0	0	0	−1	−2	0	0	−1	0	−2	0	−1	0
proline	167.2	0	−1	0	0	0	0	0	0	0	−1	0	−3	0	−1	0
serine	202.2	0	0	0	0	0	0	0	−1	0	0	1	−1	0	−1	0
threonine	54.45	0	0	−1	0	0	0	0	0	0	−2	0	−3	0	−1	0
tryptophane	155.6	0	0	0	−1	0	−1	−1	0	0	−5	2	−3	0	−2	0
tyrosine	252.8	0	0	0	0	0	−1	−2	0	0	−1	1	−2	0	−1	0
valine	66.11	−2	0	0	0	0	0	0	0	0	0	0	−2	0	−1	0

[1] 효모 세포 1 g을 생합성하기 위해서는 420 mg의 단백질이 필요한데, 아미노산의 평균 분자량을 108로 가정하여 계산하면 이는 3,889 μmol의 아미노산에 상응한다. 효모 단백질의 각 아미노산 구성 비율은 Cook, A. H. (1958), The Chemistry and Biology of Yeast, New York, Academic press을 참조하였다.

포함시킬 수 있다.

표 13-2 탄수화물 0.38 g, 핵산 0.07 g, 지방 0.07 g을 생합성하기 위해서 필요한 전구체의 양

세포 구성 성분	μmol	세포 구성 성분 1 μmol을 합성하는 데 필요한 전구체의 양(μmol/μmol)													
		G6P	AKG	OAA	R5P	ACCOA	E4P	3PG	TP	ATP	NADH	NADPH	1-C	NH_3	S
RNA molecules[1]	215.4														
AMP	55.14	0	0	0	−1	0	0	−1	0	−9	3	−1	−1	−5	0
GMP	61.6	0	0	0	−1	0	0	−1	0	−11	3	0	−1	−5	0
CMP	56.43	0	0	−1	−1	0	0	0	0	−7	0	−1	0	−2	0
UMP	42.21	0	0	−1	−1	0	0	0	0	−5	0	−1	0	−2	0
lipids[2]	313														
glycerol	77.4	0	0	0	0	0	0	0	−1	0	−1	0	0	0	0
palmitoyl-CoA	11.78	0	0	0	0	−8	0	0	0	−7	0	−14	0	0	0
oleoyl-CoA	11.78	0	0	0	0	−9	0	0	0	−8	1	−16	0	0	0
carbohydrate[3]	2346														
hexose unit		−1	0	0	0	0	0	0	0	−1	0	0	0	0	0

[1] 효모 세포 1 g을 생합성하기 위해서는 70 mg의 RNA가 필요한데, 이를 구성하는 뉴클레오타이드(nucleotide)의 평균 분자량을 325로 가정하여 계산하면 215.4 μmol의 뉴클레오타이드가 소요된다고 할 수 있다. 뉴크레오타이드의 성분은 Mounolou, J. C. (1975), The properties and composition of yeast nucleic acid, In the yeast, vol. 2. 309-334, Edited by A. H. Rose and J. H. Harrison, London, Academic press를 참고하였다.

[2] 효모 세포 1 g을 구성하는 지방을 생합성하는 데 필요한 전구체의 양을 linoleic acid의 양을 oleic acid로 치환하여 계산하였다. 지방 성분 조성은 P. A. Vanrolleghem et al. (1996), Biotechnology Progress 12, 434-448을 참조하였다.

[3] 효모 세포 1 g을 생합성하기 위해서는 380 mg의 탄수화물이 필요한데, 이를 구성하는 탄수화물 모노머의 평균 분자량을 162로 가정하여 계산하면 2,346 μmol의 탄수화물 모노머가 소요된다고 할 수 있다.

표 13-3 1 g의 효모 세포를 생합성하기 위해서 필요한 전구체의 양

전구체 분자	전구체의 필요량(μmol/g cells)	전구체 분자	전구체의 필요량(μmol/g cells)
G6P	−2345.68	ACCoA	−628.05
R5P	−724.839	AKG	−1026.7
E4P	−563.905	OAA	−1032
TP	−77.4	NADH	3349.151
3PG	−789.564	NADPH	−9146.63
PEP	−972.25	ATP[1]	−30077.34
PYR	−1131.7		

[1] 단백질의 생산에 1개의 아미노산 첨가당 4.3ATP, RNA 생산에는 1개의 뉴클레오타이드(nucleotide) 첨가에 2.4ATP 필요하다고 가정하고 계산하였다.

(1) 대사량 반응식(FBA)의 예 : 효모의 포도당 및 자일로스 발효

앞서 살펴본 FBA의 기본 내용을 따라서 실제 FBA의 응용을 효모의 포도당과 자일로스 발효의 예를 통해서 살펴보도록 하자. 효모는 포도당을 발효하여 생육하면서 에탄올을 아주 잘 만든다. 하지만, 자연계에 풍부한 당인 자일로스는 발효하지 못한다. 따라서 대사공학적인 방법으로 자일로스를 대사하는 효소를 암호화하는 유전자를 효모에

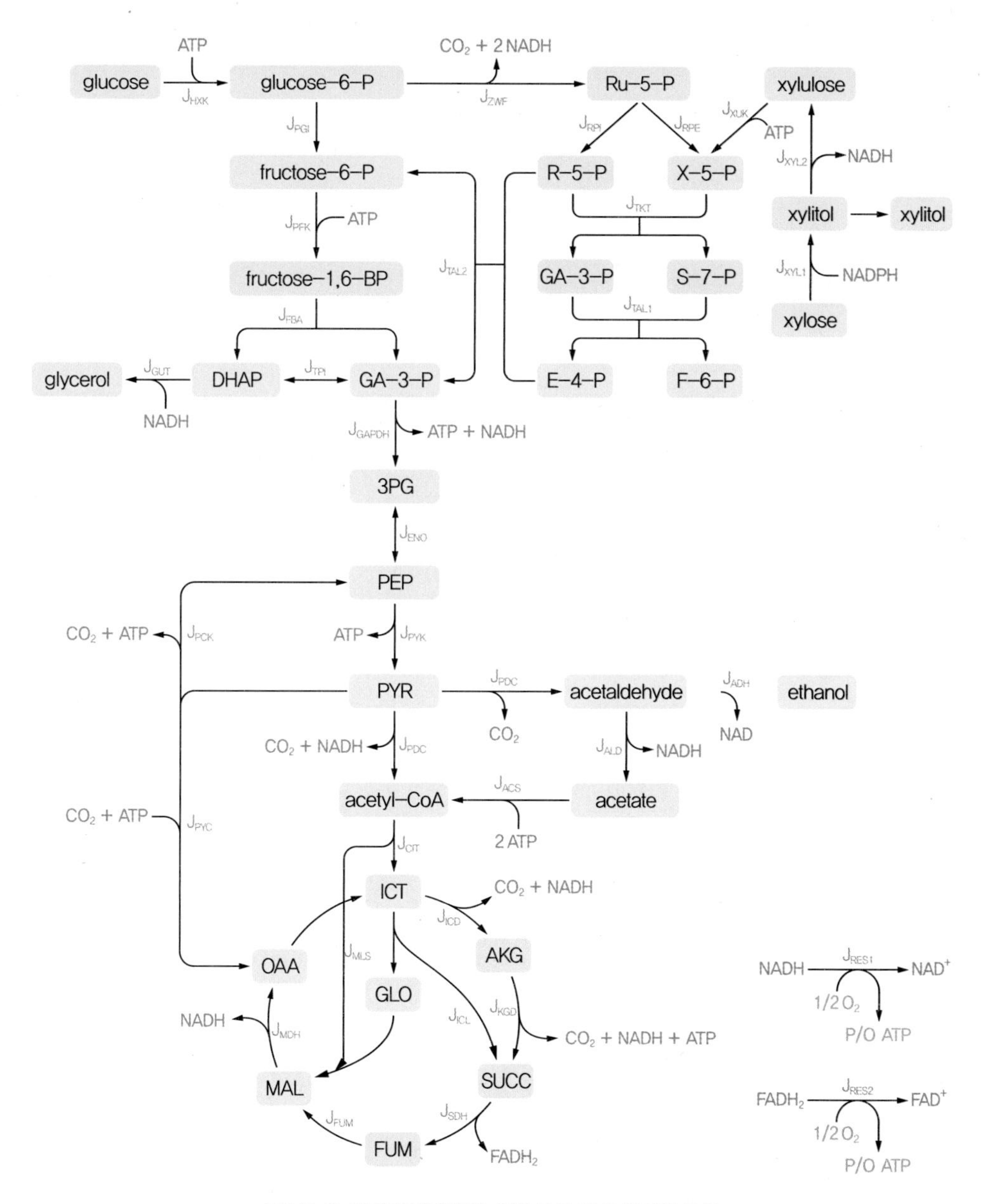

그림 13-11 대사량 반응식을 위한 효모 대사 모델의 구축

도입하여 자일로스를 대사하는 재조합 효모를 제작하면 자일로스로부터 에탄올을 생산할 수 있다. 이때 산소의 공급 조건에 따라서 포도당 및 자일로스를 발효하는 패턴이 달라지게 되는데, 이를 조사하기 위해서 FBA를 수행해 볼 수 있다.

FBA를 수행하기 위해서 가장 먼저 해야 할 일은, FBA에 포함시키고자 하는 대사 반응과 대사량을 결정해서 대사 모델을 구축하는 것이다. 이 경우 가장 쉬운 방법은 대사 경로를, 그리고 각기 효소 반응에 대사량을 부여하는 것이다. 예를 들면, 그림 13-11에서 볼 수 있듯이 모든 효소 반응에 대사량을 짝짓고 대사량 이름을 정하는 것이다. 육탄당 인산화효소Hexokinase 반응의 경우에는 JHXK : Glucose + ATP → Glucose-6-P + ADP, 그리고 알코올 탈수소효소Alcohol dehydrogenase 반응의 경우에는 J_{ADH} : Acetaldehyde + NADH → Ethnaol + NAD^+ 식으로 대사량을 정의하면 된다. 그림 13-11에는 효모 내에 존재하는 반응들 외에도, 자일로스를 발효하기 위해서 도입한 자

	HXK	PGI	PFK	FBA	TPI	GDH	PYK	PDC	ALD	ADH	ZWF	RPE	RPI	TKT	TAL	TKT	XY1	XY2	XUK	XOH	PYC	PDH	CIT	ICD	KGD	SDH	FUM	MDH	Res	Res	MDR	GUT	FBP	ACS	PCK	ICL	MLS	ENO	BIOM
a-KG	0	0	0	0	0	0	0	0	0	0	0	0	0	0	0	0	0	0	0	0	0	0	0	1	-1	0	0	0	0	0	0	0	0	0	0	0	0	0	-0.0010267
Acetaldehyde	0	0	0	0	0	0	0	1	-1	-1	0	0	0	0	0	0	0	0	0	0	0	0	0	0	0	0	0	0	0	0	0	0	0	0	0	0	0	0	0
Acetate	0	0	0	0	0	0	0	0	1	0	0	0	0	0	0	0	0	0	0	0	0	0	0	0	0	0	0	0	0	0	0	0	0	-1	0	0	0	0	0
AcetylCoA	0	0	0	0	0	0	0	0	0	0	0	0	0	0	0	0	0	0	0	0	0	1	-1	0	0	0	0	0	0	0	0	0	0	1	0	0	-1	0	-0.0006281
ATP	-1	0	-1	0	0	1	1	0	0	0	0	0	0	0	0	0	0	0	-1	0	-1	0	0	0	1	0	0	0	2	2	0	0	0	-2	-1	0	0	0	-0.035077
CO_2	0	0	0	0	0	0	0	1	0	0	1	0	0	0	0	0	0	0	0	0	-1	1	0	1	1	0	0	0	0	0	0	0	0	0	-1	0	0	0	0
DHAP	0	0	0	1	-1	0	0	0	0	0	0	0	0	0	0	0	0	0	0	0	0	0	0	0	0	0	0	0	0	0	-1	-1	-1	0	0	0	0	0	0
E-4-P	0	0	0	0	0	0	0	0	0	0	0	0	0	0	1	-1	0	0	0	0	0	0	0	0	0	0	0	0	0	0	0	0	0	0	0	0	0	0	-0.0005639
Ethanol	0	0	0	0	0	0	0	0	0	1	0	0	0	0	0	0	0	0	0	0	0	0	0	0	0	0	0	0	0	0	0	0	0	0	0	0	0	0	0
eXylitol	0	0	0	0	0	0	0	0	0	0	0	0	0	0	0	0	0	0	0	1	0	0	0	0	0	0	0	0	0	0	0	0	0	0	0	0	0	0	0
F-1,6-BP	0	0	1	-1	0	0	0	0	0	0	0	0	0	0	0	0	0	0	0	0	0	0	0	0	0	0	0	0	0	0	0	0	1	0	0	0	0	0	0
F-6-P	0	1	-1	0	0	0	0	0	0	0	0	0	0	0	1	1	0	0	0	0	0	0	0	0	0	0	0	0	0	0	0	0	0	0	0	0	0	0	0
$FADH_2$	0	0	0	0	0	0	0	0	0	0	0	0	0	0	0	0	0	0	0	0	0	0	0	0	0	1	0	0	0	-1	0	0	0	0	0	0	0	0	0
Fumarate	0	0	0	0	0	0	0	0	0	0	0	0	0	0	0	0	0	0	0	0	0	0	0	0	0	1	-1	0	0	0	0	0	0	0	0	0	0	0	0
G-6-P	1	-1	0	0	0	0	0	0	0	0	-1	0	0	0	0	0	0	0	0	0	0	0	0	0	0	0	0	0	0	0	0	0	0	0	0	0	0	0	-0.0023457
GA-3-P	0	0	0	1	1	-1	0	0	0	0	0	0	0	1	-1	1	0	0	0	0	0	0	0	0	0	0	0	0	0	0	0	0	-1	0	0	0	0	0	-0.0000774
Glucose	-1	0	0	0	0	0	0	0	0	0	0	0	0	0	0	0	0	0	0	0	0	0	0	0	0	0	0	0	0	0	0	0	0	0	0	0	0	0	0
ICT	0	0	0	0	0	0	0	0	0	0	0	0	0	0	0	0	0	0	0	0	0	0	1	-1	0	0	0	0	0	0	0	0	0	0	0	-1	0	0	0
Malate	0	0	0	0	0	0	0	0	0	0	0	0	0	0	0	0	0	0	0	0	0	0	0	0	0	0	1	-1	0	0	0	0	0	0	0	0	1	0	0
NADH	0	0	0	0	0	1	0	0	1	-1	0	0	0	0	0	0	0	1	0	0	0	1	0	1	1	0	0	1	-1	0	-2	-1	0	0	0	0	0	0	0.00334951
NADPH	0	0	0	0	0	0	0	0	0	0	2	0	0	0	0	0	-1	0	0	0	0	0	0	0	0	0	0	0	0	0	0	0	0	0	0	0	0	0	-0.0091466
O_2	0	0	0	0	0	0	0	0	0	0	0	0	0	0	0	0	0	0	0	0	0	0	0	0	0	0	0	0	-1	-1	0	0	0	0	0	0	0	0	0
OAA	0	0	0	0	0	0	0	0	0	0	0	0	0	0	0	0	0	0	0	0	1	0	-1	0	0	0	0	1	0	0	0	0	0	0	-1	0	0	0	-0.001032
PEP	0	0	0	0	0	0	-1	0	0	0	0	0	0	0	0	0	0	0	0	0	0	0	0	0	0	0	0	0	0	0	0	0	0	0	1	0	0	1	-0.0005191
Pyruvate	0	0	0	0	0	0	1	-1	0	0	0	0	0	0	0	0	0	0	0	0	-1	-1	0	0	0	0	0	0	0	0	0	0	0	0	0	0	0	0	-0.0011327
R-5-P	0	0	0	0	0	0	0	0	0	0	0	0	1	-1	0	0	0	0	0	0	0	0	0	0	0	0	0	0	0	0	0	0	0	0	0	0	0	0	-0.0007248
Ru-5-P	0	0	0	0	0	0	0	0	0	0	1	-1	-1	0	0	0	0	0	0	0	0	0	0	0	0	0	0	0	0	0	0	0	0	0	0	0	0	0	0
S-7-P	0	0	0	0	0	0	0	0	0	0	0	0	0	1	-1	0	0	0	0	0	0	0	0	0	0	0	0	0	0	0	0	0	0	0	0	0	0	0	0
Succinate	0	0	0	0	0	0	0	0	0	0	0	0	0	0	0	0	0	0	0	0	0	0	0	0	1	-1	0	0	0	0	0	0	0	0	0	1	0	0	0
X-5-P	0	0	0	0	0	0	0	0	0	0	0	1	0	-1	0	-1	0	0	1	0	0	0	0	0	0	0	0	0	0	0	0	0	0	0	0	0	0	0	0
Xylitol	0	0	0	0	0	0	0	0	0	0	0	0	0	0	0	0	1	-1	0	-1	0	0	0	0	0	0	0	0	0	0	0	0	0	0	0	0	0	0	0
Xylose	0	0	0	0	0	0	0	0	0	0	0	0	0	0	0	0	-1	0	0	0	0	0	0	0	0	0	0	0	0	0	0	0	0	0	0	0	0	0	0
Xylulose	0	0	0	0	0	0	0	0	0	0	0	0	0	0	0	0	0	1	-1	0	0	0	0	0	0	0	0	0	0	0	0	0	0	0	0	0	0	0	0
Glycerol	0	0	0	0	0	0	0	0	0	0	0	0	0	0	0	0	0	0	0	0	0	0	0	0	0	0	0	0	0	0	0	1	0	0	0	0	0	0	0
GLO	0	0	0	0	0	0	0	0	0	0	0	0	0	0	0	0	0	0	0	0	0	0	0	0	0	0	0	0	0	0	0	0	0	0	0	1	-1	0	0
Biomass	0	0	0	0	0	0	0	0	0	0	0	0	0	0	0	0	0	0	0	0	0	0	0	0	0	0	0	0	0	0	0	0	0	0	0	0	0	0	1

그림 13-12 효모 대사 모델에서 유도된 대사량 관계식을 보여 주는 행렬식

일로스 대사 경로인 J_{XYL1}, J_{XYL2}, J_{XUK}가 추가로 들어가 있다.

그 다음으로 할일은 주어진 대사 모델을 이용하여 대사량의 관계식을 유도하는 것이다. 이를 위해서는 대사량을 열로 하고 대사 물질을 행으로 하는 행렬식을 이용하면 편리하다. 그림 13-12와 같이 행렬식은 39개의 대사량으로 구성된 36개의 방정식의 유도가 가능해진다. 이 경우 변수의 개수가 방정식의 개수보다 3개 많으므로 방정식을 만족시키는 특정한 대사량이 존재하기보다는 3차원 공간상에 존재하는 수많은 대사량이 주어진 대사 모델을 만족시킨다고 할 수 있다.

이제 주어진 목적함수를 만족시키는 특정 대사량을 계산해 보도록 하자. 세포의 생육을 최대화시키는 목적함수를 사용하여 특정 대사량을 구하는 것이 세포의 빠른 생육을 목표로 진화한 미생물의 경우에 부합할 것이라는 가정을 하고 세포의 생육을 최대화하는, 즉 위의 행렬에서 제일 마지막 열의 대사량을 최대화시키는 대사량을 수학적 선형계획법을 이용하여 계산할 수 있다. 이때 목적함수와 더불어 필요한 것이 대사량 조건이다. 예를 들어, 그림 13-12에서 Res로 나타낸 2개의 대사량이 있는데, 이는 산소를 전자 전달체로 사용하는 호흡 대사량을 나타낸다. 이때 산소의 양을 제한함으로써 다양한 산소 조건에서 포도당 및 자일로스의 대사 형태가 바뀌는 것을 확인할 수 있다(그림 13-13). 포도당 발효의 경우 산소가 전혀 공급되지 않을 때는 세포가 거의 자라지 못하면서, 포도당의 에탄올 발효의 최대 이론 수율인 0.51 g ethanol/g glucose의 수율로 에탄

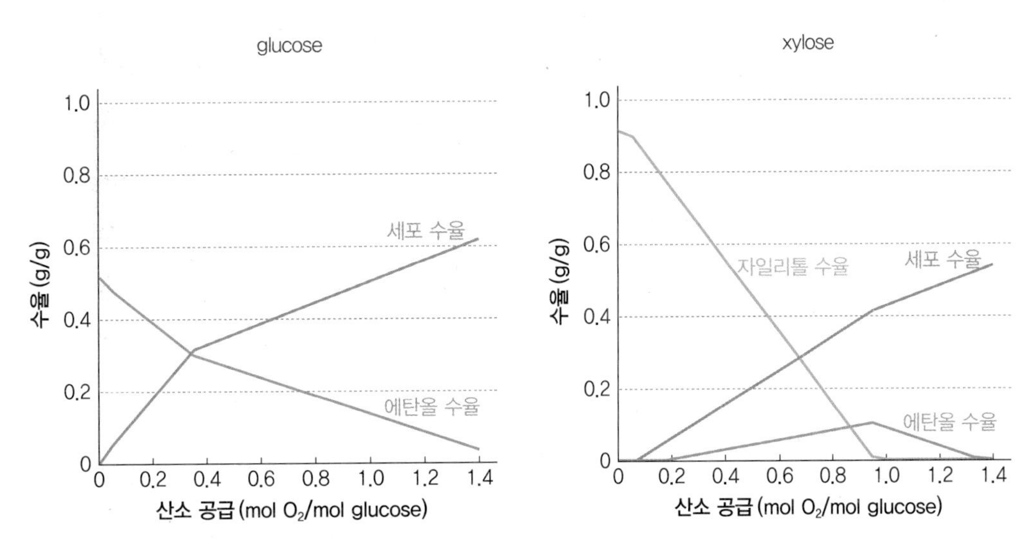

그림 13-13 FBA를 이용한 대사량 분석을 통한 효모의 포도당 및 자일로스 발효와 산소 공급과의 관계 분석

올이 생산되는 것을 예측할 수가 있고, 산소와 포도당의 비율이 0.4보다 작은 산소 공급 조건에서는 에탄올이 주로 생산되다가 0.4보다 큰 조건에서는 세포의 생육이 에탄올의 생산을 능가하는 것을 볼 수가 있다. 자일로스 발효의 경우에도 산소의 공급 비율에 따라서 세포의 생육과 자일리톨의 생산, 그리고 에탄올의 생산이 크게 영향을 받는 것을 볼 수가 있다. 특히 에탄올의 최적 생산을 위해서는 포도당 발효에서와 같이 산소의 공급을 최소화할 것이 아니라, 산소의 공급을 어느 정도 유지해야 하는 것을 예측할 수 있다. 이는 자일로스의 발효를 위해서 도입한 대사 경로인 자일로스 환원효소xylose reductase 대사 경로는 NADPH를 조효소로, 그리고 자일리톨 탈수소효소xylitol dehydrogenase는 NAD^+를 조효소로 사용하기 때문에 산화 환원redox 균형이 맞지 않아서 혐기 조건에서는 자일로스의 발효가 어렵고, 산소가 너무 많이 공급되면 세포의 생육만 일어나기 때문에 에탄올의 생산을 위해서는 산소의 공급이 조절되어야 한다는 것을 보여 준다.

(2) 유전체 수준의 대사 모델을 이용한 FBA

지금까지 고찰한 FBA의 방법은 대사량 개수 및 대사 물질 개수에 영향을 받지 않는다. 수학적 선형계획법에 의해서 목적함수를 만족하는 최적 대사량을 구하기 때문에 대사 모델만 구축이 되면 스케일에 구애받지 않고 최적 대사량을 구할 수 있다. 따라서 지금까지 소개한 간단한 대사 모델이 아닌, 미생물 유전체에 포함된 대부분의 대사 반응을 대사 모델에 포함하여 대사량을 구하는 소위 유전체 수준의 FBAGenome scale FBA의 수행이 가능하다. 실제로, 대장균 및 효모를 비롯한 많은 미생물들의 유전체 수준의 대사 모델이 구축되었고, 이를 이용하여 유전자의 녹아웃과 대사 형질과의 관계를 조사하는 데 이용되어 왔다. 구체적으로는 유전자의 녹아웃은 FBA에서는 유전자가 암호화하는 효소 반응을 대사 모델식에서 삭제(즉 그림 13-12의 행렬에서 해당 열을 삭제하면 됨)하면 쉽게 수행할 수 있다. 그다음 세포의 생육을 최대화하는 목적함수에 부합하는 특정 대사량을 선형계획법을 사용하여 계산하면 특정 유전자의 녹아웃이 대사 형질에 미치는 영향을 분석할 수 있다.

이와 같은 방식으로 대장균의 생육에 영향을 미치는 유전자를 조사한 결과 녹아웃 시 세포의 생육을 완전히 저해하는(즉 생육에 꼭 필요한) 유전자, 생육에 어느 정도 영향을 미치는 유전자, 그리고 세포의 생육에 미치는 영향이 매우 미미한 유전자들을 확인할 수가 있었다(그림 13-14).

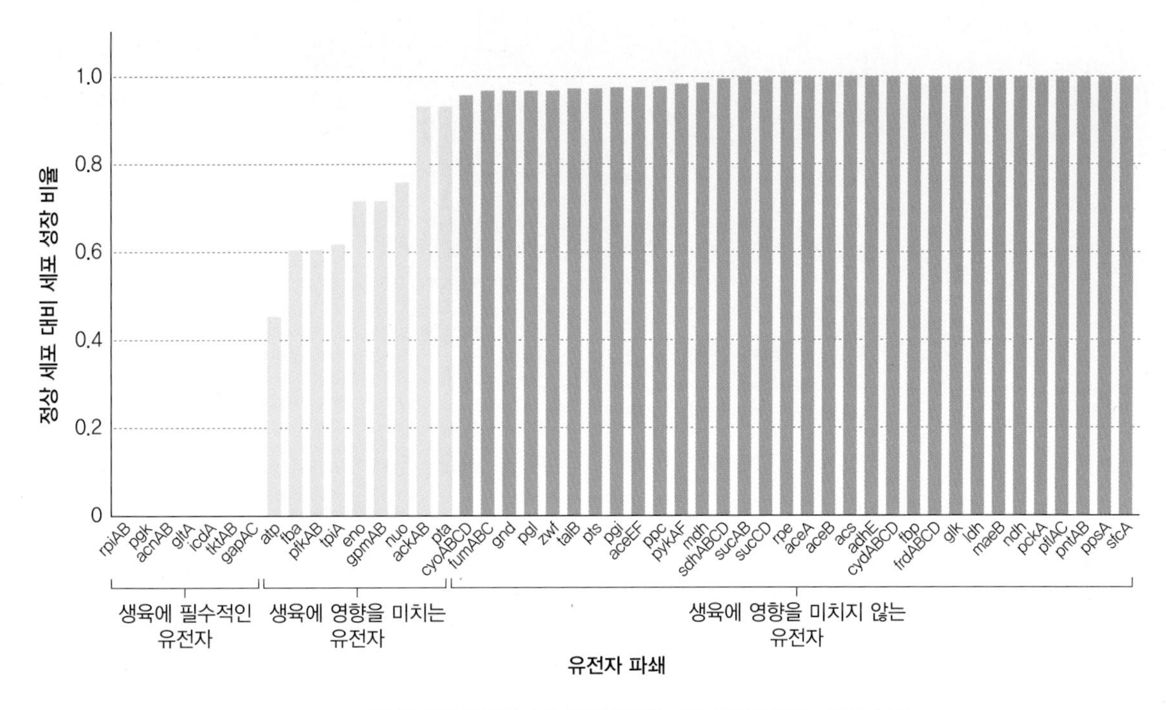

그림 13-14 FBA를 통한 유전자의 녹아웃이 대장균의 생육에 미치는 영향 조사

(3) 목적 산물 증대를 위한 녹아웃 타깃 발굴에 FBA 이용

FBA를 이용한 대사량 예측을 통해서 목적하는 산물의 생산을 증대시키는 유전자의 발굴을 시도할 수 있다. 이는 위에서 살펴본 유전자 녹아웃이 대사 형질에 미치는 영향을 예측하는 방법을 이용한다. 즉 어떠한 유전자의 녹아웃이 목적하는 대사 물질의 생산에 도움을 주는지 예측함으로써 대사공학을 위한 녹아웃 유전자를 발굴하는 방법이다. 한 예로 재조합 대장균을 이용하여 라이코펜lycopene의 생합성을 촉진시키기 위하여 FBA를 이용한 녹아웃 유전자의 발굴을 소개하고자 한다. 대장균에 라이코펜의 생합성을 가능하게 하는 유전자의 도입은 아주 잘 알려져 있다. 따라서 추가로 대장균 내의 어떤 유전자를 녹아웃하였을 때 라이코펜의 생합성이 증진되는지 연구하기 위해서 FBA를 사용할 수 있다. 원리는 매우 간단하다. 라이코펜의 생합성 대사량이 추가된 대장균의 대사 모델을 구축하고 FBA를 수행하는데, 목적함수로 대장균의 생육과 라이코펜의 생합성을 추가한 후 모델에 포함된 유전자를 하나씩 삭제하면서 어떤 유전자의 삭제가 라이코펜의 생합성에 도움이 되는지를 찾아가는 방법을 사용하면 된다. 또한 라이코펜의 생합성에 도움이 되는 다수의 녹아웃 유전자를 찾기 위해서 찾아진 유전자의 대사량을

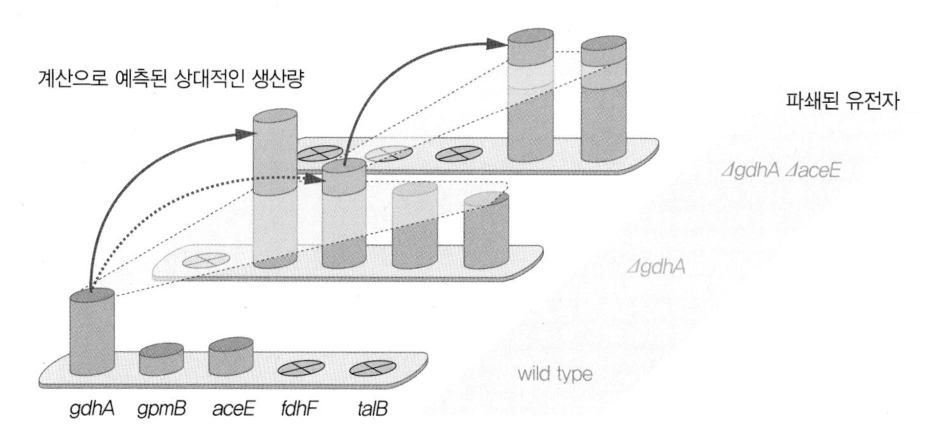

그림 13-15 FBA를 이용한 재조합 대장균의 lycopene 생합성 증대 유전자 발굴

모델에서 삭제한 후 동일한 계산을 반복 수행할 수도 있다. 이를 위해 최초의 교란 조건 중에서 목적하는 대사 형질에 가장 큰 영향을 미치는 교란 조건을 선택하여 채택하고, 채택된 교란 조건을 부모 유전자형parental genotype으로 하여 목적 대사 형질에 영향을 미치는 교란 조건을 찾아가는 것이다. 라이코펜의 생산을 증대시키는 유전자의 발굴을 예를 들면, 그림 13-15에서 보는 것과 같이 최초의 녹아웃 타깃knockout target으로는 *gdhA*를 선별하고, 다시 *gdhA*가 결손된 유전체 환경에서는 *aceE*를 선별하고, 그 다음에는 *gdhA*와 *aceE*가 결손된 유전체 환경에서는 *fdhF*와 *talB*를 녹아웃 타깃으로 선별하게 된다. 이와 같은 방식으로 FBA로 예측된 라이코펜의 생합성을 증대시키는 트리플 녹아웃(*gdhA*, *aceE*, *fdhF*) 돌연변이를 실제 제작하여 라이코펜의 생합성이 증가한 균주를 제작할 수 있다.

3. 시스템 대사공학 연구 방법

1) 시스템적 접근 방법을 통한 대사공학 연구 방법

최근 들어 많은 미생물과 동식물 및 인간의 유전체 서열이 자세히 밝혀짐에 따라, 기존에는 알지 못했던 많은 양의 생물학적 정보(즉 유전체, 단백체, 전자체 및 대사체 정보)를 활용하여 세포의 특성 및 그 변화를 정확하고 빠르게 감지할 수 있게 되었다. 이와 같이 다양한 생물학적 정보들을 효과적으로 통합하고 해석함으로써, 기존의 생물공학 연구를 한 단계 업그레이드하려는 시스템 생물공학systems biotechnology적 접근이 시도되고 있다. 따라서 세포 내 현상들의 통합적 이해를 바탕으로 한 시스템 생물공학적 기법을 이용한 산업용 균주의 개량이 시도되고 있다.

시스템 생물공학적 접근은 세포 내에서 일어나는 현상을 하나의 독립된 사건으로 인식하기보다는 여러 현상이 직간접적으로 상호 작용하고, 그 결과로서 세포의 형질이 결정되는 것으로 해석한다. 아직 완벽하지는 않지만 많은 연구를 통해서 미생물 세포의 대사 형질을 원하는 방식으로 변화시키는 기술의 개발에 다가가고 있다. 특히 다른 접근 방식인 조합적 접근 방법combinatorial approach은 시스템적 접근 방식으로부터 도출되는 문제점들을 매우 효과적으로 해결할 수 있는 장점을 가지고 있다.

2) 조합적 접근 방법을 통한 대사공학 연구 방법

조합적 접근 방법은 이미 알고 있는 지식에 근거하기보다는 생물학적 다양성과 진화적 선택 과정을 이용하여 문제에 접근하는 방식이다. 예를 들어, 대장균에서 초산의 생합성에 관련된 대사 및 유전자 조절 네트워크를 규명하고 싶다면, 많은 종류의 돌연변이를 무작위로 만들어서 제작된 수많은 돌연변이주 중 초산 생성의 패턴과 양이 돌연변이의 모균주와 다른 양상을 보이는 돌연변이를 선별하여, 그 돌연변이가 어떠한 유전자의

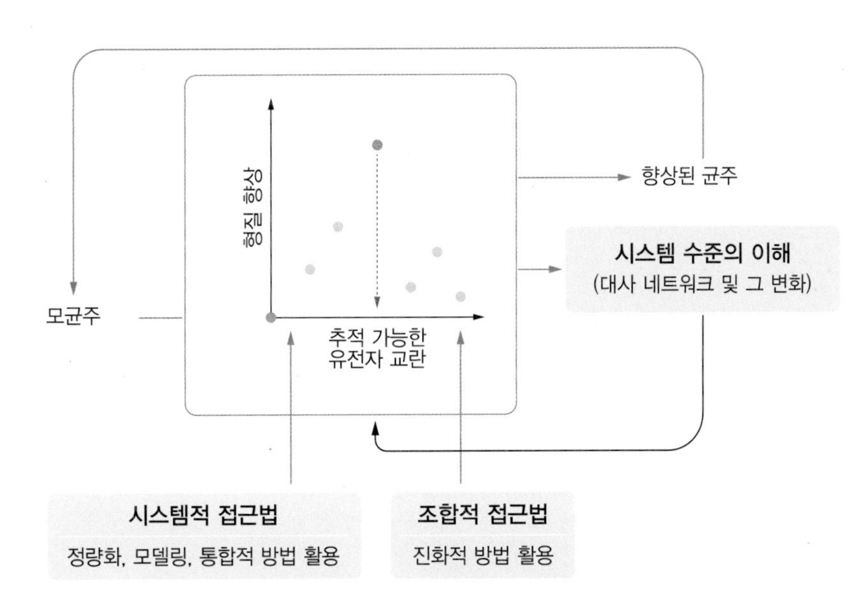

그림 13-16 대사공학을 활용한 균주 개발 방법론
시스템 생명공학 기법을 이용한 균주 개량 방법에는 시스템적 및 조합적 접근 방법이 쓰일 수 있다. 제한적인 정보를 효율적으로 이용하고 신속한 최적 균주의 제작을 위해서는 두 접근 방식의 병행이 필수적이다.

변화에 기인한 것인지를 추적함으로써 초산의 생합성에 관련된 대사 및 유전자의 조절 네트워크의 구성 인자를 발굴하는 것이다.

방법은 비슷하지만 조합적인 접근 방식과 그동안 많은 성공을 거두어 온 전통적인 균주 개량 방법과는 다음과 같은 점에서 크게 구별된다. 시스템 생물공학을 위한 조합적 접근 방식은 돌연변이를 유도하는 방법으로서 추적 가능한 유전학적인 방법을 쓰는 반면, 전통적인 균주 개량 방법에서는 화학 물질을 이용한 돌연변이 유도 방법을 사용하였다. 또한 돌연변이 균주 선별의 조건으로 조합적 접근 방식은 우리가 관심 있어 하는 형질이 모균주에 비해 향상 및 감소했는지 모두 고려하는 반면, 전통적인 균주 개량 방식은 형질의 향상만을 추구한다. 이와 같이 조합적인 접근 방식의 연구의 목적은 알지 못하는 유전적 변이로 인한 관심 형질의 직접적인 향상보다는 관심 형질의 변화와 관련된 유전자의 발굴과 특성화라고 할 수 있다. 이런 조합적인 방식은 많은 돌연별이의 선별과 선별된 균주의 특성화를 위한 기술적인 문제를 가지고 있었으나, 최근 급속도로 발달한 고속 세포 탐색 기능 장치와 유전체 염기서열 해독, 그리고 생물정보공학 기술들의 덕택으로 해결되었다.

그동안 발효 산업에서는 무작위 돌연변이주를 유도하여 우수 생산 균주를 선별하여 항생제, 아미노산 등의 생리 활성 물질을 생산해 왔다. 본 단원에서 이러한 전통적인 균주 개량 방법의 한계점들과 이를 극복하기 위한 대사공학 연구 방법에 관해서 알아보았다. 대사공학을 통한 균주 개발은 분자생물학, 시스템 생물학, 합성생물학 등의 연구 방법을 활용하여 급속도로 발전하였다. 대사공학 연구의 궁극적인 목표는 세포 내 대사 경로를 변형하여 우리가 원하는 목적 물질을 과생산하는 것이다. 하지만, 세포 내 대사 경로는 수많은 대사 물질로 연결된 복잡한 네트워크로 구성되기 때문에 목적하는 대사산물을 과생산하는 대사 경로로 변경하기 위해서는 세포 내 대사 경로의 구조와 그 조절 기작을 정확하게 이해하는 것이 필요하다. 이를 위해서 전사체, 단백체, 대사체 등의 오믹스 연구 방법이 활발하게 사용된다. 대사공학 연구의 가장 핵심이 되는 부분은 어떻게 대사량(metabolic flux)을 측정 및 예측하는가 하는 것이다. 특히 세포 내 대사 경로와 세포 생육을 수학적으로 표현한 대사모델을 활용한 대사량 예측 기술인 대사량 반응식(Flux Balance Anlaysis, FBA)은 주어진 대사 네크워크가 특정 조건에서 운영할 수 있는 대사량의 예측을 가능하게 하여, 특정 기질로부터 목적 산물 생산 시 최대 수율의 계산, 특정 유전자의 결손이 세포 생육에 미치는 영향, 특정 발효 조건이 대사 물질 및 세포 생육에 미치는 영향의 예측에 사용될 수 있다. 최근에는 대사공학이 각종 오믹스 연구 방법을 활용하여 시스템 대사공학으로 발전하고 있으며, 많은 기업들이 이를 활용하여 신물질/재료를 생산하고 있다.

연 습 문 제

1. 효모의 대사 경로 조절에는 산화 환원 균형(redox balance) 및 에너지(energetics)가 관여한다. 만약 효모 대사 경로에 기존의 효소 대신 다음과 같은 대사 반응을 촉매하는 돌연변이 glyceraldehyde-3-phosphate dehydrogenase가 작용한다면 대사 형질에는 어떤 변화가 생기는지 호기 조건과 혐기 조건으로 나누어 설명하시오.

$$\text{glyceraldehyde-3-phosphate} + H_2O \xrightarrow[NAD^+ \;\rightarrow\; NADH + H]{} \text{3-phosphoglycerate}$$

2. 효모를 이용하여 혐기 조건에서 포도당 발효를 하는 경우 이론적으로는 이산화탄소와 에탄올만 생산될 수 있지만, 실제로는 항상 글리세롤이 부산물로 생산된다. 그 이유를 설명하시오..

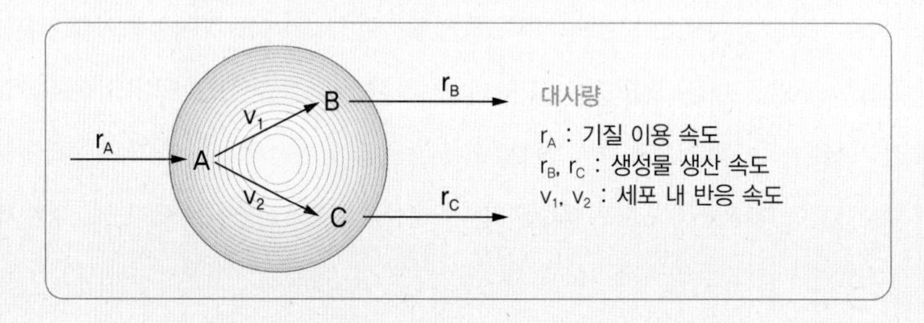

3. 다음과 같은 대사 네트워크를 가지는 대사 반응을 고려할 때 각 항에 대한 답을 쓰시오.
   (1) 대사 물질 A, B, C의 대사량 반응 방정식을 쓰시오.

   (2) 위의 대사량 반응 방정식을 행렬 형태로 변환해 보시오.

   (3) 만약 r_A가 10 g/g cell·h로 측정되었을 때, r_B 및 r_C의 가능한 영역을 도시해 보시오.

1. 문제에서 표시한 반응은 원래 glycolytic 대사 경로의 2단계 반응(Glyceraldehyde-3-phosphate dehydrogenase 및 phosphoglycerokinas)을 하나로 축약한 반응이 된다(아래 ❻번과 ❼번 반응). 자연계에 존재하는 2반응을 통해서 ATP가 생산되는데, 문제의 효소를 통해서 반응이 일어나면 ATP가 생산이 되지 않는다.

glucose → ❶ hexokinase (ATP → ADP) → glucose–6–phosphate → ❷ phosphoglucomutase → fructose–6–phosphate → ❸ phosphofructokinase (ATP → ADP) → fructose–1,6–diphosphate

fructose–1,6–diphosphate → ❹ aldolase → glyceraldehyde–3–phosphate + dihydroxyacetone phosphate

dihydroxyacetone phosphate → ❺ triosephosphateisomerase → glyceraldehyde–3–phosphate

glyceraldehyde–3–phosphate → ❻ triosephosphate dehydrogenase (Ⓟ, NAD → NADH) → 1,3–biphosphoglycerate → ❼ phosphoglycerokinase (ADP → ATP) → 3–phosphoglycerate

3–phosphoglycerate → ❽ phosphoglyceromutase → 2–phosphoglycerate → ❾ enolase (H_2O) → phosphoenolpyruvate → ❿ pyruvate kinase (ATP → ADP) → pyruvate

결과적으로 1분자의 포도당에서 2분자의 pyruvate가 생산될 때 2분자의 ATP가 생산되는 것이 아니라 0분자의 ATP가 생산된다. 이 경우 호기적인 조건에서는 TCA 및 ETR을 통해서 추가로 ATP가 생산되어서 세포가 생육할 가능성이 있지만, 혐기 조건에서는 에탄올을 생산하면서 ATP를 만들 수 없기 때문에 문제에서 제시한 반응을 가지고 있는 효모는 혐기적인 조건에서는 생육을 하지 못할 가능성이 매우 크다고 할 수 있다.

2. 포도당 대사 시 효모는 위의 glycolysis 대사 반응 중 ❻번 반응에서 NAD^+를 사용하고 NADH를 생산한다. 따라서 10분자의 포도당으로부터 20분자의 pyruvate를 생산할 때, 20분자의 NADH를 생산하게 된다. 에탄올을 생산하는 과정 중에 생산된 2분자의 NADH를 다시 NAD^+로 돌려보냄으로서 산화 환원 균형을 유지할 수 있다. 하지만, 실제로는 위의 ❻번 반응 이후의 대사 물질들이 세포의 생육에 사용되기 때문에 실제로 만들어지는 pyruvate의 양은 20분자가 되지 못하고 18분자 정도가 되는 경우가 많다. 이 경우 에탄올을 만들더라도 20분자의 NAD를 생산하지 못하고 18분자의 NAD^+만을 생산하게 된다. 따라서 세포 내에 추가로 2분자의 NADH가 축적되는 문제가 생긴다. 이때 글리세롤을 생산하는 반응을 이용하여 축적된 NADH를 NAD로 전환하여 산화 환원 균형을 맞추기 때문에 항상 혐기 에탄올 발효 중 효모는 글리세롤을 부산물로 축적하게 된다.

3. 다음과 같은 방정식을 유도할 수 있다.

(1) $dA/dt = r_A - v_1 - v_2$

$dB/dt = v_1 - r_B$

$dC/dt = v_2 - C$

(2) A = 1 -1 -1 = 0

B 1 -1 0

C 1 -1 0

(3) $dA/dt = dB/dt = dC/dt = 0$

따라서 $r_A = v_1 + v_2 = 10$

$v_1 = r_B$

$v_2 = r_C$

$r_B + r_C = 10$

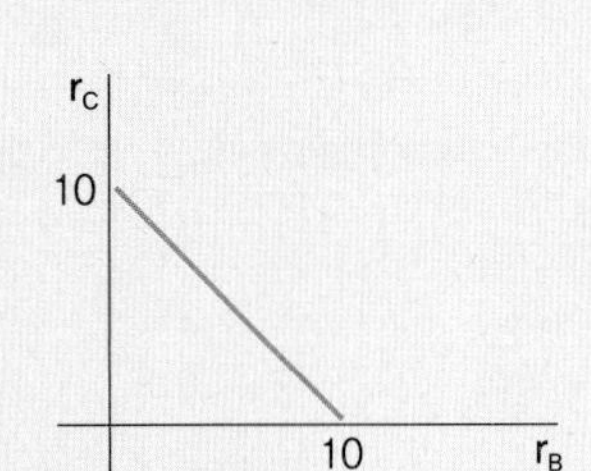

14 산업 및 식품생물공학

산업 및 식품생물공학은 자연계에 풍부히 존재하는 바이오매스를 원료로 이용하거나, 미생물과 효소와 같은 생물 촉매(biocatalyst)를 이용하여 생활에 필수적인 다양한 화합물과 식품용 소재를 제조하는 분야이다. 특히 석유 유래의 화합물 및 식품 소재를 바이오매스 유래의 화합물로 대체하고자 하는 기술이 산업 및 식품생물공학 기술로 분류된다. 본 장에서는 산업 및 식품생물공학 기술로 제조되는 다양한 바이오 소재의 예를 제시하고자 한다.

1. 바이오에탄올

주정이라고도 불리는 에탄올은 술의 주성분일 뿐만 아니라 조미료, 전분가공식품 등의 첨가물로 사용되며, 그 외에도 식품 보존용, 추출용, 살균용으로 사용되는 등 식품 산업에서 높은 비중을 차지하고 있다. 쌀, 보리, 옥수수, 고구마, 타피오카 등을 원료로, 전분의 효소 당화, 당액의 발효, 에탄올 증류 과정을 거쳐서 에탄올을 생산한다. 양조용 효모인 사카로마이세스 세레비지에*Saccharomyces cerevisiae*의 대사공학은 최근 바이오에탄올 관련 산업의 성장과 함께 활기차게 연구되는 분야이다. 저렴한 가격의 원료를 이용해 높은 수율과 생산성을 가진 에탄올 생산 공정 개발을 위한 핵심 기술로 대사공학을 이용하고 있는 것이다.

효모가 포도당으로부터 에탄올을 생산하는 대사 경로(그림 14-1)를 고찰하여 보면 생화학적으로는 10분자의 포도당으로부터 20분자의 에탄올을 생산할 수 있다. 하지만 여기서 중요하게 고려해야 하는 것이 산화 환원 균형redox balance이다. 6개 탄소로 구성된 포도당이 3개 탄소로 구성된 glyceraldehyde-3-phosphate으로 변환되고나서 1,3-bisphosphate glycerate1,3-BPG로 glyceralde-3-phosphate dehydrogenase 효소에 의해서 산화(그림 14-1의 ❻번 반응)가 되는데, 이때 NAD^+가 환원력(전자)을 공급받는 조효소로 사용된다. 따라서 10분자의 포도당이 20분자의 피루브산pyruvate으로 변환되면, 20분자의 NAD^+가 NADH로 동시에 변환된 상태가 된다. 하지만 에탄올 생산 대사 경로의 아세트알데하이드acetaldehyde를 에탄올로 환원 전환하는 효소인 알코올 탈수소효소alcohol dehydrogenase, ADH가 NADH에서 전자를 받아 NAD^+로 산화시키기 때문에 포도당으로부터 에탄올을 생산하는 반응으로 산화 환원 측면에서 균형이 완벽하게 맞는다고 할 수 있다.

그러나 실제 효모 세포 내에서 반응이 일어날 때는 해당 과정glycolysis 대사 경로의 하단 대사 물질들, 즉 1,3-BPG를 생산하는 대사 경로 이후에 생산되는 3-phosphoglycerate (3-PG), 2-phosphoglycerate(2-PG), phospoenolpyruvate(PEP) 등은 세포의 성장에 필요한 단백질, 핵산 등의 생합성에 사용이 되기 때문에 20분자의 1,3-BPG가 20분자의 피루브산으로 변환되기보다는 약간 모자란 양의 피루브산이 만들어지게 된다. 만약 각 5% 정도의 3-PG, 2-PG, PEP가 세포의 성장에 사용되었다고 한다면 결과적으로는 20분자가 아닌 17분자의 피루브산이 생성되게 된다. 따라서 에탄올이 만들어지는 양은 17분자

산화 환원 균형
세포 내 산화 화원 상태를 유지하려는 대사 경로의 작용을 말한다. 즉 NADH 혹은 NADPH와 같은 환원력을 가지는 대사 물질과 NAD^+ 혹은 $NADPH^+$와 같는 산화력을 가지는 대사 물질 간의 균형을 말한다.

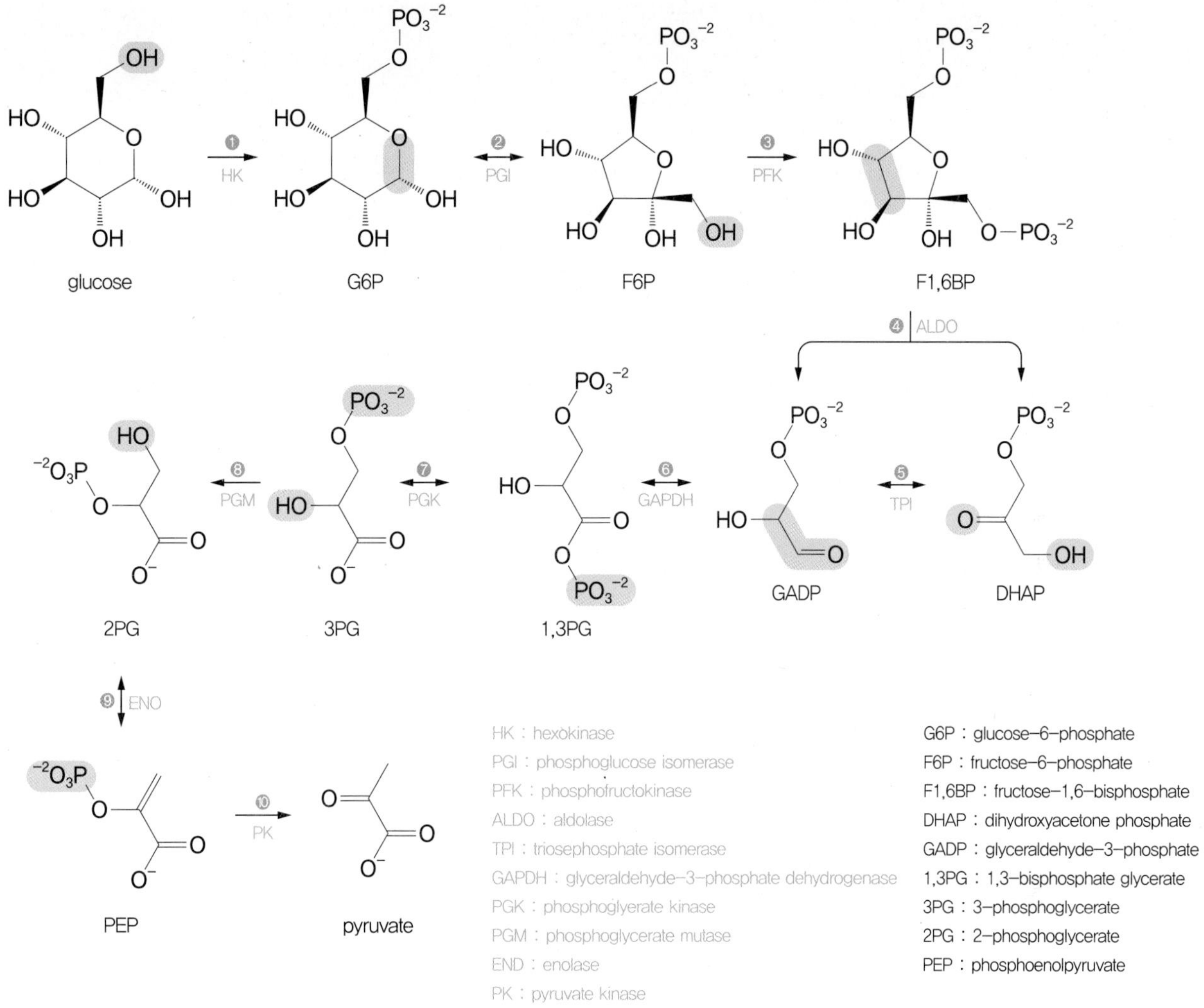
glucose
G6P
F6P
F1,6BP
GADP
DHAP
1,3PG
3PG
2PG
PEP
pyruvate
HK
PGI
PFK
ALDO
TPI
GAPDH
PGK
PGM
ENO
PK
HK : hexokinase
PGI : phosphoglucose isomerase
PFK : phosphofructokinase
ALDO : aldolase
TPI : triosephosphate isomerase
GAPDH : glyceraldehyde-3-phosphate dehydrogenase
PGK : phosphoglyerate kinase
PGM : phosphoglycerate mutase
END : enolase
PK : pyruvate kinase
G6P : glucose-6-phosphate
F6P : fructose-6-phosphate
F1,6BP : fructose-1,6-bisphosphate
DHAP : dihydroxyacetone phosphate
GADP : glyceraldehyde-3-phosphate
1,3PG : 1,3-bisphosphate glycerate
3PG : 3-phosphoglycerate
2PG : 2-phosphoglycerate
PEP : phosphoenolpyruvate

그림 14-1 포도당의 해당 과정 대사 경로에 의한 pyruvate로의 변환 효소 반응

가 되고, NAD^+ 또한 17분자가 만들어진다. 이미 20분자의 1,3-BPG를 만드는 과정에서 20분자의 NAD^+를 사용했지만, 에탄올을 만들면서 생성되는 NAD^+는 17분자밖에 되지 않기 때문에 3분자의 NADH가 세포 내에 축적되는 결과를 초래한다. 하지만, 세포 내 NADH의 양은 항상 일정하게 유지되어야 하므로, 효모는 세포 내 다른 반응을 이용하여 3분자의 NADH를 NAD^+로 변환을 시도하게 된다. 이때 NADH를 산화시키기 위하여 사용하는 효소 반응이 글리세롤 탈수소효소glycerol dehydrogenase이고, 반응식은 다음 (식 14.1)과 같다.

$$\text{Dihydroxyacetone phosphate(DHAP)} + \text{NADH} \longrightarrow \text{Glycerol-3-phosphate} + \text{NAD}^+ \qquad (식\ 14.1)$$

DHAP는 1,3-BPG를 생산하는 대사 경로 상단에 위치하기 때문에 3분자의 DHAP가 위의 반응식(식 14.1)을 통해서 글리세롤을 만들면서 3분자의 NADH를 NAD^+로 산화시킬 수 있다. 곧 17분자의 1,3-BPG와 17분자의 NADH를 만들고 대사 과정 중에 3-PG, 2-PG, PEP를 세포 생육에 사용하여 14분자의 피루브산과 에탄올을 만들고, 14분자의 NAD^+를 만들더라도 총 사용된 NADH와 생산되는 NAD^+가 17분자로 동일해지면서 산화 환원 균형이 유지될 수 있다. 물론 호기 조건에서 TCA 회로 반응들을 이용하여 NADH를 NAD^+로 전환할 수 있지만, 혐기 조건에서는 위의 글리세롤 생성 반응이 세포 내 산화 환원을 유지하기 위한 유일한 반응으로 사용되기 때문에 포도당의 혐기 발효 조건에서는 글리세롤의 생산을 피할 수 없다. 물론 글리세롤의 생산은 에탄올의 수율을 감소시키는 결과를 초래하기 때문에 혐기 조건에서 포도당 발효 시 글리세롤의 생산을 최소화하여 에탄올 생산을 증대시키려는 대사공학적 연구가 수행되어 왔다.

포도당과 같은 곡물/당류 유래의 에탄올 발효는 인간이 섭취할 수 있는 식량 자원을 산업용 혹은 연료용 에탄올로 전환한다는 윤리적인 문제점을 야기한다. 따라서 인간이 섭취할 수 있는 농업 작물이 아닌 섬유소 바이오매스cellulosic biomass의 가수 분해물을 효율적으로 발효할 수 있는 효모의 개량을 위한 대사공학 연구가 매우 활발하게 이루어지고 있다. 목재나 농업 부산물 등 식량 자원으로 이용되지 않는 식물 또는 식물의 일부분을 섬유소 바이오매스로 분류할 수 있으며, 크게 셀룰로스cellulose, 헤미셀룰로스

섬유소 바이오매스
식물체 세포벽을 구성하는 셀룰로스, 헤미셀룰로스 및 리그닌을 총칭한다. 가수분해 시 포도당, 자일로스 등의 당류와 초산을 생산할 수 있다.

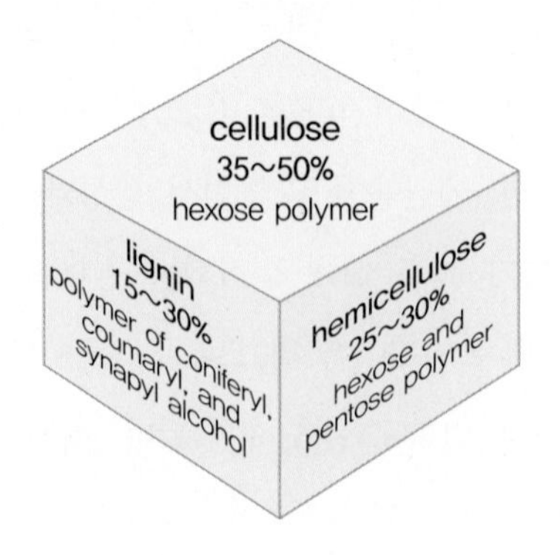

그림 14-2 섬유소 바이오매스의 구성 성분

hemicellulose, 리그닌lignin으로 구성되어 있다. 셀룰로스는 가수 분해되면 6탄당인 포도당만이 생성되고, 헤미셀룰로스는 가수 분해 시 5탄당인 자일로스xylose와 아라비노스arabinose, 6탄당인 만노스mannose와 갈락토스galactose, 유기산인 아세트산이 생산된다. 따라서 섬유소 가수 분해물은 포도당 이외에 자일로스와 같은 오탄당을 약 30%가량 함유하고 있는 것이 특징이다(그림 14-2).

섬유소 당화액에 포함된 주요 5탄당인 자일로스를 발효하여 에탄올을 생산하기 위해서는 대장균과 같은 자일로스 대사 균주에 에탄올 생합성 경로를 도입하거나, 포도당 발효 효모인 *S. cerevisiae* 혹은 에탄올 생산능이 우수한 세균인 자이모모나스 모빌리스 *Zymomonas mobilis*에 자일로스 대사 경로를 도입하는 양방향으로 진행되어 왔다. 섬유소 당화액을 발효하여 에탄올을 생산하는 재조합 균주 제작 연구에 관해서 보다 자세히 알아보면 다음과 같다.

1) 재조합 대장균*Escherichia coli*을 이용한 에탄올 생산

많은 대사공학 연구들이 재조합 대장균에 도입된 자일로스 대사 경로와 기존의 대사 경로(오탄당 인산회로, 해당 과정, 에탄올 생합성 경로, 산화환원조절 경로 등)를 조절해 에탄올 생산을 최적화하는 데 집중되어 있다. 이 밖에 당 수송체transporter와 그 조절 기작에 관한 몇몇의 흥미로운 연구가 최근 진행되고 있는데, 이는 대장균 이용 시 발효액을 구성하는 당류의 범위가 매우 넓고, 이미 재조합 단백질 생산을 위한 대형 발효 성공 사례가 있다는 강점을 지니고 있으나, 소량의 에탄올만을 생산하고 다량의 유기산을 생성하는 문제점이 있다. 따라서 유전자 재조합 기법을 이용하여 대장균의 유기산 생성 대사 경로를 제거하고 에탄올 생성 경로의 활성화가 시도되었다. 이를 위해서 잉그램Ingram 교수 등은 효모와 *Z. mobilis*와 같은 에탄올 발효 미생물 균주에서 발견되는 pyruvate decarboxylase(pdc)와 alcohol dehydrogenase(adh) 유전자를 대장균에 도입하여 80 g/L의 자일로스로부터 에탄올을 최종 농도 39 g/L 및 0.72 g/L·h의 생산성으로 생산하는 재조합 대장균 균주를 개발하였다. 재조합 대장균에 의한 에탄올 생산은 포도당, 자일로스, 아라비노스 등 대부분의 섬유소 유래 당류를 발효할 수 있을 뿐만 아니라 에탄올 발효 속도가 매우 빠르다는(50 g/L의 자일로스를 16시간 이내에 발효 가능) 장점을 지닌다. 하지만, 대장균의 특성상 발효조 내에서 생산되는 에탄올에 저항성을 가지지 못하기 때문에 고농도 에탄올 생산 공정(> 60 g/L)의 구현이 어렵다는 단점과 재조합 대장균의 생육이 바이오매스의 전처리로 생성되어 섬유소 당화액에 존재하는 알데하이드aldehyde 및 유기산organic acid과 같은 발효저해제에 매우 민감하다는 단점이 있다.

2) 재조합 *Zymomonas mobilis*를 이용한 에탄올 생산

*Z. mobilis*는 그람양성 세균으로 고농도의 에탄올(~120g/L)을 빠른 시간에 생성하는 특성을 가지고 있다. 소위 데킬라tequila의 생산에 사용되는 발효 균주로 알려져 있다. GRASgenerally regarded as safe로 인정된다는 면에서 대용량 에탄올 발효를 위한 균주로 적합하다. 특히 *Zymomonas* 균주는 EMP 대사 경로(또는 해당 과정)를 사용하는 다른 에탄올 생성 균주와는 달리, 엔트너-듀도로프 경로Entner-Doudoroff(ED) pathway를 이용하여 당을 대사한다. 그 결과 혐기적 조건에서 포도당 한 분자당 한 분자의 ATP만을(EMP 경로의 경우 2분자의 ATP 생성) 생성함으로써 세포의 생육은 감소하고 에탄올의 생성은 촉진되어 우수한 에탄올 생성능을 보이는 균주이다. 하지만, 다양한 당류를 발효하지 못하는 단점을 지니고 있다. 따라서 자일로스 발효능이 결여된 *Z. mobilis*에 대사공학적 방법으로 자일로스 대사 경로를 도입하여 포도당과 자일로스를 모두 발효하여 에탄올을 생산하는 재조합 균주의 개발이 미국의 NRELNational Renewable Energy Laboratory 연구진에 의해 시도되었다. 이를 위해서 대장균의 자일로스 발효 경로를 담당하는 효소인 자일로스 이성질화효소xylose isomerase, xylA, 자일루로스 인산화효소xylulose kinase, xylB, 트랜스케톨레이스transketolase, tktA 및 트랜스알돌레이스transaldolase, talB 유전자가 *Z. mobilis*에 도입되었다. 또한 도입된 외래 유전자들의 안정적인 발현을 위해서 이들 유전자를 *Z. mobilis*의 유전체상에 삽입하였다. 이와 같이 만들어진 재조합 균주는 매우 빠른 발효 속도와 포도당과 자일로스를 순차적으로 발효한다는 면에서 매우 우수한 특성을 지녔다. 하지만, 재조합 *Z. mobilis*가 당 가수 분해를 위한 전처리 과정에서 상당량 발생하는 아세트산acetic acid에 대한 저항성이 매우 약하다는 단점이 있다. 따라서 이후 연구는 재조합 *Z. mobilis* 균주의 아세트산 저항성을 증대시키는 방향으로 진행되고 있다.

발효저해제(fermentation inhibitors)
일반적으로는 미생물 발효를 저해하는 물질을 총칭한다. 산업생물공학에서는 섬유소 바이오매스를 가수 분해하기 위한 전처리 과정에서 생산되는 furfural, hydroxymethylfurfural (HMF), phenol 류의 물질을 말한다.

엔트너-듀도로프 경로
일반적으로 널리 알려진 해당 과정인 엠덴 아이어호프 파나스(Embden-Meyerhof-Parnas) 대사 경로는 1분자의 포도당을 대사하여 2분자의 피브루산을 만들 때 2분자의 ATP와 2분자의 NADH를 생산하는 데 비하여, 엔트너-듀도로프 경로는 1분자의 포도당에서 2분자의 피브루산, 1분자의 ATP, 1 분자의 NADH, 1 분자의 NADPH를 생산한다.

3) 재조합 *Saccharomyces cerevisiae*를 이용한 에탄올 생산

*S. cerevisiae*는 전통적으로 에탄올 발효 및 알코올 함유 식품의 제조에 오랜 기간 이용되어 왔으며, 이미 미국의 전분 및 브라질의 당류 유래 자원을 이용한 바이오 에탄올

생산에 이용되어 상업적인 가능성을 검증받은 균주이다. 하지만, 자연계에 존재하는 *S. cerevisiae*는 자일로스를 대사하지 못한다. 비록 *S. cerevisiae*가 자일로스를 대사하지 못하지만, 그 이성질체인 자일루로스를 대사하여 에탄올을 생산할 수 있다. 이러한 사실에 근거하여 자일로스를 자일루로스로 전환시키는 효소인 자일로스 이성질화효소xylose isomerase, XI를 대장균으로부터 분리하고 *S. cerevisiae*에 도입하여 자일로스를 대사하려는

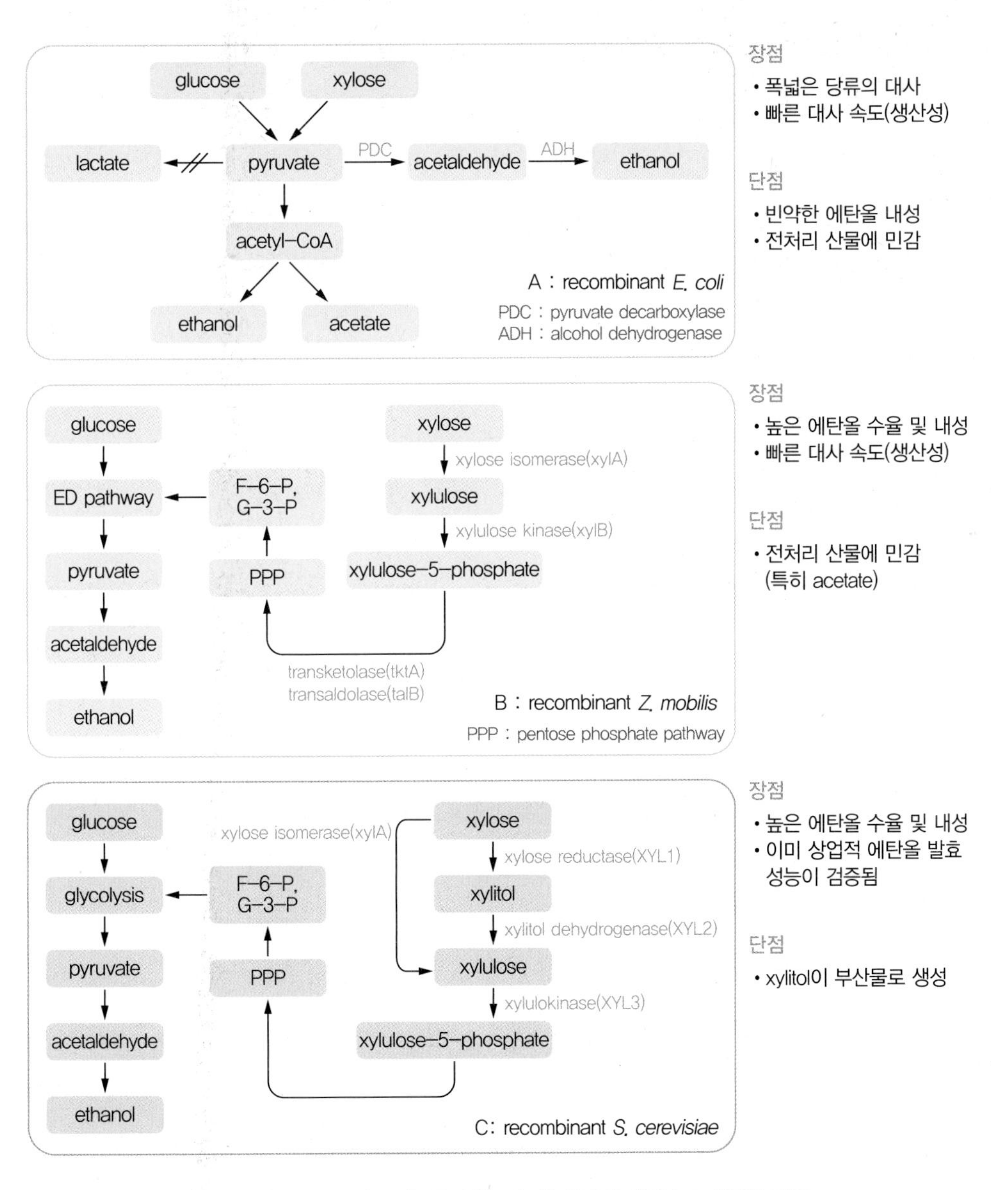

그림 14-3 섬유소 당화액 발효를 위한 재조합 균주의 개발과 그 장단점 비교

많은 연구가 이루어졌지만, 세균 유래의 XI는 효모 내에서 활성 발현이 잘 되지 않는 문제점이 있다. 따라서 최근에는 혐기 곰팡이에서 유래한 XI 유전자를 활용하여 자일로스를 발효하는 재조합 효모를 개발하고 있다. 또 다른 접근 방법으로 자연계에 존재하는 대표적인 자일로스 발효 효모인 피키아 스티피티스*Pichia stipitis*로부터 자일로스 대사는, 효소 3가지인 자일로스 환원효소xylose reductase, XR, 자일리톨 탈수소효소xylitol dehydrogenase, XDH 및 자일루로키네이스xylulokinase, XK의 유전자들XYL1, XYL2 및 XYL3을 *S. cerevisiae*에 도입함으로써 자일로스를 발효하는 재조합 *S. cerevisiae*를 구축하려는 연구가 수행되었다. 하지만, XR/XDH/XK를 이용한 재조합 *S. cerevisiae*의 자일로스 발효는 그 속도가 포도당에 비해서 느리기 때문에 발효 속도를 향상시키기 위한 지속적인 연구가 진행되고 있다. 섬유소 당화액에 다량 존재하는 포도당과 자일로스를 대사하여 에탄올을 생산하기 위한 재조합 균주의 개발 전략과 장단점을 요약하면 그림 14-3과 같다.

2. 글리세롤

글리세롤을 미생물로부터 대량 생산하기 시작한 것은 제1차 세계대전 당시 다이너마이트 생산을 위한 글리세롤의 수요가 비누 제조 공장에서 부산물로 생산되는 글리세롤의 양을 초과했을 때였다. 그러나 전쟁 후에는 발효로부터 생산된 글리세롤의 수율이 화학적 생산 수율보다 낮고, 발효액으로부터 분리하기 위한 증류 과정이 효율적이지 못했기 때문에 주로 화학적으로 생산되어 제약, 담배, 식품, 염료 산업 등에 이용되어 왔다. 최근에는 비누의 수요가 세제로 대체되고, 또 다른 화학적 방법을 통한 글리세롤의 생산이 환경적 우려와 원료 가격의 상승에 의해 제약을 받기 때문에 미생물 발효를 통해 글리세롤을 생산하는 것이 새롭게 조명되고 있다.

식품 산업에서 글리세롤(또는 글리세린)은 식품의 조직감을 향상시키기 위한 식품첨가제로 사용되고, 보습제나 보존제 등으로도 활용된다. 설탕의 60% 당도를 가지고 있어 대체 감미료로 활용될 수도 있다. 글리세롤은 또한 모노글리세라이드monoglyceride 또는 다이글리세라이드diglyceride 등을 합성하는 원료로서 유화제emulsifier 등의 기능성 유지를 가공하는 데 중요한 역할을 한다. 최근에는 바이오디젤 생산 과정에서 부산물로 생성된 글리세롤을 동물 사료로 응용하는 연구가 진행되고 있다.

효모는 당을 에탄올로 발효하면서 생성된 NADH의 일부를 글리세롤 생합성 경로를 통해 산화시킴으로써 세포 내 산화 환원 균형을 유지한다. 또한 높은 삼투압으로부터 세포가 용혈되는 것을 막기 위해 세포 내에 글리세롤을 축적한다. 이러한 대사 특성을 바탕으로 글리세롤 수율을 높이기 위해 기존에 시도된 방법으로는 첫째, *S. cerevisiae* 발효액에 황산수소염bisulfate를 첨가하여, 아세트알데하이드를 통한 에탄올의 생합성 경로를 차단하는 대신 글리세롤을 합성하도록 하는 방법과 둘째, *S. cerevisiae*를 pH 7 또는 이상의 배양액에서 키우는 것, 마지막으로 삼투압에 내성을 지닌 다른 종류의 효모로 발효하는 것이다.

글리세롤의 수율과 생산성을 높이기 위한 최근 대사공학 방법들은 *S. cerevisiae*에서 글리세롤을 생합성하는 데 관련된 *GPD1/2* 등의 유전자 발현을 증가시키고, NADH의 산화와 관련된 *PDC/ADH1/NDE/GUT2* 등의 유전자들을 제거하거나 NAD^+의 환원과 관련된 *FDH1/ALD3* 등의 유전자들을 과발현시켜 세포 내의 환원력을 증가시키는 데 집중되었다. 그 밖에 흥미로운 연구들이 TPItriose phosphate isomerase와 관련하여 진행되었는데, 이 효소는 해당 과정 중에 fructose-1,6-bisphosphate로부터 갈라진 두 대사산물의 이성질화효소로서, dihydroxyacetone phosphte(DHAP)를 glyceraldehyde-3-phosphate(GA3P)로 전환해 주는 역할을 한다(그림 14-1 ⑤번 반응). DHAP는 글리세롤의 전구체로서, TPI가 제거된 균주는 이론 수율의 90%가량의 글리세롤을 아황산염sulfite 첨가 없이 생산할 수 있었다. 그러나 이 균주의 경우 세포 성장을 위한 에너지를 충분히 만들어 내지 못하기 때문에 글리세롤의 생산성이 낮고, 유전적으로 불안정하다는 단점이 있었다. 한편, 최근의 연구에서 이 균주의 생장 결핍은 축적된 DHAP가 미오-이노시톨myo-inositol의 생합성을 억제하여, 해당 과정을 통한 에너지 생산 대신에 미오-이노시톨 생합성 경로가 활성화되기 때문으로 밝혀졌고, 배양액에 이노시톨inositol을 첨가하는 간단한 방법으로 글리세롤의 수율과 생산성을 동시에 향상시킬 수 있었다.

3. 당알코올

건강기능성 식품첨가물 중 당알코올은 일반적으로 단당류가 환원된 형태로서, 대표적인 예로는 자일리톨, 솔비톨, 에리트리톨, 만니톨 등을 들 수 있다. 이들 당알코올은 설탕과 유사한 당도를 갖지만, 칼로리와 당지수glycemic index, 저인슐린혈증 지수low-insulinemic index 등이 낮으며, 충치 유발 감소 효과를 갖는다. 또한 최근 발표에 따르면 당알코올은 소장에서 흡수되지 못하고(또는 소량 흡수되고) 대부분 대장까지 운반되어 박테리아에 의해 발효됨으로써 인체 건강에 도움을 준다. 건강 증진 효과 외에도 당알코올은 비효소적 갈변 반응Maillard reaction에 참여하지 않음으로 인해 식품의 색상안정제, 수분유지제 및 물성유지제로 사용될 수 있다. 자연계에서 당알코올은 과일이나 식품에 존재하며, 곰팡이, 효모 및 박테리아 등도 삼투압에 스트레스에 대한 방어 또는 탄소원의 확보 등의 목적을 위해 당알코올을 생산한다. 산업적인 당알코올의 생산은 당류에 니켈 촉매와 수소를 이용한 환원 반응을 이용해 생산되지만 높은 온도와 압력, 그리고 고순도의 원료, 분리 정제의 추가 비용 등의 문제점을 갖고 있다. 따라서 미생물을 이용한 발효공학적 당알코올의 생산은 화학 촉매 반응을 대체할 수 있는 저에너지 공정이 될 수 있을 것이다.

1) 자일리톨

자일리톨xylitol은 자일로스의 환원형 당알코올로서 채소나 과일에도 존재하며, 설탕과 유사한 당도를 갖고 용해될 때 주변으로부터 열을 빼앗아 감으로써 입 안에서 청량감을 주는 효과가 있다. 자일리톨은 충치 유발을 저해하며 인슐린 대사를 유발하지 않으므로 당뇨병 환자에게도 사용할 수 있는 효과적인 물질이다. 또한 자일리톨은 화학적인 촉매 반응에 의해서 폴리에틸렌글리콜polyethylene glycol, 에틸렌글리콜ethylene glycol, 글리세롤glycerol, 젖산lactic acid 등의 화학 물질로 변환될 수 있다(그림 14-4).

미생물 전환 공정을 이용한 자일리톨의 생산은 효모 중 칸디다*Candida*속의 야생균주와 *S. cerevisae*의 재조합 균주를 통해 이루어졌다. 유전자 조작을 하지 않은 야생균주 중에서 자일로스를 탄소원으로 사용하는 *C. guilliermondii*와 *C. tropicalis*가 자일리톨 생산에 주로 사용되었다. 자일로스에서 생육하는 야생균주를 사용하는 경우에는 자일리톨의 생산을 증대시키기 위하여 산소 공급을 제한하는 발효 조건과 자일로스를 지속적으로 발효기에 첨가하는 제한적 산소 발효 조건, 유가식 배양fed-batch fermentation 및 세포 재사용cell recycling 기술을 적용함으로써 3.9 g xylitol/L·h(유가식 배양) 또는 4.94 g xylitol/L·h(세포 재사용)의 생산성으로 자일리톨을 제조할 수 있었다. *S. cerevisiae*는 자일리톨을 생산하는 데 필요한 효소인 자일로스를 대사할 수 있는 자체 자일로스 환원효소xylose reductase,

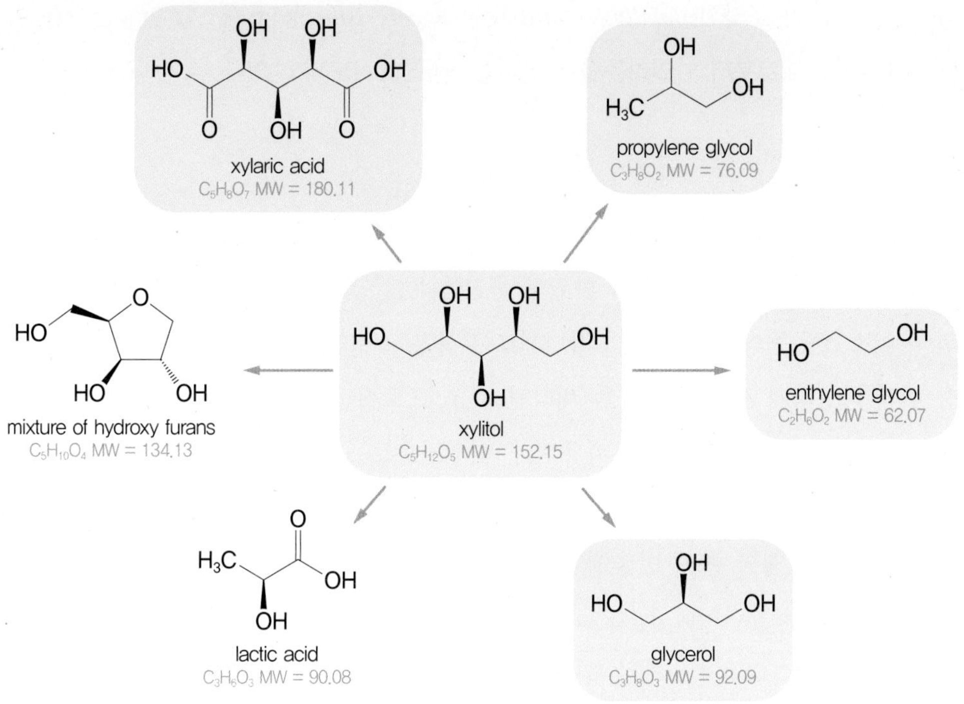

그림 14-4 자일리톨의 화학 반응에 의한 다양한 화학 물질로의 변환

XR가 없으므로 자일로스를 대사하는 효모인 피키아 스티피티스*Pichia stipitis*로부터 XR을 암호화하는 유전자인 *XYL1* 유전자를 도입한 대사공학 균주를 이용하여 자일리톨을 생산하였다. 야생균주들(*Candida* sp.)을 이용한 자일리톨 생산 방법은 자일리톨/자일로스의 수율(g/g)이 70~80% 정도이지만 대사공학 균주를 이용한 자일리톨 생산 방법은 자일리톨 수율이 100%에 가깝다는 장점을 가지고 있다. 또한 발효 조건의 최적화와 유가식 배양 방법을 이용하여 최종 자일리톨 생산 농도가 200 g/L 이상이 되었다. *XYL1* 유전자를 젖산균 락토바실루스 락티스*Lactobacillus lactis*에 도입하여 자일리톨을 만드는 연구도 수행되었으며, 이때 생산성은 2.72 g xylitol/L·h 이상 도달할 수 있다.

그러나 자일로스는 기질로 사용하기에는 값이 비싸고 흔치 않은 원료이기 때문에 오니시Onishi와 스즈키Suzuki는 1966년에 포도당으로부터 자일리톨을 만드는 연구를 수행한 바 있다. 그들은 *Debamyoryces hansenii*, *Acetobacter suboxydans* 및 *C. guilliermondii*의 세 종류의 미생물을 이용하여 순차적으로 포도당을 아라비톨과 자일루로스로 바꾼 뒤 최종적으로 자일리톨을 생산하였다. 그러나 여러 균주들을 사용하는 문제가 있어서 최근에는 유전자 조작된 *Bacillus subtilis* 또는 *S. cerevisiae* 등의 재조합 단일균주를 이용하여 포도당으로부터 자일리톨을 생산하는 연구가 시도되고 있다.

2) 솔비톨

솔비톨sorbitol(glucitol이라고도 불림)은 딸기, 체리, 자두 및 사과 등의 과일에서 발견할 수 있는 당알코올로서 포도당의 환원형 물질이다. 설탕의 60%의 당도를 가지며, 사탕, 껌, 아이스크림 등의 여러 식품의 감미제로서 사용될 뿐만 아니라, 습도 및 조직감 유지를 위해 다양하게 사용된다. 또한 비타민 C 및 프로필렌 글리콜propylene glycol, 알키드 수지alkyd resins 등 합성 전구체로서 사용된다. 산업적으로는 포도당을 촉매와 함께 환원시킴으로써 생산되며, 이후 이온 교환 수지와 활성탄 정제를 거쳐 솔비톨을 만든다. 식품 소재뿐 아니라, 화학 촉매 반응에 의해서 솔비톨은 isosorbide, polyethylene glycol, ethylene glycol, glycerol, lactic acid 등으로 변환이 가능하다. 특히 isosorbide는 친환경 기능성 플라스틱의 소재로 활용이 가능하다.

미생물을 이용한 솔비톨의 생산은 설탕 또는 포도당과 과당의 혼합물로부터 *Z. mobilis*를 이용하여 생산할 수 있다. *Z. mobilis*가 과당으로부터 솔비톨을 생산하는 반응은 포도당이 glucono-δ-lactone으로 전환되는 탈수소화 반응과 병합되어 있으며, $NADP^+$ 의존적인 glucose-fructose oxidoreductase(GFOR, EC 1.1.1.99) 효소에 의해 촉매된다. *Z. mobilis*를 이용하여 포도당과 과당을 발효할 경우 주된 발효 산물은 에탄올이며, 소모된 당의 약 11%만이 솔비톨로 변환된다. 그리고 또 다른 부산물인 글루콘산gluconic acid은 EDEntner-Doudoroff 경로를 통해 이산화탄소와 에탄올로 변환된다. 솔비톨의 생산 효율을 높이고 에탄올 생산량을 낮추기 위해 전Chun과 레저드Rogers는 10%(v/v) 톨루엔을 이용하여 세포에 투과성을 향상시킴으로써 글루콘산을 에탄올로 변환하는 데 필요한 조효소를 잃게 하여 에탄올 생산량을 낮추고 솔비톨의 생산을 증대시켜 최종 솔비톨 농도를 290 g sorbitol/L, 글루콘산 농도를 283 g gluconic acid/L으로 생산할 수 있었다. 세포의 투과성을 높이는 비슷한 접근법으로 계면활성제인 cetyltrimethyl ammonium bromideCTAB를 이용한 경우에도 전환 수율 98~99%, 솔비톨 생산성 1.8 g/L·h, 글루콘산 생산성 2.1 g/L·h을 얻을 수 있었다. 한편, 솔비톨의 시장 가격이 비교적 저렴하고 과당의 가격이 기질로서 비싼 것을 감안하여 설탕으로부터 솔비톨을 인버테이스invertase 효소와 톨루엔 처리된 세포를 함께 고정화하여 생산한 보고도 있다. 이때 설탕의 최적 농도는 200 g/L이었으며, 세포 순환 충전층 생물반응기cell recycle packed-bed reactor를 이용한 솔비톨의 최대 생산성은 5.1 g sorbitol/L·h이고 전환 수율은 92%이었다.

3) 에리트리톨

에리트리톨erythritol은 설탕의 60~70%의 감미가 있다. 칼로리가 매우 낮고 혈중 당 농도를 높이지 않으며, 치아 우식을 유발하지 않는 대체 감미료이다. 용해열을 가짐으로써 입 안에 청량감을 주며 소장 내에서 흡수되기 때문에 다른 당알코올(자일리톨 또는 만니톨)과 달리 대장 내 부작용을 일으키지 않는다. 에리트리톨의 생산 경로는 박테리아의 경우, fructose-6-phosphate로부터 phosphoketolase 효소에 의해 erythrose-4-phosphate가 생성되고 생성된 erythrose-4-phosphate는 erythrose-4-phosphate dehydrogenase에 의해 erythritol-4-phosphate가 된 뒤 phosphatase에 의해 탈인산화됨으로써 에리트리톨이 생성된다. 한편, 효모의 경우 glucose-6-phosphate가 pentose phosphate pathway로 들어간 뒤 erythrose-4-phosphate로부터 erythrose-4-phosphate kinase에 의해 에리트로스erythrose가 생성되고, 이것은 최종적으로 에리트로스 환원효소erythose reducase에 의해 에리트리톨로 전환된다. 에리트리톨을 생산하는 균주로는 *C. magnoliae*, *T. corallina*, *Ustilaginomycetes* 등이 알려져 있으며, 이들의 변이주로 에리트리톨을 생산할 경우 포도당으로부터 40% 이상의 수율로 에리트리톨을 생산할 수 있다. 이 중 *C. magnolia*의 돌연변이mutant 균주를 이용하여 50 L 배양기 규모의 실험을 진행한 결과 최대 생산량은 200 g erythritol/L, 생산성 1.2 g erythritol/L·h, 수율 0.43 g ertythritol/g sugar의 값을 보였다.

4) 만니톨

만니톨mannitol은 만노스mannose의 환원형 물질로서 자연계에서 가장 흔하게 발견되는 당알코올 중 하나이며, 특별히 *Agaricus bisporus* 버섯의 주요 저장 탄소원이다. 만니톨은 당지수와 인슐린혈증 지수insulinemic index가 0으로 혈중 당 농도를 상승시키지 않으며, 사람 몸에서 대사되지 않고 25%는 직접 뇨로 배출되고 75%는 장내 미생물에 의해 대사된다.

세포 순환 충전층 생물반응기
세포를 반응기 내에 고정화하여 충전한 관형 반응기. 연속식 작업이 가능하며, 반응기 부피당 전환 효율이 우수하다.

산업적인 만니톨의 생산은 해조류로부터 알긴산alginate과 요오드iodine를 생산할 때 부산물로 생산되는 경우가 전체의 70%에 해당되고, 나머지 부분은 50% 포도당과 50% 설탕시럽을 라니니켈Raney nickel 촉매법으로 수소 첨가하여 얻어진다. 이 반응에서 포도당은 솔비톨로 전환되고 과당은 만니톨과 솔비톨의 혼합물로 전환된다. 반응 후 크로마토그래피chromatography 방법으로 니켈 촉매를 제거한 뒤 저온 결정화법으로 만니톨을 분리해 낸다. 이 방법은 높은 순도의 기질 확보, 고온 고압의 반응 조건, 고비용 분리 정제, 낮은 만니톨 수율 등의 문제를 갖는다. 따라서 생물 공정을 이용할 경우 포도당 또는 글리세롤로부터 50~52%의 수율을 얻을 수 있기 때문에 만니톨 생산 공정이 각광을 받고 있으며, 효모와 곰팡이를 이용하여 수율 50~52%의 결과를 얻을 수 있다. 또한 일부 젖산균(*Leuconostoc* 및 *Lactobacilli* 속 group III, obligatory heterofermentative)의 경우 과당을 환원함으로써 만니톨을 생산할 수 있다.

4. 유기산

대부분의 세균은 혐기 조건에서 당 발효 시 다양한 종류의 유기산을 생산한다. 이때 생산되는 유기산들 중에서 젖산, 호박산은 화학 촉매 반응에 의해서 다양한 형태의 고분자 물질로 전환될 수 있다. 따라서 미생물 발효를 이용하여 바이오매스 유래 당류(포도당 및 자일로스)를 유기산으로 전환하는 연구 개발 및 상용화가 활발하게 이루어지고 있다. 특히 젖산의 경우에는 생분해성 플라스틱인 폴리락타이드polylactide, PLA의 원료로 사용될 수 있기 때문에, 세균 및 효모를 기반으로 한 젖산 생산용 균주들이 개발되어 산업화가 이루어졌다.

1) 젖산

젖산은 세균 및 일부 곰팡이에 의해서 주로 생산되는 유기산이다. 세균의 젖산 생성 대사 경로는 크게 두 가지로 나뉘어진다. 당류로부터 순수하게 젖산만을 생산하는 동형젖산발효homo lactic fermentation 경로와 젖산 및 에탄올(혹은 초산)을 동시에 생산하는 이형젖산발효hetero lactic fermentation 경로가 있다. 동형젖산발효는 일반적으로 알려진 해당 과정 대사 경로를 통해서 1분자의 포도당에서 2분자의 피루브산이 생산되고 2분자의 젖산으로

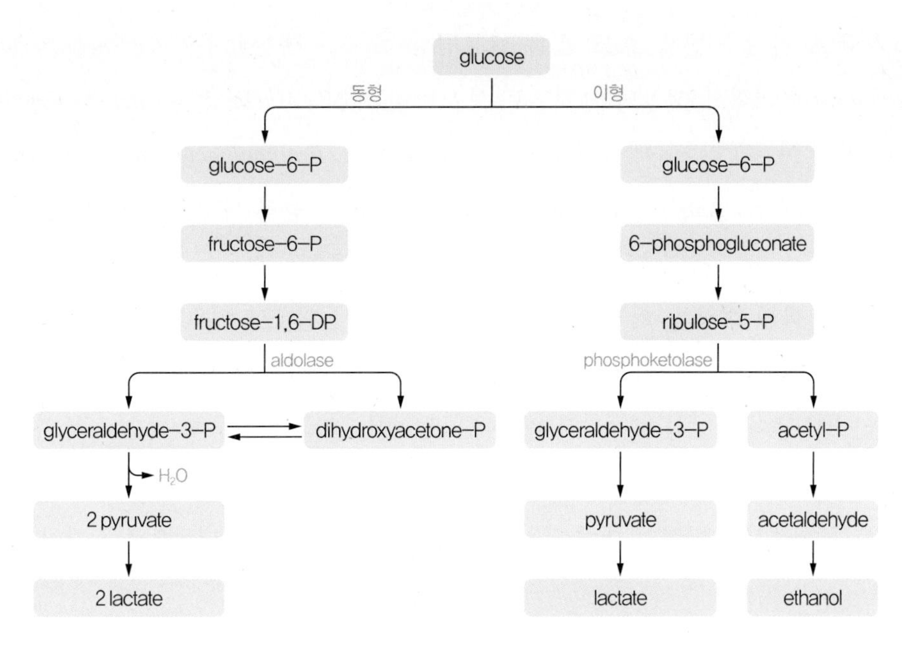

그림 14-5 동형 및 이형 젖산 생성 대사 경로

변환되는 대사 경로를 지칭한다. 이형젖산발효는 해당 과정 대사 경로의 aldolase(그림 14-1 ❹번 반응) 대신에 phosphoketolase 효소가 이용되기 때문에 젖산 이외에도 에탄올, 초산, 이산화탄소 등이 생산된다(그림 14-5).

세균은 동형homo 및 이형hetero 젖산 대사 경로를 이용하여 젖산을 생산하는 반면, 곰팡이는 이형 젖산 경로를 이용하여 젖산을 생산한다. 따라서 동형 젖산 경로를 이용하는 세균을 이용하면 젖산 이외의 부산물이 생산되지 않기 때문에 이형 젖산 대사 경로를 이용하는 곰팡이를 이용하는 것보다 수율 측면에서 유리하다. 반면에 대부분의 젖산 생성 세균은 L 및 D형 광학이성질체의 젖산을 동시에 생성하지만, 곰팡이는 L형의 젖산만을 생성하므로 의료용으로 주로 사용되는 L형의 광학이성질체를 생산하기 위해서는 곰팡이를 이용한다. 최근에는 당발효능이 우수하고 내산성이 우수한 효모에 곰팡이 혹은 세균 유래 젖산 생산 대사 경로를 도입하여 고농도의 젖산을 생산하는 연구가 이루어지고 있다.

2) 호박산(숙신산)

호박산 혹은 숙신산succinic acid은 4개의 탄소로 구성된 dicarboxylic acid(2개의 carboxylic acid 포함)로서 청주 발효 효모 혹은 글루탐산glutamic acid 생산균주인 *Corynebacterium glutamicum*에 의해서 생산되는 것으로 보고된 바 있고, *Mucor*, *Fusarium*, *Aspergillus* 등의 곰팡이, 그리고 대장균, *Aerobacter aerogen*, *Propionibacterium*, *Mannheimia succiniciproducens*, *Anaerobiospirillum succiniciproducens* 등의 세균 등에 의해서도 생산된다.

호박산은 식품, 화장품, 의약품 및 플라스틱 산업에서 원료로 이용된다. 또한 화학 촉매 반응을 이용하여 1,4-butanediol, gamma-butyrolactone, tetrahydrofuran, 생분해성 플라스틱 등의 다양한 제품으로 변환이 가능하다.

자연계에 존재하는 생산균주인 *M. succiniciproducens*, *A. succiniciproducens*의 포도당 발효를 통해서 호박산의 대량 생산이 가능하지만, 이 경우 상대적으로 가격이 비싼

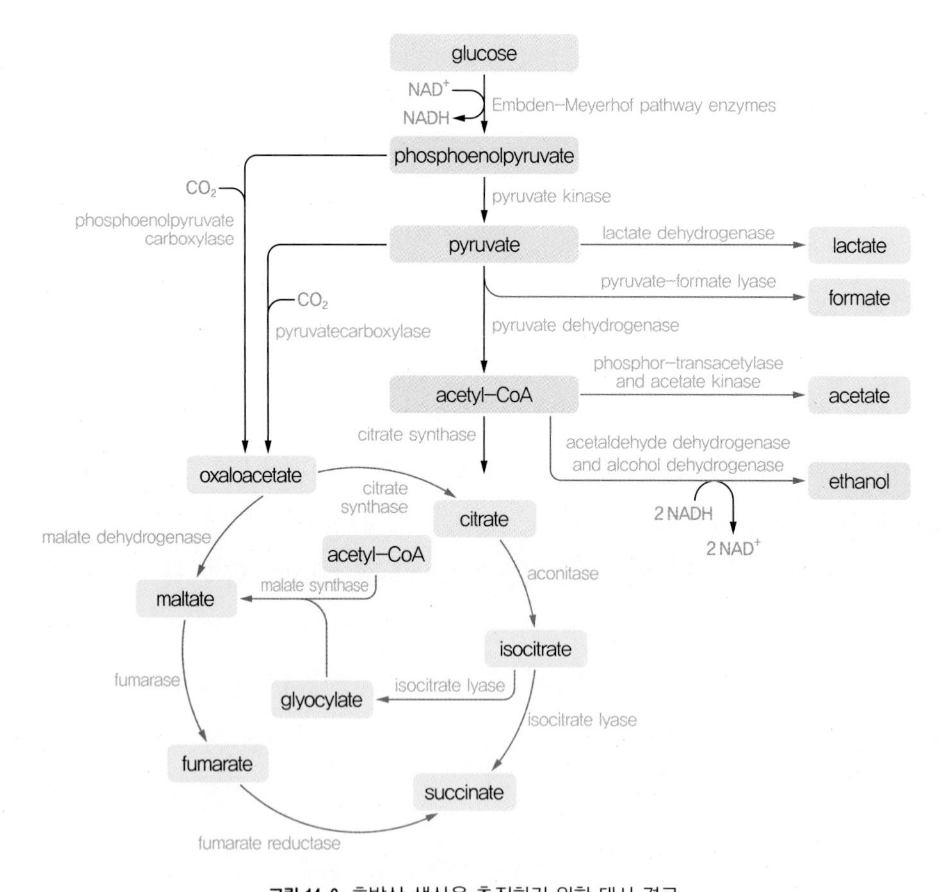

그림 14-6 호박산 생산을 촉진하기 위한 대사 경로
적색으로 표시된 대사 경로는 감소시키고 검은색 및 청색으로 표시된 대사 경로의 활성화를 통하여 호박산의 생산을 유도할 수 있다.

복합배지를 사용해야 하는 단점이 있다. 따라서 가격이 저렴한 최소 배지에서도 생육이 잘되는 대장균 혹은 효모를 대사공학적으로 개량하여 호박산을 생산하는 연구가 진행되고 있다. 대장균의 경우 호기적인 조건에서는 호박산을 생산하지 않지만 혐기 조건에서는 호박산을 생산한다. 하지만, 개미산formic acid, 초산acetic acid, 젖산lactic acid 등을 같이 생산하기 때문에 호박산의 수율이 매우 낮다. 따라서 개미산, 초산, 젖산의 생산과 관련된 유전자를 파쇄deletion하여 다른 유기산 생성을 억제하고, 호박산 생산에 관여하는 대사 경로와 관련된 유전자의 과발현을 통해서 호박산의 수율과 생산성을 향상시키는 연구가 수행되었다(그림 14-6). 재조합 효모를 활용한 호박산 생산을 위해서는 유지를 생산하는 것으로 알려진 *Yarrowia lipolytica* 효모의 acetyl-CoA hydrolase 효소와 숙신산 탈수소효소succinate dehydrogenase를 유전자 파쇄를 통하여 불활성화시키고 환원적 카복실화reductive carboxylation와 산화적 TCA 경로oxidative TCA pathway와 관련된 유전자를 과발현하여 글리세롤을 기질로 사용하여 고농도(>100 g/L)의 호박산을 생산하는 연구가 보고되었다.

5. 코엔자임 Q_{10}

코엔자임coenzyme Q_{10}은 생물이 산화적 인산화를 통해 ATP를 생산할 때 전자를 전달하는 물질로서 퀴논 링quinone ring과 긴 아이소프레노이드 사슬isoprenoid chain을 가진 소수성 물질이다. 퀴논 링은 두 개의 전자를 이동시키는 역할을, 긴 아이소프레노이드 사슬은 이 물질이 미토콘드리아mitochondrial 또는 세포막에 자리할 수 있게 하는 역할을 한다. 사람의 경우 메발론산 경로mevalonate pathway를 통해 코엔자임 Q_{10}을 합성할 수 있으나 유전적 원인, 노화 또는 소위 Statin 계열의 약물 사용 등의 이유로 생체 내 생합성량이 감소할 수 있다. 생물공학적 코엔자임 Q_{10} 생산을 위해 ***Agrobacterium***, ***Rhodobacter***속의 야생균주 또는 그것들의 변이주 등이 이용되어 왔다. 또한 최근에는 외부로부터 코엔자임 Q_{10} 생산을 위한 핵심 유전자(decaprenyl diphosphate synthase 및 1-deoxy-D-xylulose 5-phosphate synthase)를 발현함으로써 재조합 대장균으로부터 코엔자임 Q_{10}의 생산이 가능해졌다. 이들 미생물들을 이용한 코엔자임 Q_{10}의 생합성 경로를 그림 14-7에 나타내었다.

*A. tumefaciens*의 변이균주를 사용하고 유가식 배양 기술을 조합한 경우 최종 농도

아이소프레노이드(isoprenoids)
주로 동물 및 식물이 생산하는 2차 대사산물로서 화학적으로 매우 다양한 물질이다. 대표적인 물질은 콜레스테롤, 퀴논(quinine), 카로티노이드, 아이소프렌 등으로 식품, 화장품, 의약품, 고분자 산업에서 활용된다.

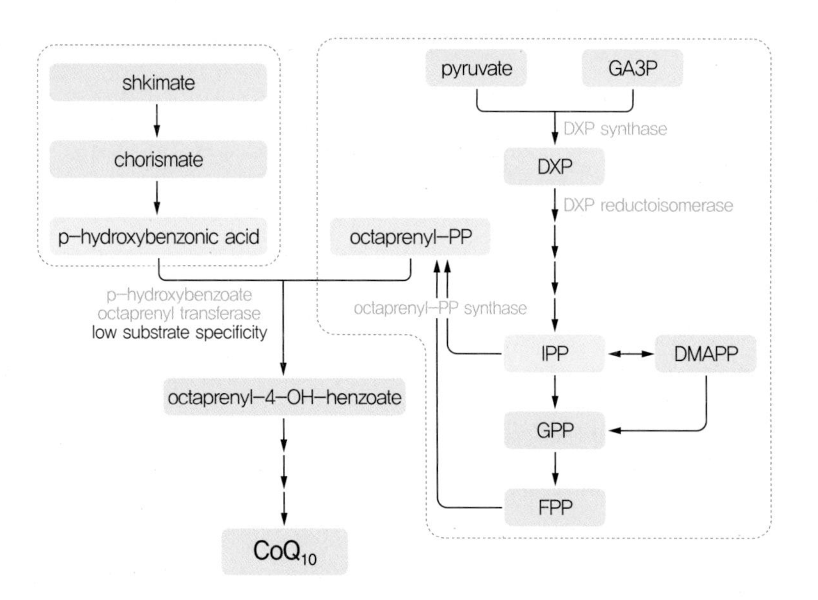

그림 14-7 코엔자임 Q_{10}을 생합성하기 위한 대사 경로

626.5 mg/L, 9.25 mg/g cell의 단위 균체당 수율로 생산할 수 있었다. 발효 공정 최적화에 있어서, 산화 환원 전위oxidation-reduction potential를 조절하여 준 경우 *R. sphaeroides* 균주를 이용하여 단위 균체당 8.7 mg/g의 코엔자임 Q_{10}을 생산할 수 있었다. 또한 세포 내 산소 공급의 조절을 통해 단위 세포당 코엔자임 Q_{10}의 함량을 변화시킬 수 있다. 한편, 재조합 대장균을 이용할 경우 야생의 대장균이 생산하는 코엔자임 Q_8 대사 경로를 제거한 뒤 외래 decaprenyl diphosphate synthase의 발현, 1-deoxy-D-xylulose 5-phosphate synthase의 동시 발현을 통해 최대 99.4 mg/L·h 생산성을 얻을 수 있었다. 코엔자임 Q_{10} 생산에 관한 연구는 새로운 변이균주의 개발뿐만 아니라 대사공학적 핵심 유전자의 발굴과 과발현 효과들을 연구함으로써 코엔자임 Q_{10}의 생합성량을 증가시키고, 코엔자임 Q_{10}이 생체 내에서 갖는 역할 또한 규명할 수 있을 것이다.

6. 아미노산

아미노산은 이제까지 식품첨가제로 주로 사용되어 왔으며, 의약품이나 동물사료, 화장품의 첨가제로 사용되어 왔으나 최근 그 사용이 바이오 연료biofuel 및 바이오 화학 물질 생산을 위한 중간 대사 물질로 사용이 확대되면서 수요가 증가되고 있는 상황이다.

전통적으로 다양한 미생물을 이용하여 여러 종류의 아미노산을 생산하기 위한 연구가 수행되었으며, 또한 실제 생산에 적용된 사례도 적지 않다. 각 아미노산의 산업적인 용도는 다음과 같다. 글루탐산glutamic acid은 조미료의 원료로 사용되며, 프롤린proline은 수액제 및 의약품 제조에 사용되며, 라이신lysine 및 황함유 아미노산인 메티오닌methionine은 동물 사료에 첨가제로 사용된다. 이외에도 알라닌alanine, 히스티딘histidine, 세린serine 등도 식품 및 의약품 제조에 사용된다. 특히 페닐알라닌phenylalanine과 아스파틱산aspartate은 고감미료인 아스파탐aspartame의 생산에 이용된다.

미생물 발효에 의한 아미노산의 생산은 생산된 아미노산에 의한 대사 경로의 되먹임조절feedback regulation이 제거된 균주를 사용한다. 라이신의 생산을 예를 들면, 라이신 과생산 균주를 유도하기 위해서는 무작위 돌연변이를 도입한 균주들을 라이신 분자와 유사한 분자구조를 가지는 *S*-aminoethylcysteine을 포함한 배지에 도말한다. 라이신과 유사한 분자구조로 인해서 *S*-aminoethylcysteine는 라이신 생산에 중요한 조절을 담당하는 효소인 aspartokinase를 저해하게 되고, 따라서 세포의 생육은 저해된다. 하지만, 돌연변이에 의해서 aspartokinase의 저해가 제거되면 세포의 생육은

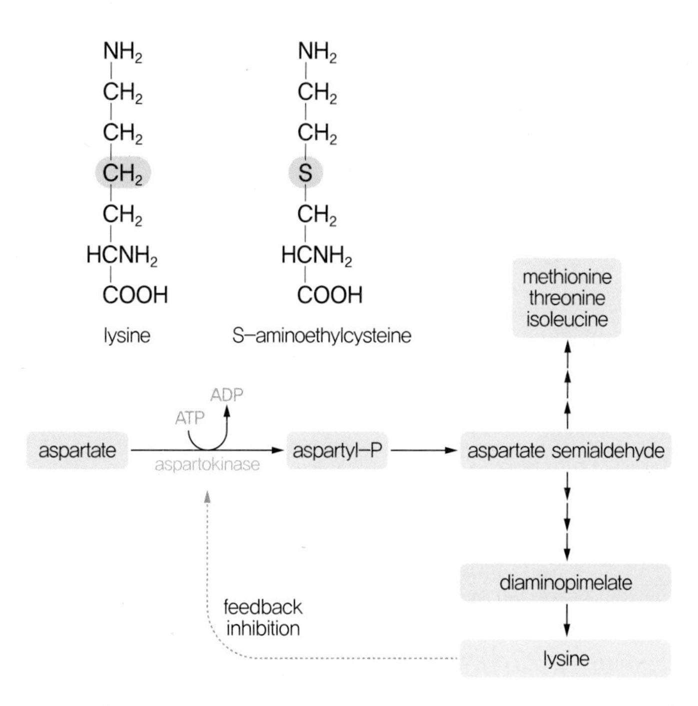

그림 14-8 라이신 과생산 균주를 생산하기 위한 돌연변이 제작 전략

가능해진다(그림 14-8). *S*-aminoethylcysteine이 첨가된 배지에서 생육을 하기 위해서는 aspartokinase의 *S*-aminoethylcysteine의 결합 부위에 돌연변이가 생겨야 하고 *S*-aminoethylcysteine와 결합하지 못하여 효소작용이 저해되지 않는 돌연변이 aspartokinase는 라이신과도 결합하지 못하기 때문에 라이신에 의한 되먹임조절이 제거되어 라이신의 과생산이 가능해진다.

오니시 등(Ohnishi, et al.)의 연구 보도에 따르면 L-라이신L-lysine 생산균주인 *C. glutamicum*을 각각 모균주와 무작위 돌연변이에 의해 선별된 돌연변이 균주의 전체 유전자를 비교한 후 라이신 생산에 영향을 미칠 것으로 예상되는 특정 유전자들의 돌연변이를 확인하고 이 돌연변이들을 모균주에 다시 도입한 결과 같은 생산 증가 효과를 확인하였다. 또한 돌연변이 gnd(6-phosphogluconate dehydrogenase) 또는 돌연변이 mgo(malate:quinone oxidoreductase)를 도입시켜 L-라이신의 생산량을 증대시켰다.

최근 연구 결과에 따르면 효과적인 L-발린L-valine 생산 대장균을 개발하기 위해 전사체transcriptome 분석과 가상세포 시스템genome-scale metabolic network 분석을 이용한 방법을 적용하였다. 먼저 L-발린 생산을 억제하는 되먹임 저해feedback inhibition 요인을 제거하고 L-발린 생산의 경쟁적인 대사 경로를 억제하였다. 그 후 모사 유전자 제거 기술과 조합한 전사체 프로파일링을 이용한 대사공학을 통해 *ilvCED*, *lrp*, *ygaZH*(발린 생합성 효소, 류신 생합성 조절유전자, 발린 세포배출 단백질)를 과발현하였으며, 새로 확인된 L-valine exporter(ygaZH)의 도입과 녹아웃(*aceF*, *mdh*, *pfkA*) 돌연변이를 통해 L-발린의 생산량을 5배 이상 증가시켰다. 또한 비슷한 방법을 이용하여 고농도 L-트레오닌L-threonine 생산 대장균을 개량하였다.

7. 비타민

사람과 동물에게 필수 영양분으로 알려져 있는 리보플라빈riboflavin(비타민 B_2)은 식품뿐만 아니라 의약품 분야나 사료, 화장품 등에 첨가제로 사용되어 오고 있다. 최근 슈보보 등(Shuobo, et al.)의 발표에 따르면 비교 전사체 프로파일링 방법을 통해 리보플라빈 생산 균주인 *B. subtilis*를 모균주와 함께 비교하여 발현 정도가 증대된 유전자를 확인하였으며, 이들 중 리보플라빈 전구 물질의 합성을 조절하는 유전자를 과발현하여 리보플

가상세포 시스템
세포 내 대사 경로의 활성을 컴퓨터를 활용하여 모사하여 대사 경로의 활성을 예측하는 시스템이다. 실제 세포를 가지고 실험하는 것보다 빠르게 세포의 특성을 분석할 수 있다.

라빈의 생산량을 증대시켰다. 또한 리보플라빈의 전구 물질인 퓨린 뉴클레오타이드purine nucleotides를 증대시키기 위해 퓨린 경로purine pathway를 강화시켜 리보플라빈의 생산량을 증가시켰다.

제프리 등(Jeffrey, et al.)은 ***R. palustris***로부터 cyclohexane carboxylateCHC의 분해 대사 경로를 대장균에 도입하여 바이오틴biotin의 생산을 증대시켰다. 이때 생산되는 분해 산물은 대장균에서 바이오틴을 생산하는 데 있어서 가장 중요한 대사 물질로 작용하였다. 비타민 B_5D-pantothenate는 코엔자임 A의 전구 물질로써 식물이나 미생물에서는 합성이 가능하지만 사람과 같은 동물에서는 불가능하므로 의약품이나 사료 또는 식품 등에 주로 첨가제로 사용된다. 기존에는 화학적 합성 방법을 사용하였으나 최근에는 대사공학을 바탕으로 한 미생물(대장균, ***C. glutamicum***)을 이용한 방법이 제시되고 있다. 또한 ***C. glutamicum***에서 비타민 B_5를 대량 생산하기 위해 대사망 분석metabolic network analysis을 통한 다양한 방법들이 제시되기도 하였다.

단원정리

본 단원에는 화학 및 식품, 화장품 산업 등에서 사용되어 온 물질들을 미생물 발효를 이용하여 생산하는 산업 및 식품생물공학에 관하여 설명하였다. 기존에는 자연계에 존재하는 미생물 혹은 돌연변이주를 활용한 발효 공정을 통하여 고부가 가치 산물을 생산하였으나, 최근에는 바이오 연료 및 화학 물질을 생산하기 위한 유전자 재조합 기술 및 대사공학 기술의 개발이 활발하게 이루어지고 있다. 바이오에탄올을 생산하기 위한 재조합 미생물 균주의 개발 및 화학 촉매 공정을 통해서 다양한 물질로 전환이 가능한 글리세롤, 당알코올을 경제적/친환경적으로 생산하기 위한 균주의 개발 방법에 관하여 알아보고, 화장품 및 식품 산업에서 사용되는 코엔자임 Q_{10}, 카로티노이드, 아미노산, 비타민의 생산을 위한 균주 개발 전략을 소개하였다.

연습문제

1. 섬유소 바이오매스를 활용한 에탄올 생산을 위한 재조합 효모 제작에 필요한 대사공학 전략을 기술하고, 재조합 세균에 비하여 그 장점을 기술하시오.

2. 효모 발효를 이용하여 글리세롤을 생산하기 위한 발효 조건을 기술하시오.

3. 자일리톨을 생산하기 위해서는 자연계에 존재하는 자일로스 대사 효모인 *Candida* sp. 등을 이용하는 방법과 자일로스를 대사하지 못하는 효모인 *Saccharomyces cerevisiae*를 대사공학적으로 개량하여 이용하는 방법이 있다. 이 두 가지 방법의 장점 및 단점을 기술하시오.

4. 엠덴 마이어호프 파르나스(Embden-Meyerhof-Parnas) 대사 경로와 엔트너-듀도로프 경로(Entner-Doudoroff pathway)의 차이점을 비교 기술하시오.

5. 호박산을 생산하기 위해서는 *Mannheimia succiniciproducens*, *Anaerobiospirillum succiniciproducens* 등을 이용하는 방법과 대장균 혹은 효모를 대사공학적으로 개량하는 방법이 있다. 이 두 가지 방법의 장점 및 단점을 기술하시오.

6. *S*-aminoethylcysteine을 함유한 배지를 이용하여 라이신의 과생산 균주를 유도하는 방법에 관하여 기술하시오.

정답 및 해설

1. 일반적으로 에탄올 생산에 사용되는 *Saccharomyces cerevisiae*는 포도당을 에탄올로 전환하는 능력은 뛰어나지만, 섬유소 바이오매스 가수 분해물에 존재하는 자일로스를 발효하지는 못한다. 따라서 자일로스 대사 경로를 구성하는 효소인 xylose reductase, xylitol dehydrogenase, xyluokinase를 도입하여 섬유소 가수 분해물에 존재하는 포도당 및 자일로스를 에탄올로 전환하는 균주를 제작할 수 있다.
2. 효모의 글리세롤 생산을 촉진하기 위해서는 발효액에 황산수소염(bisulfate)를 첨가하여, 아세트알데하이드를 통한 에탄올의 생합성 경로를 차단하는 대신 글리세롤을 합성하도록 하는 방법과 pH 7 또는 이상의 배양액에서 키우는 방법이 있다.
3. 자일로스 대사 효모인 *Candida* sp. 등을 이용하는 경우에는 생산성은 우수하지만 수율이 낮은 반면 자일로스를 대사하지 못하는 효모인 *Saccharomyces cerevisiae*를 대사공학적으로 개량하여 이용하는 경우에는 수율은 우수하지만 생산성이 낮은 단점이 있다.
4. 엠덴 마이어호프 파르나스(Embden-Meyerhof-Parnas) 대사 경로는 1분자의 포도당을 대사하여 2분자의 피루브산을 만들 때 2분자의 ATP와 2분자의 NADH를 생산하는 데 비하여, 엔트너-듀도로프 경로는 1분자의 포도당에서 2분자의 피루브산, 1분자의 ATP, 1분자의 NADH, 1분자의 NADPH를 생산한다. 엔트너-듀도로프 대사 경로는 1분자의 ATP를 적게 생산하기 때문에 세포의 유지를 위해서 대사 속도가 엠덴 아이어호프 파나스 대사 경로보다 빠른 것으로 알려져 있다.
5. 호박산을 생산하기 위해서 *Mannheimia succiniciproducens*, *Anaerobiospirillum succiniciproducens* 등을 이용하는 방법은 생산성은 매우 우수하지만 가격이 비싼 복합배지를 이용해야 하는 단점이 있다. 또한 대장균 혹은 효모를 대사공학적으로 개량하는 방법은 값싼 최소 배지를 활용할 수 있다는 장점이 있지만 생산성은 자연계에 존재하는 균주에 비해서 낮다.
6. *S*-aminoethylcysteine은 라이신과 분자구조가 유사하여 라이신 생합성의 율속 단계 효소인 aspartokinase에 결합하여 라이신의 생합성을 저해한다. 결과적으로 정상 미생물의 경우 *S*-aminoethylcysteine이 첨가된 배지에서 생육이 불가능하다. 하지만, 돌연변이를 통해서 *S*-aminoethylcysteine이 첨가된 배지에서 생육하는 돌연변이주가 선별될 수 있는데, 이 경우 대부분 aspartokinase의 *S*-aminoethylcysteine의 결합 부위에 돌연변이가 생길 가능성이 있다. *S*-aminoethylcysteine와 결합하지 못하여 효소작용이 저해되지 않는 돌연변이 aspartokinase는 라이신과도 결합하지 못하기 때문에 라이신에 의한 되먹임조절이 제거되어 라이신의 과생산이 가능해진다.

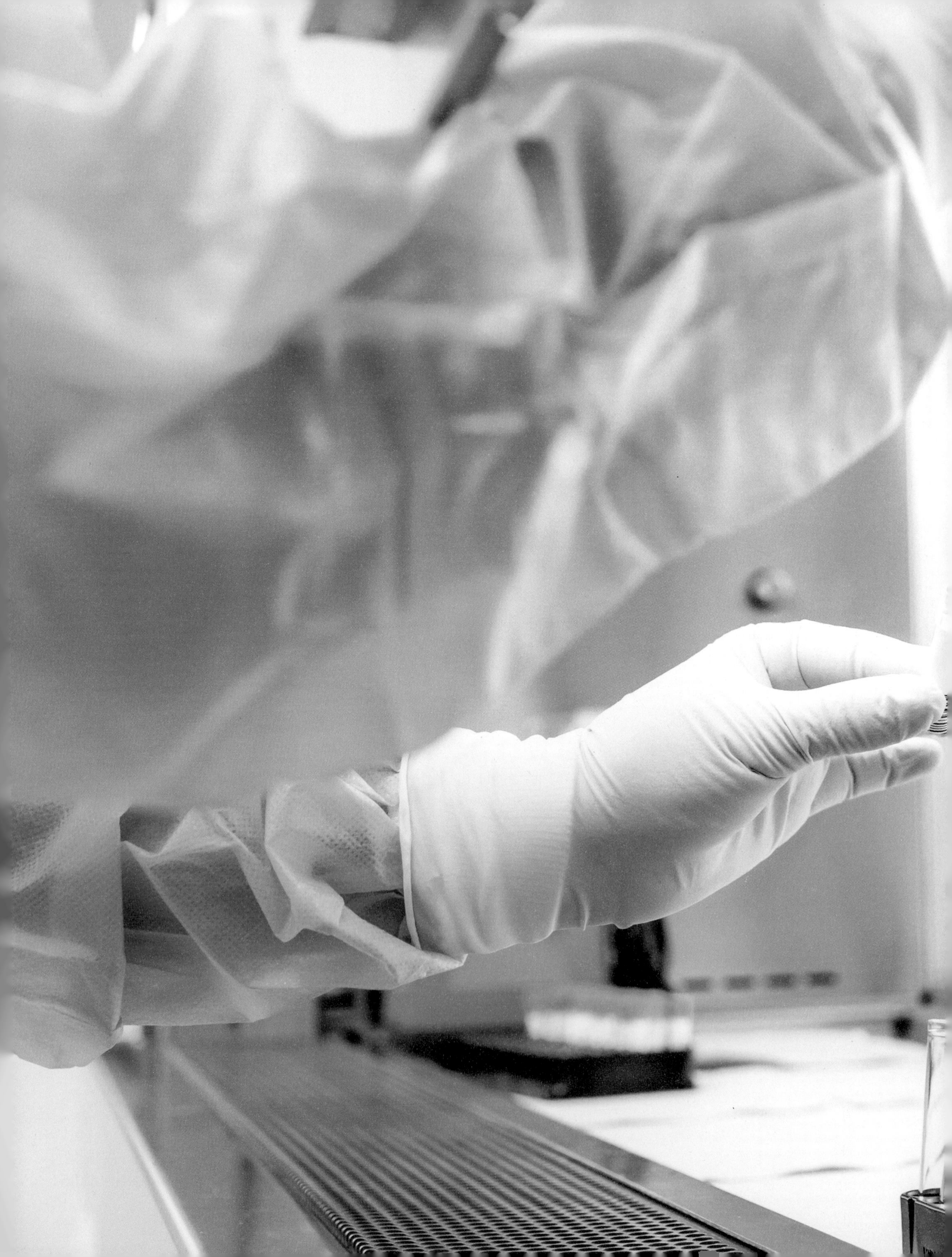

15

의약생물공학

생물의약품의 정의 및 분류에 대해서 알아보고, 기존의 화학합성의약품과 생물의약품의 차이에 대해서 알아본다. 현재 다양한 질병의 치료에 사용되는 생물의약품의 종류와 특징을 설명하고, 생물의약품 중 신약뿐만 아니라 바이오시밀러 및 바이오베터의 개발, 제조, 인허가에 필요한 물리화학적, 생물학적 성질의 평가와 비임상시험 및 임상시험 내용들에 대해 공부하고자 한다.

1. 의약생물공학이란?

1) 생물의약품의 정의

예로부터 인류는 식물의 추출물 등을 이용하여 병을 예방하거나 치료해 왔으며, 산업이 발달하면서 천연물에서 유효 성분을 추출하거나 화학적으로 합성한 약을 사용하기 시작하였다. 화학합성 기술은 아스피린을 포함한 다양한 약의 제조에 이용되었고, 이후 항생제와 백신이 개발되었다. 백신은 그 유효 성분이 생물에서 유래하였고, 물성이 화학적으로 합성된 의약품과는 매우 다르지만, 현대 사회에서 의약품의 매우 중요한 한 축을 담당하고 있다.

소위 바이오 의약품이라 불리는 "생물의약품"은 사람이나 다른 생물체에서 유래된 것을 원료 또는 재료로 하여 제조한 의약품으로 정의된다. 수혈용 혈액이나 혈장 분획 제제, 백신, 항체, 효소류, 콜라겐, 사이토카인, 호르몬, 성장 인자, 유전자 치료용 벡터, 세포 치료제 등 수많은 종류가 있다. 생물의약품은 명확하게 정의되지 않지만, 좁게는 유전공학 기술 또는 최신의 바이오테크놀로지를 활용하여 만든 의약품을 의미하며, 넓게

표 15-1 생물의약품의 분류 및 정의

분류	정의
생물학적 제제	생물체에서 유래된 물질이나 생물체를 이용하여 생성시킨 물질을 함유한 의약품으로서 물리적, 화학적 시험만으로는 그 역가와 안전성을 평가할 수 없는 백신, 혈장 분획 제제 및 항독소 등
유전자재조합의약품	유전자 조작 기술을 이용하여 제조되는 펩타이드 또는 단백질 등을 유효 성분으로 하는 의약품 항체의약품, 펩타이드 또는 단백질의약품, 세포배양의약품(세포 배양 기술을 이용하여 제조되는 펩타이드 또는 단백질 등을 유효 성분으로 하는 의약품) 등을 포함.
세포 치료제	살아있는 자가, 동종, 이종 세포를 체외에서 배양·증식하거나 선별하는 등 물리적, 화학적, 생물학적 방법으로 조작하여 제조하는 의약품 다만, 의료기관에서 자가 또는 동종 세포를 당해 수술이나 처치 과정에서 안정성 문제가 없는 최소한의 조작만을 하는 경우는 제외(생물학적 특성이 유지되는 범위에서 단순 분리, 세척, 냉동, 해동 등)
유전자 치료제	질병 치료 등을 목적으로 인체에 투입하는 유전 물질 또는 유전 물질을 포함하고 있는 의약품 가. 유전 물질 발현에 영향을 주기 위하여 투여하는 유전 물질 나. 유전 물질이 변형되거나 도입된 세포
동등생물의약품(바이오시밀러)	이미 제조 판매, 수입 품목 허가를 받은 품목과 품질 및 비임상, 임상적 비교 동등성이 입증된 생물의약품
개량생물의약품(바이오베터)	이미 허가된 생물의약품에 비해 안전성·유효성 또는 유용성(복약순응도·편리성 등)이 개선되었거나 의약 기술의 진보성이 있는 의약품

자료 : 식품의약품안전처, 생물학적 제제 등의 품목허가심사 규정 고시

는 생물이 만들어 낸 것을 원재료로 하는 의약품을 총칭한다(Walsh, 2013). 이때 일반적으로 식물 유래 물질이나 항생제 등은 제외된다. 우리나라에서는 생물의약품을 표 15-1과 같이 분류하고 정의한다.

2) 초기 생물의약품

제1세대 생물의약품의 시초는 당뇨병 치료제인 인슐린이다. 프레더릭 밴팅Frederick Banting과 찰스 베스트Charles Best는 동물의 췌장에서 추출한 인슐린을 제1형 당뇨병 환자에게 투여하여 혈당치가 확연히 개선되는 것을 확인하였다. 이들은 이러한 공로를 인정받아 1923년 노벨생리학·의학상을 수상하였다. 그러나 동물에서 추출한 인슐린 제제는 대량 생산이 여의치 않았을 뿐만 아니라, 주사 부위가 붓거나 항체가 생성되는 등의 다양한 부작용을 유발하였다. 동물 인슐린의 아미노산 서열과 사람의 인슐린 서열이 다르기 때문에 나타난 현상이었다. 이러한 문제를 해결하는 유일한 방법은 사람의 인슐린 서열을 가지는 인간형 인슐린을 만드는 것이었다.

이후 인간의 인슐린 유전자가 해독되었고, 미국의 제넨테크Genentech 사가 대장균을 이용하여 인간형 인슐린을 대량 생산하였다. 대장균으로 인간형 인슐린을 대량 생산하기 위해서는 다양한 유전공학적 기술이 뒷받침되어야 한다. 즉 벡터, 제한효소, DNA의 서열 분석 기술 등을 포함한 다양한 분자생물학적 발견과 유전공학 기술의 발전이 있었기에 이러한 일이 가능했던 것이다. 이어 약으로서의 가치가 크지만 인체에는 미량만 존재하는 단백질을 대장균이나 효모 등을 이용하여 대량 생산하려는 시도가 이어졌으며, 인터페론interferon, 에리스로포이에틴erythropoietin, 인간 성장 호르몬human growth hormone 등을 포함한 많은 인간 유래 단백질들을 의약품으로 이용할 수 있게 되었다(표 15-2).

3) 생물의약품의 발전

제1세대 생물의약품은 유전자를 클로닝하여 미생물에서 생산한 단백질이다. 이후로 유전공학 기술이 엄청나게 빠르게 발전하면서 단백질의 아미노산을 치환하거나, 폴리에틸렌글리콜PEG, 지방산, 저분자 물질 등을 수식하거나, 단백질의 절편을 이용하거나, 단백질을 다른 단백질과 융합하는 등의 방법을 이용하여 물성과 기능을 향상시킨 제2세대 생물의약품들이 개발 및 출시되기 시작하였다(표 15-2)(Marshall, Lazar, Chirino,

당뇨병(diabetes, diabetes mellitus, DM)
인슐린 분비 관련 대사질환으로 혈중 포도당의 농도가 높아지고, 이로 인해 여러 증상을 유발한다. 인슐린 분비가 정상적으로 이루어지지 않는 1형 당뇨와 인슐린이 정상적으로 분비가 되어도 세포가 인슐린에 적절하게 반응하지 못하여 혈당 제어 능력을 잃은 2형 당뇨로 분류된다.

인터페론
면역 세포에서 만들어지는 단백질로서, 대식세포와 자연살해세포(natural killer 세포) 등을 활성화시켜서 바이러스나 박테리아 등에 대응할 수 있도록 한다.

표 15-2 FDA와 EMA에서 승인된 2세대 유전자재조합의약품

제품명	패밀리(Family)	회사명	적응증 (Indication)	변형(Modification)	성질(Property)
Proleukin® (aldesleukin)	IL-2	Chiron	Cancer	Mutated free cysteine	Decreased aggregation; improved bioavailability
Betaseron® (interferon beta-1b)	IFN-β	Berlex/Chiron	Multiple sclerosis	Mutated free cysteine	Decreased aggregation
Humalog® (insulin lispro)	Insulin	Eli Lilly	Diabetes	Monomer not hexamer	Fast acting
NovoLog® (insulin aspart)	Insulin	Novo Nordisk	Diabetes	Monomer not hexamer	Fast acting
Lantus® (insulin glargine)	Insulin	Aventis	Diabetes	Precipitates in dermis	Sustained release
Enbrel® (etanercept)	TNF receptor	Immunex/Amgen/ Wyeth	Rheumatoid arthritis	Fc fusion	Longer serum half-life; increased avidity
Ontak® (denileukin diftitox)	Diptheria toxin-IL-2	Seragen/Ligand	Cancer	Fusion	Targets cancer cells
PEG-Intron® (peginterferon alfa-2b)	IFN-α	Schering-Plough	Hepatitis	PEGylation	Increased serum half-life; weaker receptor binding
PEGasys® (peginterferon alfa-2a)	IFN-α	Roche	Hepatitis	PEGylation	Increased serum half-life; weaker receptor binding
Neulasta™ (pegfilgrastim)	G-CSF	Amgen	Leukopenia	PEGylation	Increased serum half-life
Oncaspar® (pegaspargase)	Asparaginase	Enzon	Cancer	PEGylation	Decreased immunogenicity; increased serum half-life
Aranesp® (darbepoetin alfa)	Epo	Amgen	Anemia	Additional glycosylation sites	Increased serum half-life; weaker receptor binding
Somavert® (pegvisomat)	Growth hormone	Genentech/Seragen/ Pharmacia	Acromegaly	PEGylation; binding site mutations	Novel mode of action; increased serum

*G-CSF : granulocyte-colony stimulating factor
IFN- : interferon
IL-2 : interleukin 2
PEG : polyethylene glycol
TNF : tumor necrosis factor

& Desjarlais, 2003).

최근 가장 활발하게 개발되고 있는 생물의약품은 항체의약품이다(표 15-3). 항체는 항암제나 면역 억제제 등으로 널리 개발되고 있는데, 표적에 대한 특이성을 가지고 있어 이로 인한 부작용이 적고, 효과가 뛰어난 의약품의 개발이 가능하다. 또한 항체는 생체 내의 다양한 분자를 표적으로 할 수 있으며, 유전공학적인 방법을 통하여 개량을 용이하게 할 수 있다는 장점이 있다. 초기의 항체의약품은 마우스 유래의 항체를 이용하였

FDA(Food and Drug Administration)
미국식품의약국

EMA(European Medicines Agency)
유럽의약청

항체(antibody, immunoglobulin)
면역 체계에서 세균이나 바이러스 같은 외부 항원들과 특이적 결합을 하여 항원을 인식하고 무력화시키는 면역글로불린 단백질

표 15-3 EMA와 FDA에서 승인된 단일클론 항체의약품들*

제품명	국제일반명(INN)	회사명	표적(Target)	유형(Type)	적응증(Therapeutic indications)
Amjevita®	Adalimumab	Amgen Europe	TNFα	Human IgG1	Arthritis; juvenile rheumatoid arthritis; psoriatic arthritis; rheumatoid colitis; ulcerative Crohn's disease; psoriasis; spondylitis; ankylosing
Zinplava™	Bezlotoxumab	Merck Sharp & Dohme Limited	*C. difficile* toxin B	Human monoclonal antitoxin antibody	Enterocolitis; pseudomembranous
Anthim®	Obiltoxaximab	Elusys Therapeutics INC	PA component of *B. anthracis* toxin	Chimeric(mouse/human) IgG1/κ	Anthrax infection
Tecentriq®	Atezolizumab	Genentech (Roche)	PD-L1	Human IgG1	Metastatic non-small cell lung cancer
Cosentyx™	Secukinumab	Novartis Europharm	interleukin-17A	Human IgG1/κ	Arthritis; psoriatic psoriasis; spondylitis; ankylosing
Nucala	Mepolizumab	GlaxoSmithKline	IL-5	Human IgG1/κ	Asthma
Opdivo	Nivolumab	Bristol-Myers Squibb Pharma	PD-1	Human IgG4	Carcinoma; non-small-cell lung carcinoma; renal cell Hodgkin disease melanoma
Praluent	Alirocumab	sanofi-aventis groupe	PCSK9	Human IgG1	Dyslipidemias
Praxbind®	Idarucizumab	Boehringer Ingelheim International GmbH	dabigatran etexilate	Human FaB	Hemorrhage
Repatha®	Evolocumab	Amgen	LDL-C / PCSK9	Human IgG2	Dyslipidemias; hypercholesterolemia
Perjeta®	Pertuzumab	Roche	HER2	Humanized IgG1	Breast cancer
Remsima®	Infliximab	Celltrion Healthcare	TNF-alpha	Chimeric IgG1 Ab	Spondylitis; ankylosing arthritis; rheumatoid colitis; ulcerative Crohn's disease; arthritis; psoriatic psoriasis

(계속)

제품명	국제일반명(INN)	회사명	표적(Target)	유형(Type)	적응증(Therapeutic indications)
ABthrax®	Raxibacumab	HGS (Human Genome Sciences Inc.)	*Bacillus anthracis* protective antigen	Human IgG1	Prevention and treatment of inhalation anthrax
Benlysta®	Belimumab	HSG, GSK	BLyS	Human IgG1	Systemic lupus erythematosus (SLE)
Vervoy®	Ipilimumab	BMS	CTLA-4	Human IgG1	Melanoma
Lucentis®	Ranibizumab	Genentech (Roche)	VEGF-A	Humanized IgG1 Fab fragment	Neovascular (wet) age-related macular degeneration; macular edema following retinalvein occlusion
Avastin®	Bevacizumab	Genentech (Roche)	VEGF	Humanized IgG1	Metastatic colorectal cancer; non-small cell lung cancer; metastatic breast cancer; hlioblastoma multiforme; metastatic renal cell carcinoma
Xolair®	Omalizumab	Genentech (Roche) and Novartis	IgE	Humanized IgG1	Asthma
Erbitux®	Cetuximab	ImClone (Eli Lilly), Merck Serono and BMS	EGFR	Chimeric IgG1	Head and neck cancer; colorectal cancer
Humira®	Adalimumab	Abbott	TNFα	Human IgG1	Rheumatoid arthritis; juvenile idiopathic arthritis; psoriatic arthritis; ankylosing spondylitis; Crohn's disease, plaque psoriasis
Herceptin®	Trastuzumab	Genentech(Roche)	HER-2	Humanized IgG1	Breast cancer; metastatic gastric or gastroesophageal junction adenocarcinoma
Remicade®	Infliximab	Centocor Ortho Biotech (Johnson & Johnson)	TNFα	Chimeric IgG1	Crohn's disease; ulcerative colitis; rheumatoid arthritis; ankylosing spondylitis; psoriatic arthrits; plaque psoriasis
Rituxan® MabThera®	Rituximab	Biogen Idec, Genentech (Roche)	CD20	Chimeric IgG1	Non-Hodgkin's lymphoma; chronic lymphocytic leukemia; rheumatoid arthritis
Verluma® (Diagnostic)	Nofetumomab	Boehringer Ingelheim, NeoRx	Carcinoma-associated antigen	Murine Fab fragment	Diagnostic imaging of small-cell lung cancer; non-therapeutic

*모든 항체의 약품 내역은 www.biopharma.com에서 찾을 수 있음.

으나, 인체에서 면역원성이 크게 문제가 되어 최근에는 키메라 항체 또는 인간화 항체, 인간 항체를 이용한다. 파지 디스플레이phage display 또는 효모, 세균 등의 표면 배열 기술의 발전과 더불어 완전 인간 항체를 빠르게 탐색하고 개량하는 기술 또한 개발되었다.

항체의약품은 표적에 특이적으로 결합함으로써 표적에 대한 리간드 결합 저해, 항체 의존성 세포독성antobody-dependent cellular cytotoxicity, ADCC, 보체 의존성 세포독성complement-dependent cytotoxicity, CDC 등을 통하여 약효를 나타낸다. 따라서 표적 결합능 향상을 위한 Fv 영역뿐만 아니라 Fc 영역을 개량하는 것 또한 매우 중요하게 여겨지고 있다.

또한 다양한 항체 관련 분자 의약품들도 개발되고 있다. Fab 또는 scFv(단일가닥 Fv)와 같은 저분자 항체는 반감기가 짧지만 조직 침투성이 용이하다는 장점을 가지고 있다. 대장균이나 효모를 이용하여 쉽게 대량 생산할 수 있고, PEG 등으로 수식하여 반감기를 늘릴 수도 있다. 이외에도 다양한 항체 유래 단백질의약품들이 개발되고 있다.

4) 펩타이드 의약품

펩타이드 의약품이란 일반적으로 아미노산 50개 이하로 구성되어 있는 저분자량 생물의약품이다. 대부분의 펩타이드 의약품은 신체의 생체 신호 전달 및 기능 조절에 관여하는 펩타이드계 호르몬 혹은 호르몬의 유사체로서 매우 적은 양으로도 강력한 활성 및 약리 작용을 나타내어 질병 치료에 사용되고 있다. 특히, 펩타이드 의약품은 분자량이 작아 생체 조직 내에 축적되는 양이 적으므로 약물 간의 상호 작용 가능성이 낮고, 생체 내 특이성이 높아서 독성을 일으킬 가능성이 상대적으로 낮으므로 신약 임상 성공률이 저분자 화학합성의약품 및 고분자 단백질의약품보다 높아 현재까지 많은 펩타이드 의약품들이 개발되어 시장에 출시되고 있다(Wegmuller & Schmid, 2014).

펩타이드 의약품의 생산 방법은 아미노산을 한 개씩 결합시키는 화학합성법과 미생물을 이용한 유전자재조합 생산법으로 나누어진다. 화학합성법은 펩타이드의 길이가 길어질수록 정확도 및 생산 수율이 낮아지고 생산 단가가 높아 저규모 생산 혹은 30개 이하의 아미노산으로 구성된 펩타이드 생산에 선호되는 반면, 유전자재조합 생산법은 아미노산 개수와 상관없이 생산 단가가 일정하기 때문에 대규모 생산 혹은 30개 이상의 펩타이드 의약품 생산에 이용된다. 현재 유전자재조합 생산법에 사용되는 세포는 대장균, 효모와 같은 미생물로 이를 이용한, 다양한 질병 치료용 펩타이드가 생산 및 시판되고

Fc 영역(fragment crystallizable region)
Fc 영역은 Y 모양 항체의 꼬리 부분으로, 세포 표면의 Fc 수용체 및 보체(complement) 시스템의 일부 단백질과 상호작용함으로써 항체가 면역계를 활성화시키도록 하는 역할을 한다.

표 15-4 EMA와 FDA에서 승인된 재조합 펩타이드 의약품

제품명	국제일반명 (INN)	회사명	길이 (aa)	적응증 (Therapeutic indications)
Humulin	Insulin	Eli Lilly	51	당뇨
Novolin	Insulin	Novo Nordisk	51	당뇨
Humalog	Insulin lispro	Eli Lilly	51	당뇨
Revasc	Desirudin	Canyon Pharmaceuticals	65	심부정맥 혈전증 예방
Refludan	Lepirudin	Hoechst Marion Roussel	65	헤파린 유도 저혈소판증
Glucagen	Glucagon	Novo Nordisk	29	중증 저혈당
Lantus	Insulin glargine	Physicians Total Care	53	당뇨
Natrecor	Nesiritide	Scios	32	심부전증
Novolog	Insulin aspart	Novo Nordisk	51	당뇨
Forteo	Teriparatide	Eli Lilly	34	골다공증
Apidra	Insulin glulisine	Sanofi Aventis	51	당뇨
Increlex	Mecasermin	Tercica	70	인슐린 유사 성장인자-1 결핍증
Levemir	Insulin detemir	Novo Nordisk	50	당뇨
Fortical	Calcitonin	Upsher-Smith Laboratories	32	골다공증
Victoza	Liraglutide	Novo Nordisk	31	당뇨, 비만
Kalbitor	Ecallantide	Dyax	60	유전성 혈관부종
Gattex	Teduglutide	NPS Pharmaceuticals	33	단장 증후군

있다(표 15-4).

5) 생물의약품의 미래

표 15-1에서도 보았듯이 생물의약품에는 인간 유래 단백질의약품만 있는 것이 아니다. 유전공학 기술의 발전과 더불어, 세포 융합 기술, 단일클론 항체 제조 기술, 트랜스제닉 제작 기술, 녹아웃Knock-out 제작 기술, 모델 생물, 오믹스 기술, 차세대 시퀀싱 기술, 생물정보학 기술 등이 발전하면서 질환을 분자 수준에서 연구할 수 있게 되었다.

현재까지는 단백질의약품이 생물의약품의 대다수를 차지하고 있지만, 앞으로는 암 백신, 유전자 치료제, 세포 치료제, 핵산 치료제 등이 활발하게 개발될 것으로 기대되고

있다. 또한 최근에 활발하게 연구되고 있는 유전자 편집 기술도 치료제로서의 개발 전망이 밝다.

6) 생물의약품의 특징

생물의약품은 특이성과 생물 활성이 높고 합성의약품에 비해 상대적으로 안전하다고 여겨지지만 부작용 또한 존재한다. 생물의약품은 합성의약품과 달리 분자량이 매우 크고, 세포를 이용하여 제조하며, 당사슬 수식 등에서 차이가 있을 수 있으므로 동등성 품질 평가를 위해 해야 할 과제가 매우 많다(표 15-5). 또한 생물의약품은 매우 고가이므로 생산성 향상을 위한 공정 개발 및 바이오시밀러 생산 기술 개발을 통해 생산 가격을 낮추는 것도 큰 과제 중의 하나이다.

표 15-5 화학합성의약품과 생물의약품의 차이

특징	화학합성의약품	생물의약품
분자량(MW)	<1,000	> 10,000
구조	단순	복잡한 고분자, 당사슬 구조 포함
안정성	안정	불안정
제조	화학합성	세포 배양
분석	용이함	매우 어려움
복제약	제네릭	바이오시밀러
투여	경구 투여	주사제
예	아스피린, 글리벡	허셉틴, 아바스틴

2. 생물의약품의 명명

의약품에는 국제일반명International Nonproprietary Name, INN이 붙어 있다(표 15-6). 세계보건기구는 의약품의 원활한 유통과 관리, 품질 유지를 목적으로 누구든지 자유롭게 사용할 수 있는 고유명사를 부여하고 있다.

표 15-6 의약품 명명의 예

INN	파라세타몰(paracetamol)
영국 승인명(BAN)	neomycin sulfate
미국 채택명(USAN)	acetaminophen
기타 일반명	*N*-acetyl-*p*-aminophenol, APAP, *p*-acetamidophenol, acetamol, ...
사유 이름	Tylenol, Panadol, Panamax, Perdolan, Calpol, Doliprane, Tachipirina, Ben-u-ron, Atasol, Adol, ...
IUPAC 이름	*N*-(4-hydroxyphenyl)acetamide

1) 줄기

INN은 화학 구조, 유래, 약리 작용 및 표적 분자의 종류에 따라 다르게 정해 놓은 줄기stem 이름을 이용하여 명명한다. 따라서 줄기 이름에서 의약품의 대략적인 구조 및 약리 기전을 예측할 수 있다. 예를 들어, 효소류의 경우 줄기는 *-ase*, 성장 호르몬은 *som-*이다(표 15-7).

2) 생물의약품 명명의 일반 원칙

당화가 일어나지 않은 단백질의 경우 줄기로 그룹을 정하였다면(예를 들어, 히루딘 유사체들을 명명하기 위한 *-irudin*) 임의의 접두사를 이용하여 다른 서열의 유사체를 명명한다(예, bivalirudin). 만약 그룹이 단어로 정해졌다면(예, insulin) 아미노산의 서열 차이는 두 번째 단어를 이용하여 표시한다(예, insulin argine).

당화된 물질에 대한 일반적인 원칙은 다음과 같다. 당단백질 또는 당펩타이드가 줄기로 명명되었다면(예를 들어, *-poetin* for erythropoetins, *-cog* for blood coagulation factors, *-ase* for enzymes) 같은 줄기 내에서의 다른 아미노산 서열은 임의의 접두사를 이용하여 표시한다(예, rizolipase, burlulipase). 당화가 서로 다르게 될 경우 그리스어를 이용하여 표시한다(예, epoetin alfa, eptacog alfa (activated), aglucosidase alfa, epoetin beta).

줄기가 *-mab*(단일클론 항체)과 *-cept*(수용체 분자)이고 당화된 경우, 첫 번째 INN 출원의 경우 당화가 되었더라도 일반적으로 그리스어 *alfa*를 쓰지 않는다.

표 15-7 INN을 위한 의약품의 줄기

Name of the group	Stem
Antimicrobial, bactericidal permeability increasing polypeptides	*-ganan* (pre-stem)
Antisense oligonucleotides	*-rsen*
Aptamers, classical and mirror ones	*-apt-*
Blood coagulation cascade inhibitors	*-cogin*
Blood coagulation factors	*-cog*
Cell therapy products	*-cel*
Colony stimulating factors	*-stim*
Enzymes	*-ase*
Erythropoietin type blood factors	*-poetin*
Gene therapy products	*-gene*
Gonadotropin-releasing hormone (GnRH) inhibiting peptides	*-relix*
Growth factors and Tumour necrosis factors (TNF)	*-ermin*
Growth hormone (GH) derivatives	*som-*
Heparin derivatives including low molecular mass heparins	*-parin*
Hirudin derivatives	*-irudin*
Immunomodulators, both stimulant/suppressive and stimulant	*-imod*
Interleukin receptor antagonists	*-kinra*
Interleukin type substances	*-kin*
Monoclonal antibodies	*-mab*
Oxytocin derivatives	*-tocin*
Peptides and glycopeptides	*-tide*
Pituitary hormone-release stimulating peptides	*-relin*
Receptor molecules, native or modified	*-cept*
Small interfering RNA	*-siran-*
Synthetic polypeptides with a corticotropin-like action	*-actide*
Vasoconstrictors, vasopressin derivatives	*-pressin*

3) 단일클론 항체에 대한 일반 원칙

단일클론 항체에 대한 INN은 접두사, substem A, substem B, 접미사로 구성된다. 단일클론 항체에 대한 공동적인 줄기인 *–mab*는 접미사로 자리한다. Substem A는 표적의 유형을 나타낸다(표 15–8).

표 15-8 Substem A에서 표시되는 표적 유형

-b(a)-	bacterial
-am(i)-	serum amyloid protein(SAP)/amyloidosis (*pre-substem*)
-c(i)-	cardiovascular
-f(u)-	fungal
-gr(o)-	skeletal muscle mass related growth factors and receptors (*pre-substem*)
-k(i)-	interleukin
-l(i)-	immunomodulating
-n(e)-	neural
-s(o)-	bone
-tox(a)-	toxin
-t(u)-	tumor
-v(i)-	viral

표 15-9 항체의 서열이 유래한 종에 대한 정보를 담고 있는 Substem B

-a-	rat
-axo-	rat-mouse (*pre-substem*)
-e-	hamster
-i-	primate
-o-	mouse
-u-	human
-vet-	veterinary use (*pre-substem*)
-xi-	chimeric
-xizu-	chimeric-humanized
-zu-	humanized

단일클론 항체(monoclonal antibody, mAb)
단일클론 항체는 고유한 모세포로부터 유래된 동일한 면역 세포에 의해 만들어진 항체이다. 단일클론 항체는 동일한 에피토프(epitope : 항체에 의해 인식되는 항원의 일부)에 결합한다. 대조적으로 다클론 항체(polyclonal antibody)는 여러 다른 에피토프에 결합하고 보통 여러 플라즈마 세포(plasma cell : 항체를 분비하는 면역 세포) 계통에 의해 만들어진다.

Substem B는 항체의 서열이 유래한 종에 대한 정보를 담고 있다(표 15-9).

키메라 항체는 두 가지 사슬 유형이 모두 키메라인 항체이다. 키메라 사슬chimeric chain은 인간의 불변 영역에 연결된 외부 가변 영역(인간 이외의 한 종에서 유래하거나 인간을 포함하여 어떤 종으로부터 합성되거나 조작된 것)을 포함하는 사슬이다. 키메라 사슬의 가변 영역은 V 영역 아미노산 서열이 인간에 비해 비인간 종에 더 가깝다. 인간화 항체는 두 사슬 모두가 인간화된 것이다. 인간화된 사슬은 전형적으로 가변 도메인의 상보성 결정 영역(CDR)이 외래(인간 이외의 한 종 또는 합성인 것)인 반면, 사슬의 나머지는 인간 기원의 사슬이다.

*-xizu-*는 항체가 키메라와 인간화 사슬을 둘 다 가지고 있을 때 이용되며, *-axo-*는 rat이나 mouse 유래 사슬을 가지고 있을 때 이용된다.

접두사는 다른 항체와의 구별을 위해 임의로 붙일 수 있다. 다음과 같은 예들을 통하여 INN이 어떻게 작명되었는지 살펴볼 수 있다. 심혈관계 질환 치료제로 이용되는 키메라 항체인 Abciximab = *ab*- + -*ci*(*r*)- + -*xi*- + -*mab*이다(그림 15-1).

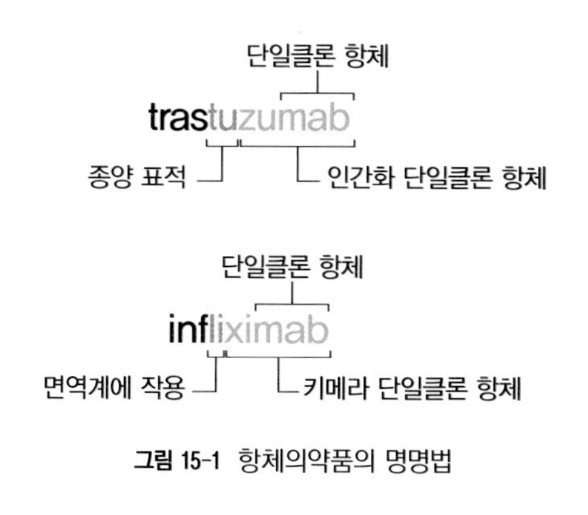

그림 15-1 항체의약품의 명명법

3. 생물의약품의 평가

동등생물의약품(바이오시밀러), 개량생물의약품(바이오베터)을 포함한 모든 생물의약품은 물질의 물리화학적 및 생물학적 특성 분석시험, 비임상시험, 임상시험 결과들을 식품의약품안전처로부터 허가를 받아야 시장에 출시할 수 있다. 특히 유전자 재조합 의약품은 단백질이 가질 수 있는 복잡하고 이질적인 구성을 가질 수 있으므로 최신 기술을 사용하여 물리화학적 성질, 생물학적 성질, 면역학적 성질, 순도(공정 관련 불순물, 제품 관련 불순물 등), 역가, 함량 등을 포함하는 특성 분석시험을 실시하여야 한다. 동등생물의약품은 대조약과의 직접적인 특성 분석시험의 비교가 이루어져야 한다. 생물의약품들의 평가를 위한 분석 방법들은 식품의약품안전처가 가이드라인을 제공하고 있다(강소영·김선희·백선영·엄준호·김영은·송현, et al., 2013).

1) 물리화학적 성질

생물의약품의 물리화학적 특성 분석 항목은 주성분의 조성, 물리화학적 성질, 일차 구조 및 고차 구조에 대한 규명을 포함하여야 한다(표 15-10)(Tsuruta, Lopes dos Santos, & Moro, 2015). 또한 제조 공정 관련 불순물과 제품 관련 불순물이 생성되는 경우, 가속시험이나 가혹시험을 통해서 분해 산물의 생성이 확인되는 경우 이에 대한 규명이 필요하다. 유전자재조합 단백질은 생합성 과정에서 구조적인 이종이 생길 수 있기 때문에 동등생물의약품은 단백질의 합성 과정에서 번역 후 수식이 어떻게 이루어지는가에 따라 단백질의 기능이 달라질 수 있으므로 이러한 경우 이를 규명하기 위한 시험이 필요할 수

표 15-10 생물의약품의 평가를 위해 사용되는 물리화학적 및 생물학적 분석 방법

특성	속성	분석 방법
1차 구조	아미노산 서열	RP-HPLC, LC-ESI-MS, peptide mapping
고차 구조	이황결합, 싸이올(thiol) 분석, 2차 및 3차 구조 분석	LC-ESI-MS peptide mapping, Elman assay, CD, FTIR, antibody conformational array, X-ray crystallography
순도, 전하 이질도, 아미노산 수식	열안정성, 단량체 함량, 이성질체	DSC, SEC-HPLC, SEC-MALS, SV-AUC, CESDS, IEF, IEC-HPLC
당화	탈아미노화, 산화, C-말단 변이, 당화, 올리고당 프로파일, 시알산 분석, 단당 분석	LC-MS peptide mapping, LC-MS, CE-SDS, HPLC, HPAEC-PAD
효능	항원 및 C1q 결합, FcBn 결합, 항원 중화, 세포자멸(apoptosis), CDC	ELISA, SPR, cell-based neutralization assay, cell-based apoptosis assay, cell-based CDC-assay

*FTIR: Fourier-transform infrared spectroscopy(푸리에 변환 적외선 분광법); RP-HPLC: reversed-phase high-performance liquid chromatography(역상 고성능 액체 크로마토그래피); LC-ESI-MS: liquid chromatography with electrospray ionization mass spectrometry(액체 크로마토그래피 전기 분무 이온화 질량분석법); CD: circular dichroism(원편광 이색성); DSC: differential scanning calorimetry(시차 주사 열량측정법); SEC: size exclusion chromatography(크기 배제 크로마토그래피); MALS: multiangle light scattering(다중각 광산란); SV-AUC: analytical ultracentrifugation(분석용 초원심분리법); CE-SDS: capillary electrophoresis with sodium-dodecyl sulfate(도데실황산나트륨-모세관 전기영동법); IEF: isoelectric focusing(등전점 분리법); LC-MS: liquid chromatography with mass spectrometry(액체 크로마토그래피 질량분석법); HPAEC-PAD: high-performance anion-exchange chromatography with pulsed amperometric detection(고성능 음이온교환 크로마토그래피 펄스식 전기화학 검출기); ELISA: enzyme-linked immunosorbent assay(효소 면역 측정법); SPR: surface plasmon resonance(표면 플라스몬 공명); CDC: complement-dependent cytotoxicity(보체의존 세포독성)

있다(Niazi, 2016).

2) 생물학적 성질

생물의약품의 생물학적 활성 측정법은 단백질의 기능에 대한 품질 측정법으로서 단백질의 작용 기전을 반영하고 임상적 효과와도 연관되기 때문에 생물학적 활성을 측정함에 있어서 다양한 생물학적 시험법들이 사용된다. 단백질의 3차 및 4차 구조를 확인할 수 있는 방법으로 이용할 수 있기 때문에 물리화학적인 성질에 대한 결과를 보완할 수 있다. 따라서 적정한 수준의 정확성과 정밀성을 가진 생물학적 시험법을 사용하여 생물의약품의 품질을 측정한다. 동등생물의약품의 생물학적 시험 결과는 국제표준품 또는 국가표준품이 있는 경우 이에 대비하여 보정된 활성 단위로 표시하여야 한다.

3) 면역학적 성질

생물의약품들은 제품 또는 제조 공정 관련 불순물이 존재하게 되면 면역원성을 일으키는 원인이 될 수 있기 때문에 생물의약품의 면역학적 성질을 파악하는 것은 중요하다. 생물의약품이 항체 또는 항체 유래 제품인 경우 특이도, 친화력, 결합력, Fc 기능 등의 특성 분석 결과와 동물시험에서의 면역원성 평가의 결과도 같이 고려하여야 한다.

4) 순도

제품 관련 불순물은 최신 분석 기술을 사용하여 정량적, 정성적으로 평가하여야 한다. 불순물 양상을 충분히 확인하기 위하여 가속 조건 또는 가혹 조건에서 비교 시험을 수행하는 것이 유용하다. 또한 단백질 번역 후 수식의 가능성을 고려하여 이에 대한 확인이 필요하다. 불순물은 생물의약품의 원료의약품 또는 완제의약품에 대한 허용 기준이 초과되지 않도록 생산 공정을 적절히 관리하여야 하고, 불순물에 대해서는 품질, 안전성, 유효성에 미치는 영향이 평가되어야 한다.

5) 비임상시험

비임상시험에서는 임상시험에 사용될 최종 제형을 사용하는 것을 원칙으로 한다. 시험관 내*in vitro* 시험 및 생체 내*in vivo* 시험을 실시하는데 시험관 내*in vitro* 시험의 경우는 대조약과의 생물학적/약력학적 동등성을 평가하기 위해 수용체 결합 시험이나 세포주를 이용한 생물학적 활성 시험을 수행해야 한다. 생체 내*in vivo* 시험의 경우에는 생물의약품의 약력학적 작용을 확인하기 적합한 동물종 및 시험 모델을 사용한다. 적합한 동물시험에서 생물의약품의 약리 작용에 의한 바이오마커들을 정량적으로 측정하며, 반복투여독성시험이나 역가시험 등을 수행하여 평가할 수 있다. 많은 생물의약품들은 설치류 모델을 사용하여 약력학적 효과를 평가하고 있다.

비임상 독성시험의 경우는 적절한 동물종에서 약리 안전성, 생식독성, 변이원성, 발암원성 시험을 포함한 독성동태시험을 반복투여독성시험 방법으로 수행해야 한다. 생물의약품의 독성 반응 및 항체 반응을 평가할 수 있도록 시험 기간은 최소 4주 이상으로 소요된다. 동등생물의약품의 독성시험은 약리 안전성, 생식독성, 변이원성, 발암원성 시험은 일반적으로 제외된다.

6) 임상시험

생물의약품의 평가를 위한 임상시험은 1상, 2상, 그리고 3상 시험 순서로 진행된다. 1상 임상시험에서는 소수의 건강한 정상인(20~100명)을 대상으로 치료 목적이 아닌 독성 및 안전성 검사를 수행한다. 2상 임상시험은 치료를 목적으로 해당 질병에 대한 환자(100~200명)를 대상으로 용량, 용법 결정, 부작용 및 치료 효과를 확인한다. 3상 임상시험은 2상과 비슷하지만 환자 수(1,000~5,000명)를 늘린 후 부작용 등을 조사하고, 3~5년 정도의 기간이 소요된다.

임상시험에 수행되는 개별 시험에는 약동학pharmacokinetics 시험, 약력학pharmacodynamics 시험, 유효성 시험 등이 있다. 1상 임상시험에서 수행되는 임상약리시험은 치료를 목적으로 하지 않으며, 건강한 피험자나 특정 환자군에서 실시된다. 임상시험용 의약품을 사람에 최초로 투여하는 임상시험의 목적은 이후에 실시될 임상시험에 필요한 용량에 대한 내약성 평가와 예상되는 이상 반응을 확인하기 위함이다. 보통 단회투여시험과 반복투여시험이 모두 포함된다.

약동학 평가는 생물의약품의 흡수, 분포, 대사 및 배설에 대한 평가를 목적으로 한다. 생물의약품의 청소율clearance 산출이나 생물의약품의 축적 가능성과 안전성 평가에 매우 중요하며, 이후의 2상 및 3상 임상시험에서 약동학과 관련된 특수한 사항을 규명하기 위해 수행되기도 한다. 생물의약품 중 유전자재조합의약품의 약동학 시험은 피하 투여와 정맥 투여에 대한 단회 투여 교차설계 시험으로 수행할 수 있다. 임상시험 피험자는 건강한 지원자가 적절하며, 일차 약동학 평가 변수는 혈중농도−시간곡선하면적(AUC)이고 이차 평가 변수는 최고 혈중농도(C_{max}), 소실반감기(T1/2) 또는 겉보기청소(CL/F) 등이다. 약동학 시험을 설계할 때는 정맥 투여와 피하 투여에 관한 T1/2의 차이와, 생물의약품의 배설 용량 의존성을 고려하여야 한다.

약력학 시험은 비교 약동학 시험의 일부 시험으로 수행하는 것이 권장되며, 시험 용량은 용량-반응 곡선의 직선 증가 범위 내의 용량을 선정한다. 약력학적 지표는 각 생물의약품에 대한 적절한 바이오마커들을 약력학적 지표로 선택하여 사용한다. 과립구집락 자극인자의 일차 약력학 지표는 절대호중구 수치이고 이차 약력학 지표로 $CD34^+$ 세포 수를 사용한다.

생물의약품의 유효성 시험은 최소한 하나 이상의 적절한 검정력을 갖는 무작위 배정, 병행 설계 임상시험으로 수행해야 한다. 대부분의 생물의약품들은 정맥 투여 및 피하 투여로 허가되는데 투여 경로에 따라 투여 용량 및 약동학 양상이 다르므로 임상에 적용하고자 하는 모든 투여 경로에서 유효성이 입증되어야 한다.

단원정리

바이오 의약품이라고도 불리는 생물의약품은 사람이나 다른 생물체에서 유래된 것을 원료 또는 재료로 하여 제조한 의약품으로 정의된다. 생물의약품은 생물학적 제제, 유전자재조합의약품, 세포 치료제, 유전자 치료제, 동등생물의약품, 개량생물의약품 등으로 분류되며, 제조 방법, 물질의 특성, 투약의 방법 등에서 화학합성의약품과 매우 다르다.

화학합성의약품은 분자량이 작고, 구조가 단순하며, 화학적으로 안정하기 때문에 분석이 상대적으로 용이하고 일반적으로 경구 투여한다. 이에 반하여 생물의약품은 분자량이 매우 크고, 복잡할 뿐만 아니라 구조적으로도 불안정(예, 단백질의약품)하기 때문에 다양한 방법으로 평가되고 분석하여야 약품에 대한 평가가 가능하다. 일반적으로 생물의약품은 주사제로 투여된다.

의약품에는 국제일반명(International Nonproprietary Name, INN)이 붙어 있다. 세계보건기구는 의약품의 원활한 유통과 관리, 품질 유지를 목적으로 누구든지 자유롭게 사용할 수 있는 고유명사를 부여하고 있다.

모든 생물의약품은 물질의 물리화학적 및 생물학적 특성 분석시험, 비임상시험, 임상시험 결과들을 식품의약품안전처로부터 허가를 받아야 시장에 출시할 수 있으며, 생물의약품들의 평가를 위한 분석 방법들은 식품의약품안전처가 가이드라인을 제공하고 있다

연습문제

1. 생물의약품 중 유전자재조합의약품에 대해 설명하시오.

2. 화학합성의약품과 생물의약품의 차이에 대해 설명하시오.

3. 생물의약품에 대한 임상 1상, 2상, 3상 시험의 차이에 대해 설명하시오.

정답 및 해설

1. 유전자재조합의약품은 유전자 조작 기술을 이용하여 제조되는 펩타이드 또는 단백질 등을 유효 성분으로 하는 의약품으로 항체의약품, 펩타이드 의약품 등이 있다.
2. 화학합성의약품은 1,000 Da 이하의 저분자인 반면, 대부분의 생물의약품은 10,000 Da 이상의 고분자이므로 복잡한 접힘 구조와 당사슬 구조를 갖고 있다.
3. 1상 임상시험에서는 소수의 건강한 정상인을 대상으로 독성 및 안전성 검사를 수행한다. 2상 임상시험은 치료를 목적으로 해당 질병에 대한 환자를 대상으로 용량, 용법 결정, 부작용 및 치료 효과를 확인한다. 3상 임상시험은 2상 임상시험보다 많은 환자들을 대상으로 부작용 등을 조사한다.

참고문헌

강소영·김선희·백선영·엄준호·김영은·송현·백경민·최영주·박윤주·서수경 (2013). 유전자재조합의약품 동등생물의약품의 품목별 비임상 및 임상 평가 가이드라인에 관한 연구. **FDC 법제연구**, 8(2): 1-12.

고정삼·고영환·김진현·오남순·인만진·채희정 (2009). 개정판 **생물공학**. 유한문화사.

김경헌 (2007). Sugar Platform 구축을 위한 바이오매스 전처리 기술. NEWS & INFORMATION FOR CHEMICAL ENGINEERS, 25(5): 479-484.

박태현 (2007). **처음 읽는 미래과학 교과서: 생명공학**. 김영사.

오경근·박용철·김경헌 (2014). 당화 플랫폼: 해조류 바이오매스를 이용한 바이오에탄올 생산. NEWS & INFORMATION FOR CHEMICAL ENGINEERS, 32(3): 357-363,

장호남·서진호 (2001). **생물화학공학**. 아카데미서적.

전문진·권석태·이철호·임번삼 (2003). **현대의 생물공학과 생물산업**. 아카데미서적.

정봉우·김춘영 (2005). **생물화공개론**. 자유아카데미.

진용수 (2007). 섬유소 자원의 효율적 발효를 위한 균주 개량 연구. NEWS & INFORMATION FOR CHEMICAL ENGINEERS, 25(5): 484-489.

하덕모 (2003). **발효공학**. 신광출판사.

Shuler, ML., Kargi, F., DeLisa, M. 지음, 구윤모 외 3인 옮김 (2018). **생물공정공학 3판**, 한티미디어.

Alizadeh, H., Teymouri, F., Gilbert, T., Dale, BE. (2005). Pretreatment of switchgrass by ammonia fiber explosion (AFEX). *Appl. Biochem. Biotechnol.* 121-124: 1133-1141.

Alper, H., Jin, YS., Moxley, JF., Stephanopoulos, G. (2005). Identifying gene targets for the metabolic engineering of lycopene biosynthesis in *Escherichia coli. Metab. Eng.* 7(3): 155-65.

Anderson, NL., Anderson, NG., Anderson (1998). Proteome and proteomics: new technologies, new concepts, and new words. *Electrophoresis* 19(11): 1853-1861.

Bak, JS., Ko, JK., Choi, IG., Park, YC., Seo, JH., Kim, KH. (2009). Fungal pretreatment of lignocellulose by *Phanerochaete chrysosporium* to produce ethanol from rice straw. *Biotechnol. Bioeng.* 104: 471-482.

Bryksin, AV., Matsumura, I. (2010). Overlap extension PCR cloning: a simple and reliable way to create recombinant plasmids. *Biotechniques* 48(6): 463-465.

Choi, JH., Moon, KH., Ryu, YW., Seo, JH. (2000). Production of xylitol in cell recycle fermentations of *Candida tropicalis. Biotechnol. Lett.* 22: 1625-1628.

Choi, JH., Ryu, YW., Park, YC., Seo, JH. (2009). Synergistic effects of chromosomal *ispB* deletion and dxs overexpression on coenzyme Q_{10} production in recombinant *Escherichia coli* expressing *Agrobacterium tumefaciens dps* gene. *J. Biotechnol.* 144(1): 64-69.

Chun, UH., Rogers, PL. (1988). The simultaneous production of sorbitol and gluconic acid by *Zymomonas mobilis. Appl. Microbiol. Biotechnol.* 29: 19-24.

Compagno, C., Boschi, F., Ranzi, BM. (1996). Glycerol production in a triose phosphate isomerase deficient mutant of *Saccharomyces cerevisiae. Biotechnol. Prog.* 12(5): 591-595.

Cordier, H., Mendes, F., Vasconcelos, I., Francois, JM. (2007). A metabolic and genomic study of engineered *Saccharomyces cerevisiae* strains for high glycerol production. *Metab. Eng.* 9(4): 364-378.

Datar, RV., Cartwright, T., Rosen, CG. (1993). Process economics of animal cell and bacterial fermentations: a case study analysis of tissue plasminogen activator. *Bio/Technol.* 11: 349-357.

Doran, PM. (1995). *Bioprocess Engineering Principles.* Elsevier, Amsterdam, Netherland.

Edward, JS., & Plasson, BO. (2000). The *Escherichia coli* MG1655 ***in silico*** metabolic genotype: its definition, characteristics, and capabilities. ***Proc. Natl. Acad. Sci. USA*** 97(10): 5528-5533.

Ezeji, T., Qureshi, N., Blaschek, HP. (2007). Butanol production from agricultural residues: impact of degradation products on ***Clostridium beijerinckii*** growth and butanol fermentation. ***Biotechnol. Bioeng.*** 97: 1460-1469.

Geertman, JMA., van Maris, AJA., van Dijken, JP., Pronk, JT. (2006). Physiological and genetic engineering of cytosolic redox metabolism in ***Saccharomyces cerevisiae*** for improved glycerol production. ***Metab. Eng.*** 8(6): 532-542.

Ha, SJ., Kim, SY., Seo, JH., Moon, HJ., Lee, KM., Lee, JK. (2007). Controlling the sucrose concentration increases coenzyme Q_{10} production in fed-batch culture of *Agrobacterium tumefaciens*. ***Appl. Microbiol. Biotechnol.*** 76: 109-116.

Ikeda, M., Ohnishi, J., Hayashi, M., Mitsuhashi, S. (2006). A genome-based approach to create a minimally mutated ***Corynebacterium glutamicum*** strain for efficient L-lysine production. ***J. Ind. Microbiol. Biotechnol.*** 33: 610-615.

Jennings, DH. (1984). Polyol metabolism in fungi. ***Adv. Microbial. Physiol.*** 25: 149-193.

Jin, YS., Stephanopoulos, G. (2007). Multi-dimensional gene target search for improving lycopene biosynthesis in ***Escherichia coli. Metab. Eng.*** 9: 337-347.

Jung, YH. and Kim, KH. (2015). Acidic pretreatment. ***Pretreatment of Biomass: Processes and Technologies***. Pandey, A., Negi, S., Binod, P, and Larroche, C. (Eds.). Elsevier, Amsterdam.

Kim, BH., Gadd, GM. (2008). ***Bacterial Physiology and Metabolism***. Cambridge University Press.

Kim, IJ., Seo, N., An, HJ., Kim, JH., Kim, KH., Harris, PV. (2017). Type-dependent action modes of TtAA9E and TaAA9A acting on cellulose and differently pretreated lignocellulosic substrates. ***Biotechnol. Biofuels*** 10: 46.

Kim, JH., Han, KC., Koh, YH., Ryu, YW., Seo, JH. (2002). Optimization of fed-batch fermentation for xylitol production by ***Candida tropicalis***. ***J. Ind. Microbiol. Biotechnol.*** 29(1): 16-19.

Koh, ES., Lee, TH., Lee, DY., Kim, HJ., Ryu, YW., Seo, JH. Scale-up of erythritol production by an osmophilic mutant of *Candida magnoliae*. *Biotechnol. Lett.* 25(24): 2103-2105.

Kreuzer, H., Massey, A. (2005). *Biology and Biotechnology : Science, Applications, and Issues*. ASM Press.

Lee, JW., Na, D., Park, JM., Lee, J., Choi, S., & Lee, SY. (2012). Systems metabolic engineering of microorganisms for natural and non-natural chemicals. *Nat. Chem. Biol.* 8(6): 536-46.

Lee, KH., Park, JH., Kim, TY., Kim, HU., Lee, SY. (2007). Systems metabolic engineering of *Escherichia coli* for L-threonine production. *Mol. Syst. Biol.* 3: 149.

Leigh, D., Scopes, RK., Rogers, PL. (1984). A proposed pathway for sorbitol production by *Zymomonas mobilis*. *Appl. Microbiol. Biotechnol.* 20: 413-415.

Lowe, R., Shirley, N., Bleackley, M., Dolan, S., Shafee, T. (2017). Transcriptomics technologies. *PloS Comput. Biol.* 13(5): e1005457.

Marshall, SA., Lazar, GA., Chirino, AJ., & Desjarlais, JR. (2003). Rational design and engineering of therapeutic proteins. *Drug Discov. Today* 8(5): 212-221.

Merino, ST., Cherry, J. (2007). Progress and challenges in enzyme development for biomass utilization. *Adv. Biochem. Eng./Biotechnol.* 108: 95-120.

Nakamura, CE., Whited, GM. (2003). Metabolic engineering for the microbial production of 1,3-propanediol. *Curr. Opini. Biotechnol.* 14: 454-459.

Nelson, DL., Cox, MM. (2013). *Lehninger Principles of Biochemistry*. WH Freeman & Co.

Niazi, SK. (2016). *Biosimilars and Interchangeable Biologics*: Tactical Elements: CRC Press.

Oh, JH., van Pijkeren, JP. (2014). CRISPR-Cas9-assisted recombineering in *Lactobacillus reuteri*. *Nucleic Acids Res.* 42(17): e131.

Oh, YJ., Lee, TH., Lee, SH., Oh, EJ., Ryu, YW., Kim, MD., Seo, JH. (2007). Dual modulation of glucose 6-phosphate metabolism to increase NADPH-dependent xylitol production in recombinant *Saccharomyces cerevisiae*. *J. Mol. Catal. B: Enz.* 47: 37-42.

Ohnishi, J., Katahira, R., Mitsuhashi, S., Kakita, S., Ikeda, M. (2005). A novel gnd mutation leading to increased L-lysine production in *Corynebacterium glutamicum*. *FEMS Microbiol. Lett.* 242: 265-274.

Ohnishi, J., Mitsuhashi, S., Hayashi, M., Ando, S., Yokoi, H., Ochiai, K., Ikeda, M. (2002). A novel methodology employing *Corynebacterium glutamicum* genome information to generate a new L-lysine-producing mutant. *Appl. Microbiol. Biotechnol.* 58: 217-223.

Onishi, H., Suzuki, T. (1966). The production of xylitol, L-arabinitol and ribitol by yeasts. *Agric. Biol. Chem.* 30: 1139-1144.

Orth, JD., Thiele, I., & Palsson, BO. (2010). What is flux balance analysis? *Nat. Biotechnol.* 28(3): 245-248.

Overkamp, KM., Bakker, BM., Kotter, P., Luttik, MAH., van Dijken, JP., Pronk, JT. (2002). Metabolic engineering of glycerol production in *Saccharomyces cerevisiae*. *Appl. Environ. Microbiol.* 68(6): 2814-2821.

Park, JH., Lee, KH., Kim, TY., Lee, SY. (2007). Metabolic engineering of *Escherichia coli* for the production of L-valine based on transcriptome analysis and *in silico* gene knockout simulation. *Proc. Natl. Acad. Sci. USA* 104: 7797-7802.

Pevsner, J. (2015). *Bioinformatics and Functional Genomics* (3rd Ed). Wiley Blackwell.

Povelainen, M., and Miasnikov, AN. (2006). Production of xylitol by metabolically engineered strains of *Bacillus subtilis*. *J. Biotechnol.* 1: 214-219.

Ro, H., Kim, H. (1991). Continuous production of gluconic acid and sorbitol from sucrose using invertase and an oxidoreductase of *Zymomonas mobilis*. *Enzyme Microb. Technol.* 13: 920-924.

Sadava, DE., Hillis, DM., Heller, H. Craig, H., Sally, D. (2016). *Life: The Science of Biology.* Freeman.

Shuler, ML., Kargi, F., DeLisa, M. (2017). *Bioprcess Engineering: Basic Concepts* (3rd Ed). Prentice Hall.

Soetaert, W., Vanhooren, P., Vandamme, EJ. (1999). The production of mannitol by fermentation. In: Bucke C. (ed.). *Carbohydrate Biotechnology Protocols*. Humana, Totowa, pp. 261-275.

Stephanopoulos, G., Alper, H., Moxley, J. (2004). Exploiting biological complexity for strain improvement through systems biology. *Nat. Biotechnol.* 22: 1261-1267.

Toivari, MH., Ruohonen, L., Miasnikov, AN., Richard, PL., Penttilä, M. (2007). Metabolic engineering of *Saccharomyces cerevisiae* for conversion of D-glucose to xylitol and other five-carbon sugars and sugar alcohols. *Appl. Environ. Microbiol.* 73(17): 5471-5476.

Tomita, M., Nishioka, T. (2005). Metabolomics: *The Frontier of Systems Biology*. Springer.

Town, C.D. (2002). Metabolomics-the link between genotypes and phenotypes, *Funct. Genomics*. 48: 155-171.

Tsuruta, LR., Lopes dos Santos, M., & Moro, AM. (2015). Biosimilars advancements: moving on to the future. *Biotechnol. Prog.* 31(5): 1139-1149.

Voet, D., Voet, JG., Pratt, CW. (2016). *Fundamentals of Biochemistry*. John Wiley & Sons Inc.

Wang, D., Kim, DH., Kim, KH. (2016). Effective production of fermentable sugars from brown macroalgae biomass. *Appl. Microbiol. Biotechnol.* 100(22): 9439-9450.

Wang, D., Kim, DH., Seo, N., Yun, EJ., An, HJ., Kim, JH., Kim, KH. (2016). A novel glycoside hydrolase family 5-β-1,3-1,6-endoglucanase from Saccharophagus degradans 2-40T and its transglycosylase activity. *Appl. Environ. Microbiol.* 82(14): 4340-4349.

Wang, DC. et al. (1980). *Fermentation and Enzyme Technology*. John Wiley & Sons Ltd, New York. USA

Wang, ZX., Zhuge, J., Fang, HY., Prior, BA. (2001). Glycerol production by microbial fermentation: A review. *Biotechnol. Adv.* 19(3): 201-223.

Watson, JD., Baker, TA., Bell, SP., Gann, A., Levine, M., Losick, R. (2013). *Molecular Biology of the Gene*. Pearson.

Wegmuller, S., Schmid, S. (2014). Recombinant peptide production in microbial cells. *Curr. Org. Chem.* 18(8): 1005-1019.

Wyman, CE., Dale, BE., Elander, RT., Holtzapple, M., Ladisch, MR., Lee, YY. (2005). Coordinated development of leading biomass pretreatment technologies. *Bioresour. Technol.* 96: 1959-1966.

Yamane, T. (2002). *Bioreaction Engineering*. Sangyo Tosho, Tokyo, Japan.

Yoshida, H., Kotani, Y., Ochiai, K., Araki, K. (1998). Production of ubiquinone-10 using bacteria. *J. Gen. Appl. Microbiol*. 44: 19-26.

Yun, EJ., Choi, IG., Kim, KH. (2015). Red macroalgae as a sustainable resource for bio-based products. *Trends Biotechnol.* 33(5): 247-249.

Yun, EJ., Kim, HT., Cho, KM., Yu, S., Kim, S., Choi, IG., Kim, KH. (2016). Pretreatment and saccharification of red macroalgae to produce fermentable sugars. *Bioresour. Technol.*

199: 311–318.

Yun, EJ., Lee, S., Kim, HT., Kim, S., Ko, HJ., Choi, IG., Kim, KH., Pelton, JG. (2015). The novel catabolic pathway of 3,6-anhydro-L-galactose, the main component of red macroalgae, in a marine bacterium. ***Environ. Microbiol.*** 17(5): 1677–1688.

Zachariou, M., Scopes, RK. (1986). Glucose-fructose oxidoreductase, a new enzyme isolated from ***Zymomonas mobilis*** that is responsible for sorbitol production. ***J. Bacteriol.*** 167: 863–869.

찾아보기

영문

E

F

저자 소개

서진호 (현) 서울대학교 농생명공학부 식품생명공학전공 교수
서울대학교 화학공학과 학사
미국 California Institute of Technology 박사
Journal of Biotechnology(Elsevier 발간) 편집장
한국생물공학회 회장

한남수 (현) 충북대학교 식품생명공학과 교수
서울대학교 식품공학과 학사, 석사
미국 Purdue University 식품공학과 박사
미국 Iowa State University 생화학과 박사후연구원

김경헌 (현) 고려대학교 대학원 생명공학과, 식품공학과 교수
서울대학교 식품공학과 학사, 석사
미국 University of California, Irvine 생물화학공학과 박사
미국 National Renewable Energy Laboratory 박사후연구원
미국 Energy Biosciences Institute, Berkeley 방문교수

박용철 (현) 국민대학교 바이오발효융합학과 교수
서울대학교 식품공학과 학사
서울대학교 생물화학공학전공 석사, 박사
미국 Rice University 박사후연구원
미국 University of California, Berkeley 방문교수

진용수 (현) University of Illinois at Urbana-Champaign, Food Science and Human Nutrition 교수
서울대학교 식품공학과 학사, 석사
미국 University of Wisconsin-Madison, Food Science 박사
미국 Massachusetts Institute of Technology 박사후연구원
성균관대학교 식품생명공학과 조교수

권대혁 (현) 성균관대학교 융합생명공학과 교수
서울대학교 식품공학과 학사, 석사, 박사
미국 Iowa State University 박사후연구원

이도엽 (현) 국민대학교 바이오발효융합학과 교수,
Lawrence Berkeley National Lab Affiliated Scientist
연세대학교 생명공학과 학사
서울대학교 식품공학과 석사
미국 University of California at Davis 박사
미국 Lawrence Berkeley National Laboratory 박사후연구원

김효진 (현) 서울대학교 국제농업기술대학원 바이오식품산업전공 교수
서울대학교 응용생물화학부 농생물전공 학사
서울대학교 생물화학공학전공 석사
미국 Texas A&M University, Plant Pathology & Microbiology 박사
미국 University of Illinois at Urbana-Champaign 박사후연구원
한국식품연구원 선임연구원

이대희 (현) 한국생명공학연구원 선임연구원
서울대학교 식품공학과 학사, 석사, 박사
미국 University of California, San Diego 박사후연구원

김성건 (현) 유원대학교 의약바이오학과 교수
유원대학교 유전공학과 학사
서울대학교 생물화학공학전공 석사, 박사
미국 Rutgers 의대 생화학과 박사후연구원

생물공학의 기초

2020년 2월 10일 초판 2쇄 발행
2018년 8월 30일 초판 1쇄 발행

지은이 서진호 · 한남수 · 김경헌 · 박용철 · 진용수
권대혁 · 이도엽 · 김효진 · 이대희 · 김성건

발행인 이 영 호
발행처 **수 학 사**
06653 서울특별시 서초구 효령로 263
출판등록 1953년 7월 23일 No.16-10
전화번호 02) 584-4642(代) 팩스 02) 521-1458
http://www.soohaksa.co.kr
디자인 북큐브

정가 26,000원

ISBN 978-89-7140-719-6 (93570)